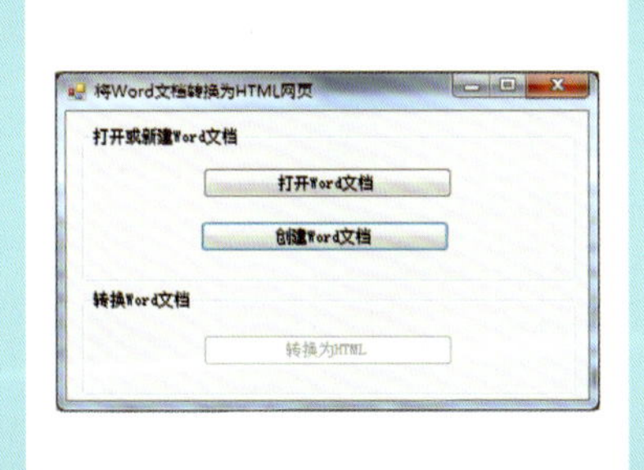

实例 072 将 Word 文档转换为 HTML 网页

实例 077 屏幕颜色拾取器

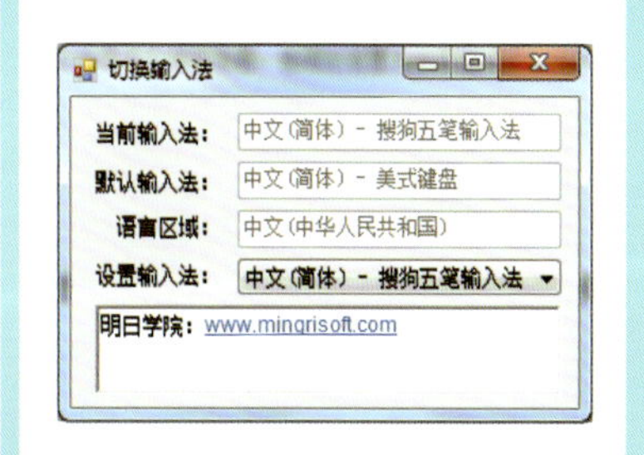

实例 129 切换输入法

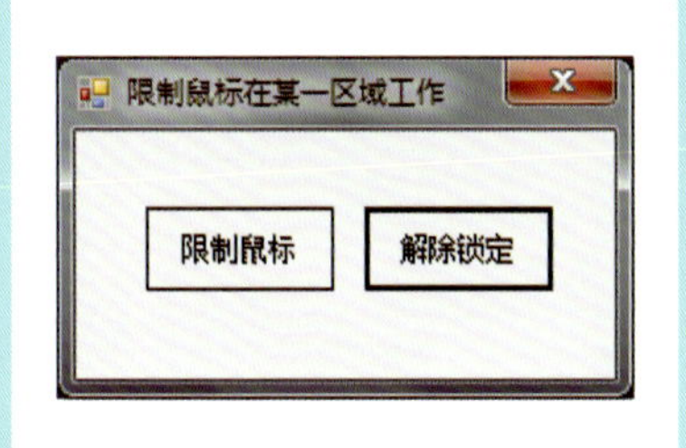

实例 118 限制鼠标在某一区域工作

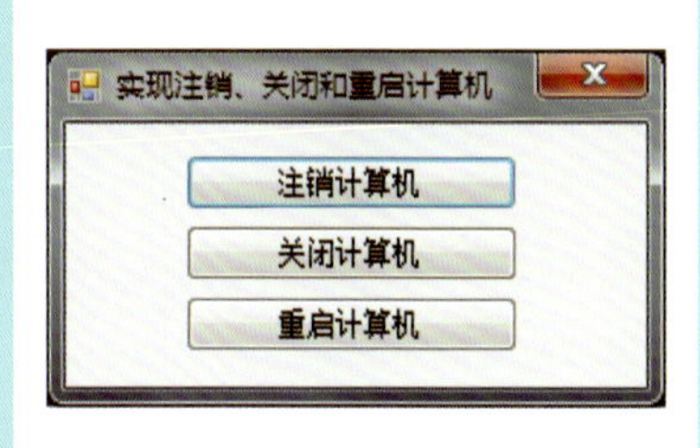

实例 122 实现注销、关闭和重启计算机

实例 139 使用 C# 打开 Windows 注册表

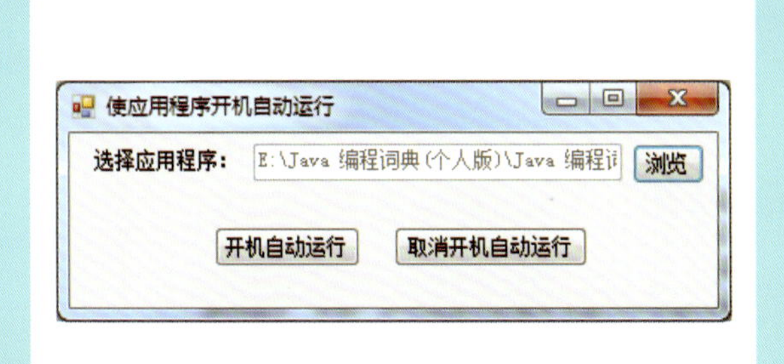

实例 134 使应用程序开机自动运行

实例 137 设置任务栏时间样式

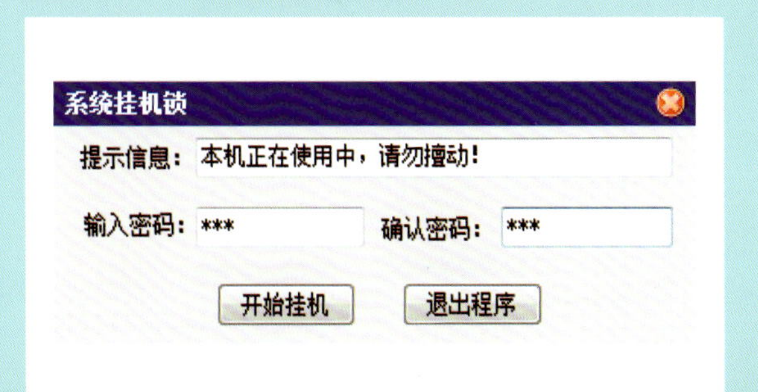

实例 131 系统挂机锁

当前时间
2017年6月23日 星期五 13:07:07
网络[接收:0B 发送:0B]

实例 182 获取网络信息及流量

C# 核心编程200例（视频课程+全套源程序）

本书部分案例

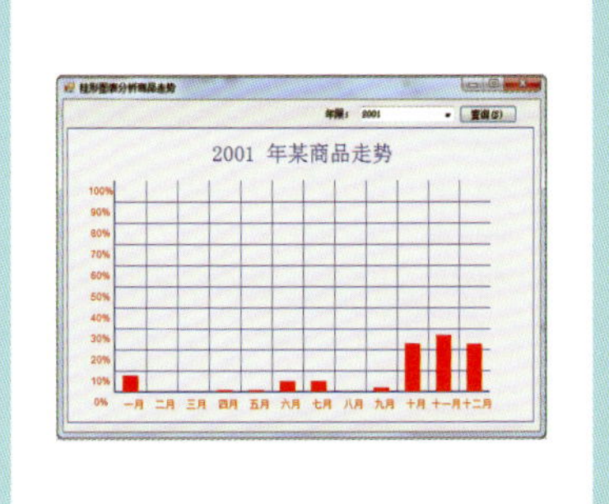

实例 098 利用柱形图表分析商品走势

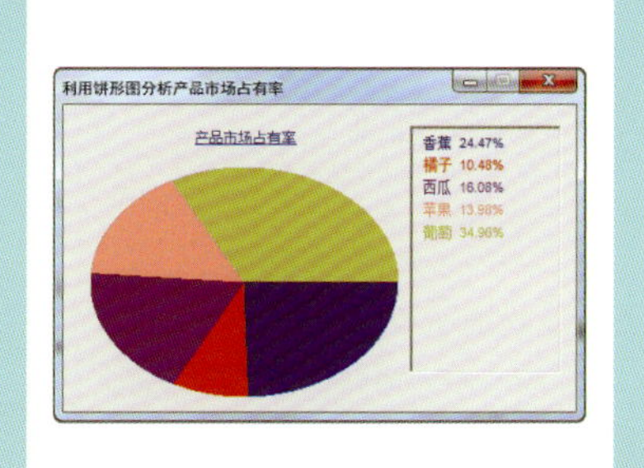

实例 100 利用饼形图分析产品市场占有率

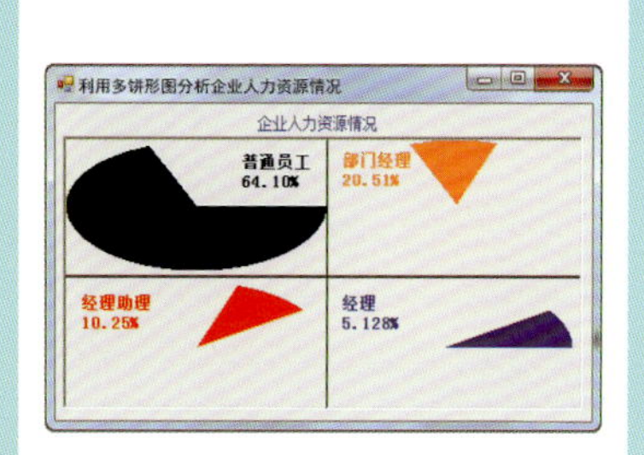

实例 101 利用多饼形图分析企业人力资源情况

实例 133 向注册表中写入信息

实例 140 设置 IE 浏览器的默认主页

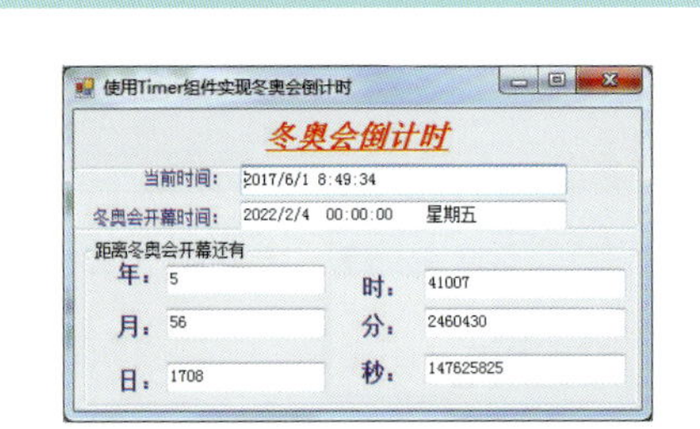

实例 002 使用 Timer 组件实现冬奥会倒计时

实例 011 使用 DataDiff 方法获取两个日期间隔的天数

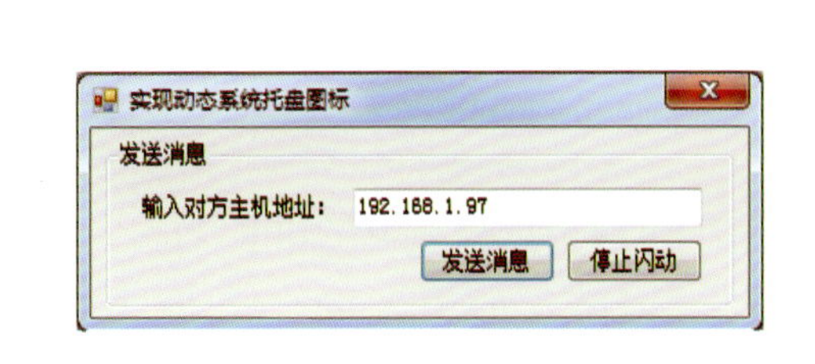

实例 025 实现动态系统托盘图标

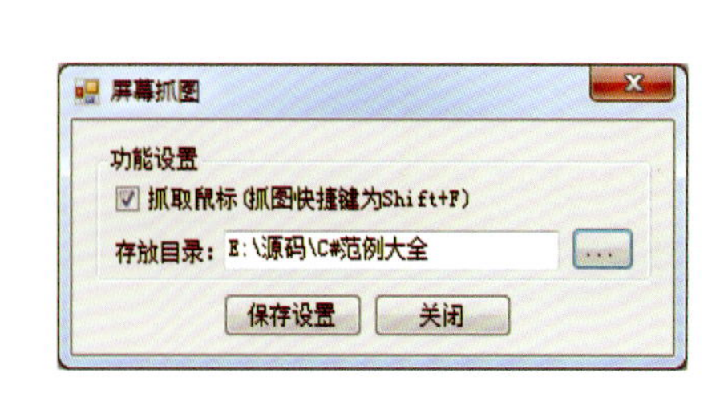

实例 091 屏幕抓图

C# 核心编程200例
（视频课程+全套源程序）
本书部分案例

实例 004 图形化的导航页面

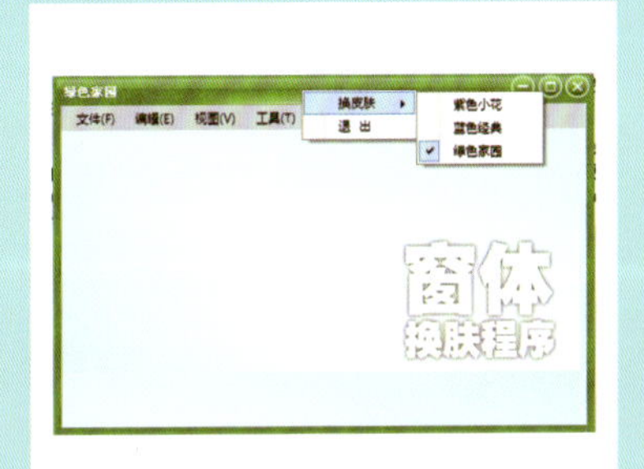

实例 022 窗体换肤程序

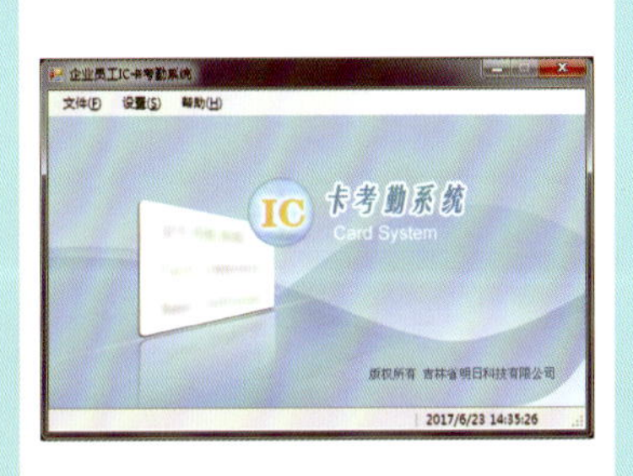

实例 198 企业员工 IC 卡考勤系统开发

实例 085 局部图像放大

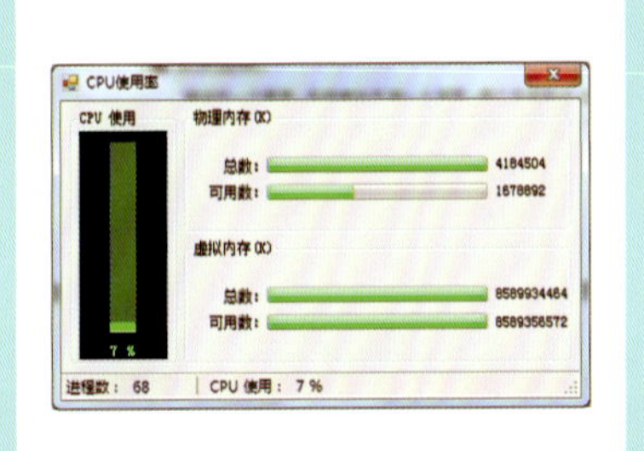

实例 125 CPU 使用率

实例 191 获取网络中工作组列表

实例 003 自定义最大化、最小化和关闭按钮

实例 019 设置窗体背景为指定图片

实例 104 MP3 播放器

实例 121 虚拟键盘操作

C# 核心编程200例
（视频课程+全套源程序）
本书部分案例

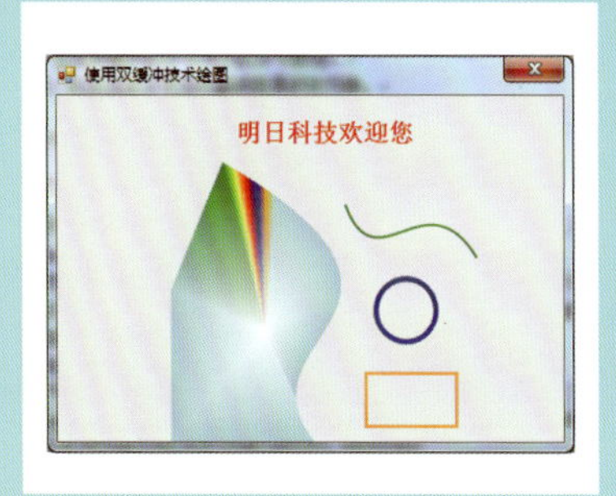

实例 084 使用双缓冲技术绘图

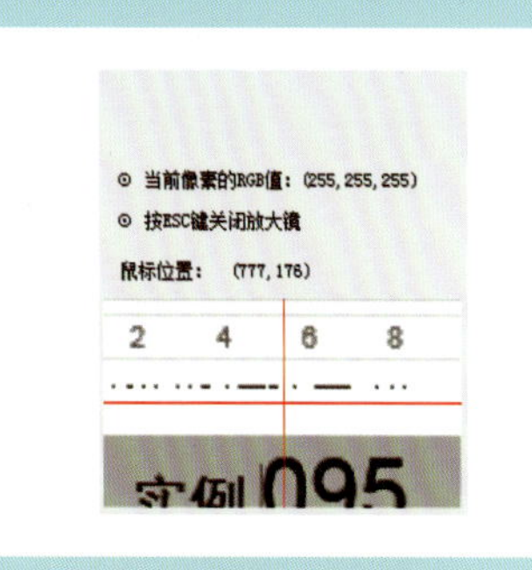

实例 095 屏幕放大镜

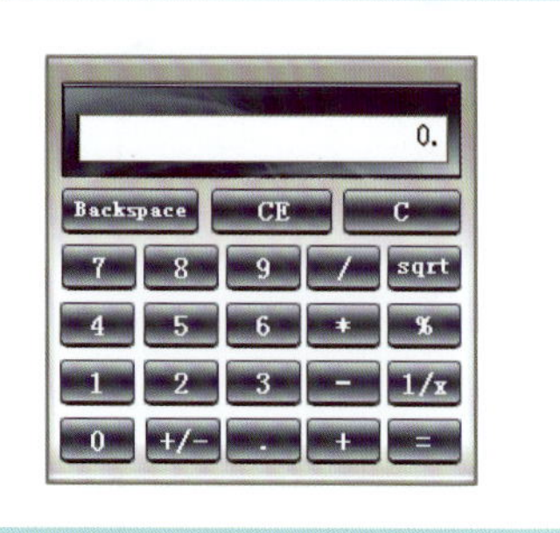

实例 106 开发一个语音计算器

实例 080 制作画桃花小游戏

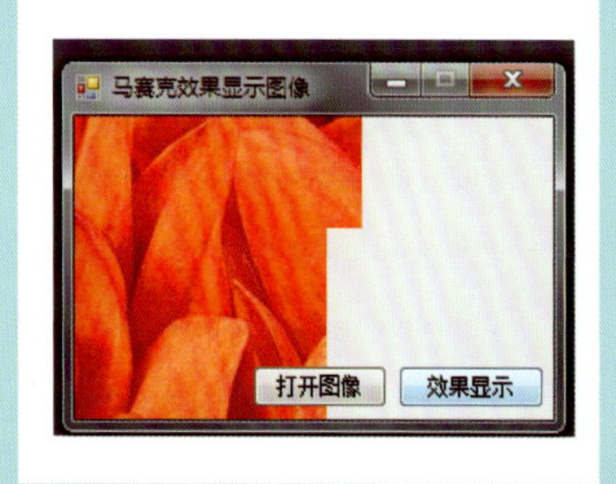

实例 087 马赛克效果显示图像

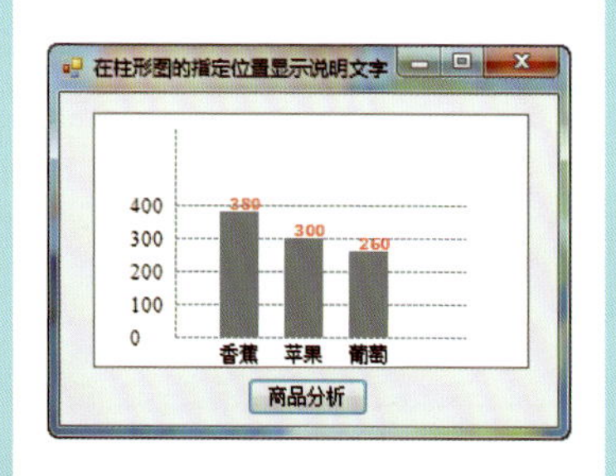

实例 097 在柱形图的指定位置显示说明文字

实例 092 抓取网站整页面

实例 096 打造自己的开心农场

实例 103 播放 Flash 动画

实例 120 屏蔽 Alt+F4 组合键关闭窗体

C#
核心编程200例
（视频课程+全套源程序）

李根福◎编著

清華大学出版社
北　京

内 容 提 要

这是一本C#编程的实用指南。本书精心挑选了涵盖C#开发应用关键领域的200个典型实例,实例按照“实例说明”“关键技术”“实现过程”“扩展学习”模块进行分析解读，旨在通过大量的实例演练帮助读者打好扎实的编程根基，进而掌握这一强大的编程开发工具。

本书内容涵盖了WinForm窗体开发、文件操作、图形图像及打印、系统及注册表操作、数据库操作应用、网络安全及硬件控制等领域的开发应用。每个实例都经过一线工程师精心编选，具有很强的实用性，这些实例为开发者提供了极佳的解决方案。另外，本书提供了AI辅助高效编程的使用指南，帮助读者掌握应用AI工具高效编程的使用技巧。本书还附赠C#编程开发的预备编程知识讲解视频、部分实例的实操讲解视频、环境搭建与程序调试讲解视频和全部实例的完整源程序等。

本书内容详尽，实例丰富，既适合高校学生、软件开发培训学员及相关求职人员学习，也适合C#程序员参考学习。

图书在版编目（CIP）数据

C#核心编程200例：视频课程+全套源程序 / 李根福编著. -- 北京：清华大学出版社，2025. 4. -- ISBN 978-7-302-68802-0

Ⅰ. TP312.8

中国国家版本馆CIP数据核字第2025NG6932号

责任编辑： 袁金敏
封面设计： 杨纳纳
责任校对： 徐俊伟
责任印制： 宋　林
出版发行： 清华大学出版社

网　　址： https://www.tup.com.cn，https://www.wqxuetang.com
地　　址： 北京清华大学学研大厦A座　　**邮　　编：** 100084
社 总 机： 010-83470000　　**邮　　购：** 010-62786544
投稿与读者服务： 010-62776969，c-service@tup.tsinghua.edu.cn
质 量 反 馈： 010-62772015，zhiliang@tup.tsinghua.edu.cn

印 装 者： 艺通印刷（天津）有限公司
经　　销： 全国新华书店
开　　本： 190mm×235mm　　**印　　张：** 27.5　　**彩　　插：** 2　　**字　　数：** 780千字
版　　次： 2025年5月第1版　　**印　　次：** 2025年5月第1次印刷
定　　价： 108.00元

产品编号：109206-01

前　言

程序开发是一项复杂而富有创造性的工作，它不仅需要开发人员掌握各方面的知识，还需要具备丰富的开发经验及创造性的编程思维。丰富的开发经验可以迅速提升开发人员解决实际问题的能力，从而缩短开发时间，使编程工作更为高效。

为使开发人员获得更多的经验，我们 C# 开发团队精心设计了 200 个经典实例，涵盖 C# 项目开发中的核心技术，以达到丰富编程经验、从实战中学技术的目的。

本书内容

本书分为 6 章，共计 200 个实例，书中实例均为一线开发人员精心设计，囊括了开发中经常使用和需要解决的热点、难点问题。在讲解实例时，分别从实例说明、关键技术、实现过程、扩展学习模块进行讲解。

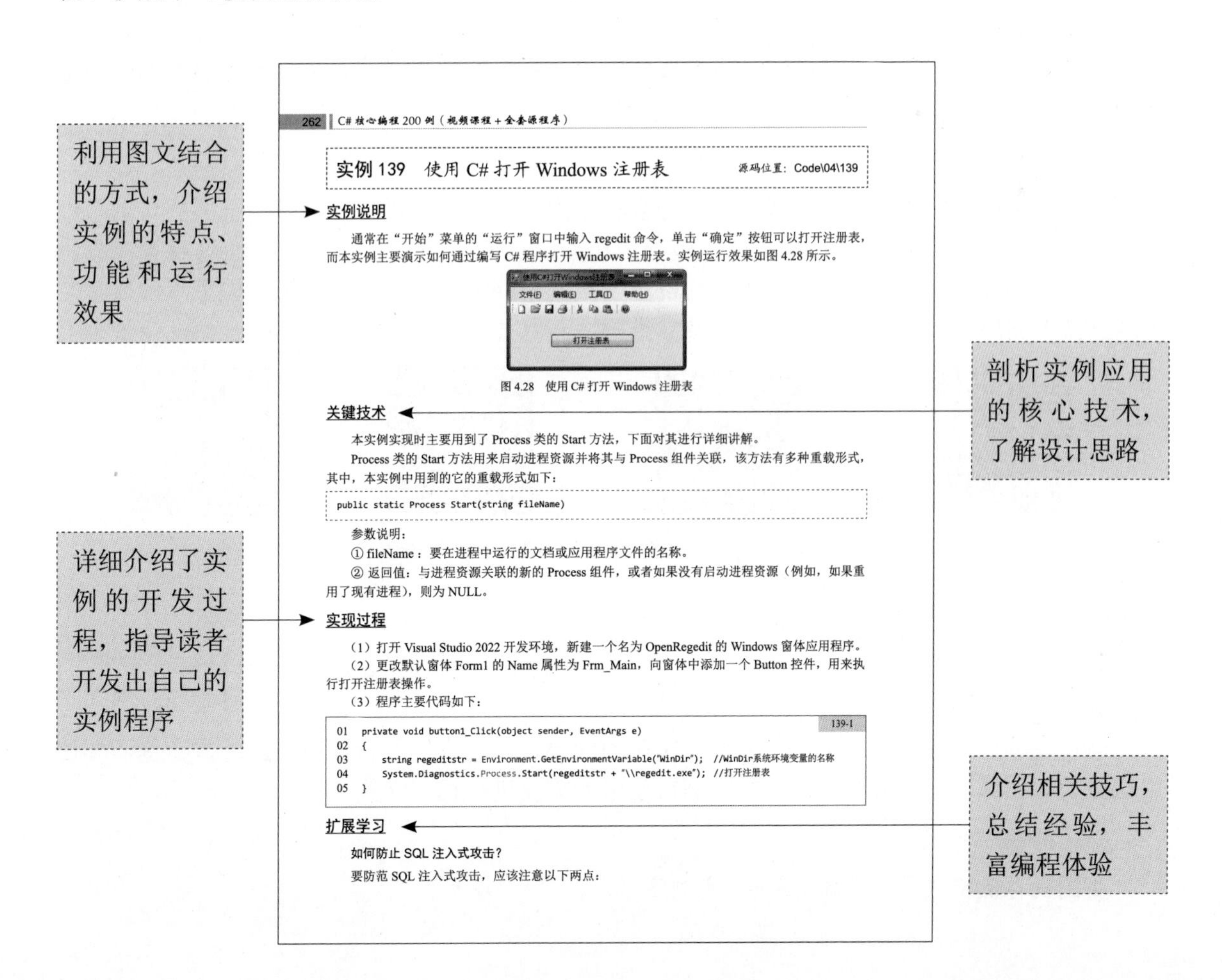

262 | C# 核心编程 200 例（视频课程＋全套源程序）

实例 139　使用 C# 打开 Windows 注册表　　源码位置：Code\04\139

实例说明

通常在“开始”菜单的“运行”窗口中输入 regedit 命令，单击“确定”按钮可以打开注册表，而本实例主要演示如何通过编写 C# 程序打开 Windows 注册表。实例运行效果如图 4.28 所示。

图 4.28　使用 C# 打开 Windows 注册表

关键技术

本实例实现时主要用到了 Process 类的 Start 方法，下面对其进行详细讲解。

Process 类的 Start 方法用来启动进程资源并将其与 Process 组件关联，该方法有多种重载形式，其中，本实例中用到的它的重载形式如下：

```
public static Process Start(string fileName)
```

参数说明：

① fileName：要在进程中运行的文档或应用程序文件的名称。

② 返回值：与进程资源关联的新的 Process 组件，或者如果没有启动进程资源（例如，如果重用了现有进程），则为 NULL。

实现过程

（1）打开 Visual Studio 2022 开发环境，新建一个名为 OpenRegedit 的 Windows 窗体应用程序。

（2）更改默认窗体 Form1 的 Name 属性为 Frm_Main，向窗体中添加一个 Button 控件，用来执行打开注册表操作。

（3）程序主要代码如下：

```
139-1
01  private void button1_Click(object sender, EventArgs e)
02  {
03      string regeditstr = Environment.GetEnvironmentVariable("WinDir");  //WinDir系统环境变量的名称
04      System.Diagnostics.Process.Start(regeditstr + "\\regedit.exe");  //打开注册表
05  }
```

扩展学习

如何防止 SQL 注入式攻击？

要防范 SQL 注入式攻击，应该注意以下两点：

本书特点

实例丰富，涵盖广泛

本书精选了 200 个实例，涵盖了 C# 程序开发各个方面的核心技术，以便读者积累丰富的开发经验。

关键技术实用、具体

书中所选实例由一线工程师精心编选而成，均是项目开发中经常使用的技术，涵盖了编程中多个方面的多种应用，可以帮助开发人员解读该技术的实现过程。读者在开发时所需的关键技术、技巧可以通过本书查找。

配套资源完善

为方便读者更好地使用本书进行学习，本书提供网络支持和服务，读者请使用手机扫描下方预备知识基础视频和项目开发讲解视频二维码，可以在手机端播放教学视频，也可以将本书视频下载到电脑中，在电脑端进行学习。

可操作性强

本书实例丰富，由浅入深讲解，易于读者学习和积累经验。开发人员可以参照本书中的实例，开发自己的程序。

服务完善

本书提供环境搭建视频、预备知识基础视频、部分项目开发讲解视频以及全书的实例源程序，另提供代码查错器帮助读者排查编程中的错误。读者可扫描以下视频二维码观看视频讲解，也可以扫描以下学习资源二维码，将资源下载到电脑中进行学习与演练。如果下载或学习中遇到技术问题，可以扫描以下技术支持二维码，获取技术帮助。

预备知识基础视频

项目开发讲解视频

学习资源二维码

技术支持二维码

本书特别约定

实例使用方法

用户在学习本书的过程中，可以打开实例源代码，修改实例的只读属性。有些实例需要使用相应的数据库或第三方资源，这些实例在使用前需要进行相应配置。

源码位置

实例的存储格式为“Code\ 章号 \ 实例序号”。

部分实例只给出关键代码

由于篇幅限制，书中有些实例只给出了关键代码，完整代码请参考资源包实例程序。

关于作者

本书由李根福策划并组织编写，参与编写的还有李永才、程瑞红、李贺、李佳硕、李海、高润岭、邹淑芳、张世辉、孙楠、孙德铭、周淑云、张勇生、刘清怀等，在此一并表示感谢。

在编写本书的过程中，我们本着科学、严谨的态度，力求精益求精，但疏漏在所难免，敬请广大读者批评指正。

最后祝福大家在求知路上披荆斩棘，用辛勤与汗水共铸通天之塔，直抵星辰！

编者

2025 年 4 月

目 录
Contents

第1章

WinForm 窗体开发

带图像列表的系统登录程序

使用 Timer 组件实现冬奥会倒计时

自定义最大化、最小化和关闭按钮

图形化的导航界面

字母与 ASCII 码的转换

……

实例 001　带图像列表的系统登录程序

源码位置：Code\01\001

实例说明

扫一扫，看视频

常用的管理软件一般都有系统登录验证模块，对进入系统的用户进行安全性检查，防止非法用户进入系统。本实例运行后，用户列表框中的每个用户都以图标的形式显示，增强了登录窗体的视觉效果。选择相应的图标，在“密码”文本框中输入正确的密码，将会在列表框中显示登录用户。实例运行效果如图 1.1 所示。

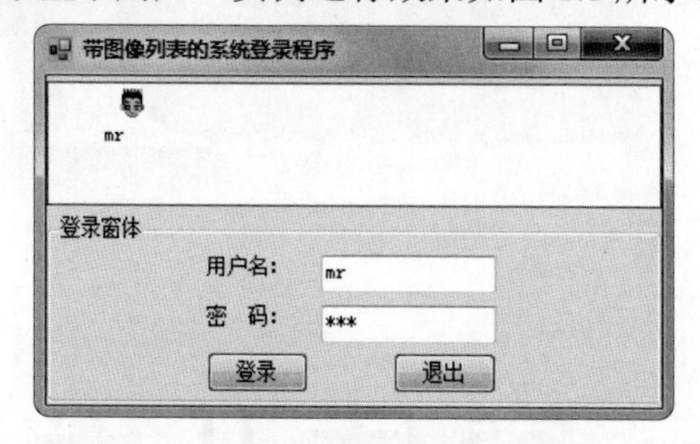

图 1.1　带图像列表的系统登录程序

关键技术

本实例使用了 ListView 控件。ListView 控件的 View 属性是一个 View 枚举值，用于获取或设置数据项在控件中的显示方式。

实现过程

（1）打开 Visual Studio 2022 开发环境，新建一个名为 UseImageList 的 Windows 窗体应用程序。

（2）更改默认窗体 Form1 的 Name 属性为 Frm_Main，向窗体中添加一个 ListView 控件，用于显示用户登录信息；添加两个 TextBox 控件，分别用于输入用户名和密码；添加两个 Button 按钮，分别用于登录系统和退出登录窗体。

（3）程序主要代码如下：

001-1

```
01  private void Method(DataTable dt)
02  {
03      lv_Person.Items.Clear();                        //清空控件中所有数据项
04      for (int j = 0; j < dt.Rows.Count; j++)
05      {
06          if (j % 2 == 0)
07          {
08              lv_Person.Items.Add(                    //添加数据项和图像
09                  dt.Rows[j][0].ToString(), 0);
10          }
11          else
12          {
```

```
13              lv_Person.Items.Add(                                  //添加数据项和图像
14                  dt.Rows[j][0].ToString(), 1);
15          }
16      }
17  }
```

扩展学习

ListView 控件的 View 属性

ListView 控件的 View 属性用于设置数据项在控件中的显示方式，该属性是一个 View 枚举值，View 枚举值包括 LargeIcon、Details、SmallIcon、List 和 Tile。

实例 002　使用 Timer 组件实现冬奥会倒计时　源码位置：Code\01\002

实例说明

使用 Timer 组件，可以按用户定义的时间间隔来引发事件。引发的事件一般为周期性的，每隔若干秒或若干毫秒执行一次。本实例中使用 Timer 组件实现了 2022 年北京冬奥会倒计时功能，实例运行效果如图 1.2 所示。

图 1.2　使用 Timer 组件实现冬奥会倒计时

关键技术

本实例主要用到了 Timer 组件的 Enabled 属性，用于获取或设置计时器的运行状态。

实现过程

（1）打开 Visual Studio 2022 开发环境，新建一个名为 TimeNow 的 Windows 窗体应用程序。

（2）更改默认窗体 Form1 的 Name 属性为 Frm_Main，向窗体中添加 8 个 TextBox 文本框控件，分别用于显示 2022 年北京冬奥会倒计时信息；添加一个 Timer 组件，用于间隔性地计算倒计时信息。

（3）程序主要代码如下：

002-1

```
01  private void timer1_Tick(object sender, EventArgs e)
02  {
03      DateTime get_time1 = DateTime.Now;                        //获取当前系统时间
04      DateTime sta_ontime1 = Convert.ToDateTime(                 //获取冬奥会开幕时间
05          Convert.ToDateTime( “2022-2-4 00:00:00” ));
06      txtYear.Text = DateAndTime.DateDiff(                       //计算相隔年数
07          "yyyy", get_time1, sta_ontime1,
08          FirstDayOfWeek.Sunday,
09          FirstWeekOfYear.FirstFourDays).ToString();
10      txtMonth.Text = DateAndTime.DateDiff(                      //计算相隔月数
11          "m", get_time1, sta_ontime1,
12          FirstDayOfWeek.Sunday,
13          FirstWeekOfYear.FirstFourDays).ToString();
14      textday.Text = DateAndTime.DateDiff(                       //计算相隔天数
15          "d", get_time1, sta_ontime1,
16          FirstDayOfWeek.Sunday,
17          FirstWeekOfYear.FirstFourDays).ToString();
18      txtHour.Text = DateAndTime.DateDiff(                       //计算相隔小时数
19          "h", get_time1, sta_ontime1,
20          FirstDayOfWeek.Sunday,
21          FirstWeekOfYear.FirstFourDays).ToString();
22      txtmintue.Text = DateAndTime.DateDiff(                     //计算相隔分数
23          "n", get_time1, sta_ontime1,
24          FirstDayOfWeek.Sunday,
25          FirstWeekOfYear.FirstFourDays).ToString();
26      txtsecon.Text = DateAndTime.DateDiff(                      //计算相隔秒数
27          "s", get_time1, sta_ontime1,
28          FirstDayOfWeek.Sunday,
29          FirstWeekOfYear.FirstFourDays).ToString();
30      textBox1.Text = DateTime.Now.ToString();
31  }
```

扩展学习

使用 DateAndTime 类的 DateDiff 方法计算时间间隔

由于 DateAndTime 类定义在 Visual Basic 的程序集中，所以使用 DateAndTime 类时，首先要引用 Visual Basic 程序集并添加 Microsoft.Visual Basic 命名空间，然后即可方便地使用 DateAndTime 类的 DateDiff 方法。

实例 003　自定义最大化、最小化和关闭按钮　源码位置：Code\01\003

实例说明

扫一扫，看视频

用户在制作应用程序时，为了使用户界面更加美观，一般都自行设计窗体的外观，以及窗体的最大化、最小化和关闭按钮。本实例通过资源文件来存储窗体的外观，以及最大化、最小化和关闭按钮的图片，再通过鼠标移入、移出事件来实现按钮的动态效果。

实例运行效果如图 1.3 所示。

图 1.3　自定义最大化、最小化和关闭按钮

关键技术

本实例首先使用资源文件来存储窗体的外观、“最大化”“最小化”和“关闭”按钮的图片，然后使用窗体的 WindowState 属性实现窗体的最大化、最小化和还原操作。

实现过程

（1）打开 Visual Studio 2022 开发环境，新建一个名为 ControlFormStatus 的 Windows 窗体应用程序。

（2）更改默认窗体 Form1 的 Name 属性为 Frm_Main，向窗体中添加两个 Panel 控件，分别用来显示窗体标题栏和标题栏下面的窗体部分；添加 3 个 PictureBox 控件，分别用来表示“最大化”“最小化”和“关闭”按钮。

（3）程序主要代码如下：

003-1

```
01  ///<summary>
02  ///设置窗体最大化、最小化和关闭按钮的单击事件
03  ///</summary>
04  ///<param Frm_Tem="Form">窗体</param>
05  ///<param n="int">标识</param>
06  public void FrmClickMeans(Form Frm_Tem, int n)
07  {
08      switch (n)                                                          //窗体的操作样式
09      {
10          case 0:                                                         //窗体最小化
11              Frm_Tem.WindowState = FormWindowState.Minimized;            //窗体最小化
12              break;
13          case 1:                                                         //实现窗体最大化和还原的切换
14              {
15                  if (Frm_Tem.WindowState == FormWindowState.Maximized)   //如果窗体当前是最大化
16                      Frm_Tem.WindowState = FormWindowState.Normal;       //还原窗体大小
17                  else
18                      Frm_Tem.WindowState = FormWindowState.Maximized;    //窗体最大化
19                  break;
20              }
21          case 2:                                                         //关闭窗体
22              Frm_Tem.Close();
23              break;
24      }
25  }
```

扩展学习

通过属性控制窗体的最大化和最小化

Windows 窗体提供了“最大化”和“最小化”按钮，开发人员可以根据需要设置这两个按钮可用或不可用，该功能主要通过设置 Windows 窗体的 MaximizeBox 属性和 MinimizeBox 属性来实现，其中 MaximizeBox 属性用来设置窗体的“最大化”按钮是否可用，MinimizeBox 属性用来设置窗体的“最小化”按钮是否可用。

实例 004　图形化的导航界面

源码位置：Code\01\004

实例说明

扫一扫，看视频

图形化的导航界面，顾名思义就是在窗体中使用图形导航代替传统的文字导航。与传统的文字导航界面相比，图形化导航界面的优势在于可以使得窗体界面更加美观、吸引人。本实例使用 C# 制作了一个图形化的导航界面，实例运行效果如图 1.4 所示。

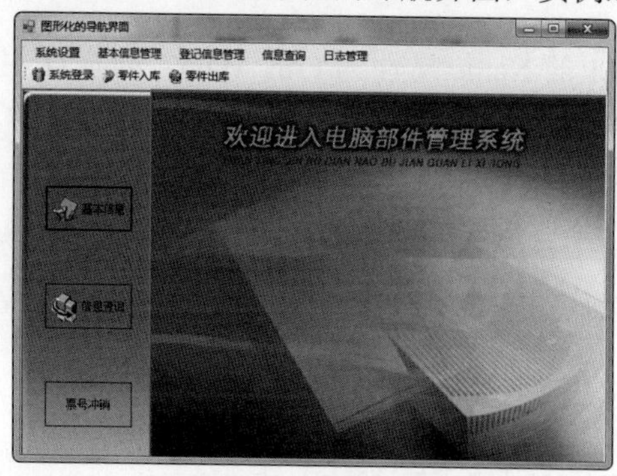

图 1.4　图形化的导航界面

关键技术

本实例主要用到了 Button 控件的 BackColor 属性、FlatStyle 属性和 TextImageRelation 属性。BackColor 属性主要用来获取或设置控件的背景色，FlatStyle 属性主要用来获取或设置按钮控件的平面样式外观，TextImageRelation 属性主要用来获取或设置文本和图像之间的相对位置。

实现过程

（1）打开 Visual Studio 2022 开发环境，新建一个名为 ImageNavigationForm 的 Windows 窗体应用程序。

（2）更改默认窗体 Form1 的 Name 属性为 Frm_Main，在该窗体中添加一个 MenuStrip 控件，用来设计菜单栏；添加一个 ToolStrip 控件，用来设计工具栏；添加两个 Panel 控件，用来将窗体分割成两部分；添加 13 个 Button 控件，将它们的 BackColor 属性设置为 Transparent、FlatStyle 属性设置为 Flat、TextImageRelation 属性设置为 ImageBeforeText，这些 Button 控件用来设计图形化的导航按钮。

（3）程序主要代码如下：

004-1

```
01  private void button1_Click(object sender, EventArgs e)
02  {
03      button5.Visible = true;                                 //设置button5控件可见
04      button6.Visible = true;                                 //设置button6控件可见
05      button7.Visible = true;                                 //设置button7控件可见
06  }
07  private void button2_Click(object sender, EventArgs e)
08  {
09      button8.Visible = true;                                 //设置button8控件可见
10      button9.Visible = true;                                 //设置button9控件可见
11      button10.Visible = true;                                //设置button10控件可见
12  }
13  private void button3_Click(object sender, EventArgs e)
14  {
15      button11.Visible = true;                                //设置button11控件可见
16      button12.Visible = true;                                //设置button12控件可见
17      button13.Visible = true;                                //设置button13控件可见
18  }
```

扩展学习

ToolStrip 控件的使用

ToolStrip 控件主要用来设计窗体的工具栏，使用该控件可以创建具有 Windows XP、Office、Internet Explorer 或自定义的外观和行为的工具栏及其他用户界面元素，这些元素支持溢出及运行时项重新排序。

实例 005　字母与 ASCII 码的转换

源码位置：Code\01\005

实例说明

ASCII（American Standard Code for Information Interchange，美国信息互换标准代码）是基于拉丁字母的编码系统，也是现今最通用的单字节编码系统。在程序设计中，可以方便地将字母转换为 ASCII 码，或将 ASCII 码转换为字母。实例运行效果如图 1.5 所示。

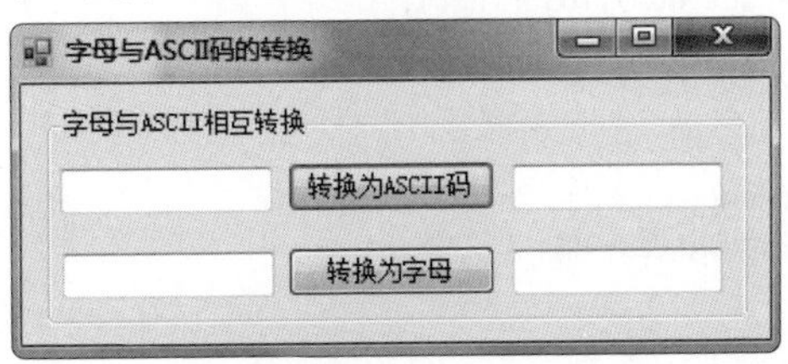

图 1.5　字母与 ASCII 码的转换

关键技术

本实例实现时主要用到了 Encoding 对象的 GetBytes 方法，GetBytes 方法接收一个字符串或字符数组作为参数，最后返回字节数组，可以根据字节数组得到字母的 ASCII 码。

实现过程

（1）打开 Visual Studio 2022 开发环境，新建一个名为 ASCII 的 Windows 窗体应用程序。

（2）更改默认窗体 Form1 的 Name 属性为 Frm_Main，更改 Text 属性为“字母与 ASCII 码的转换”，向窗体中添加一个 GroupBox 控件，向 GroupBox 控件中添加 4 个 TextBox 控件，分别用于输入和输出字符及 ASCII 码信息；向 GroupBox 控件中添加两个 Button 控件，分别用于将字母转换为 ASCII 码，或者将 ASCII 码转换为字母。

（3）程序主要代码如下：

005-1

```
01  private void btn_ToASCII_Click(object sender, EventArgs e)
02  {
03      if (txt_char.Text != string.Empty)                          //判断输入是否为空
04      {
05          if (Encoding.GetEncoding("unicode").                    //判断输入是否为字母
06              GetBytes(new char[] { txt_char.Text[0] })[1] == 0)
07          {
08              txt_ASCII.Text = Encoding.GetEncoding(              //获取字符的ASCII码值
09                  "unicode").GetBytes(txt_char.Text).ToString();
10          }
11          else
12          {
13              txt_ASCII.Text = string.Empty;                      //输出空字符串
14              MessageBox.Show("请输入字母！", "提示！");            //提示用户信息
15          }
16      }
17  }
18  private void btn_ToChar_Click(object sender, EventArgs e)
19  {
20      if (txt_ASCII2.Text != string.Empty)                        //判断输入是否为空
21      {
22          int P_int_Num;                                          //定义整型局部变量
23          if (int.TryParse(                                       //将输入的字符转换为数字
24              txt_ASCII2.Text, out P_int_Num))
25          {
26              txt_Char2.Text =
27                  ((char)P_int_Num).ToString();                   //将ASCII码转换为字符
28          }
29          else
30          {
31              MessageBox.Show(                                    //如果输入不符合要求，则弹出提示框
32                  "请输入正确的ASCII码值。", "错误！");
33          }
```

```
34        }
35    }
```

扩展学习

将字母显式转换为数值会得到字符的 ASCII 码值

Char 是值类型，可以将字母显式转换为整数数值，从而方便地得到字母的 ASCII 码。同样，可以将整数数值显式转换为 Char，从而得到字母。

实例 006　汉字与区位码的转换

源码位置：Code\01\006

实例说明

区位码是一个 4 位的十进制数，每个区位码都对应着一个唯一的汉字，区位码的前两位叫作区码，后两位叫作位码。考生在填写高考信息表时会用到汉字区位码，如在报考志愿表中也需要填写汉字区位码。在程序中可以方便地将汉字转换为区位码。实例运行效果如图 1.6 所示。

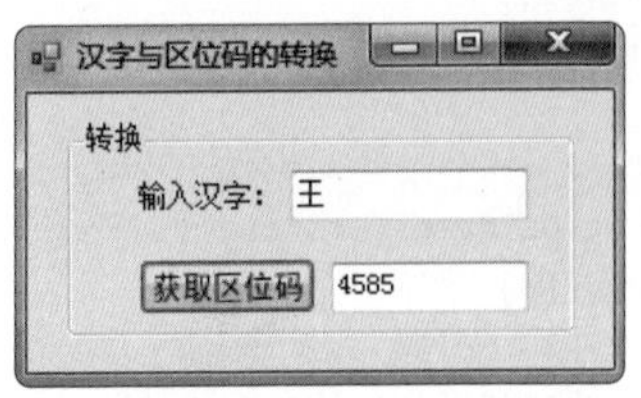

图 1.6　汉字与区位码的转换

关键技术

本实例重点在于向读者介绍将汉字字符转换成区位码的方法。转换汉字区位码的过程十分简单，首先通过 Encoding 对象的 GetBytes 方法获取汉字的字节数组，将字节数组的第一位和第二位分别转换为整型数值，然后将得到的两个整型数值分别减 160 后转换为字符串，连接两个字符串就组成了汉字区位码。

Encoding对象的GetBytes方法提供了多个重载，可以接收字符串、字符数组等对象。

实现过程

（1）打开 Visual Studio 2022 开发环境，新建一个名为 ChineseCode 的 Windows 窗体应用程序。

（2）更改默认窗体 Form1 的 Name 属性为 Frm_Main，更改 Text 属性为“汉字与区位码的转换”，向窗体中添加一个 GroupBox 控件，向 GroupBox 控件中添加两个 TextBox 控件，分别用于输入汉字信息和输出区位码信息；向 GroupBox 控件中添加一个 Button 控件，用于将汉字转换为区位码。

（3）程序主要代码如下：

```
006-1
01  private void btn_Get_Click(object sender, EventArgs e)
02  {
03      if (txt_Chinese.Text != string.Empty)                     //判断输入是否为空
04      {
05          try
06          {
07              txt_Num.Text =                                    //获取汉字区位码信息
08                  getCode(txt_Chinese.Text);
09          }
10          catch (IndexOutOfRangeException ex)
11          {
12              MessageBox.Show(                                  //使用消息对话框提示异常信息
13                  ex.Message + "请输入正确的汉字", "出错！");
14          }
15      }
16  }
17  ///<summary>
18  ///获取汉字区位码方法
19  ///</summary>
20  ///<param name="strChinese">汉字字符</param>
21  ///<returns>返回汉字区位码</returns>
22  public string getCode(string Chinese)
23  {
24      string P_str_Code = "";
25      byte[] P_bt_array = new byte[2];                          //定义一个字节数组，用于存储汉字
26      P_bt_array = Encoding.Default.GetBytes(Chinese);          //为字节数组赋值
27      int front = (short)(P_bt_array[0] - '\0');                //将字节数组的第一位转换成int类型
28      int back = (short)(P_bt_array[1] - '\0');                 //将字节数组的第二位转换成int类型
29      P_str_Code = (front - 160).ToString() + (back - 160).ToString();   //计算区位码
30      return P_str_Code;                                        //返回区位码
31  }
```

扩展学习

使用 FileStream 对象将字节数组写入文件

使用 Encoding 对象的 GetBytes 方法可以获取字符串对象的字节数组，现在可以创建一个 FileStream 对象，方便地将字节数组写入文件中。同样，也可以从文件中读取字节数组，然后调用 Encoding 对象的 GetString 方法将字符数组转换为字符串。

实例 007　将汉字转换为拼音

源码位置：Code\01\007

实例说明

扫一扫，看视频

我们经常使用拼音或五笔等输入法向文档中输入汉字。使用拼音输入法获取汉字的过程是通过用户输入的拼音，输入法会智能地匹配到相应的汉字或汉字中的词并输出。本实例将介绍一个很有趣的功能，即将汉字转换为拼音。实例运行效果如图 1.7 所示。

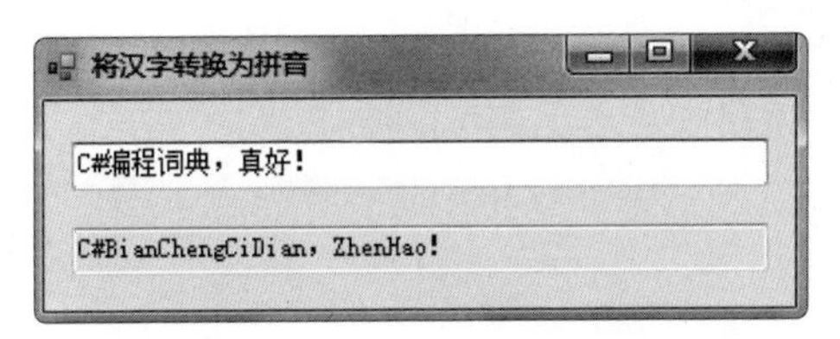

图 1.7　将汉字转换为拼音

关键技术

本实例使用了 PinYin 类，PinYin 类使用了正则表达式和 ToCharArray 方法。

注意

正则表达式经常用于数字或字符串等信息的验证及提取。

实现过程

（1）打开 Visual Studio 2022 开发环境，新建一个名为 ChineseToABC 的 Windows 窗体应用程序。

（2）更改默认窗体 Form1 的 Name 属性为 Frm_Main，向窗体中添加两个 TextBox 控件，分别用于输入汉字信息和输出拼音信息。

（3）程序主要代码如下：

007-1

```
01  ///<summary>
02  ///将汉字转换为拼音的方法
03  ///</summary>
04  ///<param name="str">汉字字符串</param>
05  ///<returns>拼音字符串</returns>
06  public string GetABC(string str)
07  {
08      Regex reg = new Regex("^[\u4e00-\u9fa5]$");          //验证输入是否为汉字
09      byte[] arr = new byte[2];                           //定义字节数组
10      string pystr = "";                                  //定义字符串变量并添加引用
11      char[] mChar = str.ToCharArray();                   //获取汉字对应的字符数组
12      return GetStr(mChar, pystr, reg, arr);              //返回获取到的汉字拼音
13  }
```

扩展学习

使用正则表达式，可以方便地操作字符串，对字符串进行验证或提取。在本实例中，使用正则表达式验证字符串中的每一个字符是否为汉字，如果字符为汉字，则查找汉字的拼音。

实例 008　从字符串中分离文件路径、文件名及扩展名

源码位置：Code\01\008

实例说明

对文件进行操作时，首先要获取文件路径信息，然后创建文件对象，通过 I/O 流将

数据读取到内存中并进行处理。在操作文件过程中可能还需要提取文件的一些信息，如文件的路径、文件名及文件扩展名。实例运行效果如图 1.8 所示。

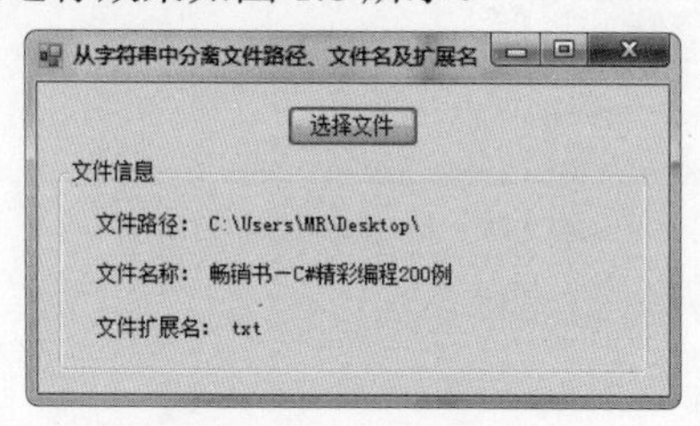

图 1.8　从字符串中分离文件路径、文件名及扩展名

关键技术

本实例使用字符串对象的 Substring 方法截取字符串，使用 LastIndexOf 方法查找字符或字符串在指定字符串中的索引。

实现过程

（1）打开 Visual Studio 2022 开发环境，新建一个名为 FilePathString 的 Windows 窗体应用程序。

（2）更改默认窗体 Form1 的 Name 属性为 Frm_Main，向窗体中添加 3 个 Label 控件，分别用于输出文件的路径、文件名及扩展名；添加一个 Button 控件，用于处理字符串中的路径信息。

（3）程序主要代码如下：

```
008-1
01  private void btn_Openfile_Click(object sender, EventArgs e)
02  {
03      if (openFileDialog1.ShowDialog() == DialogResult.OK)                    //判断是否选择了文件
04      {
05          string P_str_all = openFileDialog1.FileName;                        //记录选择的文件全路径
06          //获取文件路径
07          string P_str_path = P_str_all.Substring(0, P_str_all.LastIndexOf("\\") + 1);
08          string P_str_filename =                                             //获取文件名
09              P_str_all.Substring(P_str_all.LastIndexOf("\\") + 1,
10              P_str_all.LastIndexOf(".") -
11              (P_str_all.LastIndexOf("\\") + 1));
12          string P_str_fileexc =                                              //获取文件扩展名
13              P_str_all.Substring(P_str_all.LastIndexOf(".") + 1,
14              P_str_all.Length - P_str_all.LastIndexOf(".") - 1);
15          lb_filepath.Text = "文件路径： " + P_str_path;                      //显示文件路径
16          lb_filename.Text = "文件名称： " + P_str_filename;                  //显示文件名称
17          lb_fileexc.Text = "文件扩展名： " + P_str_fileexc;                  //显示文件扩展名
18      }
19  }
```

扩展学习

IndexOf 方法与 LastIndexOf 方法的异同

使用 IndexOf 方法与 LastIndexOf 方法都可以用来查找字符或字符串在指定字符串对象中的索

引，如果未找到匹配的字符或字符串则会返回 -1。二者的不同之处在于，IndexOf 方法从字符串对象的前端向后端查找第一个匹配项的索引，而 LastIndexOf 方法从字符串对象的后端向前端查找第一个匹配项的索引。

实例 009 进制转换器

源码位置：Code\01\009

实例说明

电脑中的 CPU（中央处理器）有着强大的处理能力，它能够处理大量的二进制信息。在生活中使用的是十进制信息，而电脑处理的是二进制信息，所以要使用相应的方法将十进制信息转换为二进制信息，本实例将实现在二进制、八进制、十进制、十六进制之间进行转换。实例运行效果如图 1.9 所示。

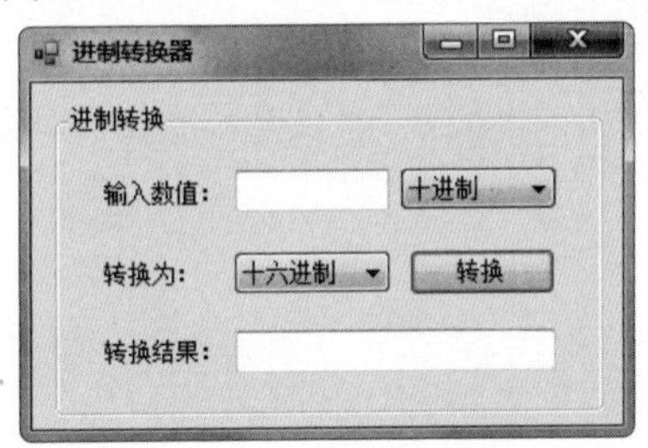

图 1.9 进制转换器

关键技术

本实例使用 Convert.ToString 方法将十进制信息转换为指定类型的信息，使用 Convert.ToInt64 方法将指定类型的信息转换为十进制信息。

实现过程

（1）打开 Visual Studio 2022 开发环境，新建一个名为 Conversion 的 Windows 窗体应用程序。

（2）更改默认窗体 Form1 的 Name 属性为 Frm_Main，向窗体中添加两个 TextBox 控件，分别用于输入数值和显示转换后的数值；添加两个 Combobox 控件，分别用于设置输入数值的进制类型和转换为数值的进制类型；添加一个 Button 控件，用于进制转换。

（3）程序主要代码如下：

009-1

```
01  private void Action()
02  {
03      if (cbox_select.SelectedIndex != 3)                //判断用户输入的是否为十六进制数
04      {
05          long P_lint_value;                             //定义长整型变量
06          if (cbox_select.SelectedIndex == 0)            //判断用户输入的是否为十进制数
07          {
08              switch (cbox_select2.SelectedIndex)
09              {
```

```
10                  case 0:
11                      txt_result.Text = txt_value.Text;              //将十进制转为十进制
12                      break;
13                  case 1:
14                      txt_result.Text =                              //将十进制转为二进制
15                          new Transform().TenToBinary(
16                          long.Parse(txt_value.Text));
17                      break;
18                  case 2:
19                      txt_result.Text =                              //将十进制转为八进制
20                          new Transform().TenToEight(
21                          long.Parse(txt_value.Text));
22                      break;
23                  case 3:
24                      txt_result.Text =                              //将十进制转为十六进制
25                          new Transform().TenToSixteen(
26                          long.Parse(txt_value.Text));
27                      break;
28              }
29          }
30      }
31  }
```

扩展学习

配合使用 Convert.ToString 方法与 Convert.ToInt64 方法

使用 Convert.ToString 方法可以将十进制数值转换为二进制、八进制或十六进制数值的字符串，使用 Convert.ToInt64 方法可以将二进制、八进制或十六进制数值的字符串转换为十进制数值。那么，将二进制数值转换为十六进制数值应当怎样转换呢？可以配合使用上面的两个方法，首先使用 Convert.ToInt64 方法将二进制数值转换为十进制数值，然后调用 Convert.ToString 方法将十进制数值转换为十六进制数值的字符串。

实例 010　根据年份判断十二生肖

源码位置：Code\01\010

实例说明

扫一扫，看视频

我们伟大的祖国拥有着五千年的悠久历史和灿烂的文化，其中，十二生肖的故事广为流传，十二生肖也是纪年的一种方法，本实例将输出输入的年份是十二生肖中的哪一个。实例运行效果如图 1.10 所示。

关键技术

本实例将使用 ChineseLunisolarCalendar 对象的 GetSexagenaryYear 和 GetTerrestrialBranch 方法判断输入的年份的生肖信息。

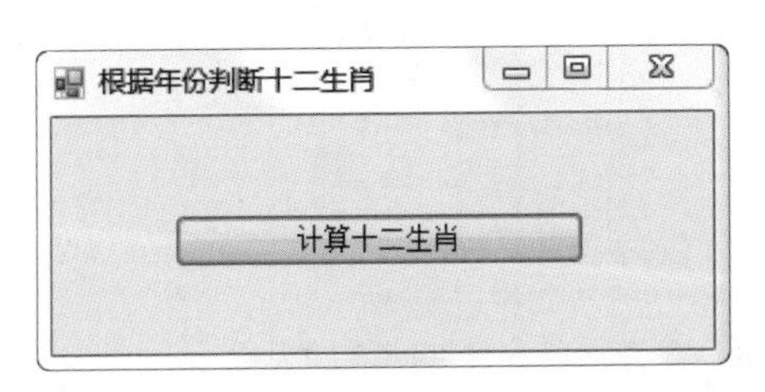

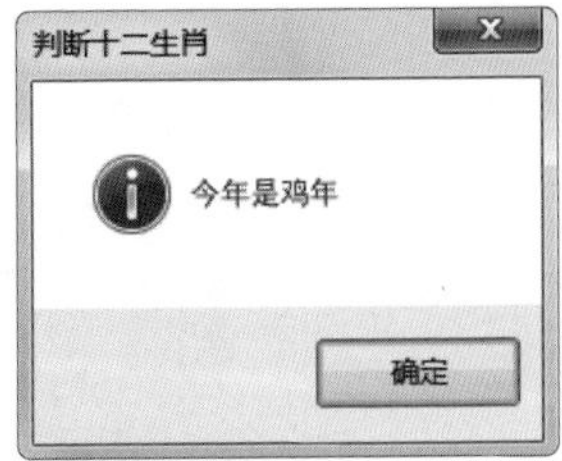

图 1.10　根据年份判断十二生肖

实现过程

（1）打开 Visual Studio 2022 开发环境，新建一个名为 GetShengXiao 的 Windows 窗体应用程序。

（2）更改默认窗体 Form1 的 Name 属性为 Frm_Main，向窗体中添加一个 Button 控件，用于显示输入年份的生肖信息。

（3）程序主要代码如下：

010-1

```
01  private void button1_Click(object sender, EventArgs e)
02  {
03      System.Globalization.ChineseLunisolarCalendar chinseCaleander =          //创建日历对象
04          new System.Globalization.ChineseLunisolarCalendar();
05      string TreeYear = "鼠牛虎兔龙蛇马羊猴鸡狗猪";                              //创建字符串对象
06      int intYear = chinseCaleander.GetSexagenaryYear(DateTime.Now);           //计算年信息
07      string Tree = TreeYear.Substring(chinseCaleander.                        //获取生肖信息
08          GetTerrestrialBranch(intYear) - 1, 1);
09      MessageBox.Show("今年是十二生肖" + Tree + "年",                            //输出生肖信息
10          "判断十二生肖", MessageBoxButtons.OK,
11          MessageBoxIcon.Information);
12  }
```

扩展学习

使用求余的方式判断生肖信息

本实例中使用了 GetTerrestrialBranch 方法根据年份判断生肖，现在可以使用更加简单的方法判断年份对应的十二生肖，即使用指定的年份除以 12 求余，如果余数为 0，该年份为猴年，余数为 1 则该年份为鸡年，以此类推。

实例 011　使用 DateDiff 方法获取两个日期间隔的天数

源码位置：Code\01\011

实例说明

在程序设计过程中，经常需要计算两个日期间相隔的天数，如计算上次商品入库到本次商品入库相隔几天。本实例使用 DateDiff 方法方便地计算出两个日期间隔的天数。实例运行效果如图 1.11 所示。

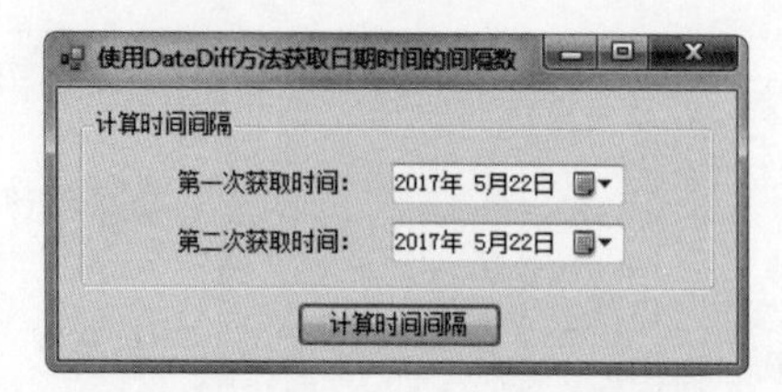

图 1.11　使用 DateDiff 方法获取日期间隔的天数

关键技术

本实例使用 DateAndTime 类的 DateDiff 静态方法可以方便地获取两个日期的间隔的天数。

实现过程

（1）打开 Visual Studio 2022 开发环境，新建一个名为 GetDateDiff 的 Windows 窗体应用程序。

（2）由于 DateDiff 是 Visual Basic 中的方法，所以要添加 Visual Basic 程序集的引用。首先，在“解决方案资源管理器”面板中右击“引用”，在弹出的快捷菜单中选择“添加引用”选项，如图 1.12 所示。

在弹出的“添加引用”窗口中选择 Microsoft.VisualBasic 程序集的引用，单击“确定”按钮，如图 1.13 所示。最后在代码中添加命名空间的引用“using Microsoft.VisualBasic;”。

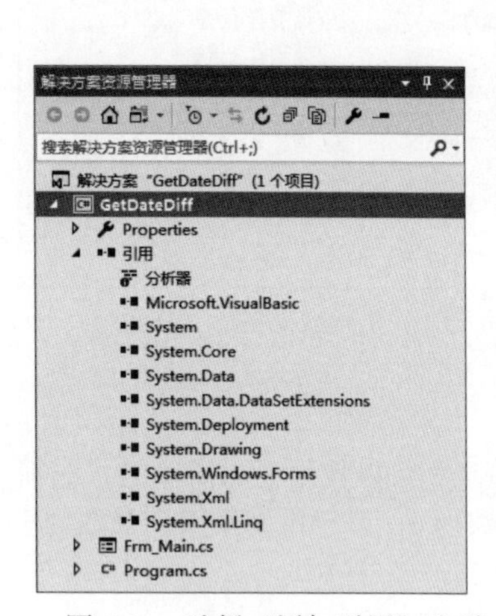

图 1.12　选择“添加引用”选项

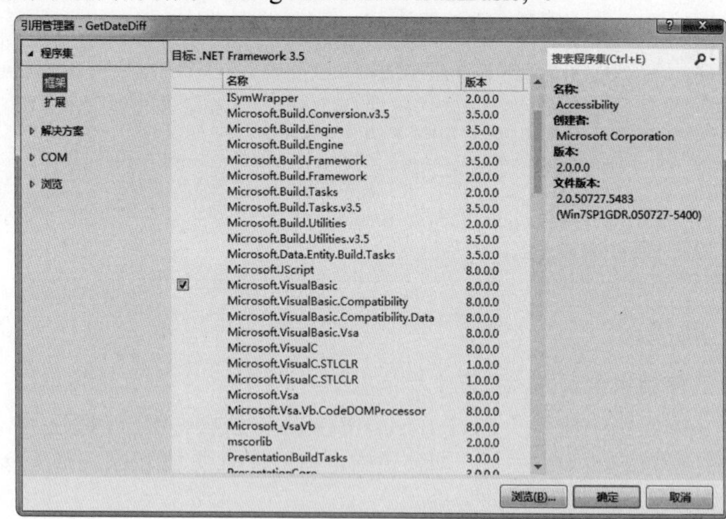

图 1.13　添加 Microsoft.VisualBasic 程序集的引用

（3）更改默认窗体 Form1 的 Name 属性为 Frm_Main，向窗体中添加两个 DateTimePicker 控件，分别用于选择两个日期时间；添加一个 Button 控件，用于计算时间间隔。

（4）程序主要代码如下：

```
011-1
01  private void btn_Get_Click(object sender, EventArgs e)
02  {
03      MessageBox.Show("间隔 " +
04          DateAndTime.DateDiff(                    //使用DateDiff方法获取日期间隔
05          DateInterval.Day, dtpicker_first.Value, dtpicker_second.Value,
```

```
06          FirstDayOfWeek.Sunday, FirstWeekOfYear.Jan1).ToString() + " 天", "间隔时间");
07   }
```

扩展学习

使用 TimeSpan 对象获取两个日期的间隔天数

使用 TimeSpan 对象可以获取日期时间的间隔数，首先将两个 DateTime 对象相减，此时会返回 TimeSpan 对象，然后调用 TimeSpan 对象的 Days 属性就可以方便地获取两个 DateTime 对象所间隔的天数。

实例 012　使用正则表达式验证手机号

源码位置：Code\01\012

实例说明

在填写联系人信息时，如果输入了错误的手机号，则会产生不必要的麻烦。本实例使用了正则表达式来验证用户输入的手机号是否合法，如果输入的手机号格式不正确，则会弹出消息对话框，提示手机号不正确。实例运行效果如图 1.14 所示。

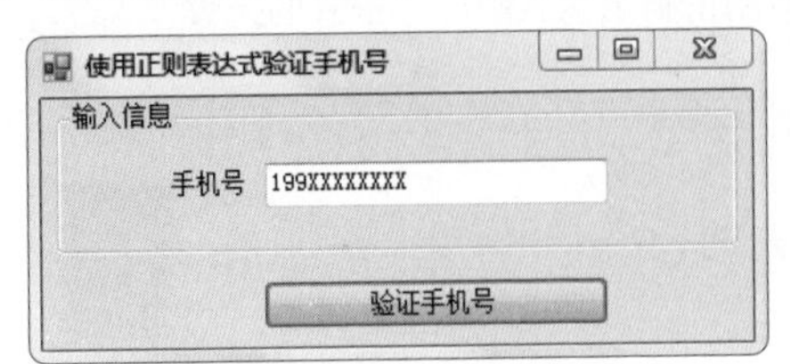

图 1.14　使用正则表达式验证手机号

关键技术

本实例使用正则表达式验证输入的手机号是否合法。

实现过程

（1）打开 Visual Studio 2022 开发环境，新建一个名为 MobileValidate 的 Windows 窗体应用程序。

（2）更改默认窗体 Form1 的 Name 属性为 Frm_Main，向窗体中添加一个 TextBox 控件，用于输入手机号；添加一个 Button 控件，用于验证手机号。

（3）程序主要代码如下：

012-1

```
01  public bool IsHandset(string str_handset)
02  {
03      return System.Text.RegularExpressions.Regex.          //使用正则表达式判断手机号是否匹配
04          IsMatch(str_handset, @"^[1][3-5]\d{9}$");
05  }
```

扩展学习

正则表达式中匹配字符的元字符“\s”和“\S”

正则表达式中的“\s”用于匹配任意的空白字符，空白字符包括换行符、空格、制表符等；

“\S”用于匹配任意的非空白字符。

实例 013　使用正则表达式验证一个月的天数　源码位置：Code\01\013

实例说明

扫一扫，看视频

一年有 365 天，分为 12 个月，每个月最多有 31 天。本实例将使用正则表达式来验证用户输入的每个月的天数是否正确，如果用户输入的天数小于 1 或大于 31，则弹出消息对话框，提示输入天数不正确。实例运行效果如图 1.15 所示。

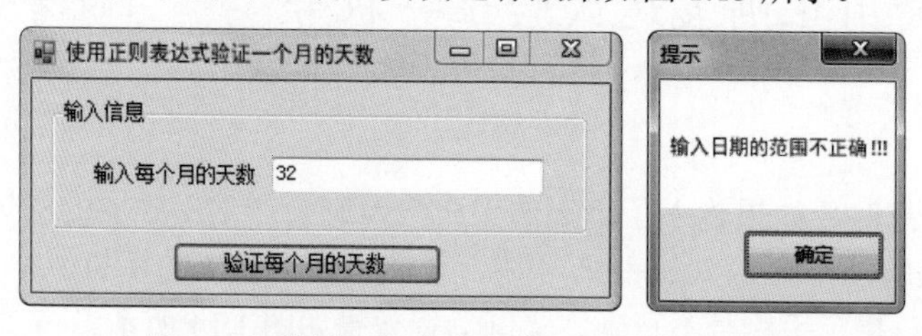

图 1.15　使用正则表达式验证一个月的天数

关键技术

本实例使用正则表达式来验证一个月的天数。

实现过程

（1）打开 Visual Studio 2022 开发环境，新建一个名为 ValidateDay 的 Windows 窗体应用程序。

（2）更改默认窗体 Form1 的 Name 属性为 Frm_Main，向窗体中添加一个 TextBox 控件，用于输入日期信息；添加一个 Button 控件，用于验证日期信息。

（3）程序主要代码如下：

```
013-1
01  public bool IsHandset(string str_handset)
02  {
03      return System.Text.RegularExpressions.Regex.            //使用正则表达式判断是否匹配
04          IsMatch(str_handset, @"^[1][3-5]\d{9}$");
05  }
```

扩展学习

正则表达式中的“？”限定符

正则表达式中的“？”限定符用于限定指定的字符出现 0 次或 1 次。例如：

```
^abc?$
```

上面的正则表达式可以匹配字符串“abc”和“ab”。表达式“c?”表示字母 c 可以出现 1 次或者不出现。

实例 014 按要求生成指定位数的编号

源码位置：Code\01\014

实例说明

许多报表和账目中都指定了数字的格式，如果格式错误，填写的信息将会作废。本实例实现了按要求生成数字格式的功能，从而有效地避免了这种情况的发生。运行本实例，在窗体的文本框中输入数字（本实例输入数字 8），然后按 Enter 键，输入的数字将会按指定的格式显示在文本框中（数字按规定显示为 00000008）。实例运行效果如图 1.16 所示。

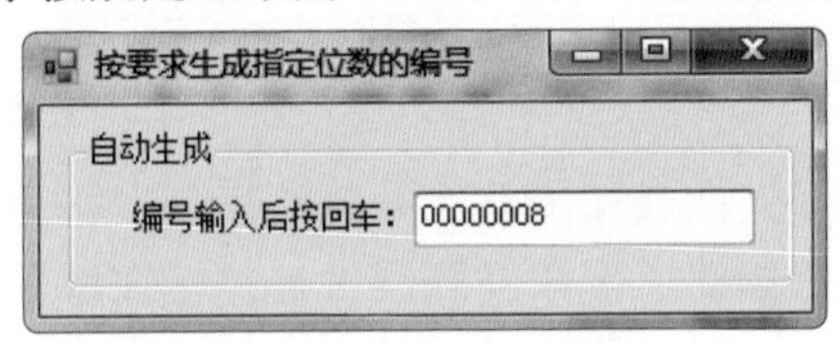

图 1.16 按要求生成指定位数的编号

关键技术

本实例实现时主要用到了 TextBox 控件的 KeyPress 事件及 KeyPressEventArgs 事件的 Keychar 属性。

实现过程

（1）打开 Visual Studio 2022 开发环境，新建一个名为 BuildNumber 的 Windows 窗体应用程序。

（2）更改默认窗体 Form1 的 Name 属性为 Frm_Main，在该窗体中添加一个 TextBox 控件，用来输入初始编号信息。

（3）程序主要代码如下：

014-1

```
01  private void textBox1_KeyPress(object sender, KeyPressEventArgs e)
02  {
03      if (e.KeyChar == (Char)Keys.Return)                              //如果按下Enter键
04      {
05          if (textBox1.Text.Length > 8)                                //如果位数大于8
06          {
07              textBox1.Text = textBox1.Text.Substring(0, 8);           //获取前8位数
08          }
09          else
10          {
11              int j = 8 - textBox1.Text.Length;                        //确定增加的位数
12              for (int i = 0; i < j; i++)
13              {
14                  textBox1.Text = "0" + textBox1.Text;
15              }
16          }
17      }
18  }
```

扩展学习

如何处理转义字符

为了避免转义序列元素转义，可以通过以下两种方案。

（1）可以通过 @ 实现，例如：

```
@"C:\Temp\myInfo\hwork.doc"
```

（2）可以通过逐字指定字符串字面值（两个反斜杠）实现，例如：

```
C:\\Temp\\myInfo\\hwork.doc
```

实例 015　身份证号码验证工具

源码位置：Code\01\015

实例说明

公民身份证是中华人民共和国合法公民的象征，合法的公民身份证号码才代表所有者具有中华人民共和国国籍。现在互联网上提供了在线验证身份证号码的功能，输入需要验证的身份证号码，就可以验证号码是否合法。本实例实现的功能与其相同，如果计算机不能上网，本实例同样可以使用，实例运行结果如图 1.17 所示。

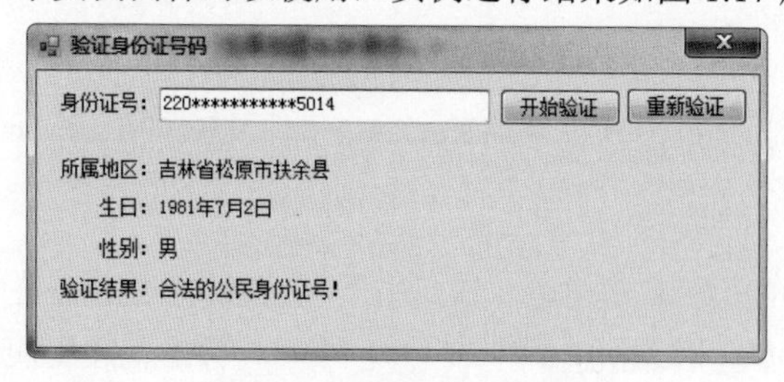

图 1.17　验证身份证号码

关键技术

中华人民共和国公民身份证号码有严格的表示形式，现行的公民身份证号码为 18 位，该标准为国家质量技术监督局于 1999 年 7 月 1 日实施的 GB11643-1999《公民身份号码》的规定。GB11643-1999《公民身份号码》为 GB11643-1989《社会保障号码》的修订版，其中指出将原“社会保障号码”更名为“公民身份号码”，并将 15 位身份号码增补为 18 位身份号码。另外，GB11643-1999《公民身份号码》从实施之日起代替 GB11643-1989。

实现过程

（1）打开 Visual Studio 2022 开发环境，新建一个名为 ValidateIDcard 的 Windows 窗体应用程序，默认窗体为 Form1。

（2）Form1 窗体主要用到的控件及说明如表 1.1 所示。

表 1.1　Form1 窗体主要用到的控件及说明

控件类型	控件名称	属性设置	说明
TextBox	txtCardID	无	输入要验证的身份证号码
Lable	lblAddress	无	如果号码合法显示所属地区

续表

控件类型	控件名称	属性设置	说明
Lable	lblbirthday	无	显示生日
	lblsex	无	显示性别
	lblresult	无	显示验证结果

（3）Form1 窗体的后台代码中，首先定义程序中要使用的全局变量，代码如下：

015-1

```
01  string strg;                                    //数据库路径
02  OleDbConnection conn;                           //数据连接对象
03  OleDbCommand cmd;                               //OleDbCommand对象
04  OleDbDataReader sdr;                            //OleDbDataReader对象
```

自定义一个 CheckCard 方法，用于根据身份证号码位数的不同，调用不同的方法进行验证。如果身份证号码为 18 位则调用 CheckCard18 方法验证，否则调用 CheckCard15 方法进行验证，代码如下：

015-2

```
01  //创建一个CheckCard方法用于检查身份证号码是否合法
02  private bool CheckCard(string cardId)
03  {
04      if (cardId.Length == 18)                    //如果身份证号码为18位
05      {
06          return CheckCard18(cardId);             //调用CheckCard18方法进行验证
07      }
08      else if (cardId.Length == 15)               //如果身份证号码为15位
09      {
10          return CheckCard15(cardId);             //调用CheckCard15方法进行验证
11      }
12      else
13      {
14          return false;
15      }
16  }
```

CheckCard15 方法用于检查 15 位身份证号码是否合法，首先验证身份证号码每一位数字是否合法，然后验证代表省份的数字是否合法，最后再对生日进行验证，代码如下：

015-3

```
01  private bool CheckCard15(string CardId)
02  {
03      long n = 0;
04      bool flag = false;
05      if (long.TryParse(CardId, out n) == false || n < Math.Pow(10, 14))
06          return false;                                   //数字验证
07      string[] Myaddress = new string[]{ "11","22","35","44","53","12",
08          "23","36","45","54","13","31","37","46","61","14","32","41",
09          "50","62","15","33","42","51","63","21","34","43","52","64",
10          "65","71","81","82","91"};                      //省份验证
11      for (int kk = 0; kk < Myaddress.Length; kk++)       //遍历省份数组
12      {
13          if (Myaddress[kk].ToString() == CardId.Remove(2))       //如果身份证前两位在数组内
```

```
14          {
15              flag = true;                                        //flag设为true
16          }
17      }
18      if (flag)
19      {
20          return flag;                                            //返回flag
21      }
22      string Mybirth = CardId.Substring(6, 6).Insert(4, "-").Insert(2, "-"); //截取生日
23      DateTime Mytime = new DateTime();                           //创建DateTime实例
24      if (DateTime.TryParse(Mybirth, out Mytime) == false)//判断生日是否正确
25      {
26          return false;                                           //生日验证
27      }
28      return true;                                                //符合15位身份证标准
29  }
```

输入身份证号码后，单击"开始验证"按钮，执行 Click 事件下的代码。在此事件中首先通过 CheckCard 方法判断身份证号码是否合法，如果输入的是 15 位的身份证号码，则需要将其转换为 18 位。然后获取身份证号码中的地址码，将其与数据库中的地址码进行比较，获取地址码代表的地区名称，最后获取身份证持有者的生日和性别，代码如下：

015-4

```
01  private void button1_Click(object sender, EventArgs e)
02  {
03      if (txtCardID.Text == "")                                   //如果没有输入身份证号码
04      {
05          return;                                                 //不执行操作
06      }
07      else
08      {
09          if (CheckCard(txtCardID.Text.Trim()))                   //如果通过CheckCard方法验证成功
10          {
11              this.Height = 237;                                  //设置窗体高度
12              string card = txtCardID.Text.Trim();                //获取输入的身份证号码
13              if (card.Length == 15)       //如果输入的是15位的身份证号码，需要将其转换成18位
14              {
15                  int[] w = new int[] { 7, 9, 10, 5, 8, 4, 2, 1, 6, 3, 7, 9, 10, 5, 8, 4, 2, 1 };
16                  char[] a = new char[] { '1', '0', 'x', '9', '8', '7', '6', '5', '4', '3', '2' };
17                  string newID = "";
18                  int s = 0;
19                  newID = this.txtCardID.Text.Trim().Insert(6, "19");
20                  for (int i = 0; i < 17; i++)
21                  {
22                      int k = Convert.ToInt32(newID[i]) * w[i];
23                      s = s + k;
24                  }
25                  int h = 0;
26                  Math.DivRem(s, 11, out h);
27                  newID = newID + a[h];
28                  card = newID;            //最后将转换成18位的身份证号码赋值给card
```

```
29              }
30              int addnum = Convert.ToInt32(card.Remove(6));          //获取身份证号码中的地址码
31                                                                     //连接数据库
32              conn = new OleDbConnection("Provider=Microsoft.Jet.OLEDB.4.0;Data source=" + strg);
33              conn.Open();                                           //打开数据库
34              //查找数据库中是否存在输入的身份证号码中的地址码
35              cmd = new OleDbCommand("select count(*) from address where AddNum=" + addnum, conn);
36              int KK = Convert.ToInt32(cmd.ExecuteScalar());
37              if (KK > 0)                                            //如果存在
38              {
39                  //检索数据库
40                  cmd = new OleDbCommand("select * from address where AddNum=" + addnum, conn);
41                  sdr = cmd.ExecuteReader();                         //实例化OleDbDataReader对象
42                  sdr.Read();                                        //读取该对象
43                  string address = sdr["AddName"].ToString();        //获取地址码对应的归属地
44                  string birthday = card.Substring(6, 8);            //从身份证号码中截取出公民的生日
45                  string byear = birthday.Substring(0, 4);           //获取出生年份
46                  string bmonth = birthday.Substring(4, 2);          //获取出生月份
47                  if (bmonth.Substring(0, 1) == "0")                 //如果月份是以0开头
48                  {
49                      bmonth = bmonth.Substring(1, 1);               //去掉0
50                  }
51                  string bday = birthday.Substring(6, 2);            //获取出生日期
52                  if (bday.Substring(0, 1) == "0")                   //如果日期以0开头
53                  {
54                      bday = bday.Substring(1, 1);                   //去掉0
55                  }
56                  string sex = "";                                   //性别
57                  if (txtCardID.Text.Trim().Length == 15)            //如果输入的身份证号码是15位
58                  {
59                      //判断最后一位是奇数还是偶数
60                      int PP = Convert.ToInt32(txtCardID.Text.Trim().Substring(14, 1)) % 2;
61                      if (PP == 0)                                   //如果是偶数
62                      {
63                          sex = "女";                                //说明身份证号码的持有者是女性
64                      }
65                      else
66                      {
67                          sex = "男";                      //如果是奇数，则说明身份证号码的持有者是男性
68                      }
69                  }
70                  if (txtCardID.Text.Trim().Length == 18)            //如果输入的身份证号码是18位
71                  {
72                      //判断倒数第二位是奇数还是偶数
73                      int PP = Convert.ToInt32(txtCardID.Text.Trim().Substring(16, 1)) % 2;
74                      if (PP == 0)                                   //如果是偶数
75                      {
76                          sex = "女";                                //说明身份证号码的持有者是女性
77                      }
78                      else
```

```
79                  {
80                      sex = "男";                        //如果是奇数，则说明身份证号码的持有者是男
性
81                  }
82              }
83              sdr.Close();                               //关闭OleDbDataReader连接
84              conn.Close();                              //关闭数据库连接
85              lblAddress.Text = address;                 //显示身份证持有者的归属地
86              //显示身份证持有者的生日
87              lblbirthday.Text = byear + "年" + bmonth + "月" + bday + "日";
88              lblsex.Text = sex;                         //显示身份证持有者的性别
89              lblresult.Text = "合法的公民身份证号！";    //显示验证结果
90          }
91          else
92          {
93              MessageBox.Show("公民身份证号输入有误！", "提示", MessageBoxButtons.OK,
94                  MessageBoxIcon.Information);
95          }
96      }
97      else
98      {
99          MessageBox.Show("非法公民身份证号！", "提示", MessageBoxButtons.OK,
100             MessageBoxIcon.Information);
101     }
102   }
103 }
```

实例 016　如何将 B 转换成 GB、MB 或 KB　源码位置：Code\01\016

实例说明

B、KB、MB 和 GB 之间的进位关系是 1 KB = 1024 B，1 MB = 1024 KB，1 GB = 1024 MB。本实例将根据这个关系将以 B 为单位的数据转换成以 KB、MB 或 GB 为单位的数据，实例运行效果如图 1.18 所示。

图 1.18　如何将 B 转换成 GB、MB 或 KB

关键技术

本实例实现时主要使用了 Math 类的 Round 方法对转换后的单精度小数进行四舍五入运算。

实现过程

（1）打开 Visual Studio 2022 开发环境，新建一个名为 ByteConversion 的 Windows 窗体应用程序。

（2）更改默认窗体 Form1 的 Name 属性为 Frm_Main，在该窗体中添加两个 TextBox 控件，分别用来输入字节值和显示转换后的值；添加一个 Button 控件，用于实现字节转换功能。

（3）程序主要代码如下：

016-1

```
01  const int GB = 1024 * 1024 * 1024;                           //定义GB的计算常量
02  const int MB = 1024 * 1024;                                  //定义MB的计算常量
03  const int KB = 1024;                                         //定义KB的计算常量
04  public string ByteConversionGBMBKB(Int64 KSize)
05  {
06      if (KSize / GB >= 1)                                     //如果当前Byte的值大于或等于1GB
07          return (Math.Round(KSize / (float)GB, 2)).ToString() + "GB"; //将其转换成GB
08      else if (KSize / MB >= 1)                                //如果当前Byte的值大于或等于1MB
09          return (Math.Round(KSize / (float)MB, 2)).ToString() + "MB"; //将其转换成MB
10      else if (KSize / KB >= 1)                                //如果当前Byte的值大于或等于1KB
11          return (Math.Round(KSize / (float)KB, 2)).ToString() + "KB"; //将其转换成KB
12      else
13          return KSize.ToString() + "Byte";                    //显示Byte值
14  }
```

实例 017　使用 MD5 算法对密码进行加密

源码位置：Code\01\017

实例说明

MD5（Message-Digest Algorithm 5）是一种被广泛使用的“消息 - 摘要算法”。“消息 - 摘要算法”实际上就是一个单项散列函数，数据块经过单向散列函数获取一个固定长度的散列值，数据块的签名就是计算数据块的散列值，MD5 算法的散列值为 128 位。本实例将演示如何使用 MD5 算法对用户输入的密码进行加密，实例运行效果如图 1.19 所示。

图 1.19　使用 MD5 算法对密码进行加密

关键技术

本实例使用了 MD5 类的 ComputeHash 方法计算指定字节数组的哈希值。

实现过程

（1）打开 Visual Studio 2022 开发环境，新建一个名为 MD5Arithmetic 的 Windows 窗体应用程序。

（2）程序主要代码如下：

017-1

```
01  public string Encrypt(string strPwd)
02  {
03      MD5 md5 = new MD5CryptoServiceProvider();                          //创建MD5对象
04      byte[] data = System.Text.Encoding.Default.GetBytes(strPwd); //将字符编码为一个字节序列
05      byte[] md5data = md5.ComputeHash(data);                          //计算data字节数组的哈希值
06      md5.Clear();                                                     //清空MD5对象
07      string str = "";                                       //定义一个变量，用来记录加密后的密码
08      for (int i = 0; i < md5data.Length - 1; i++)                    //遍历字节数组
09      {
10          str += md5data[i].ToString("x").PadLeft(2, '0');             //对遍历到的字节进行加密
11      }
12      return str;                                                      //返回获取的加密字符串
13  }
```

扩展学习

抽象类和接口的区别

① 派生类只能继承一个基类，即只能直接继承一个抽象类，但可以继承任意多个接口；

② 抽象类中可以定义成员的实现，但接口中不可以；

③ 抽象类中可以包含字段、构造函数、析构函数、静态成员或常量等，接口中不可以；

④ 抽象类中的成员可以是私有的（只要它们不是抽象的）、受保护的、内部的或受保护的内部成员（受保护的内部成员只能在应用程序的代码或派生类中访问），但接口中的成员必须是公共的。

实例 018　不通过标题栏更改窗体的大小

源码位置：Code\01\018

实例说明

隐藏 Windows 窗体的标题栏之后，窗体只剩下一个客户区域，有点像 Panel 控件在窗口中的样子，而这样的窗体通常是不能够改变大小的，因为屏蔽其标题栏之后，窗体默认将边框也去除了。本实例将使用特殊的方法建立一个没有标题栏的窗体，但可以改变其大小，实例运行效果如图 1.20 所示。

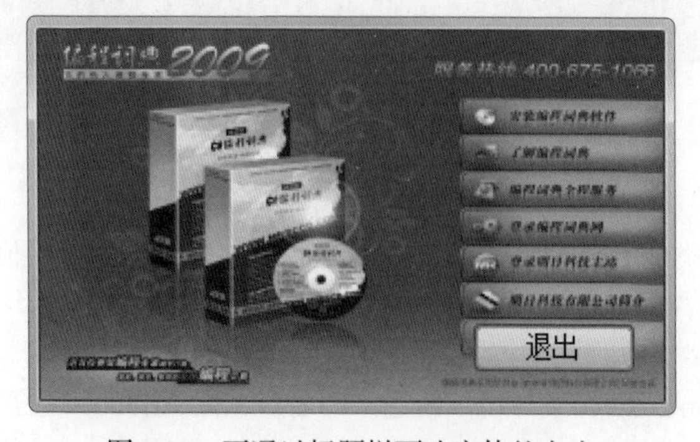

图 1.20　不通过标题栏更改窗体的大小

关键技术

窗体的样式是在窗体建立时确定的，在 C# 中实现没有标题栏但是可以改变大小的窗体，有一个巧妙的方法就是将窗体的 Text 属性设为空，同时将 ControlBox 属性设为 false。

实现过程

（1）打开 Visual Studio 2022 开发环境，新建一个名为 EditFormSize 的 Windows 窗体应用程序。

（2）更改默认窗体 Form1 的 Name 属性为 Frm_Main，在该窗体中添加一个 Button 控件，用来执行退出程序功能。

（3）程序主要代码如下：

018-1

```
01  private void Form1_Load(object sender, EventArgs e)
02  {
03      this.Text = "";                                   //设置标题栏文本为空
04      ControlBox = false;                               //不在窗体标题栏中显示控件
05  }
06  private void button1_Click(object sender, EventArgs e)
07  {
08      this.Close();                                     //关闭当前窗体
09  }
```

扩展学习

如何隐藏窗体的标题栏

开发人员可以通过设置窗体的 FormBorderStyle 属性为 None 来实现隐藏窗体标题栏功能。

实例 019 设置窗体背景为指定图片

源码位置：Code\01\019

实例说明

开发 Windows 窗体应用程序时，美观的界面是程序的一个重要组成部分。一般的应用程序界面背景都是非常漂亮或者代表实际意义的图片，那么如何为窗体设置背景图片呢？本实例将为窗体背景设置指定的图片，实例运行效果如图 1.21 所示。

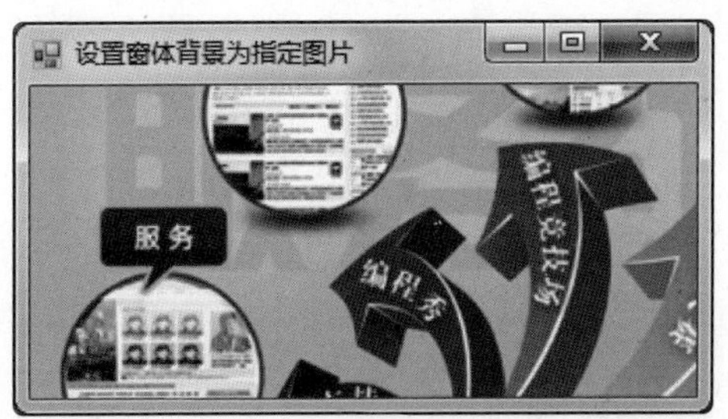

图 1.21 设置窗体背景为指定图片

关键技术

本实例在设置窗体的背景图片时，主要用到了窗体的 BackgroundImage 属性，用来获取或设置在窗体中显示的背景图片。

实现过程

（1）打开 Visual Studio 2022 开发环境，新建一个名为 SetFormBackImage 的 Windows 窗体应用程序。

（2）更改默认窗体 Form1 的 Name 属性为 Frm_Main。

（3）程序主要代码如下：

```
019-1
01   private void Frm_Main_Load(object sender, EventArgs e)
02   {
03       this.BackgroundImage = Image.FromFile("test.jpg");          //设置窗体的背景图片
04   }
```

提示：上面代码中的test.jpg图片需要放置在程序的Debug文件夹中，以便使代码能够自动识别。

扩展学习

通过“属性”窗口更快地设置窗体背景图片

在设置窗体的背景图片时，可以直接在“属性”窗口中进行设置。步骤是，选中窗体，右击，在弹出的快捷菜单中选择“属性”选项，弹出“属性”窗口，然后找到 BackgroundImage 属性，单击即可设置指定的背景图片。

实例 020　使控件大小随窗体自动调整

源码位置：Code\01\020

实例说明

扫一扫，看视频

在软件开发中，随着窗体大小的变化，界面会和设计时出现较大的差异，这样控件和窗体的大小会不成比例，从而出现非常不美观的界面。本实例将演示如何使控件的大小能够随着窗体的变化而自动调整。实例运行效果如图 1.22 所示。

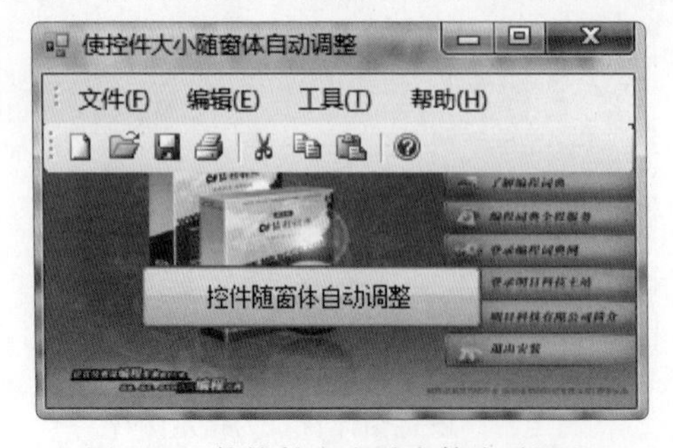

图 1.22　使控件大小随窗体自动调整

关键技术

本实例使用控件的 Anchor 属性，用来获取或设置控件绑定到容器的边缘，并确定控件如何随其父容器一起调整大小。

实现过程

（1）打开 Visual Studio 2022 开发环境，新建一个名为 ChangeControlSizeByForm 的 Windows 窗体应用程序。

（2）更改默认窗体 Form1 的 Name 属性为 Frm_Main，在该窗体中添加一个 MenuStrip 控件，用来设计菜单栏；添加一个 ToolStrip 控件，用来设计工具栏；添加一个 Button 控件，设置其 Anchor 属性为“Top, Bottom, Left, Right”，以便使其能够随窗体自动调整大小。

扩展学习

Control 类的作用

Control 类是所有 Windows 标准控件的基类，它主要实现向用户显示信息的类所需的最基本功能，并处理用户通过键盘和指针设备所进行的输入；另外，它还定义控件的边界（如位置和大小等）。

实例 021　使窗体背景色渐变

源码位置：Code\01\021

实例说明

在程序设计时，可以通过设置窗体的 BackColor 属性来改变窗口的背景颜色，但是该属性改变后整个窗体的客户区都会变成这种颜色，这样显得非常单调。如果窗体的客户区可以像标题栏一样能够体现颜色的渐变效果，那么窗体风格将会别有一番风味。本实例将带领读者一起来制作一个背景色渐变的窗体。实例运行效果如图 1.23 所示。

扫一扫，看视频

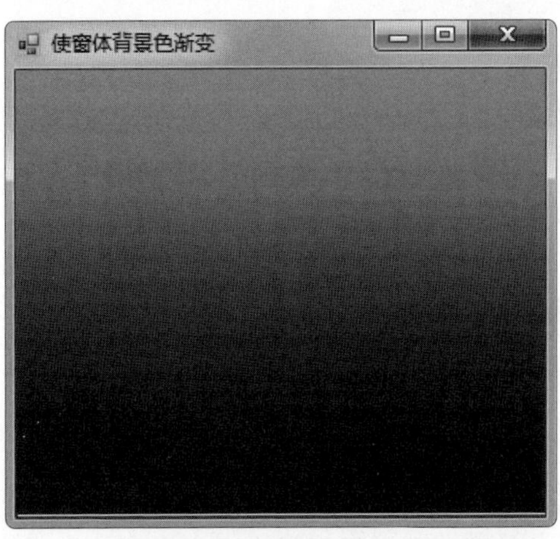

图 1.23　使窗体背景色渐变

关键技术

本实例在实现窗体背景色渐变功能时主要用到了 Color 结构的 FromArgb 方法。Color 结构表示一种 ARGB 颜色（alpha、红色、绿色和蓝色），其 FromArgb 方法用来从指定的 8 位颜色值（红色、绿色和蓝色）创建 Color 结构，该方法为可重载方法。

实现过程

（1）打开 Visual Studio 2022 开发环境，新建一个名为 GraduallyBackColor 的 Windows 窗体应用程序。

（2）更改默认窗体 Form1 的 Name 属性为 Frm_Main。

（3）程序主要代码如下：

021-1

```
01  protected override void OnPaintBackground(PaintEventArgs e)
02  {
03      int intLocation, intHeight;                        //定义两个int型的变量intLocation、intHeight
04      intLocation = this.ClientRectangle.Location.Y;        //为变量intLocation赋值
05      intHeight = this.ClientRectangle.Height / 200;        //为变量intHeight赋值
06      for (int i = 255; i >= 0; i--)
07      {
08          Color color = new Color();                        //定义一个Color类型的实例color
09          color = Color.FromArgb(1, i, 100);                //为实例color赋值
10          SolidBrush SBrush = new SolidBrush(color);        //创建一个单色画笔对象SBrush
11          Pen pen = new Pen(SBrush, 1);                     //创建一个用于绘制直线和曲线的对象pen
12          //绘制图形
13          e.Graphics.DrawRectangle(pen, this.ClientRectangle.X, intLocation, this.Width,
14                  intLocation + intHeight);
15          intLocation = intLocation + intHeight;            //重新为变量intLocation赋值
16      }
17  }
```

扩展学习

实现窗体背景色渐变的方法

本实例实现了窗体背景的颜色渐变，并且渐变的效果是由代码通过算法实现的。其实，实现窗体背景色渐变不一定使用这种方法，最简单且最有效的方法就是使用一个带有渐变色的位图作为窗体的背景。

实例 022　窗体换肤程序

源码位置：Code\01\022

实例说明

扫一扫，看视频

Windows 窗体的皮肤默认由操作系统的主题和外观设置来决定，但有些应用软件为了摆脱操作系统的这种束缚，已经开发出自定义窗体皮肤的功能，如常见的播放软件暴

风影音、PPLive 等。在本实例的窗体中右击，将弹出一个用于更换窗体皮肤的快捷菜单，选择“换皮肤”菜单下的任意子菜单，程序将为当前窗体更换皮肤。实例运行效果如图 1.24 所示。

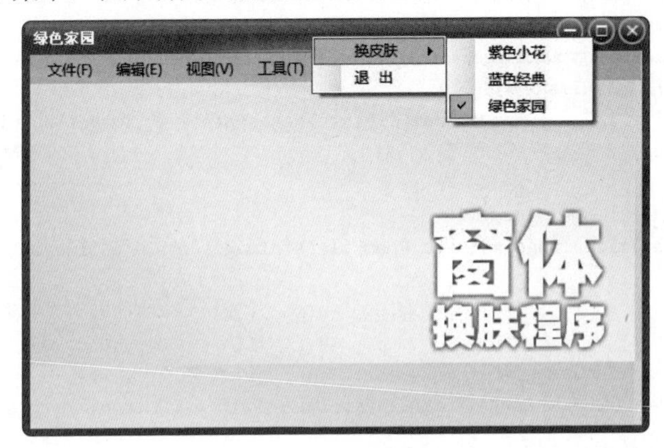

图 1.24 窗体换肤程序

关键技术

本实例的基本原理是给窗体的各个组成部分更换图片。基于该原理，首先需要分析窗体的组成部分，主要包括标题栏、左边框、右边框、下边框、窗体中间区域及可能存在的菜单栏。其中标题栏和 3 个边框无法通过设置相关属性来达到更换背景图片的目的，对于这个问题，可以通过取消窗体的 FormBorderStyle 属性，同时在标题栏和 3 个边框的位置添加 Panel 控件来解决，然后通过选择不同的皮肤类型，为窗体的各个组成部分设置图片，最终达到窗体换肤的效果。在以上过程中，最主要的技术问题是如何从指定的文件创建 Image 对象，以及如何获取图片的路径。

实现过程

（1）打开 Visual Studio 2022 开发环境，新建一个名为 WinCusSkin 的 Windows 窗体应用程序。

（2）更改默认窗体 Form1 的 Name 属性为 Frm_Main，在该窗体中添加 6 个 Panel 控件，分别作为窗体的标题栏、下边框、左边框、右边框、左下角边框和右下角边框；添加一个 ContextMenuStrip 控件，作为更换皮肤的快捷菜单；添加 3 个 PictureBox 控件，分别用来显示最大化、最小化和关闭图片。

（3）在 Frm_Main 窗体中右击，会弹出一个用于更换窗体皮肤的快捷菜单，选择“换皮肤”菜单下的任意子菜单，程序将为窗体更换皮肤。程序为窗体更换皮肤主要是通过设置 Panel 控件的 BackgroundImage 属性和 PictueBox 控件的 Image 属性来实现的，这里以选择“紫色小花”选项为例，选择该选项将触发它的 Click 事件。代码如下：

022-1

```
01  private void menItemSkin1_Click(object sender, EventArgs e)
02  {
03      //设置窗体顶部Panel控件的BackgroundImage属性
04      this.panel_Top.BackgroundImage = Image.FromFile(strImagesPath + @"\images\purple\top.png");
05      //设置窗体左侧Panel控件的BackgroundImage属性
06      this.panel_Left.BackgroundImage = Image.FromFile(strImagesPath + @"\images\purple\left.png");
```

```
07        //设置窗体右侧Panel控件的BackgroundImage属性
08        this.panel_Right.BackgroundImage = Image.FromFile(strImagesPath + @"\images\purple\right.png");
09        //设置窗体底部Panel控件的BackgroundImage属性
10        this.panel_Bottom.BackgroundImage = Image.FromFile(strImagesPath + @"\images\purple\bottom.png");
11        //设置最小化图片控件的Image属性
12        this.picMinimize.Image = Image.FromFile(strImagesPath + @"\images\purple\min.png");
13        if (bol == true)                                                   //若当前窗体处于最大化状态
14        {
15            //设置最大化图片控件的Image属性
16            this.picMaximize.Image = Image.FromFile(strImagesPath + @"\images\purple\max.png");
17        }
18        else                                                               //若当前窗体处于普通状态
19        {
20        //设置最大化图片控件的Image属性
21        this.picMaximize.Image = Image.FromFile(strImagesPath + @"\images\purple\max_normal.png");
22        }
23        //设置关闭图片控件的Image属性
24        this.picClose.Image = Image.FromFile(strImagesPath + @"\images\purple\close.png");
25        this.menItemSkin1.Checked = true;                                  //设置菜单的选中标记
26        this.menItemSkin2.Checked = false;                                 //取消菜单的选中标记
27        this.menItemSkin3.Checked = false;                                 //取消菜单的选中标记
28        //设置窗体主菜单的背景图片属性
29        this.menuStrip1.BackgroundImage = Image.FromFile(strImagesPath + @"\images\purple\menu.gif");
30        //设置窗体的背景图片属性
31        this.BackgroundImage = Image.FromFile(strImagesPath + @"\images\purple\background.gif");
32    }
```

在 Frm_Main 窗体中单击“最大化”按钮，窗体的大小将会在最大化状态和普通状态之间切换。窗体实现这种大小状态的切换，主要是通过设置其 Height 属性和 Width 属性来实现的，“最大化”按钮的 Click 事件代码如下：

022-2

```
01    private void picMaximize_Click(object sender, System.EventArgs e)
02    {
03        if (!bol)                                                          //若窗体处于普通状态
04        {
05            top = this.Top;                                                //获取窗体的Top属性值
06            left = this.Left;                                              //获取窗体的Left属性值
07            hei = this.Height;                                             //获取窗体的Height属性值
08            wid = this.Width;                                              //获取窗体的Width属性值
09            this.Top = 0;                                                  //设置窗体的Top属性值为零
10            this.Left = 0;                                                 //设置窗体的Left属性值为零
11            int hg = SystemInformation.MaxWindowTrackSize.Height;          //获取窗口的默认最大高度
12            int wh = SystemInformation.MaxWindowTrackSize.Width;           //获取窗口的默认最大宽度
13            this.Height = hg;                                              //设置窗体的Height属性值
14            this.Width = wh;                                               //设置窗体的Width属性值
15            bol = true;                                                    //设置窗体标记表示最大化
16            if (menItemSkin1.Checked)                                      //若选择“紫色小花”选项
17                //设置最大化图片的Image属性
18                this.picMaximize.Image = Image.FromFile(strImagesPath + @"\images\purple\max.png");
19            if (menItemSkin2.Checked)                                      //若选择“蓝色经典”选项
```

```
20                  this.picMaximize.Image = Image.FromFile(strImagesPath + @"\images\blue\max.png");
21              if (menItemSkin3.Checked)                                    //若选择“绿色家园”选项
22                  //设置最大化图片的Image属性
23                  this.picMaximize.Image = Image.FromFile(strImagesPath + @"\images\green\max.png");
24          }
25          else                                                             //若窗体处于最大化状态
26          {
27              this.Top = top;                                              //设置窗体的Top属性值
28              this.Left = left;                                            //设置窗体的Left属性值
29              this.Height = hei;                                           //设置窗体的Height属性值
30              this.Width = wid;                                            //设置窗体的Width属性值
31              bol = false;                                                 //设置窗体标记表示普通状态
32              if (menItemSkin1.Checked)
33                  this.picMaximize.Image = Image.FromFile(strImagesPath +
34                      @"\images\purple\max_Normal.png");
35              if (menItemSkin2.Checked)
36                  this.picMaximize.Image = Image.FromFile(strImagesPath + @"\images\blue\max_Normal.png");
37              if (menItemSkin3.Checked)
38                  this.picMaximize.Image = Image.FromFile(strImagesPath +
39                      @"\images\green\max_Normal.png");
40          }
41      }
```

扩展学习

实现“最小化”按钮、“最大化”按钮或“关闭”按钮的动态效果

本实例中，当鼠标移入窗体的“最小化”“最大化”“关闭”按钮时，如果相应按钮能够有动态的效果显示，那么本实例会更加完美一些。当鼠标移入图片控件的区域时，将触发图片控件的 MouseEnter 事件；当鼠标移出图片控件的区域时，将触发图片控件的 MouseLeave 事件，在图片控件的这两个事件中，通过设置图片控件的 Image 属性即可达到想要的动态效果。

实例 023　仿 QQ 抽屉式窗体

源码位置：Code\01\023

实例说明

QQ 软件以使用方便、界面美观及功能完善而著称。本实例仿照 QQ 软件界面的基本操作设计了一个抽屉式的窗体，实例运行效果如图 1.25 所示。在该窗体中单击任意按钮，程序将显示被单击按钮对应的列表，同时隐藏其他两个按钮对应的列表；用鼠标拖曳该窗体到屏幕的任意边缘，窗体会自动隐藏到该边缘内，当鼠标划过隐藏窗体的边缘时，窗体会显示出来；当鼠标离开窗体时，窗体再次被隐藏。

图 1.25　仿 QQ 抽屉式窗体

关键技术

本实例实现时主要用到了 API 函数 WindowFromPoint 和 GetParent。WindowFromPoint 函数用于获取包含指定点坐标的窗口的句柄，GetParent 函数用于获取指定句柄的父级。

实现过程

（1）打开 Visual Studio 2022 开发环境，新建一个名为 HideToolBar 的 Windows 窗体应用程序。

（2）更改默认窗体 Form1 的 Name 属性为 Frm_Main，在该窗体中添加 3 个 Button 控件，分别用来执行显示好友列表、显示陌生人和显示黑名单操作；添加一个 ListView 控件，用来显示好友、陌生人和黑名单列表；添加一个 ImageList 组件，用来为列表视图提供图标；添加两个 Timer 组件，分别用来判断窗体是否进入屏幕边界区域和控制窗体的隐藏。

（3）程序主要代码如下：

023-1

```
01  private void JudgeWinMouPosition_Tick(object sender, EventArgs e)
02  {
03      if (this.Top < 3)                          //当本窗体距屏幕的上边距小于3px时
04      {
05          //当鼠标在该窗体上时
06          if (this.Handle == MouseNowPosition(Cursor.Position.X, Cursor.Position.Y))  {
07              WindowFlag = 1;                     //设定当前的窗体状态
08              HideWindow.Enabled = false;         //设定计时器HideWindow为不可用状态
09              this.Top = 0;                       //设定窗体上边缘与容器工作区上边缘之间的距离
10          }
11          else                                    //当鼠标没在窗体上时
12          {
13              WindowFlag = 1;                     //设定当前的窗体状态
14              HideWindow.Enabled = true;          //启动计时器HideWindow
15          }
16      }                                           //当本窗体距屏幕的上边距大于3px时
17      else
18      {
19          //当本窗体在屏幕的最左端或者最右端、最下端时
20          if (this.Left < 3 || (this.Left + this.Width) > (GetSystemMetrics(0) - 3) ||
    (this.Top + this.Height) > (Screen.AllScreens[0].Bounds.Height - 3))
21          {
22              if (this.Left < 3)                  //当窗体处于屏幕左端时
23              {
24                  //当鼠标在该窗体上时
25                  if (this.Handle == MouseNowPosition(Cursor.Position.X, Cursor.Position.Y))
26                  {
27                      this.Height = Screen.AllScreens[0].Bounds.Height - 40;
28                      this.Top = 3;
29                      WindowFlag = 2;             //设定当前的窗体状态
30                      HideWindow.Enabled = false; //设定计时器HideWindow为不可用状态
31                      this.Left = 0;              //设定窗体的左边缘与容器工作区的左边缘之间的距离
32                  }
33                  else                            //当鼠标没在该窗体上时
```

```
34                  {
35                      WindowFlag = 2;             //设定当前的窗体状态
36                      HideWindow.Enabled = true;  //设定计时器HideWindow为可用状态
37                  }
38              }
39              if ((this.Left + this.Width) > (GetSystemMetrics(0) - 3)) //当窗体处于屏幕的最右端时
40              {
41                  //当鼠标在窗体上时
42                  if (this.Handle == MouseNowPosition(Cursor.Position.X, Cursor.Position.Y))
43                  {
44                      this.Height = Screen.AllScreens[0].Bounds.Height - 40;
45                      this.Top = 3;
46                      WindowFlag = 3;                //设定当前的窗体状态
47                      HideWindow.Enabled = false;    //设定计时器HideWindow为不可用状态
48                      //设定该窗体与容器工作区左边缘之间的距离
49                      this.Left = GetSystemMetrics(0) - this.Width;
50                  }
51                  else                                //当鼠标离开窗体时
52                  {
53                      WindowFlag = 3;                 //设定当前的窗体状态
54                      HideWindow.Enabled = true;      //设定计时器HideWindow为可用状态
55                  }
56              }
57              //当窗体距屏幕最下端的距离小于3px时
58              if ((this.Top + this.Height) > (Screen.AllScreens[0].Bounds.Height - 3))
59              {
60                  //当鼠标在该窗体上时
61                  if (this.Handle == MouseNowPosition(Cursor.Position.X, Cursor.Position.Y))
62                  {
63                      WindowFlag = 4;                 //设定当前的窗体状态
64                      HideWindow.Enabled = false;     //设定计时器HideWindow为不可用状态
65                      //设定该窗体与容器工作区上边缘之间的距离
66                      this.Top = Screen.AllScreens[0].Bounds.Height - this.Height;
67                  }
68                  else
69                  {
70                      if ((this.Left > this.Width + 3) && (GetSystemMetrics(0) - this.Right) > 3)
71                      {
72                          WindowFlag = 4;             //设定当前的窗体状态
73                          HideWindow.Enabled = true;  //设定计时器HideWindow为可用状态
74                      }
75                  }
76              }
77          }
78      }
79  }
80  private void HideWindow_Tick(object sender, EventArgs e)
81  {
82      switch (Convert.ToInt32(WindowFlag.ToString()))  //判断当前窗体处于哪种状态
83      {
84          case 1:                                   //当窗体在最上端时
85              if (this.Top < 3)                     //当窗体与容器工作区的上边缘的距离小于3px时
86                  this.Top = -(this.Height - 2);    //设定当前窗体距容器工作区上边缘的值
```

```
87              break;
88          case 2:                                       //当窗体在最左端时
89              if (this.Left < 3)                        //当窗体与容器工作区的左边缘的距离小于3px时
90                  this.Left = -(this.Width - 2);        //设定当前窗体距容器工作区左边缘的值
91              break;
92          case 3:                                       //当窗体在最右端时
93              //当窗体与容器工作区的右边缘的距离小于3px时
94              if ((this.Left + this.Width) > (GetSystemMetrics(0) - 3))
95                  this.Left = GetSystemMetrics(0) - 2; //设定当前窗体距容器工作区左边缘的值
96              break;
97          case 4:                                       //当窗体在最底端时
98              //当窗体与容器工作区的下边缘的距离小于3px时
99              if (this.Bottom > Screen.AllScreens[0].Bounds.Height - 3)
100                 //设定当前窗体距容器工作区上边缘之间的距离
101                 this.Top = Screen.AllScreens[0].Bounds.Height - 5;
102             break;
103     }
104 }
```

扩展学习

为本实例添加快速启动图标

腾讯公司 QQ 软件启动后，可以在桌面的右下角显示一个快速启动图标，双击该图标可以显示隐藏的窗口，右击该图标可以弹出快捷菜单。本实例通过在窗口中添加 NotifyIcon 控件也可实现这种功能。

实例 024　通过子窗体刷新父窗体

源码位置：Code\01\024

实例说明

在进销存管理系统中添加销售单信息时，每个销售单都可能对应多种商品，而且在向销售单中添加商品时，一般都是在新弹出的窗体中选择商品，就会涉及通过子窗体刷新父窗体的问题。本实例将使用 C# 语言实现通过子窗体刷新父窗体的功能。实例运行效果如图 1.26 所示。

图 1.26　通过子窗体刷新父窗体

关键技术

本实例在实现通过子窗体刷新父窗体时，主要通过在自定义事件中执行数据绑定来对主窗体进行刷新，即当子窗体产生更新操作时，通过子窗体的一个方法触发主窗体中对应的处理事件，这个过程主要用到了 EventHandler 事件。

实现过程

（1）打开 Visual Studio 2022 开发环境，新建一个名为 RefreshFormByChildForm 的 Windows 窗体应用程序。

（2）更改默认窗体 Form1 的 Name 属性为 Frm_Main，在该窗体中添加一个 MenuStrip 控件，用来作为窗体的菜单栏；添加一个 DataGridView 控件，用来显示数据库中的数据。

（3）在该项目中添加一个新的 Windows 窗体，并将其命名为 Frm_Child.cs，在该窗体中添加 4 个 TextBox 控件，分别用来输入编号、姓名、电话和地址；添加一个 ComboBox 控件，用来选择要删除的编号；添加 3 个 Button 控件，分别用来执行添加信息、清空文本和删除信息操作。

（4）程序主要代码如下：

024-1

```
01  void BabyWindow_UpdateDataGridView(object sender, EventArgs e)
02  {
03      if (Frm_Child.GlobalFlag == false)                  //当单击“删除”按钮时
04      {
05          if (ConnPubs.State == ConnectionState.Closed)   //当数据库处于断开状态时
06          {
07              ConnPubs.Open();                            //打开数据库的连接
08          }
09          //定义一个删除数据的字符串
10          string AfreshString = "delete tb_User where userID=" + Frm_Child.DeleteID.Trim();
11          PersonalInformation = new SqlCommand(AfreshString, ConnPubs); //执行删除数据库字段
12          PersonalInformation.ExecuteNonQuery();          //执行SQL语句并返回受影响的行数
13          ConnPubs.Close();                               //关闭数据库
14          DisplayData();                                  //显示数据库更新后的内容
15          MessageBox.Show("数据删除成功！", "提示信息", MessageBoxButtons.OK, MessageBoxIcon.Asterisk);
16      }
17      else
18      {
19          if (ConnPubs.State == ConnectionState.Closed)            //当数据库处于关闭状态时
20          {
21              ConnPubs.Open();                                     //打开数据库
22          }
23          string InsertString = "insert into tb_User values('" + Frm_Child.idContent + "','"
    + Frm_Child.nameContent + "','" + Frm_Child.phoneContent + "','"
    + Frm_Child.addressContent + "')";                               //定义一个插入数据的字符串变量
24          PersonalInformation = new SqlCommand(InsertString, ConnPubs); //执行插入数据库字段
25          PersonalInformation.ExecuteNonQuery();                   //执行SQL语句并返回受影响的行数
26          ConnPubs.Close();                                        //关闭数据库
27          DisplayData();                                           //显示更新后的数据
28          MessageBox.Show("数据添加成功！", "提示信息", MessageBoxButtons.OK, MessageBoxIcon.Asterisk);
29      }
30  }
```

扩展学习

如何执行 SQL 语句

在 C# 中执行 SQL 语句时，可以使用 SqlCommand 类向 SQL Server 数据库发送 SQL 语句。SqlCommand 类位于 System.Data.SqlClient 命名空间中。

实例 025　实现动态系统托盘图标

源码位置：Code\01\025

实例说明

当在 QQ 上收到消息时，任务栏的右下端会有一个图标在不停地闪烁，单击它即可打开信息浏览。本实例模拟信息提示功能，运行本实例，效果如图 1.27 所示。在主窗体中单击“发送消息”按钮，出现图标进行闪烁，如图 1.28 所示；单击“停止闪动”按钮，即可停止图标的闪烁，如图 1.29 所示。

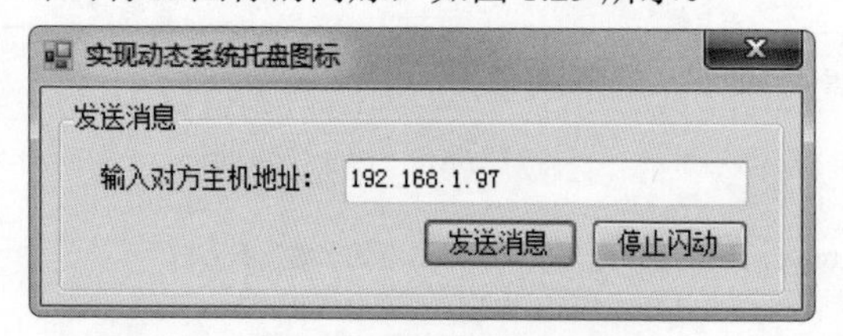

图 1.27　实现动态系统托盘图标

图 1.28　闪动图标　图 1.29　禁止图标

关键技术

本实例在实现网络数据传输功能时用到了 TcpListener 类、TcpClient 类和 NetworkStream 类，而在控制托盘图标的闪动时用到了 Timer 组件。

实现过程

（1）打开 Visual Studio 2022 开发环境，新建一个名为 DynamicTaskStock 的 Windows 窗体应用程序。

（2）更改默认窗体 Form1 的 Name 属性为 Frm_Main，在该窗体中添加一个 TextBox 控件，用来输入对方的主机地址；添加两个 Button 控件，分别用来实现向对方发送消息以便实现图标闪动和停止图标闪动功能。

（3）在 Frm_Main 窗体中输入对方主机地址后，单击“发送消息”按钮，首先声明要发送的信息，然后根据输入的主机地址和固定端口创建一个 TcpClient 对象，最后将信息写入数据流进行传递。“发送消息”按钮的 Click 事件代码如下：

```
025-1
01  private void button1_Click(object sender, EventArgs e)
02  {
03      try
04      {
05          IPAddress[] ip = Dns.GetHostAddresses(Dns.GetHostName()); //获取本机地址
```

```
06          string message = "你好兄弟";                          //传输的内容
07          TcpClient client = new TcpClient(txtAdd.Text, 888);   //创建TcpClient对象
08          NetworkStream netstream = client.GetStream();         //创建NetworkStream对象
09          //创建StreamWriter对象
10          StreamWriter wstream = new StreamWriter(netstream, Encoding.Default);
11          wstream.Write(message);                               //将信息写入流
12          wstream.Flush();
13          wstream.Close();                                      //关闭流
14          client.Close();                                       //关闭TcpClient对象
15      }
16      catch (Exception ex)
17      {
18          MessageBox.Show(ex.Message);
19      }
20  }
```

在 Frm_Main 窗体中自定义一个 StartListen 方法，该方法用于监听指定端口，并通过该端口获取发送的信息。StartListen 方法的实现代码如下：

025-2

```
01  private void StartListen()
02  {
03      tcpListener = new TcpListener(888);                      //创建TcpListener对象
04      tcpListener.Start();                                     //开始监听
05      while (true)
06      {
07          TcpClient tclient = tcpListener.AcceptTcpClient();   //接收连接请求
08          NetworkStream nstream = tclient.GetStream();         //获取数据流
09          byte[] mbyte = new byte[1024];                       //建立缓存
10          int i = nstream.Read(mbyte, 0, mbyte.Length);        //将数据流写入缓存
11          message = Encoding.Default.GetString(mbyte, 0, i);   //获取传输的内容
12      }
13  }
```

Frm_Main 窗体中的 Timer 组件主要控制系统托盘图标的闪动。实现时，首先声明一个 bool 类型的变量 k，用于控制两个图标的切换；然后在 Timer 组件的 Tick 事件中，判断当网络中有消息传递时，开始控制托盘图标的闪动。代码如下：

025-3

```
01  bool k = true;                                          //一个标记，用于控制图标闪动
02  private void timer1_Tick(object sender, EventArgs e)
03  {
04      if (message.Length > 0)                             //如果网络中传输了数据
05      {
06          if (k)                                          //k为true时
07          {
08              notifyIcon1.Icon = Properties.Resources._1; //托盘图标为1
09              k = false;                                  //设k为false
10          }
11          else                                            //k为false时
12          {
```

```
13              notifyIcon1.Icon = Properties.Resources._2;   //托盘图标为2，透明的图标
14              k = true;                                     //k为true
15          }
16      }
17  }
```

扩展学习

使用资源文件存储图片

将图片存入资源文件中的步骤：首先在“解决方案资源管理器”对话框中打开 Properties 中的 Resources.resx 文件；然后在“添加资源”下拉列表框中选择“添加现有文件”选项，弹出“将现有文件添加到资源中”窗体，在该窗体中将指定的图片添加到资源文件中即可。

实例 026　在 ComboBox 下拉列表中显示图片　源码位置：Code\01\026

实例说明

ComboBox 控件可以方便地显示多条数据信息。可以使用 Items 集合的 Add 方法向控件中添加数据项，也可以使用数据绑定的方法将指定数据集合中的数据绑定到 ComboBox 控件。本实例将会演示如何在 ComboBox 控件中显示图片信息。实例运行效果如图 1.30 所示。

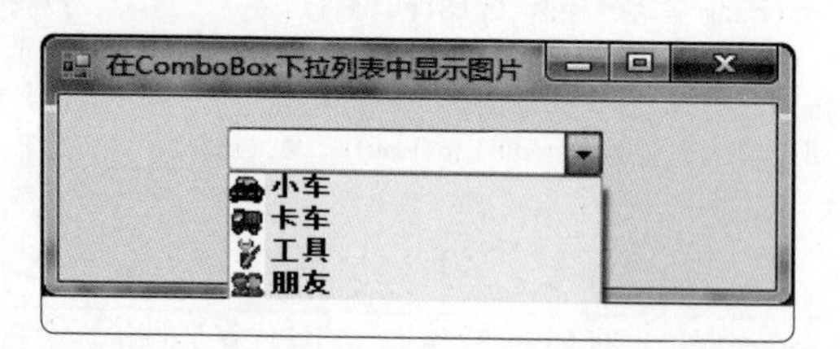

图 1.30　在 ComboBox 下拉列表中显示图片

关键技术

本实例将重点向读者介绍在 ComboBox 控件的 DrawItem 事件中使用 ImageList 的 Draw 方法在下拉列表中绘制图片。

实现过程

（1）打开 Visual Studio 2022 开发环境，新建一个名为 PicturesInComboBox 的 Windows 窗体应用程序。

（2）更改默认窗体 Form1 的 Name 属性为 Frm_Main，向窗体中添加一个 ComboBox 控件和一个 Button 控件，ComboBox 控件用于演示带有图片信息的下拉列表，Button 控件用于向下拉列表中添加数据。

（3）程序主要代码如下：

026-1

```
01  private void cbox_DisplayPictures_DrawItem(object sender, DrawItemEventArgs e)
02  {
03      if (G_ImageList != null)                                          //判断ImageList是否为空
04      {
05          Graphics g = e.Graphics;                                      //获取绘图对象
06          Rectangle r = e.Bounds;                                       //获取绘图范围
07          Size imageSize = G_ImageList.ImageSize;                       //获取图像大小
08          if (e.Index >= 0)                                             //判断是否有绘制项
09          {
10              Font fn = new Font("宋体", 10, FontStyle.Bold);               //创建字体对象
11              string s = cbox_DisplayPictures.Items[e.Index].ToString();   //获取绘制项的字符串
12              DrawItemState dis = e.State;
13              if (e.State == (DrawItemState.NoAccelerator | DrawItemState.NoFocusRect))
14              {
15                  e.Graphics.FillRectangle(new SolidBrush(Color.LightYellow), r);//绘制列表项背景
16                  G_ImageList.Draw(e.Graphics, r.Left, r.Top, e.Index);     //绘制图像
17                  e.Graphics.DrawString(s, fn, new SolidBrush(Color.Black), //显示字符串
18                      r.Left + imageSize.Width, r.Top);
19                  e.DrawFocusRectangle();                                   //显示获取焦点时的虚线框
20              }
21              else
22              {
23                  e.Graphics.FillRectangle(new SolidBrush(Color.LightGreen), r); //绘制列表项背景
24                  G_ImageList.Draw(e.Graphics, r.Left, r.Top, e.Index);         //绘制图像
25                  e.Graphics.DrawString(s, fn, new SolidBrush(Color.Black),     //显示字符串
26                      r.Left + imageSize.Width, r.Top);
27                  e.DrawFocusRectangle();                                   //显示获取焦点时的虚线框
28              }
29          }
30      }
31  }
```

扩展学习

使用 DrawString 方法轻松绘制文字

本实例中已经详细地介绍了怎样使用 ImageList 的 Draw 方法绘制图像信息，现在，也可以使用 Graphics 对象的 DrawString 方法在指定的位置绘制文本信息，DrawString 方法提供了多个重载，在绘制文本内容时可以设置文本内容的字体、大小、颜色等信息。

实例 027　用 ComboBox 控件制作浏览器网址输入框

源码位置：Code\01\027

实例说明

随着信息技术的不断发展，互联网已经融入了我们的工作与生活。可以在 IE 或其他浏览器的地址栏中输入指定的网址浏览网页信息。在地址栏中输入网址信息时，细心的读者可能会发现，地址栏带有一定的智能提示功能。本实例中将会使用 ComboBox 控件

扫一扫，看视频

制作浏览器网址输入框。实例运行效果如图 1.31 所示。

图 1.31　用 ComboBox 控件制作浏览器网址输入框

关键技术

本实例使用 ComboBox 控件的 FindString 方法和 Select 方法制作浏览器网址输入框。

实现过程

（1）打开 Visual Studio 2022 开发环境，新建一个名为 ResembleBrowser 的 Windows 窗体应用程序。

（2）更改默认窗体 Form1 的 Name 属性为 Frm_Main，向窗体中添加一个 ComboBox 下拉列表控件，用于演示网址输入框。

（3）程序主要代码如下：

027-1

```
01  private void cbox_Url_TextChanged(object sender, EventArgs e)
02  {
03      if (State)                                              //当变量的值为真时
04      {
05          string importText = cbox_Url.Text;                  //获取输入的文本
06          int index = cbox_Url.FindString(importText);        //在ComboBox集合中查找匹配的文本
07          if (index >= 0)                                     //当有查找结果时
08          {
09              State = false;                                  //关闭编辑状态
10              cbox_Url.SelectedIndex = index;                 //找到对应项
11              State = true;                                   //打开编辑状态
12              cbox_Url.Select(importText.Length, cbox_Url.Text.Length); //设定文本的选择长度
13          }
14      }
15  }
```

扩展学习

设置下拉列表中选中的内容为只读

在程序运行中，如果不希望用户更改 ComboBox 下拉列表中选中的内容，可以设置 DropDownStyle 属性为 DropDownList，这样可以使用户选择的项为只读。

实例 028　实现带查询功能的 ComboBox 控件　源码位置：Code\01\028

实例说明

ComboBox 控件可以方便地显示多项数据内容，通过设置 ComboBox 控件的 AutoComplete-Source 属性和 AutoCompleteMode 属性，可以实现从 ComboBox 控件

中查询已存在的项，自动完成控件内容的输入。当用户在 ComboBox 控件中输入一个字符时，ComboBox 控件会自动列出最有可能与之匹配的选项，如果符合用户的要求，则直接确认，从而加快用户输入。实例运行效果如图 1.32 所示。

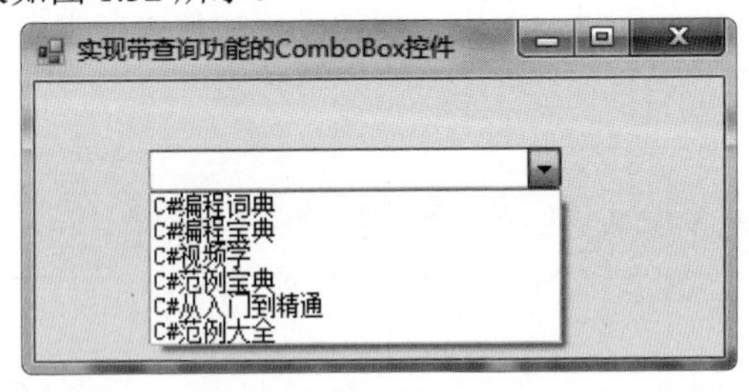

图 1.32　实现带查询功能的 ComboBox 控件

关键技术

本实例使用 ComboBox 控件的 AutoCompleteMode 属性和 AutoCompleteSource 属性实现带有查询功能的 ComboBox 控件。

实现过程

（1）打开 Visual Studio 2022 开发环境，新建一个名为 ComboBoxFind 的 Windows 窗体应用程序。

（2）更改默认窗体 Form1 的 Name 属性为 Frm_Main，向窗体中添加一个 ComboBox 下拉列表控件和一个 Button 控件，ComboBox 控件用于演示查询功能，Button 控件用于设置 ComboBox 控件的查询功能。

（3）向 ComboBox 控件中添加元素的代码如下：

028-1

```
01  private void Frm_Main_Load(object sender, EventArgs e)
02  {
03      cbox_Find.Items.Clear();                          //清空ComboBox集合
04      cbox_Find.Items.Add("C#编程词典");                 //向ComboBox集合添加元素
05      cbox_Find.Items.Add("C#编程宝典");                 //向ComboBox集合添加元素
06      cbox_Find.Items.Add("C#视频学");                   //向ComboBox集合添加元素
07      cbox_Find.Items.Add("C#范例宝典");                 //向ComboBox集合添加元素
08      cbox_Find.Items.Add("C#从入门到精通");             //向ComboBox集合添加元素
09      cbox_Find.Items.Add("C#范例大全");                 //向ComboBox集合添加元素
10  }
```

设置 ComboBox 控件查询功能的代码如下：

028-2

```
01  private void btn_Begin_Click(object sender, EventArgs e)
02  {
03      cbox_Find.AutoCompleteMode =                      //设置自动完成的模式
04          AutoCompleteMode.SuggestAppend;
05      cbox_Find.AutoCompleteSource =                    //设置自动完成字符串的源
06          AutoCompleteSource.ListItems;
07  }
```

扩展学习

设置 ComboBox 控件中数据项文本的字体

通过 ComboBox 控件的 Font 属性，可以方便地设置控件中文本内容的字体、大小等信息，也可以通过控件的 ForeColor 属性设置控件内文本内容的颜色。

实例 029　在 ListView 控件中对数据排序　源码位置：Code\01\029

实例说明

扫一扫，看视频

ListView 控件的 Items 集合中保存着大量的 ListViewItem 对象，而每一个 ListViewItem 对象都包含着多个数据项。本实例中将会演示怎样将数据库中的数据保存到 ListView 控件中，并根据数据库的查询字符串巧妙地实现 ListView 控件对数据排序的功能。实例运行效果如图 1.33 所示。

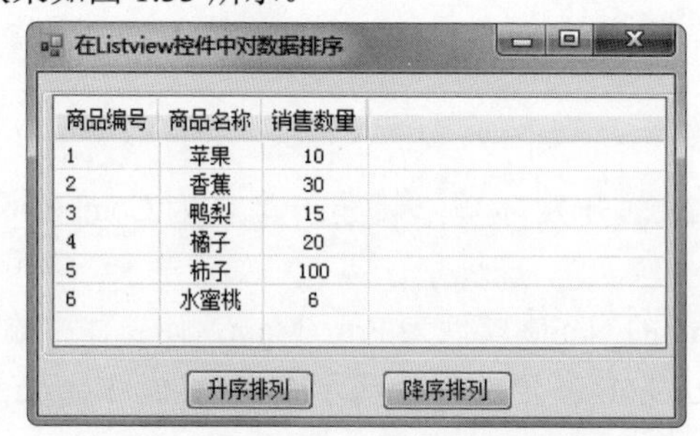

图 1.33　在 ListView 控件中对数据排序

关键技术

本实例主要用到了 ListViewItem 数据项中 SubItems 集合的 Add 方法，将子数据项添加到子数据项的集合中。

实现过程

（1）打开 Visual Studio 2022 开发环境，新建一个名为 SortOrStatistics 的 Windows 窗体应用程序。

（2）更改默认窗体 Form1 的 Name 属性为 Frm_Main，向窗体中添加一个 ListView 控件，用于显示数据库中的数据信息；添加两个 Button 控件，用于排序 ListView 控件中的数据信息。

（3）程序主要代码如下：

029-1

```
01  public void getScoure(string strName)
02  {
03      try
04      {
05          string P_Connection = string.Format(                    //创建数据库连接字符串
06              "Provider=Microsoft.ACE.OLEDB.12.0;Data Source=test.mdb;User Id=Admin");
07          OleDbConnection P_OLEDBConnection =                     //创建连接对象
08              new OleDbConnection(P_Connection);
09          P_OLEDBConnection.Open();                               //连接到数据库
10          OleDbCommand P_OLEDBCommand = new OleDbCommand(         //创建命令对象
11              strName, P_OLEDBConnection);
```

```
12          OleDbDataReader P_Reader = P_OLEDBCommand.ExecuteReader(); //获取数据读取器
13          listView1.View = View.Details;                             //设置控件显示方式
14          listView1.GridLines = true;                                //显示网格线
15          listView1.FullRowSelect = true;                            //是否连带选中子项
16          listView1.Items.Clear();                                   //清空元素
17          while (P_Reader.Read())                                    //读取数据
18          {
19              ListViewItem lv = new ListViewItem(P_Reader[0].ToString()); //创建项
20              lv.SubItems.Add(P_Reader[1].ToString());               //创建项
21              lv.SubItems.Add(P_Reader[2].ToString());               //创建项
22              listView1.Items.Add(lv);                               //向ListView控件中添加项
23          }
24          P_OLEDBConnection.Close();                                 //关闭连接
25      }
26      catch (Exception ex)
27      {
28          MessageBox.Show("数据读取失败！\r\n" + ex.Message, "错误！"); //弹出消息对话框
29      }
30  }
```

扩展学习

遍历数据项集合

由于 ListView 控件中的 Items 集合实现了 Ilist 接口，所以可以使用索引器的方式访问 Items 集合中的数据项。同样，也可以使用 for 语句或 foreach 语句方便地遍历 ListView 控件中的数据项集合。

实例 030　利用选择控件实现权限设置

源码位置：Code\01\030

实例说明

注册用户时，应当分配给用户一些相应的权限，这样能更好地管理用户数据，防止非法用户或没有相关权限的用户登录系统查看或修改相关数据。实例运行过程中，可以根据用户的职责，选中相应模块前的复选框，如果取消选中相应模块前的复选框，则取消该用户操作模块的权限。实例运行效果如图 1.34 所示。

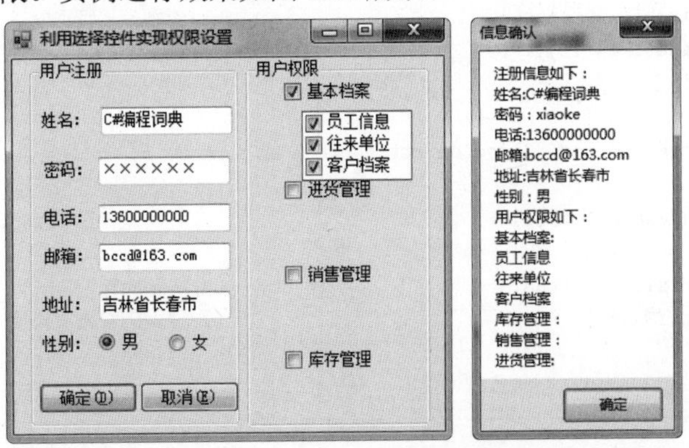

图 1.34　利用选择控件实现权限设置

关键技术

本实例主要用到了 CheckedListBox 控件的 Items 属性，用来获取 CheckedListBox 控件中数据项的集合。

实现过程

（1）打开 Visual Studio 2022 开发环境，新建一个名为 Selected 的 Windows 窗体应用程序。

（2）更改默认窗体 Form1 的 Name 属性为 Frm_Main，向窗体中添加一个 ListBox 控件，用于显示数组中的图书信息；添加 5 个 TextBox 控件，用于输入用户信息；添加 4 个 CheckedListBox 控件，用于选择用户操作权限。

（3）程序主要代码如下：

030-1

```
01  private void ckShop_CheckedChanged(object sender, EventArgs e)
02  {
03      if (ckShop.Checked == true)                          //判断是否选中进货管理
04      {
05          cklShop.Visible = true;                          //显示进货管理信息
06          CheckAll(cklShop);                               //选中所有进货管理
07      }
08      else
09      {
10          cklShop.Visible = false;                         //隐藏进货管理信息
11          CheckAllEsce(cklShop);                           //取消选中所有进货管理
12      }
13  }
14  private void ckSell_CheckedChanged(object sender, EventArgs e)
15  {
16      if (ckSell.Checked == true)                          //判断是否选中销售管理
17      {
18          cklSell.Visible = true;                          //显示销售管理信息
19          CheckAll(cklSell);                               //选中所有销售管理
20      }
21      else
22      {
23          cklSell.Visible = false;                         //隐藏销售管理信息
24          CheckAllEsce(cklSell);                           //取消选中所有销售管理
25      }
26  }
27  private void ckMange_CheckedChanged(object sender, EventArgs e)
28  {
29      if (ckMange.Checked == true)                         //判断是否选中库存管理
30      {
31          cklMange.Visible = true;                         //显示库存管理
32          CheckAll(cklMange);                              //选中所有库存管理
33      }
34      else
```

```
35       {
36           cklMange.Visible = false;                    //隐藏库存管理
37           CheckAllEsce(cklMange);                      //取消选中所有库存管理
38       }
39   }
```

扩展学习

显示和隐藏 CheckedListBox 控件

通过设置 CheckedListBox 控件的 Visible 属性，可以方便地显示和隐藏 CheckedListBox 控件，Visible 属性为布尔值，当属性为 true 时，显示控件；当属性为 false 时，隐藏控件。

实例 031 创建级联菜单

源码位置：Code\01\031

实例说明

如果应用程序提供了非常多的功能，那么，使用 MenuStrip 弹出菜单会是一个不错的选择，可以将应用程序所提供的功能分类放入不同的菜单项中，现在问题出现了，怎样在菜单中添加多个菜单项呢？本实例中将会介绍如何创建多级菜单项。实例运行效果如图 1.35 所示。

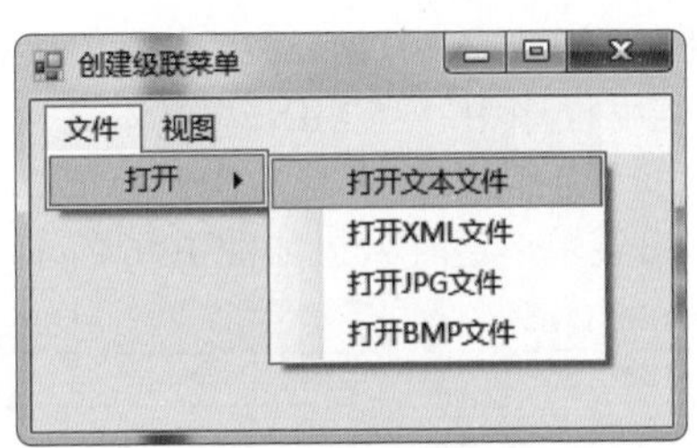

图 1.35 创建级联菜单

关键技术

本实例主要用到了 DropDownItems 菜单项集合的 Add 方法将指定的菜单项添加到菜单项集合。

实现过程

（1）打开 Visual Studio 2022 开发环境，新建一个名为 CreateMenu 的 Windows 窗体应用程序。

（2）更改默认窗体 Form1 的 Name 属性为 Frm_Main，更改 Text 属性为“创建级联菜单”，向窗体中添加一个 MenuStrip 控件，用于演示创建级联菜单。

（3）程序主要代码如下：

031-1

```
01   private void Frm_Main_Load(object sender, EventArgs e)
02   {
03       ToolStripMenuItem P_ts = (ToolStripMenuItem)menuStrip1.Items[0];      //获取文件菜单项
```

```
04        ToolStripMenuItem ts1 = new ToolStripMenuItem("打开文本文件");                   //创建菜单项
05        ToolStripMenuItem ts2 = new ToolStripMenuItem("打开XML文件");                    //创建菜单项
06        ToolStripMenuItem ts3 = new ToolStripMenuItem("打开JPG文件");                    //创建菜单项
07        ToolStripMenuItem ts4 = new ToolStripMenuItem("打开BMP文件");                    //创建菜单项
08        ToolStripMenuItem P_ts2 = (ToolStripMenuItem)P_ts.DropDownItems[0];  //获取子菜单项
09        P_ts2.DropDownItems.Add(ts1);                                          //添加菜单项
10        P_ts2.DropDownItems.Add(ts2);                                          //添加菜单项
11        P_ts2.DropDownItems.Add(ts3);                                          //添加菜单项
12        P_ts2.DropDownItems.Add(ts4);                                          //添加菜单项
13    }
```

扩展学习

创建级联菜单

每一个菜单项都是一个 ToolStripMenuItem 对象，而每一个 ToolStripMenuItem 对象都有 DropDownItems 集合，DropDownItems 集合中可以存放 ToolStripMenuItem 对象，此集合表示菜单项的子菜单项，所以每一个菜单项都可以通过 DropDownItems 集合添加子菜单。

实例 032 级联菜单的动态合并

源码位置：Code\01\032

实例说明

扫一扫，看视频

在程序设计过程中，经常会使用 MenuStrip 弹出菜单，并且一个窗体中可以存在多个弹出菜单。在 MDI 应用程序中，当 MDI 子窗体最大化时，子窗体和主窗体的菜单能够自动合并。这是如何实现的呢？这正是本实例将要介绍的内容，实例中将两个弹出菜单动态地合并成一个弹出菜单，运行效果如图 1.36 所示。

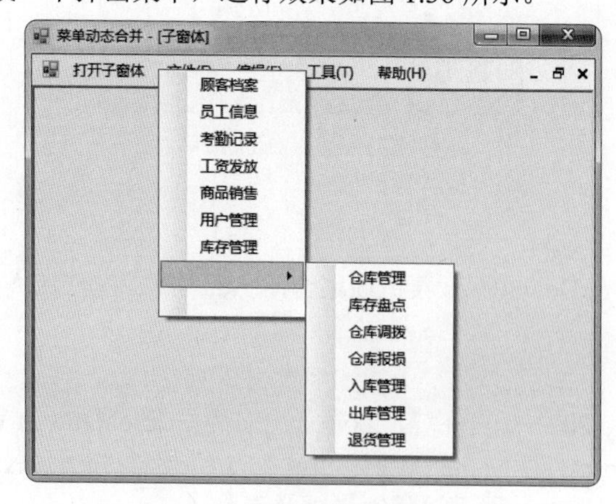

图 1.36 级联菜单的动态合并

关键技术

本实例主要用到了 ContextMenuStrip 控件中 Items 集合的 AddRange 方法，用于将 ToolStripItem 控件的数组添加到菜单集合中。

实现过程

（1）打开 Visual Studio 2022 开发环境，新建一个名为 AmalgamateMenu 的 Windows 窗体应用程序。

（2）更改默认窗体 Form1 的 Name 属性为 Frm_Main，设置窗体的 IsMdiContainer 属性为 true，将窗体设置为多文档窗体；向窗体中添加一个 MenuStrip 控件和一个 ContextMenuStrip 控件，分别用于显示菜单和窗体右键菜单。

（3）程序主要代码如下：

032-1

```
01  void f_Resize(object sender, EventArgs e)
02  {
03      Form2 f = (Form2)sender;                                    //获取窗体对象
04      ToolStripMenuItem item = new ToolStripMenuItem();           //创建菜单项
05      for (int i = 0; i < f.contextMenuStrip2.Items.Count;)       //遍历窗体菜单项集合
06      {
07          item.DropDownItems.Add(f.contextMenuStrip2.Items[i]);   //添加菜单项
08      }
09      this.contextMenuStrip1.Items.AddRange(                      //向主窗体中添加菜单项集合
10          new System.Windows.Forms.ToolStripItem[] { item });
11  }
```

扩展学习

更改菜单项的文字颜色

每一个菜单项都是一个 ToolStripMenuItem 对象，通过设置 ToolStripMenuItem 对象的 ForeColor 属性更改该菜单项的文字颜色。

实例 033　带历史信息的菜单

源码位置：Code\01\033

实例说明

在应用程序开发过程中，经常需要在应用程序菜单中记录最近打开文档的历史信息，当用户再次打开应用程序时可以方便地从历史信息中找到曾经处理过的文档。本实例中将会介绍怎样创建带历史信息的菜单。实例运行效果如图 1.37 所示。

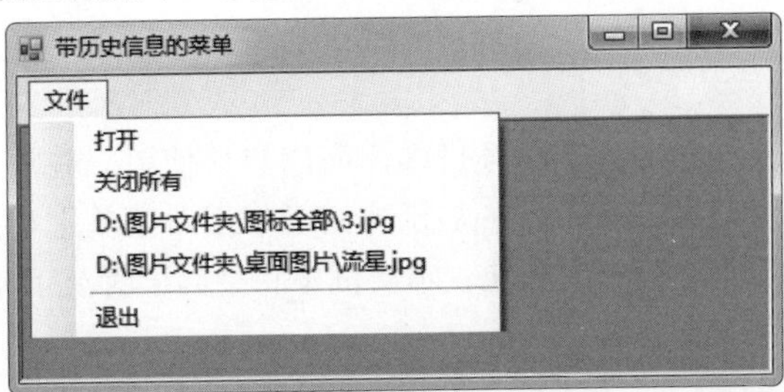

图 1.37　带历史信息的菜单

关键技术

本实例主要用到了 ToolStripMenuItem 菜单项中 DropDownItems 集合的 Insert 方法，将指定的菜单项插入集合中的指定索引处。

实现过程

（1）打开 Visual Studio 2022 开发环境，新建一个名为 HistoryMenu 的 Windows 窗体应用程序。

（2）更改默认窗体 Form1 的 Name 属性为 Frm_Main，向窗体中添加一个 MenuStrip 控件，用于打开图像文件，并记录打开文件的历史信息。

（3）程序主要代码如下：

033-1

```
01  private void Form1_Load(object sender, EventArgs e)
02  {
03      StreamReader sr = new StreamReader(address + "\\History.ini");    //创建流读取器对象
04      int i = 文件ToolStripMenuItem.DropDownItems.Count - 2;           //获取菜单项索引
05      while (sr.Peek() >= 0)                                          //循环读取流中的文本
06      {
07          ToolStripMenuItem menuitem = new ToolStripMenuItem(sr.ReadLine()); //创建菜单项对象
08          this.文件ToolStripMenuItem.DropDownItems.Insert(i, menuitem); //向菜单中添加新项
09          i++;                                                        //向菜单中插入索引的位置
10          menuitem.Click += new EventHandler(menuitem_Click);         //添加单击事件
11      }
12      sr.Close();                                                     //关闭流
13  }
```

扩展学习

向菜单项中添加菜单

每一个菜单项都是一个 ToolStripMenuItem 对象，而每一个 ToolStripMenuItem 对象都有 DropDownItems 集合。DropDownItems 集合中存放着多个子菜单项，由于 DropDownItems 集合实现了 Ilist 接口，所以可以使用集合的 Add 方法，方便地向菜单项中添加多个子菜单项。

实例 034　可以拉伸的菜单

源码位置：Code\01\034

实例说明

扫一扫，看视频

如果应用程序分类中的菜单项过多，而用户只使用一些常用菜单时，可以将主菜单项下的不常用菜单隐藏起来。此种显示方式类似于对菜单进行拉伸。使用时，只需单击展开菜单，即可显示相应菜单功能。本实例中将会向读者演示怎样制作可以拉伸的菜单。实例运行效果如图 1.38 所示。

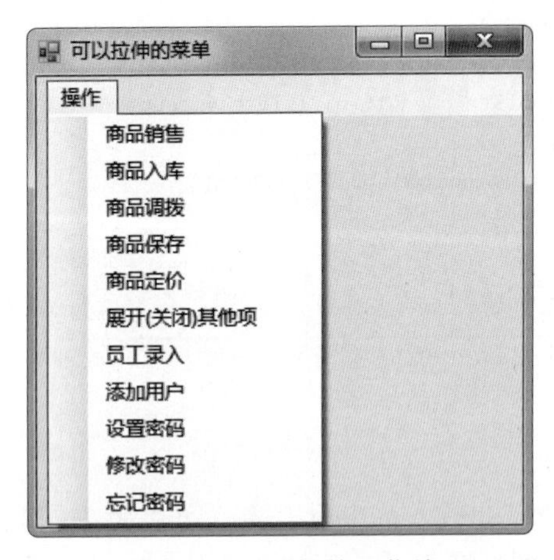

图 1.38　可以拉伸的菜单

关键技术

本实例主要用到了 ToolStripMenuItem 菜单项的 Visible 属性，ToolStripMenuItem 菜单项的 Visible 属性用来设置是否显示菜单项。

实现过程

（1）打开 Visual Studio 2022 开发环境，新建一个名为 StretchMenu 的 Windows 窗体应用程序。

（2）更改默认窗体 Form1 的 Name 属性为 Frm_Main，向窗体中添加一个 MenuStrip 控件，用于演示可以拉伸的菜单。

（3）程序主要代码如下：

034-1

```
01  private void toolStripMenuItem1_Click(object sender, EventArgs e)
02  {
03      switch (G_bl)
04      {
05          case false:
06              this.设置密码ToolStripMenuItem.Visible = false;          //隐藏菜单项
07              this.添加用户ToolStripMenuItem.Visible = false;          //隐藏菜单项
08              this.忘记密码ToolStripMenuItem.Visible = false;          //隐藏菜单项
09              this.修改密码ToolStripMenuItem.Visible = false;          //隐藏菜单项
10              this.员工录入ToolStripMenuItem.Visible = false;          //隐藏菜单项
11              G_bl = true;                                             //设置布尔值
12              操作ToolStripMenuItem.ShowDropDown();                    //显示菜单项
13              break;
14          case true:
15              this.设置密码ToolStripMenuItem.Visible = true;           //显示菜单项
16              this.添加用户ToolStripMenuItem.Visible = true;           //显示菜单项
17              this.忘记密码ToolStripMenuItem.Visible = true;           //显示菜单项
```

```
18              this.修改密码ToolStripMenuItem.Visible = true;                //显示菜单项
19              this.员工录入ToolStripMenuItem.Visible = true;                //显示菜单项
20              G_bl = false;                                                 //设置布尔值
21              this.操作ToolStripMenuItem.ShowDropDown();                    //显示菜单项
22              break;
23      }
24  }
```

扩展学习

停用菜单项

每一个菜单项都是一个 ToolStripMenuItem 对象，可以将 ToolStripMenuItem 对象的 Enable 属性设置为 false 停用菜单项，也可以将 Enable 属性设置为 true 启用菜单项。

实例 035　用树型列表动态显示菜单

源码位置：Code\01\035

实例说明

扫一扫，看视频

在程序设计过程中，窗体界面的设计是至关重要的，一个良好的窗体布局，可以增强应用程序的可操作性。例如，如何让用户更直观、更快速地了解本程序的相关功能及操作，如何在主窗体中显示当前用户的权限等。本实例中将演示将菜单中的内容动态添加到树型列表中，并根据菜单中的用户权限，对树型列表中的相应项进行设置。实例运行效果如图 1.39 所示。

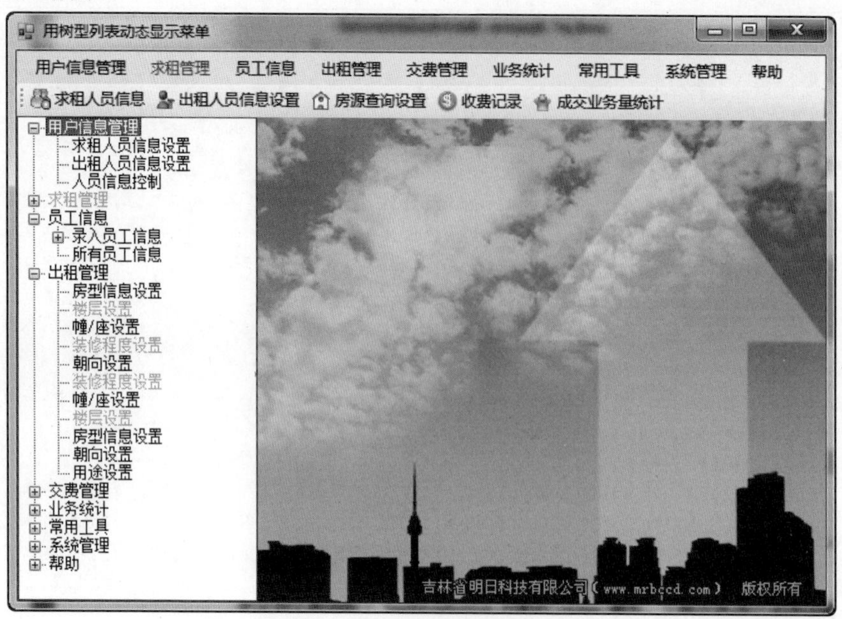

图 1.39　用树型列表动态显示菜单

关键技术

本实例主要用到了 TreeNode 对象的 ForeColor 属性，TreeNode 对象的 ForeColor 属性用来设置节点的文本颜色。

实现过程

（1）打开 Visual Studio 2022 开发环境，新建一个名为 DisplayMenu 的 Windows 窗体应用程序。

（2）更改默认窗体 Form1 的 Name 属性为 Frm_Main，向窗体中添加一个 MenuStrip 控件，用于在窗体中显示菜单项；添加一个 TreeView 控件，用于显示菜单项的内容。

（3）程序主要代码如下：

035-1

```
01  public void GetCavernMenu(TreeNode newNodeA, ToolStripDropDownItem newmenuA, bool BL)
02  {
03      bool Var_Bool = true;                                               //设置布尔值
04      if (newmenuA.HasDropDownItems && newmenuA.DropDownItems.Count > 0)
05          for (int j = 0; j < newmenuA.DropDownItems.Count; j++)          //遍历二级菜单项
06          {
07              //将二级菜单名称添加到TreeView组件的子节点newNode1中，并设置当前节点的子节点newNode2
08              TreeNode newNodeB = newNodeA.Nodes.Add(newmenuA.DropDownItems[j].Text);
09              Var_Bool = true;
10              if (BL == false)                                         //判断一级命令是否可用
11              {
12                  newNodeB.ForeColor = Color.Silver;                   //设置命令项的字体颜色
13                  newNodeB.Tag = 0;                                    //标识，不显示相应的窗体
14                  Var_Bool = false;
15              }
16              else
17              {
18                  if (newmenuA.DropDownItems[j].Enabled == false)  //判断命令项是否为可用
19                  {
20                      newNodeB.ForeColor = Color.Silver;               //设置命令项的字体颜色
21                      newNodeB.Tag = 0;                                //标识，不显示相应的窗体
22                      Var_Bool = false;
23                  }
24                  else
25                  {
26                      newNodeA.ForeColor = Color.Black;                //设置命令项的字体颜色
27                      newNodeB.Tag =                                   //标识，显示相应的窗体
28                              int.Parse(newmenuA.DropDownItems[j].Tag.ToString());
29                  }
30              }
31              //将当前菜单项的所有相关信息存入到ToolStripDropDownItem对象中
32              ToolStripDropDownItem newmenuB = (ToolStripDropDownItem)newmenuA.DropDownItems[j];
33              if (newmenuB.HasDropDownItems                            //如果当前命令项有子项
34                      && newmenuA.DropDownItems.Count > 0)
35              {
36                  newNodeB.Tag = 0;                                    //标识，有子项的命令项
```

```
37                  GetCavernMenu(newNodeB, newmenuB, Var_Bool);     //调用递归方法
38              }
39          }
40  }
```

扩展学习

为窗体添加背景图片

在窗体应用程序开发中，为了让窗体更加美观，经常会使用窗体的 Image 属性为窗体添加背景图片。

实例 036　带图标的工具栏

源码位置：Code\01\036

实例说明

在程序设计过程中，经常会用到 ToolStrip 工具栏，在 ToolStrip 工具栏中可以添加按钮、标签、菜单等信息。本实例中将会向读者演示怎样向 ToolStrip 工具栏中添加带图标的按钮控件。实例运行效果如图 1.40 所示。

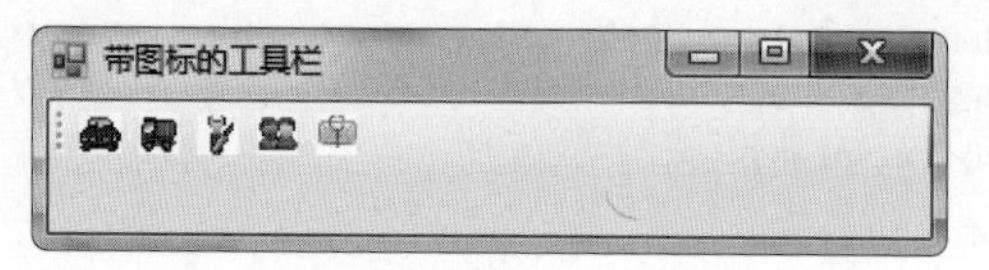

图 1.40　带图标的工具栏

关键技术

本实例主要用到了 ToolStripButton 对象的 Image 属性，用来获取或设置在 ToolStripButton 中显示的图像。

实现过程

（1）打开 Visual Studio 2022 开发环境，新建一个名为 PicturesInTool 的 Windows 窗体应用程序。

（2）更改默认窗体 Form1 的 Name 属性为 Frm_Main，更改 Text 属性为“带图标的工具栏”，向窗体中添加一个 ToolStrip 控件，用于向窗体中添加工具栏按钮，设置工具栏按钮的 Image 属性可以指定工具栏按钮的图标。

扩展学习

为工具栏按钮添加图标

ToolStrip 工具栏中可以包含多个 ToolStripButton 对象，可以通过设置 ToolStripButton 对象的 Image 属性，方便地在工具栏的按钮中显示图标。

实例 037　设计浮动工具栏

源码位置：Code\01\037

实例说明

在使用 Word 应用程序时会发现，Word 应用程序上部的工具栏是可以被拖动的，这样做有利于用户对 Word 文档的操作。通过对本实例的学习，读者也可以在窗体中设计一个可以被拖动的工具栏。实例运行效果如图 1.41 所示。

图 1.41　设计浮动工具栏

关键技术

本实例主要用到了 ToolStripPanel 控件的 Dock 属性和 ToolStripButton 对象的 Join 方法。Dock 属性用来获取或设置控件的停靠方式。Join 方法用于将指定的 ToolStrip 添加到 ToolStripPanel 控件。

实现过程

（1）打开 Visual Studio 2022 开发环境，新建一个名为 DriftTool 的 Windows 窗体应用程序。

（2）更改默认窗体 Form1 的 Name 属性为 Frm_Main，更改 Text 属性为“设计浮动工具栏”，向窗体中添加一个 ToolStrip 控件，用于演示浮动工具栏。

（3）程序主要代码如下：

037-1

```
01  private void Frm_Main_Load(object sender, EventArgs e)
02  {
03      ToolStripPanel tsp_Top = new ToolStripPanel();              //创建ToolStripPanel对象
04      ToolStripPanel tsp_Bottom = new ToolStripPanel();           //创建ToolStripPanel对象
05      ToolStripPanel tsp_Left = new ToolStripPanel();             //创建ToolStripPanel对象
06      ToolStripPanel tsp_right = new ToolStripPanel();            //创建ToolStripPanel对象
07      tsp_Top.Dock = DockStyle.Top;                               //设置停靠方式
08      tsp_Bottom.Dock = DockStyle.Bottom;                         //设置停靠方式
09      tsp_Left.Dock = DockStyle.Left;                             //设置停靠方式
10      tsp_right.Dock = DockStyle.Right;                           //设置停靠方式
11      Controls.Add(tsp_Top);                                      //添加到控件集合
12      Controls.Add(tsp_Bottom);                                   //添加到控件集合
13      Controls.Add(tsp_Left);                                     //添加到控件集合
14      Controls.Add(tsp_right);                                    //添加到控件集合
15      tsp_Bottom.Join(toolStrip1);                                //将指定工具栏添加到面板
16  }
```

扩展学习

更改控件在窗体中的位置

由于所有控件都继承于 Control 类，因此所有控件都有 Location 属性，Location 属性用于标记控件在窗体中的坐标位置，可以通过设置 Location 属性来更改控件在窗体中的位置。

实例 038 使用 ErrorProvider 组件验证文本框输入

源码位置：Code\01\038

实例说明

ErrorProvider 组件可以用来对窗体或控件上的用户输入进行验证，当验证用户在窗体中的输入或显示数据集内的错误时，一般要用到该控件。相对于在消息框中显示错误信息，ErrorProvider 组件是更好的选择。ErrorProvider 组件在相关控件（如文本框）右侧显示一个错误图标，当用户将鼠标指针放在该错误图标上时，将出现错误信息的提示工具。实例运行效果如图 1.42 所示。

图 1.42　使用 ErrorProvider 组件验证文本框输入

关键技术

本实例主要用到了 ErrorProvider 组件的 BlinkStyle 属性、BlinkRate 属性、SetError 方法和 TextBox 文本框的 Validating 事件。

实现过程

（1）打开 Visual Studio 2022 开发环境，新建一个名为 InputText 的 Windows 窗体应用程序。

（2）更改默认窗体 Form1 的 Name 属性为 Frm_Main，在该窗体上添加两个 ErrorProvider 组件，将其 BlinkRate 属性设置为 100，BlinkStyle 属性值设置为 AlwaysBlink，该控件用于验证输入是否正确；添加两个 TextBox 控件，用于输入文本；添加两个 Button 控件，用于引发 ErrorProvider 组件验证。

（3）程序主要代码如下：

038-1

```
01  string strA = null;                                                    //定义字符串字段
02  string strB = null;                                                    //定义字符串字段
03  private void txtPasword_Validating(object sender, CancelEventArgs e) //验证密码
```

```
04  {
05      if (txtPasword.Text != "mrscoft")                               //当密码输入不正确时
06      {
07          errPassword.SetError(txtPasword, "密码确误");               //显示错误提示信息
08      }
09      else                                                            //当密码输入正确时
10      {
11          errPassword.SetError(txtPasword, "");                       //不显示任何内容
12          strA = txtPasword.Text;                                     //获取密码字符串
13      }
14  }
15  private void txtUser_Validating(object sender, CancelEventArgs e) //验证登录名
16  {
17      if (txtUser.Text != "mr")                                       //当登录名输入错误时
18      {
19          errUser.SetError(txtUser, "登录名错误");                    //显示错误的提示信息
20      }
21      else                                                            //当登录名输入正确时
22      {
23          errUser.SetError(txtUser, "");                              //不显示任何内容
24          strB = txtUser.Text;                                        //获取用户名字符串
25      }
26  }
```

扩展学习

让错误图标不闪烁

当发生错误验证时，ErrorProvider 组件的错误图标会按指定速率闪烁。将 BlinkStyle 设置为 NeverBlink 时，表示闪烁速率为 0，即不闪烁。

实例 039　程序运行时智能增减控件

源码位置：Code\01\039

实例说明

设计程序时，为了更好地保护信息安全，通常会为操作员设置用户权限。使用人员只能根据自己的权限来操作相应的功能模块。在本实例中，设计一个系统登录模块，用户在登录时会根据其权限显示相应的功能模块。运行程序，进入系统登录界面。首先以操作员身份登录，登录名为 Admin，密码为 Admin，进入图 1.43 所示的操作界面。然后以系统管理员身份登录，登录名为 Mr，密码为 Mrscoft，进入图 1.43 所示的操作界面。

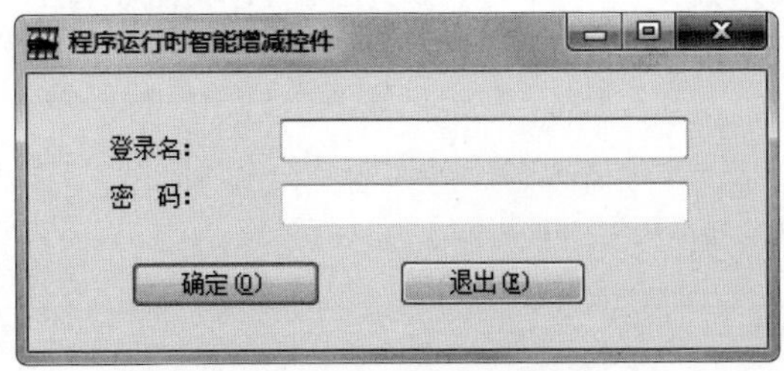

图 1.43　程序运行时智能增减控件

关键技术

实现本实例时主要用到了 Button 控件的 Visible 属性、Form 窗体的 Show 方法和 Hide 方法。

实现过程

（1）打开 Visual Studio 2022 开发环境，新建一个名为 AddAndRemoveControl 的 Windows 窗体应用程序。

（2）更改默认窗体 Form1 的 Name 属性为 Frm_Main，在该窗体上添加 6 个 Button 控件，把 FlatStyle 属性设置为 Flat，TextImageRelation 属性设置为 ImageAboveText，用来控制程序操作；添加一个 Imagelist 控件，用来为 Button 控件提供背景图片。

（3）新建一个窗体，并将其命名为 Frm_Login，在该窗体中添加两个 TextBox 控件，用来输入用户名和密码；添加两个 Button 控件，用来执行登录和退出登录操作。

（4）程序主要代码如下：

039-1

```
01 Frm_Main frm = new Frm_Main();                                               //创建窗体对象
02 private void btnOK_Click(object sender, System.EventArgs e)                  //确定
03 {
04     if (txtUser.Text == "")                                                  //如果用户名为空
05     {
06         MessageBox.Show("请输入用户名");                                      //弹出消息对话框
07         return;                                                              //退出方法
08     }
09     else if (txtPasword.Text == "")                                          //如果密码为空
10     {
11         MessageBox.Show("请输入用户密码");                                    //弹出消息对话框
12         return;                                                              //退出方法
13     }
14     else if (txtUser.Text == "Admin" && txtPasword.Text == "Admin")  //如果输入的用户名和密码正确
15     {
16         frm.Show();                                                          //显示窗体
17         frm.button1.Visible = false;                                         //隐藏Button按钮
18         frm.button4.Visible = false;                                         //隐藏Button按钮
19         frm.Text = frm.Text + "     " + "操作员:" + txtUser.Text;           //显示窗体标题
20         this.Hide();                                                         //隐藏登录窗体
21     }
22     else if (txtUser.Text == "Mr" && txtPasword.Text == "Mrsoft")   //如果输入的用户名和密码正确
23     {
24         frm.Show();                                                          //显示窗体
25         frm.Text = frm.Text + "     " + "系统管理员:" + txtPasword.Text; //显示窗体标题
26         this.Hide();                                                         //隐藏登录窗体
27     }
28     else
29     {
30         MessageBox.Show("用户名或密码错误");                                  //弹出消息对话框
31         txtUser.Text = "";                                                   //清空用户名
```

```
32            txtPasword.Text = "";                                   //清空密码
33            txtUser.Focus();                                        //控件获取焦点
34        }
35    }
```

扩展学习

设置用户权限

若要在程序中设置操作用户的权限，首先要判断登录用户的身份或级别，然后再根据登录用户的身份或级别来设置哪些模块可以使用。

实例 040　多控件焦点循环移动

源码位置：Code\01\040

实例说明

一般情况下，移动控件间的焦点都是通过 Tab 键来实现的。本实例在原有的基础上增加了按 Enter 键实现焦点移动的功能。另外，当焦点移动至最后一个控件时自动跳转到第一个控件，也就是多控件的焦点循环移动。实例运行效果如图 1.44 所示。

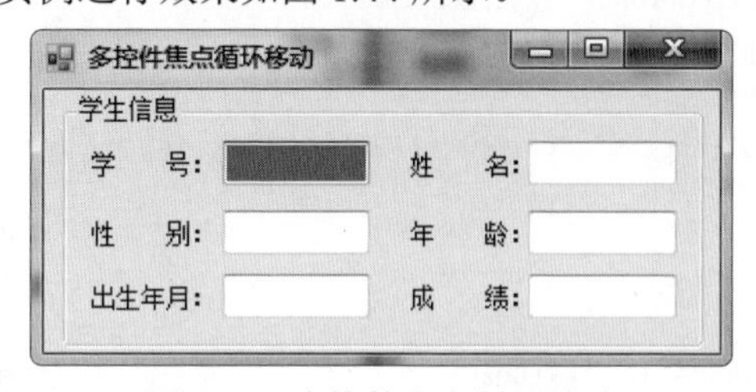

图 1.44　多控件焦点循环移动

关键技术

本实例主要用到各个 TextBox 控件的 Enter 事件、Leave 事件以及 KeyDown 事件和自定义方法 Clear_Control。

实现过程

（1）打开 Visual Studio 2022 开发环境，新建一个名为 GetFocus 的 Windows 窗体应用程序。

（2）更改默认窗体 Form1 的 Name 属性为 Frm_Main，在该窗体中主要添加 6 个文本框控件，用来显示焦点。

（3）当前控件变为该窗体的活动控件时，使文本框的背景颜色变为蓝色。代码如下：

```
040-1
01  private void AllControl_Enter(object sender, EventArgs e)
02  {
03      //当前控件成为活动控件时，设置它的背景颜色为蓝色
04      ((TextBox)sender).BackColor = Color.CornflowerBlue;
05  }
```

当前控件变为该窗体的非活动控件时，使文本框的背景颜色变为白色。代码如下：

040-2

```
01  private void AllControl_Leave(object sender, EventArgs e)
02  {
03      ((TextBox)sender).BackColor = Color.White; //当前控件成为不活动控件时，设置它的背景颜色为白色
04  }
```

当焦点处于文本框中，若有按键被按下，则触发控件的 KeyDown 事件。本实例通过按键值判断是否按下 Enter 键。代码如下：

040-3

```
01  private void AllControl_KeyDown(object sender, KeyEventArgs e)
02  {
03      if (e.KeyValue == 13)                                          //当按下Enter键时
04      {
05          int n = Convert.ToInt32(((TextBox)sender).Tag.ToString()); //获取控件标识
06          Clear_Control(groupBox1.Controls, n, 6);                   //进入下一个控件
07      }
08  }
```

上面的代码中用到 Clear_Control 方法，该方法用来遍历该窗体中指定类型的所有控件。代码如下：

040-4

```
01  ///<param Con="ControlCollection">可视化控件</param>
02  ///<param n="int">控件标识</param>
03  ///<param m="int">最大标识</param>
04  public void Clear_Control(Control.ControlCollection Con, int n, int m)
05  {
06      int tem_n = 0;                                       //初始化一个int型变量
07      foreach (Control C in Con)                           //遍历可视化组件中的所有控件
08      {
09          if (C.GetType().Name == "TextBox")               //判断是否为TextBox控件
10          {
11              if (n == m)                                  //当循环至最后一个控件时
12                  tem_n = 1;                               //设置控件标识的值为1
13              else                                         //当没有循环到最后一个控件时
14                  tem_n = n + 1;                           //使控件的标识值递增1
15              //若与当前控件关联的数据对象为下一个控件
16              if (Convert.ToInt32(((TextBox)C).Tag.ToString()) == tem_n)
17                  ((TextBox)C).Focus();                    //为当前控件设置焦点
18          }
19      }
20  }
```

扩展学习

获取容器控件内的控件集合

当遍历窗体上所有的或指定类型的控件时，需要注意这些控件是否被添加到某个容器控件中，若被添加到某个容器控件中，则需要遍历该容器控件内的控件集合。

实例 041　使用控件的 Tag 属性传递信息

源码位置：Code\01\041

实例说明

用控件的 Tag 属性传值，只需在控件的属性窗口内给 Tag 属性设置值或通过编写代码给 Tag 属性赋值即可。本实例通过编写代码给 Button 控件的 Tag 属性赋值，当单击 Button 控件时，程序会弹出显示 Button 控件的 Tag 属性值的对话框。实例运行效果如图 1.45 所示。

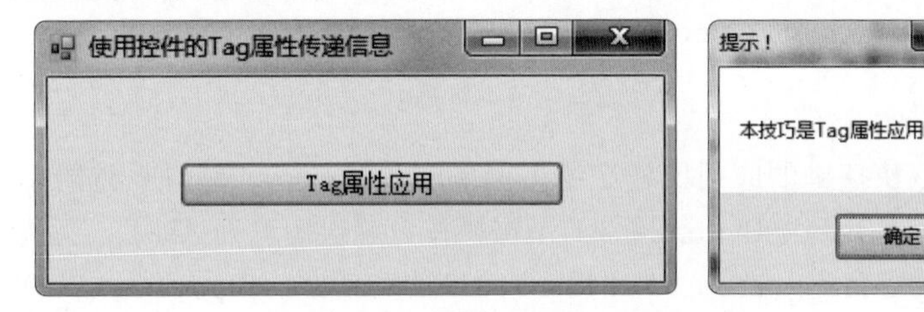

图 1.45　使用控件的 Tag 属性传递信息

关键技术

本实例实现时主要用到了 Control 类的 Tag 属性，该属性用来获取或设置包含有关控件的数据的对象。

实现过程

（1）打开 Visual Studio 2022 开发环境，新建一个名为 GetTag 的 Windows 窗体应用程序。

（2）更改默认窗体 Form1 的 Name 属性为 Frm_Main，在该窗体中添加一个 Button 控件，用来演示通过 Tag 属性传递信息。

（3）在窗体的 Load 事件中，给 Button 控件的 Tag 属性赋值。代码如下：

041-1

```
01  private void Form1_Load(object sender, EventArgs e)
02  {
03      btn_Tag.Tag = "本技巧是Tag属性应用";          //为按钮的数据对象赋值
04  }
```

单击 Button 控件，程序弹出显示 Button 控件的 Tag 属性值的对话框。代码如下：

041-2

```
01  private void btn_Tag_Click(object sender, EventArgs e)
02  {
03      MessageBox.Show(                          //弹出消息对话框，并显示Button控件的Tag属性值
04          this.btn_Tag.Tag.ToString(), "提示！");
05  }
```

扩展学习

使用 Form 窗体的 Tag 属性

与普通控件一样，Form 窗体也继承自 Control 类，自然窗体也有 Tag 属性，这样使用窗体的 Tag 属性就可以实现在不同窗体间传递数据。

实例 042　为控件设置快捷键

源码位置：Code\01\042

实例说明

在计算机操作中，快捷键的应用比较广泛。例如，在 Windows 操作系统的桌面上按下 F1 键，系统会打开帮助文档。本实例为 Button 控件的单击操作设置快捷键为 Alt+D，运行程序，当同时按下 Alt+D 快捷键时，程序会弹出显示“快捷键”3 个字的对话框。实例运行效果如图 1.46 所示。

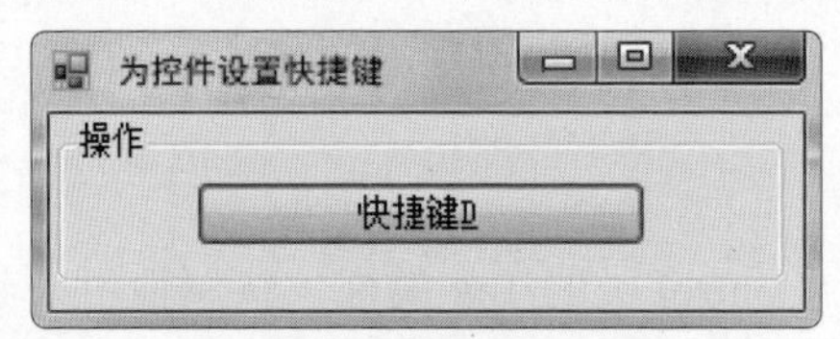

图 1.46　为控件设置快捷键

关键技术

本实例的关键技术是为控件设置快捷键的操作步骤，具体如下：

（1）单击要设置快捷键的控件，在控件的属性窗口中，首先设置 Text 属性要显示的基本信息。

（2）把输入法设置为英文输入状态，按 Shift+9 显示左括号，按 Shift+0 显示右括号。

（3）按 Shift+7 显示 & 特殊符号，最后在 & 后面输入快捷键的主体字母。例如，“(&D)”表示快捷键是 Alt+D。

实现过程

（1）打开 Visual Studio 2022 开发环境，新建一个名为 ShortCutMenu 的 Windows 窗体应用程序。

（2）更改默认窗体 Form1 的 Name 属性为 Frm_Main，在该窗体中添加一个 Button 控件，用来测试快捷键。

（3）程序主要代码如下：

042-1

```
01  private void button1_Click(object sender, EventArgs e)
02  {
03      MessageBox.Show("快捷键");                    //按下Alt+D快捷键可以弹出消息对话框
04  }
```

扩展学习

关于快捷键

控件的快捷键主体是 &+ 字母，甚至可以省略括号，只是省略括号后的显示效果不够完美。

实例 043　对 DataGridView 控件进行数据绑定　源码位置：Code\01\043

实例说明

DataGridView 控件既可以绑定到数据表，也可以绑定到数据集合。本实例实现绑定 DataGridView 控件到数据集合。实例运行效果如图 1.47 所示。

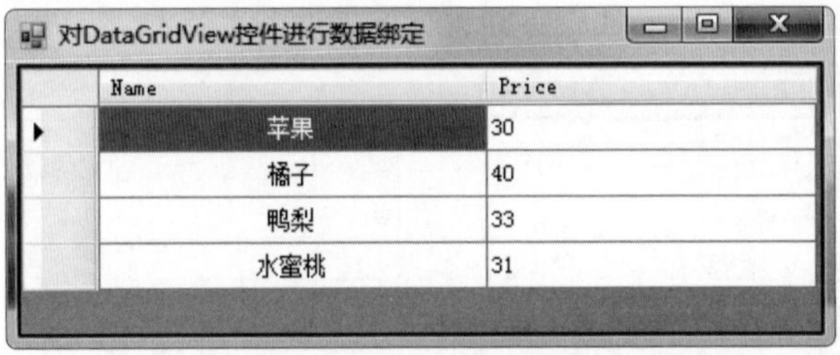

图 1.47　对 DataGridView 控件进行数据绑定

关键技术

本实例实现时主要用到了 DataGridView 控件的 DataSource 属性，该属性用于获取或设置 DataGridView 控件所显示数据的数据源。

实现过程

（1）打开 Visual Studio 2022 开发环境，新建一个名为 GridBind 的 Windows 窗体应用程序。

（2）更改默认窗体 Form1 的 Name 属性为 Frm_Main，在该窗体中添加一个 DataGridView 控件，用来显示绑定的数据。

（3）程序主要代码如下：

043-1

```
01  private void Frm_Main_Load(object sender, EventArgs e)
02  {
03      dgv_Message.DataSource = new List<Fruit>() {                    //绑定到数据集合
04      new Fruit(){Name="苹果",Price=30},
05      new Fruit(){Name="橘子",Price=40},
06      new Fruit(){Name="鸭梨",Price=33},
07      new Fruit(){Name="水蜜桃",Price=31}};
08      dgv_Message.Columns[0].Width = 200;                             //设置列宽度
09      dgv_Message.Columns[1].Width = 170;                             //设置列宽度
10      dgv_Message.Columns[0].DefaultCellStyle.Alignment =             //设置对齐方式
11          DataGridViewContentAlignment.MiddleCenter;
12  }
```

扩展学习

DataGridView 控件可以绑定多种数据源

DataGridView 控件可以绑定多种数据源，例如，DataTable 实例、DataView 实例、Binding-Source 组件、数据集合等。

实例 044 在 DataGridView 控件中隔行换色

源码位置：Code\01\044

实例说明

在 DataGridView 控件中，若能够实现奇数行与偶数行的颜色交替变换，可以大大增强控件的显示效果，而且还有利于查看数据记录。实例运行效果如图 1.48 所示。

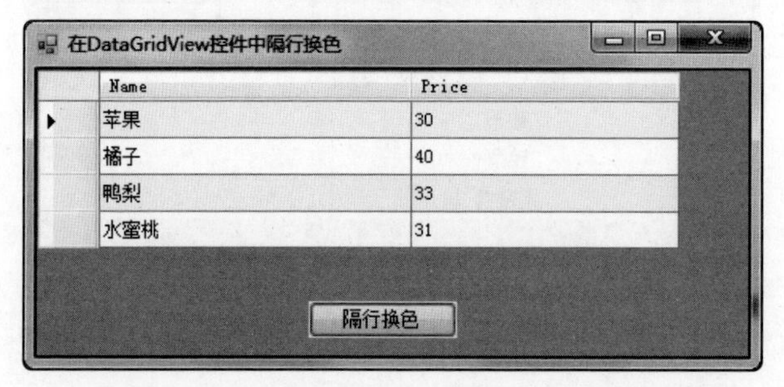

图 1.48 在 DataGridView 控件中隔行换色

关键技术

本实例的设计思路是通过设置奇数行（即行索引值为偶数的行）的背景色来达到隔行换色的目的。本实例实现时主要用到了 DataGridViewRow 类的公共属性 DefaultCellStyle 的 BackColor 属性，该属性用于获取或设置 DataGridView 单元格的背景色。

实现过程

（1）打开 Visual Studio 2022 开发环境，新建一个名为 AlternationColor 的 Windows 窗体应用程序。

（2）更改默认窗体 Form1 的 Name 属性为 Frm_Main，在该窗体中添加一个 DataGridView 控件，用来显示绑定的数据；添加一个 Button 控件，用来设置隔行换色。

（3）程序主要代码如下：

044-1

```
01    //DataGridView控件绑定数据集合
02    private void Frm_Main_Load(object sender, EventArgs e)
03    {
04        dgv_Message.DataSource = new List<Fruit>() {                    //绑定数据集合
05        new Fruit(){Name="苹果",Price=30},
06        new Fruit(){Name="橘子",Price=40},
```

```
07        new Fruit(){Name="鸭梨",Price=33},
08        new Fruit(){Name="水蜜桃",Price=31}};
09        dgv_Message.Columns[0].Width = 200;                            //设置列宽度
10        dgv_Message.Columns[1].Width = 170;                            //设置列宽度
11        dgv_Message.SelectionMode = DataGridViewSelectionMode.FullRowSelect;  //设置如何选中单元格
12    }
13    private void btn_Begin_Click(object sender, EventArgs e)           //单击按钮实现隔行换色
14    {
15        for (int i = 0; i < dgv_Message.Rows.Count; i++)               //遍历所有的行
16        {
17            if (i % 2 == 0)                                            //判断行索引值为偶数
18                dgv_Message.Rows[i].DefaultCellStyle.BackColor = Color.LightYellow; //隔行更换背景色
19        }
20    }
```

扩展学习

使用求模运算符（%）

求模运算符（%）用来计算第二个操作数除第一个操作数后的余数，所有数值类型都具有预定义的模数运算符。本实例巧用模数运算符解决了判断奇偶数的问题。

实例 045　在 DataGridView 控件中实现下拉列表

源码位置：Code\01\045

实例说明

本实例实现在 DataGridView 控件的单元格中显示下拉列表，使用下拉列表可以方便地对 DataGridView 控件中的数据进行编辑。实例运行效果如图 1.49 所示。

图 1.49　在 DataGridView 控件中实现下拉列表

关键技术

本实例主要用到了 DataGridViewComboBoxColumn 类和 DataGridView 控件的 Columns 属性的 Add 方法。

实现过程

（1）打开 Visual Studio 2022 开发环境，新建一个名为 DropDownList 的 Windows 窗体应用程序。

（2）更改默认窗体 Form1 的 Name 属性为 Frm_Main，在该窗体中添加一个 DataGridView 控件，用来显示绑定的数据。

（3）程序主要代码如下：

045-1

```
01  private void Frm_Main_Load(object sender, EventArgs e)
02  {
03      DataGridViewComboBoxColumn dgvc = new DataGridViewComboBoxColumn();  //创建列对象
04      dgvc.Items.Add("苹果");                                              //向集合中添加元素
05      dgvc.Items.Add("芒果");                                              //向集合中添加元素
06      dgvc.Items.Add("鸭梨");                                              //向集合中添加元素
07      dgvc.Items.Add("橘子");                                              //向集合中添加元素
08      dgvc.HeaderText = "水果";                                            //设置列标题文本
09      dgv_Message.Columns.Add(dgvc);                                       //将列添加到集合
10  }
```

扩展学习

DataGridView 的下拉列表绑定代码表

DataGridViewComboBoxColumn 类表示 DataGridView 控件的列类型的一种，它派生自 DataGridViewColumn 类。该类的实例在界面和操作上与 ComboBox 控件十分相似，并且像 ComboBox 控件一样可以绑定代码表。

实例 046　在 DataGridView 控件中显示图片

源码位置：Code\01\046

实例说明

通过 DataGridView 控件可以很好地与数据库实现交互，当显示某一事物的详细信息时，如果可以直接看到该事物的图片，就能使用户对该事物有一个更直观的了解。通过对本实例的学习，用户可以实现这个效果。实例运行效果如图 1.50 所示。

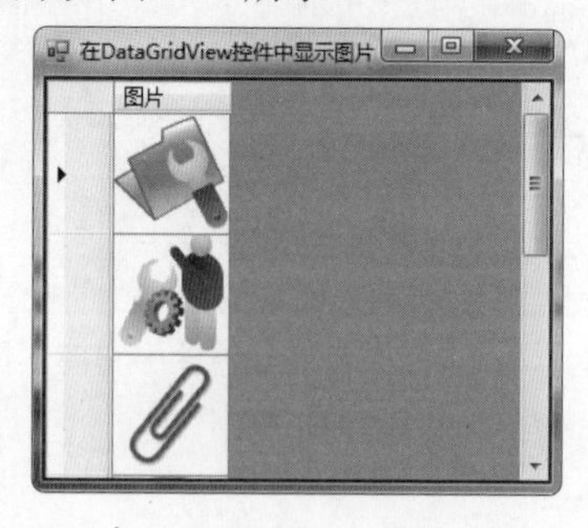

图 1.50　在 DataGridView 控件中显示图片

关键技术

本实例实现时主要用到了 DataGridView 控件的 DataSource 属性，该属性用于获取或设置 DataGridView 控件所显示数据的数据源。

实现过程

（1）打开 Visual Studio 2022 开发环境，新建一个名为 DisplayPictures 的 Windows 窗体应用程序。

（2）更改默认窗体 Form1 的 Name 属性为 Frm_Main，在该窗体中添加一个 DataGridView 控件，用来显示绑定的数据。

（3）程序主要代码如下：

```
046-1
01  private void Frm_Main_Load(object sender, EventArgs e)
02  {
03      dgv_Message.DataSource = new List<Images>()                    //绑定到图片集合
04      {
05          new Images(){Im=Image.FromFile("1.bmp")},
06          new Images(){Im=Image.FromFile("2.bmp")},
07          new Images(){Im=Image.FromFile("3.bmp")},
08          new Images(){Im=Image.FromFile("4.bmp")},
09          new Images(){Im=Image.FromFile("5.bmp")},
10          new Images(){Im=Image.FromFile("6.bmp")},
11          new Images(){Im=Image.FromFile("7.bmp")}
12      };
13      dgv_Message.Columns[0].HeaderText = "图片";                    //设置列文本
14      dgv_Message.Columns[0].Width = 70;                             //设置列宽度
15      for (int i = 0; i < dgv_Message.Rows.Count; i++)
16      {
17          dgv_Message.Rows[i].Height = 70;                           //设置行高度
18      }
19  }
```

扩展学习

获取图像的方法

可以通过调用 Image 类的 FromFile 方法来获取图像，该方法是一个静态方法。

实例 047 在 DataGridView 控件中添加“合计”和“平均值”

源码位置：Code\01\047

实例说明

本实例实现为 DataGridView 控件中的第一个列的所有行求和，为第二个列的所有行求平均数。实例运行效果如图 1.51 所示。

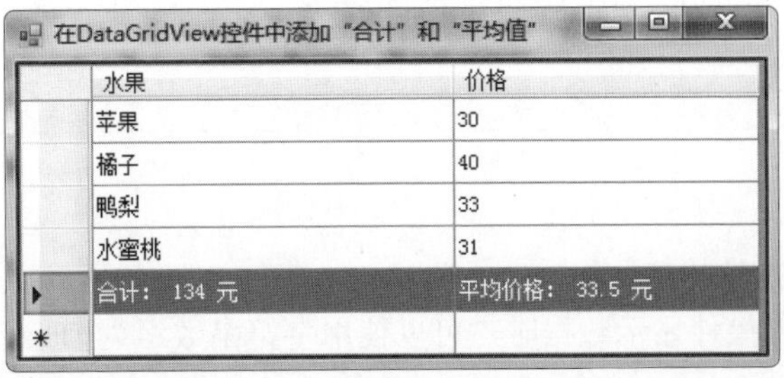

在DataGridView控件中添加“合计”和“平均值”

水果	价格
苹果	30
橘子	40
鸭梨	33
水蜜桃	31
合计：134 元	平均价格：33.5 元

图 1.51　在 DataGridView 控件中添加“合计”和“平均值”

关键技术

本实例在实现时主要用到了 List<T> 的 ForEach 方法，该方法实现对 List<T> 的每个元素执行指定操作，本实例使用该方法来计算 float 类型元素的和。

实现过程

（1）打开 Visual Studio 2022 开发环境，新建一个名为 SumAndAverage 的 Windows 窗体应用程序。

（2）更改默认窗体 Form1 的 Name 属性为 Frm_Main，在该窗体中添加一个 DataGridView 控件，用来显示绑定的数据。

（3）程序主要代码如下：

047-1

```
01  private void Frm_Main_Load(object sender, EventArgs e)
02  {
03      G_Fruit = new List<Fruit>() {                          //创建集合并添加元素
04      new Fruit(){Name="苹果",Price=30},
05      new Fruit(){Name="橘子",Price=40},
06      new Fruit(){Name="鸭梨",Price=33},
07      new Fruit(){Name="水蜜桃",Price=31}};
08      dgv_Message.Columns.Add("Fruit", "水果");              //添加列
09      dgv_Message.Columns.Add("Pric", "价格");               //添加列
10      foreach (Fruit f in G_Fruit)                           //添加元素
11      {
12          dgv_Message.Rows.Add(new string[]
13          {
14              f.Name,
15              f.Price.ToString()
16          });
17      }
18      dgv_Message.Columns[0].Width = 200;                    //设置列宽度
19      dgv_Message.Columns[1].Width = 170;                    //设置列宽度
20      float sum = 0;                                         //定义float类型变量
21      G_Fruit.ForEach(
22          (pp) =>
23          {
24              sum += pp.Price;                               //求和
25          });
26      dgv_Message.Rows.Add(new string[]                      //在新列中显示平均值及合计信息
27      {
28          "合计： "+sum.ToString()+" 元",
29          "平均价格： "+(sum/G_Fruit.Count).ToString()+" 元"
30      });
31  }
```

扩展学习

填充 DataGridView 控件的单元格

在使用 DataGridView 控件显示数据时，可以使用字符串数组为 DataGridView 控件的新增行填充单元格。

实例 048　将 DataGridView 中数据导出到 Excel

源码位置：Code\01\048

实例说明

Microsoft Excel 具有强大的数据统计功能，使用它设计的报表简单方便、美观实用，在软件开发中经常需要把应用程序中的数据导出到 Excel 文件中。本实例实现把 DataGridView 中的数据导出到 Excel。实例运行效果如图 1.52 所示。

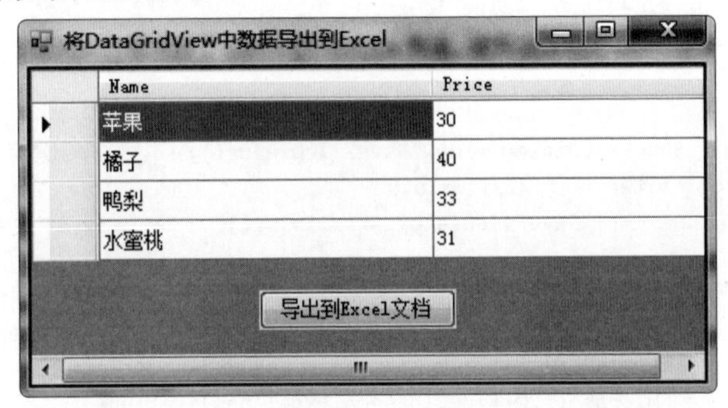

图 1.52　将 DataGridView 中数据导出到 Excel

关键技术

本实例在实现时主要用到了 Microsoft Excel 对象模型的 Workbook 接口的 Add 方法，该方法可以实现创建一个新的工作簿。

实现过程

（1）打开 Visual Studio 2022 开发环境，新建一个名为 GridToExcel 的 Windows 窗体应用程序。

（2）更改默认窗体 Form1 的 Name 属性为 Frm_Main，在该窗体中添加一个 DataGridView 控件，用来显示数据；添加一个 Button 控件，用来实现把 DataGridView 控件中的数据导出到 Excel 文档。

（3）在窗体的 Load 事件中，首先绑定 DataGridView 控件到数据集合。代码如下：

048-1

```
01  private void Frm_Main_Load(object sender, EventArgs e)
02  {
03      dgv_Message.DataSource = new List<Fruit>() {                //绑定数据集合
04      new Fruit(){Name="苹果",Price=30},
05      new Fruit(){Name="橘子",Price=40},
06      new Fruit(){Name="鸭梨",Price=33},
07      new Fruit(){Name="水蜜桃",Price=31}};
08      dgv_Message.Columns[0].Width = 200;                         //设置列宽度
09      dgv_Message.Columns[1].Width = 170;                         //设置列宽度
10  }
```

单击窗体的“导出到 Excel 文档”按钮，实现把 DataGridView 控件中的数据导出到 Excel 文档。代码如下：

048-2

```
01  private Excel.Application G_ea;                                  //定义Word应用程序字段
02  private object G_missing = System.Reflection.Missing.Value;     //定义G_missing字段并添加引用
03  private void btn_OutPut_Click(object sender, EventArgs e)
04  {
05      List<Fruit> P_Fruit = new List<Fruit>();                    //创建数据集合
06      foreach (DataGridViewRow dgvr in dgv_Message.Rows)
07      {
08          P_Fruit.Add(new Fruit()                                  //向数据集合添加数据
09          {
10              Name = dgvr.Cells[0].Value.ToString(),
11              Price = Convert.ToSingle(dgvr.Cells[1].Value.ToString())
12          });
13      }
14      SaveFileDialog P_SaveFileDialog = new SaveFileDialog();      //创建保存文件对话框对象
15      P_SaveFileDialog.Filter = "*.xls|*.xls";
16      if (DialogResult.OK == P_SaveFileDialog.ShowDialog())       //确认是否保存文件
17      {
18          ThreadPool.QueueUserWorkItem(                            //开始线程池
19          (pp) =>                                                  //使用Lambda表达式
20          {
21              G_ea = new Microsoft.Office.Interop.Excel.Application(); //创建应用程序对象
22              Excel.Workbook P_wk = G_ea.Workbooks.Add(G_missing);    //创建Excel文档
23              Excel.Worksheet P_ws = (Excel.Worksheet)P_wk.Worksheets.Add(G_missing,
    G_missing, G_missing, G_missing);                                   //创建工作区域
24              for (int i = 0; i < P_Fruit.Count; i++)
25              {
26                  P_ws.Cells[i + 1, 1] = P_Fruit[i].Name;             //向Excel文档中写入内容
27                  P_ws.Cells[i + 1, 2] = P_Fruit[i].Price.ToString(); //向Excel文档中写入内容
28              }
29              P_wk.SaveAs(                                            //保存Word文件
30                  P_SaveFileDialog.FileName, G_missing, G_missing, G_missing,
31                  G_missing, G_missing, Excel.XlSaveAsAccessMode.xlShared, G_missing,
32                  G_missing, G_missing, G_missing, G_missing);
33              ((Excel._Application)G_ea.Application).Quit();          //退出应用程序
34              this.Invoke(                                            //调用窗体线程
35                  (MethodInvoker)(() =>                               //使用Lambda表达式
36                  {
37                      MessageBox.Show("成功创建Excel文档！", "提示！"); //弹出消息对话框
38                  }));
39          });
40      }
41  }
```

扩展学习

使用 ThreadPool 创建线程

在应用程序开发中，如果做一些比较耗时的工作或启动其他应用程序，那么可以通过线程池创建一个新的线程来处理这些任务，这样可以防止因主线程繁忙而出现“假死”现象。

实例 049　从 DataGridView 中拖放数据到 TreeView

源码位置：Code\01\049

实例说明

日常操作中，DataGridView 控件可以显示数据库中的记录，受记录数目和界面美观的限制，对于多条记录的显示，DataGridView 控件存在很多不足。例如，一条记录中有很多不同分类信息，直接看到它的全部内容几乎不可能，此时必须拖动滚动条才能看到，这样做虽然看到了内容，但有些麻烦，本实例通过 C# 程序实现选定记录拖至 TreeView 控件直接显示。首先运行本实例，然后选定目标记录，接着按下鼠标左键，移动鼠标至 TreeView 控件，最后显示数据记录。实例运行效果如图 1.53 所示。

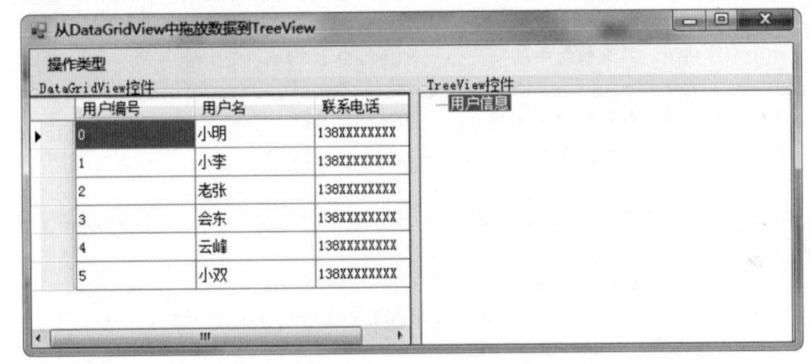

图 1.53　从 DataGridView 中拖放数据到 TreeView

关键技术

本实例主要用到了 DataGridView 控件的 MouseDown 事件和 TreeView 控件的 MouseEnter 事件。

实现过程

（1）打开 Visual Studio 2022 开发环境，新建一个名为 DateToTreeView 的 Windows 窗体应用程序。

（2）更改默认窗体 Form1 的 Name 属性为 Frm_Main，在该窗体中首先添加一个 DataGridView 控件，设置其 AllowUserToAddRows 属性为 false，主要用来显示数据库中数据的记录；添加一个 TreeView 控件，设置其 AllowDrop 属性为 true，主要用来接收从 DataGridView 控件中拖放的数据记录。

（3）Frm_Main 窗体加载时，首先从数据库中读取记录显示在 DataGridView 控件中。代码如下：

049-1

```
01  private void Form1_Load(object sender, EventArgs e)
02  {
03      string P_Connection = string.Format(               //创建数据库连接字符串
04       "Provider=Microsoft.ACE.OLEDB.12.1;Data Source=test.mdb;User Id=Admin");
05      OleDbDataAdapter P_OLeDbDataAdapter = new OleDbDataAdapter(
06          "select au_id as 用户编号,au_lname as 用户名,phone as 联系电话  from authors",
```

```
07            P_Connection);                                    //创建OleDbDataAdapter类的对象
08        DataSet ds = new DataSet();                             //创建数据集对象
09        P_OLeDbDataAdapter.Fill(ds, "UserInfo");                //把数据填充到数据集中
10        dataGridView1.DataSource = ds.Tables["UserInfo"].DefaultView; //DataGridView控件绑定数据源
11        TreeNode treeNode = new TreeNode("用户信息", 0, 0);      //创建根节点
12        treeView1.Nodes.Add(treeNode);                          //TreeView控件添加根节点
13        追加节点ToolStripMenuItem.Checked = true;                //在默认情况下设置为追加节点状态
14    }
```

在 DataGridView 控件上按下鼠标按键，通过二维数组 recordInfo 保存选定记录。代码如下：

```
049-2
01  //DataGridView的按下鼠标事件
02  private void dataGridView1_MouseDown(object sender, MouseEventArgs e)
03  {
04      if (dataGridView1.SelectedCells.Count != 0) //判断DataGridView控件中是否有选定记录
05      {
06          //定义一个二维数组，二维数组中的每一行代表DataGridView中的一条记录
07          recordInfo = new string[dataGridView1.Rows.Count, dataGridView1.Columns.Count];
08          //当按下鼠标左键时，首先获取选定行，记录每一行对应的信息
09          for (int i = 0; i < dataGridView1.Rows.Count; i++)
10          {
11              if (dataGridView1.Rows[i].Selected) //判断DataGridView中是否有选中行
12              {
13                  //循环遍历DataGridView中选定行的每一列内容
14                  for (int j = 0; j < dataGridView1.Columns.Count; j++)  {
15                      //用数组recordInfo记录选定信息
16                      recordInfo[i, j] = dataGridView1.Rows[i].Cells[j].Value.ToString();
17                  }
18              }
19          }
20      }
21  }
```

把鼠标移动到 TreeView 控件上，遍历数组 recordInfo 中的每一条记录，添加到 TreeView 控件中。代码如下：

```
049-3
01  private void treeView1_MouseEnter(object sender, EventArgs e)
02  {
03      if (追加节点ToolStripMenuItem.Checked == true)          //判断拖放操作的类型是否为追加节点
04      {
05          //判断数组recordInfo是否存在以及是否存在内容
06          if (recordInfo != null && recordInfo.Length != 0)
07          {
08              //用双重for循环遍历数组recordInfo中的内容
09              for (int i = 0; i < recordInfo.GetLength(0); i++)
10              {
11                  for (int j = 0; j < recordInfo.GetLength(1); j++)
12                  {
13                      if (recordInfo[i, j] != null)             //判断数组中的值是否为空
14                      {
15                          if (j == 0)                           //当循环遍历至第0列时
```

```
16                          {
17                              //指定的标签文本初始化TreeNode对象
18                              TreeNode Node1 = new TreeNode(recordInfo[i, j].ToString());
19                              //将先前创建的树节点添加到树节点集合的末尾
20                              treeView1.SelectedNode.Nodes.Add(Node1);
21                              //设置当前树视图控件中选定节点为刚创建完的节点
22                              treeView1.SelectedNode = Node1;
23                          }
24                          else
25                          {
26                              //指定的标签文本初始化TreeNode对象
27                              TreeNode Node2 = new TreeNode(recordInfo[i, j].ToString());
28                              //将先前创建的树节点添加到树节点集合的末尾
29                              treeView1.SelectedNode.Nodes.Add(Node2);
30                          }
31                      }
32                  }
33                  treeView1.SelectedNode = treeView1.Nodes[0]; //设置当前树视图控件中的选定节点为根节点
34                  treeView1.ExpandAll();                  //在TreeView控件中展开所有节点
35              }
36              //用循环遍历数组recordInfo清空recordInfo中的记录
37              for (int m = 0; m < recordInfo.GetLength(0); m++)
38              {
39                  for (int n = 0; n < recordInfo.GetLength(1); n++)
40                  {
41                      recordInfo[m, n] = null;            //设定数组recordInfo中的内容为不存在
42                  }
43              }
44          }
45      }
46      if (清空内容ToolStripMenuItem.Checked == true)       //判断拖放操作的类型是否为追加节点
47      {
48          if (treeView1.SelectedNode.Nodes.Count != 0)    //判断数组recordInfo是否存在内容
49          {
50              treeView1.SelectedNode.Remove();                //清空TreeView控件中的内容
51              TreeNode treeNode = new TreeNode("用户信息", 0, 0); //指定的标签文本初始化TreeNode对象
52              treeView1.Nodes.Add(treeNode);      //将先前创建的树节点添加到树节点集合的末尾
53              treeView1.SelectedNode = treeNode;  //设置当前树控件中的选定节点为刚创建完的节点
54              //判断数组recordInfo是否存在以及是否存在内容
55              if (recordInfo != null && recordInfo.Length != 0)
56              {
57                  //用双重for循环遍历数组recordInfo中的内容
58                  for (int i = 0; i < recordInfo.GetLength(0); i++)
59                  {
60                      for (int j = 0; j < recordInfo.GetLength(1); j++)
61                      {
62                          if (recordInfo[i, j] != null)   //判断数组中的值是否为空
63                          {
64                              if (j == 0)                 //当循环遍历至第0列时
65                              {
```

```
66                                     //指定的标签文本初始化TreeNode对象
67                                     TreeNode Node1 = new TreeNode(recordInfo[i, j].ToString());
68                                     //将先前创建的树节点添加到树节点集合的末尾
69                                     treeView1.SelectedNode.Nodes.Add(Node1);
70                                     //设置当前树视图控件中的选定节点为刚创建完的节点
71                                     treeView1.SelectedNode = Node1;
72                                 }
73                                 else
74                                 {
75                                     //指定的标签文本初始化TreeNode对象
76                                     TreeNode Node2 = new TreeNode(recordInfo[i, j].ToString());
77                                     //将先前创建的树节点添加到树节点集合的末尾
78                                     treeView1.SelectedNode.Nodes.Add(Node2);
79                                 }
80                             }
81                         }
82                         //设置当前树视图控件中的选定节点为根节点
83                         treeView1.SelectedNode = treeView1.Nodes[0];
84                         treeView1.ExpandAll();                  //在TreeView控件中展开所有节点
85                     }
86                     for (int m = 0; m < recordInfo.GetLength(0); m++) //清空recordInfo中的记录
87                     {
88                         for (int n = 0; n < recordInfo.GetLength(1); n++)
89                         {
90                             recordInfo[m, n] = null;          //设定数组recordInfo中的内容为不存在
91                         }
92                     }
93                 }
94                 追加节点ToolStripMenuItem.Checked = true;
95                 清空内容ToolStripMenuItem.Checked = false;
96             }
97         }
98     }
```

扩展学习

判断 DataGridView 中的某行是否被选定

通过 DataGridView 控件的行对象（即 DataGridViewRow 类的实例）的 Selected 属性可以判断该行是否被选定。如果该行被选定，则 Selected 属性值为 true，否则为 false。

实例 050　重绘 ListBox 控件

源码位置：Code\01\050

实例说明

当用户使用 ListBox 控件显示数据时，如果数据过多，则很难在项集合中查找指定的数据。本实例用两种颜色或两种渐变颜色设置相隔项的背景颜色，这样不但可以美化控件，还便于查找。实

例运行效果如图 1.54 所示。

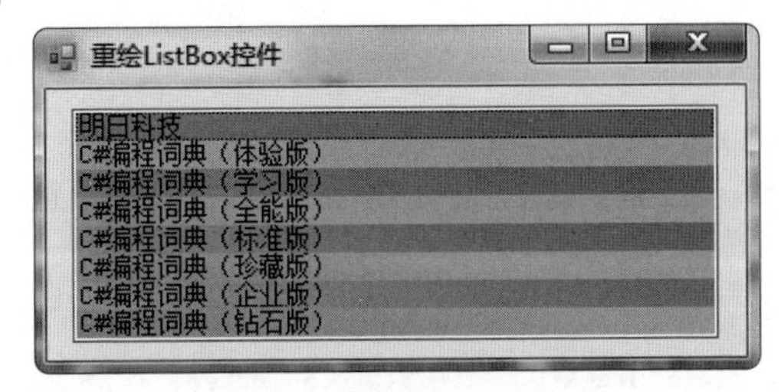

图 1.54 重绘 ListBox 控件

关键技术

本实例实现时主要使用 LinearGradientBrush 类和 Graphics 类的 FillRectangle 方法对 ListBox 控件进行重绘。

实现过程

（1）打开 Visual Studio 2022 开发环境，新建一个名为 BeautifulListBox 的 Windows 窗体应用程序。

（2）在当前项目中添加一个用户控件，并将其命名为 DrawListBox，将用户控件继承的 UserControl 类改为 ListBox 类。

（3）在 DrawListBox 控件的 DrawItem 事件中，当项重绘时，按指定的颜色对当前项的背景和文本进行重绘。代码如下：

050-1

```
01  ///<summary>
02  ///鼠标移出控件的可见区域时触发
03  ///</summary>
04  protected virtual void ListBox_DrawItem(object sender, DrawItemEventArgs e)
05  {
06      Rectangle r = new Rectangle(0, 0, this.Width, this.Height);  //设置重绘的区域
07      SolidBrush SolidB1 = new SolidBrush(this.Color1);            //设置上一行颜色
08      SolidBrush SolidB2 = new SolidBrush(this.Color2);            //设置下一行颜色
09      //设置上一行的渐变色
10      LinearGradientBrush LinearG1 = new LinearGradientBrush(r, this.Color1,
    this.Color1Gradual, LinearGradientMode.BackwardDiagonal);
11      //设置下一行的渐变色
12      LinearGradientBrush LinearG2 = new LinearGradientBrush(r, this.Color2,
    this.Color2Gradual, LinearGradientMode.BackwardDiagonal);
13      //将单色与渐变色存入Brush数组中
14      listBoxBrushes = new Brush[] { SolidB1, LinearG1, SolidB2, LinearG2 };
15      if (this.Items.Count <= 0)                               //如果当前控件为空
16          return;
17      if (e.Index == (this.Items.Count - 1))                   //如果绘制的是最后一个项
18      {
19          bool tem_bool = true;
20          if (e.Index == 0 && tem_bool)                        //如果当前绘制的是第一个或最后一个项
21              naught = false;                                  //不进行重绘
```

```
22        }
23        if (naught)                                            //对控件进行重绘
24        {
25            //获取当前绘制的颜色值
26            Brush brush = listBoxBrushes[place = (GradualC) ? (((e.Index % 2) == 0) ? 1 : 3) :
    (((e.Index % 2) == 0) ? 0 : 2)];
27            e.Graphics.FillRectangle(brush, e.Bounds);         //用指定画刷填充列表项范围所形成的矩形
28            //判断当前项是否被选中
29            bool selected = ((e.State & DrawItemState.Selected) == DrawItemState.Selected) ?
    true : false;
30            if (selected)                                      //如果当前项被选中
31            {
32                e.Graphics.FillRectangle(new SolidBrush(ColorSelect), e.Bounds); //绘制当前项
33            }
34            //绘制当前项中的文本
35            e.Graphics.DrawString(this.Items[e.Index].ToString(), this.Font, Brushes.Black, e.Bounds);
36        }
37        e.DrawFocusRectangle();                                //绘制聚焦框
38    }
```

扩展学习

对 ListBox 控件中的数据进行排序

对 ListBox 控件中的数据进行排序时，只需要将其 Sorted 属性设置为 true 即可。代码如下：

```
listBox1.Sorted = true;
```

实例 051　自制数值文本框控件

源码位置：Code\01\051

实例说明

一些用户在制作财务报表时，会发现有些文本框只能填写数值型数据，为了便于用户的正确填写，本实例制作了一个只限于输入数值型的文本框，并可以在输入数值时，限定输入的范围，以及对其进行四舍五入、取整等。实例运行效果如图 1.55 所示，单击“保留两位小数”按钮，效果如图 1.56 所示。

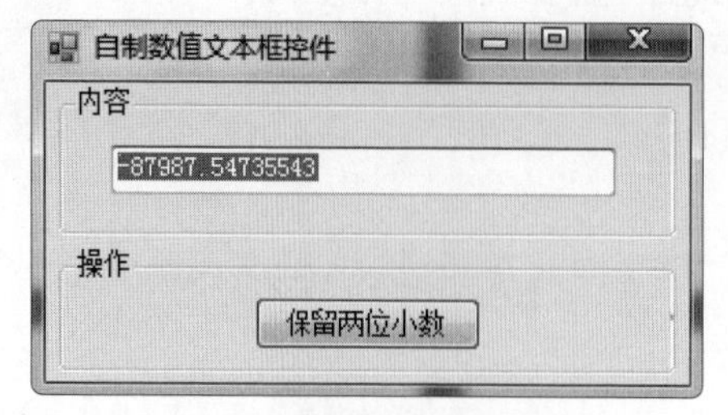

图 1.55　自制数值文本框控件

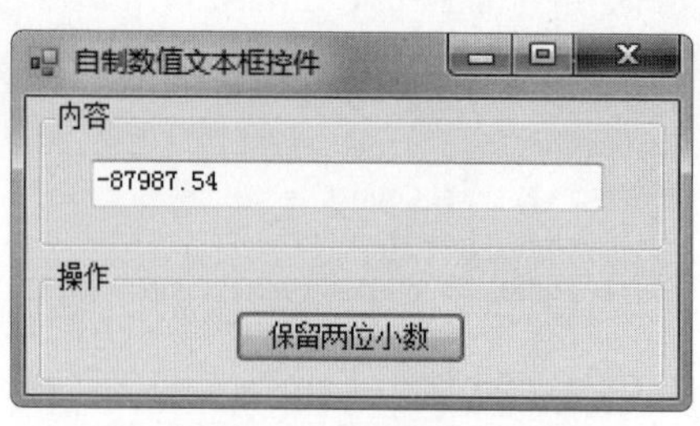

图 1.56　保留两位小数

关键技术

本实例在设置自定义控件的属性时，如果要将创建的属性放置在一个分类中并对其进行说明，可以用 BrowsableAttribute 类中的 Browsable 方法来控制当前添加的属性是否显示在“属性”对话框中，用 CategoryAttribute 类中的 Category 属性设置分类的别名，用 DescriptionAttribute 类中的 Description 属性设置当前属性的说明性文字。

实现过程

（1）打开 Visual Studio 2022 开发环境，新建一个名为 BeautifulTextBox 的 Windows 窗体应用程序。

（2）在当前项目中添加一个用户控件，并将其命名为 NumberBox，将用户控件继承的 UserControl 类改为 TextBox 类。

（3）限制文本框的输入范围主要是在文本框的 KeyPress 事件中进行，如果在自定义控件中触发该事件，则对其进行重载。代码如下：

051-1

```
01  public NumberBox()
02  {
03      InitializeComponent();
04      //对KeyPress事件进行重载
05      this.KeyPress += new System.Windows.Forms.KeyPressEventHandler(this.numberBox1_KeyPress);
06      //对Leave事件进行重载
07      this.Leave += new System.EventHandler(this.numberBox1_Leave);
08  }
```

numberBox1 控件的 KeyPress 事件主要用于限制文本框中输入的字符只能是数值型。代码如下：

051-2

```
01  ///<summary>
02  ///执行自定义控件的KeyPress事件
03  ///</summary>
04  protected virtual void numberBox1_KeyPress(object sender, KeyPressEventArgs e)
05  {
06      Estimate_Key(e, ((TextBox)sender).Text, Convert.ToInt32(this.DataStyle));
07  }
```

自定义方法 Estimate_Key 主要是判断文本框中输入的字符是整型还是单精度型，如果是单精度型，可以在文本框中输入数字、“.”或“-”；如果是整型，只能在文本框中输入数字和“-”。代码如下：

051-3

```
01  ///<summary>
02  ///文本框中只能输入数字型和单精度型的字符串
03  ///</summary>
04  ///<param name="e">KeyPressEventArgs类</param>
05  ///<param name="s">文本框的字符串</param>
06  ///<param name="n">标识，判断是数字型还是单精度型</param>
07  public void Estimate_Key(KeyPressEventArgs e, string s, int n)
08  {
09      string tem_s = "";
```

```
10        if (e.KeyChar == '-')                                          //如果键值为"-"
11            //如果"-"不在起始位输入，或已存在"-"
12            if (this.SelectionStart != 0 && this.Text.Substring(0, 1) == "-" &&
      this.SelectedText.IndexOf('-') < 0)
13                e.Handled = true;                                      //处理KeyPress事件
14        if (e.KeyChar != '\b')                                         //如果当前键值不为Backspace键
15        {
16            if (e.KeyChar <= '9' && e.KeyChar >= '0')                  //如果输入的是数字
17            {
18                //根据键值组合输入文本
19                tem_s = s.Substring(0, this.SelectionStart) + e.KeyChar.ToString() +
20                    s.Substring(this.SelectionStart,this.Text.Length -
21                    this.SelectionLength - this.SelectionStart);
22                if (!Int64Bound(tem_s))                                //判断是否在指定范围内
23                    e.Handled = true;                                  //处理KeyPress事件
24            }
25        }
26        switch (n)
27        {
28            case 0: break;                                             //字符串型
29            case 1:                                                    //整数型
30                {
31                    //当输入的键值不为0~9或Enter键、Backspace键时
32                    if (!(e.KeyChar <= '9' && e.KeyChar >= '0') && e.KeyChar != '\r'
      && e.KeyChar != '\b' && e.KeyChar != '-')
33                    {
34                        e.Handled = true;                              //处理KeyPress事件
35                    }
36                    break;
37                }
38            case 2:                                                    //小数
39                {
40                    //当输入的键值不为0~9或Enter键、Backspace键、"."时
41                    if ((!(e.KeyChar <= '9' && e.KeyChar >= '0')) && e.KeyChar != '.'
      && e.KeyChar != '\r' && e.KeyChar != '\b' && e.KeyChar != '-')
42                    {
43                        e.Handled = true;                              //处理KeyPress事件
44                    }
45                    else
46                    {
47                      if (e.KeyChar == '.' || e.KeyChar == '\r' || e.KeyChar == '\b') //如果输入"."
48                        {
49                            if (e.KeyChar != '\r' && e.KeyChar != '\b')
50                            {
51                                if (s == "")                           //当前文本框为空
52                                    e.Handled = true;                  //处理KeyPress事件
53                                else
54                                {
55                                    if (s.Length > 0)                  //当文本框不为空时
56                                    {
```

```
57                              if (s.IndexOf(".") > -1)              //查找是否已输入过"."
58                                  if (this.SelectedText.IndexOf('.') < 0)
59                                      e.Handled = true;             //处理KeyPress事件
60                          }
61                      }
62                  }
63              }
64              else
65              {
66                  if (s.IndexOf(".") > -1)                          //如果输入了"."
67                      //如果超出了小数的保留位数
68                      if (((s.Length - s.IndexOf(".")) > DecimalDigit))
69                      {
70                       if (this.SelectionStart > s.IndexOf("."))    //如果在整数位输入键值
71                          {
72                              if (this.SelectedText.Length == 0)    //光标定位
73                                  e.Handled = true;
74
75                          }
76                      }
77              }
78          }
79          break;
80      }
81  }
82  if (this.Text.Length > 0)                                         //如果值不为空
83  {
84      //如果当前输入的是整数或小数，并且按Enter键
85      if (this.DataStyle != StyleSort.Null && e.KeyChar == '\r')
86      {
87          SetTextBox();                                             //对值进行处理
88      }
89  }
90 }
```

自定义方法 Int64Bound 用于判断向文本框中输入的数值型数据是否在 Int64 范围内，如果超出该范围，将停止在文本框中的输入。代码如下：

051-4

```
01 ///<summary>
02 ///计算指定的字符串是否可以转换成Int64范围内的数字
03 ///</summary>
04 ///<param IB="string">字符串</param>
05 ///<return>布尔型</return>
06 public bool Int64Bound(string IB)
07 {
08     if (IB.IndexOf('-') > 0)                        //如果在文本框中除第一位外，还有"-"符号
09         return false;                               //数据错误
10     double tem_d = Convert.ToDouble(IB);            //将字符型转换成双精度型
11     tem_d = Math.Floor(tem_d);                      //取整
12     if (tem_d <= UpLine64 && tem_d >= DownLine64)   //判断整数位是否在Int64的范围内
```

```
13            return true;                                     //数据正确
14        else
15            return false;
16    }
```

numberBox1 控件的 Leave 事件主要是在该控件不是窗体的活动控件时，根据 DataStyle 属性对文本框中的数据进行相应的操作。代码如下：

051-5

```
01    ///<summary>
02    ///执行自定义控件的Leave事件
03    ///</summary>
04    public virtual void numberBox1_Leave(object sender, System.EventArgs e)
05    {
06        SetTextBox();
07    }
```

自定义方法 SetTextBox 的主要功能是通过 DataStyle 属性值，对文本框中的数据进行相应的操作。例如，对文本框中的数据进行取整、保留小数，以及对小数进行四舍五入等。代码如下：

051-6

```
01    ///<summary>
02    ///根据属性设置文本框中的内容
03    ///</summary>
04    public void SetTextBox()
05    {
06        bool tem_BoolInt = true;                                 //定义一个变量，判断是否为数值
07        if (this.Multiline == true)                              //如果允许输入多行
08            return;                                              //退出当前操作
09        if (this.Text.Length == 0)                               //如果Text属性为空
10            return;                                              //退出当前操作
11        if (this.Text.Trim() == "-")
12        {
13            this.Text = "";
14            return;                                              //退出当前操作
15        }
16        else
17        {
18            char tem_char = '0';
19            for (int i = 0; i < this.Text.Length - 1; i++)      //循环遍历文本框中的数值
20            {
21                tem_char = Convert.ToChar(this.Text.Substring(i, 1));//获取单个字符
22                if ((tem_char > '9' || tem_char < '0'))          //如果字符不是数字
23                {
24                    if (!(tem_char == '.' || tem_char == '-'))   //如果字符不是“.”和“-”
25                    {
26                        //当前文本不能转换成数值型数据
27                        MessageBox.Show("无法将字符串转换成整数或小数");
28                        ifInt = false;
29                        this.DataStyle = StyleSort.Null;
30                        return;
31                    }
```

```
32              }
33          }
34          if (tem_BoolInt)                                        //如果是数值型
35          {
36              Decimal tem_value = Convert.ToDecimal(this.Text);   //获取当前的值
37              switch (Convert.ToInt32(this.DataStyle))            //根据数据类型来进行操作
38              {
39                  case 1:                                         //整型
40                  case 2:                                         //小数
41                      {
42                          if (Math.Floor(tem_value) == tem_value)  //如果输入的是整型
43                              break;                              //不进行操作
44                          switch (Convert.ToInt32(this.ReservedStyle)) //判断小数的保留类型
45                          {
46                              case 0:                             //保留最小整数
47                                  {
48                                      tem_value = Math.Floor(tem_value);
49                                      break;
50                                  }
51                              case 1:                             //对小数进行四舍五入
52                                  {
53                                      //对第一位小数进行四舍五入
54                                      if (Convert.ToInt32(this.DataStyle) == 1)
55                                      {
56                                          tem_value = Math.Round(tem_value, 1);
57                                      }
58                                      else                        //对指定位数的小数进行四舍五入
59                                      {
60                                          tem_value = Math.Round(tem_value, this.ReservedDigit);
61                                      }
62                                      break;
63                                  }
64                              case 2:                             //保留最大整数
65                                  {
66                                   tem_value = Convert.ToDecimal(this.Text);//将文本框转换成双精度
67                                   tem_value = Math.Ceiling(tem_value);    //取最小整数
68                                      break;
69                                  }
70                              case 3:                                 //保留指定的小数位数
71                                  {
72                                      string var_str = this.Text;
73                                      if (Convert.ToInt32(this.DataStyle) == 2)
74                                      {
75                                          tem_value = Convert.ToDecimal(var_str.Substring
    (0, var_str.IndexOf('.') + ReservedDigit + 1));
76                                      }
77                                      break;
78                                  }
79                          }
80                          break;
81                      }
82              }
83              this.Text = tem_value.ToString();                   //显示保留后的数据
```

```
84          }
85      }
86  }
```

扩展学习

创建只读文本框的方法

通过将 TextBox 控件的 ReadOnly 属性设置为 true 可以创建只读文本框，之后用户仍可滚动并突出显示文本框中的文本，但不允许进行更改。另外，“复制”命令在文本框中仍然有效，但“剪切”和“粘贴”命令无效。

实例 052　设计带行数和标尺的 RichTextBox 控件

源码位置：Code\01\052

实例说明

在 RichTextBox 控件中输入代码和图片时，为了便于用户观察数据，可以在代码的前面显示行号，也可在 RichTextBox 控件的顶端和左端显示标尺，以测量图片的大小。本实例将制作一个带有行数和标尺的 RichTextBox 控件。实例运行效果如图 1.57 所示。

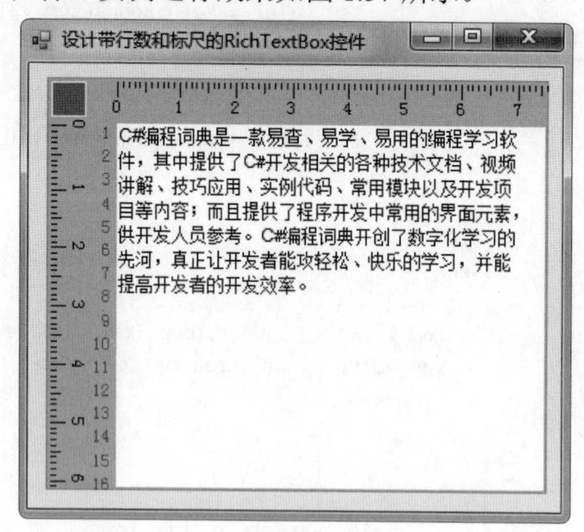

图 1.57　设计带行数和标尺的 RichTextBox 控件

关键技术

本实例主要是在自定义的用户控件中继承了 RichTextBox 控件，然后用 Graphics 类 DpiX 和 DpiY 属性计算在控件中绘制毫米刻度的值，以及用 RichTextBox 控件的 GetPositionFromCharIndex 方法获取 RichTextBox 控件显示区域中第一个字符的坐标位置。

实现过程

（1）打开 Visual Studio 2022 开发环境，新建一个名为 BeautifulRichTextBox 的 Windows 窗体应

用程序。

（2）在当前项目中添加一个用户控件，并将其命名为 GuageRichTextBox。在用户控件中添加一个 RichTextBox 控件，将 BorderStyle 属性设置为 None，将 Location 属性设置为“30,30”。

（3）在 GuageRichTextBox 控件的 Paint 事件中，根据标尺的类型，在 RichTextBox 控件的顶端和左端绘制标尺，然后根据 CodeShow 属性在文本框的左边绘制行号。代码如下：

052-1

```
01 private void GuageRichTextBox_Paint(object sender, PaintEventArgs e)
02 {
03     //绘制外边框
04     e.Graphics.DrawRectangle(new Pen(Color.DarkGray), 0, 0, this.Width - 1, this.Height - 1);
05     if (CodeShow)                                            //如插在文本框左边添加行号
06     {
07         //获取行号的宽度
08         float tem_code = (float)StringSize((Convert.ToInt32(CodeSize + (float)(richTextBox1Height /
   (StringSize(CodeSize.ToString(), richTextBox1.Font, false))))).ToString(), this.Font, true);
09         richTextBox1.Top = Distance_X;                       //设置控件的顶端距离
10         richTextBox1.Left = Distance_Y + (int)Math.Ceiling(tem_code); //设置控件的左端距离
11         //设置控件的宽度
12         richTextBox1.Width = this.Width - Distance_X - 2 - (int)Math.Ceiling(tem_code);
13         richTextBox1.Height = this.Height - Distance_Y - 2;      //设置控件高度
14         thisleft = Distance_Y + tem_code;                    //设置标尺的左端位置
15     }
16     else
17     {
18         richTextBox1.Top = Distance_X;                       //设置控件的顶端距离
19         richTextBox1.Left = Distance_Y;                      //设置控件的左端距离
20         richTextBox1.Width = this.Width - Distance_X - 2;    //设置控件的宽度
21         richTextBox1.Height = this.Height - Distance_Y - 2;  //设置控件的高度
22         thisleft = Distance_Y;                               //设置标尺的左端位置
23     }
24     //绘制文本框的边框
25     e.Graphics.DrawRectangle(new Pen(Color.LightSteelBlue), richTextBox1.Location.X - 1,
   thisleft - 1, richTextBox1.Width + 1, richTextBox1.Height + 1);
26     //文本框的上边框
27     e.Graphics.FillRectangle(new SolidBrush(Color.Silver), 1, 1, this.Width - 2, Distance_Y - 2);
28     //文本框的左边框
29     e.Graphics.FillRectangle(new SolidBrush(Color.Silver), 1, 1, Distance_X - 2, this.Height - 2);
30     //绘制左上角的方块边框
31     e.Graphics.FillRectangle(new SolidBrush(Color.Gray), 3, 3, Distance_X - 7, Distance_Y - 8);
32     //绘制左上角的方块
33     e.Graphics.DrawRectangle(new Pen(SystemColors.Control), 3, 3, Distance_X - 8, Distance_Y - 8);
34     if (RulerStyle == Ruler.Rule)                                     //标尺
35     {
36         //绘制左上角的方块边框
37         e.Graphics.FillRectangle(new SolidBrush(Color.Gray), thisleft - 3, 3, this.Width -
   (thisleft - 2), Distance_Y - 9); e.Graphics.DrawLine(new Pen(SystemColors.Control),
   thisleft - 3, 3, this.Width - 2, 3);                                 //绘制方块的上边线
38         //绘制方块的下边线
39         e.Graphics.DrawLine(new Pen(SystemColors.Control), thisleft - 3, Distance_Y - 5,
   this.Width - 2, Distance_Y - 5);
40         //绘制方块的中间块
```

```
41          e.Graphics.FillRectangle(new SolidBrush(Color.WhiteSmoke), thisleft - 2, 9,
    this.Width - (thisleft - 2) - 1, Distance_Y - 19);
42          //绘制左边的方块
43          e.Graphics.FillRectangle(new SolidBrush(Color.Gray), 3, Distance_Y - 3, Distance_X - 7,
    this.Height - (Distance_Y - 3) - 2);
44          //绘制方块的左边线
45          e.Graphics.DrawLine(new Pen(SystemColors.Control), 3, Distance_Y - 3, 3,
    this.Height - 2);
46          //绘制方块的右边线
47          e.Graphics.DrawLine(new Pen(SystemColors.Control), Distance_X - 5, Distance_Y - 3,
    Distance_X - 5, this.Height - 2);
48          //绘制方块的中间块
49          e.Graphics.FillRectangle(new SolidBrush(Color.WhiteSmoke), 9, Distance_Y - 3,
    Distance_X - 19, this.Height - (Distance_Y - 3) - 2);
50      }
51      int tem_temHeight = 0;
52      string tem_value = "";
53      int tem_n = 0;
54      int divide = 5;
55      Pen tem_p = new Pen(new SolidBrush(Color.Black));           //横向刻度的设置
56      if (UnitStyle == Unit.Cm)                                   //如果刻度的单位是厘米
57          Degree = e.Graphics.DpiX / 25.4F;                       //将厘米转换成像素
58      if (UnitStyle == Unit.Pels)                                 //如果刻度的单位是像素
59          Degree = 10;                                            //设置10像素为一个刻度
60      int tem_width = this.Width - 3;
61      tem_n = (int)StartBitH;                                     //记录横向滚动条的位置
62      if (tem_n != StartBitH)                                     //如果横向滚动条的位置值为小数
63          StartBitH = (int)StartBitH;                             //对横向滚动条的位置进行取整
64      for (float i = 0; i < tem_width;)                           //在文本框的顶端绘制标尺
65      {
66          tem_temHeight = Scale1;                                 //设置刻度线的最小长度
67          float j = (i + (int)StartBitH) / Degree;                //获取刻度值
68          tem_value = "";
69          j = (int)j;                                             //对刻度值进行取整
70          if (j % (divide * 2) == 0)                              //如果刻度值是10进位
71          {
72              tem_temHeight = Scale10;                            //设置最长的刻度线
73              if (UnitStyle == Unit.Cm)                            //如果刻度的单位为厘米
74                  tem_value = Convert.ToString(j / 10);            //记录刻度值
75              if (UnitStyle == Unit.Pels)                          //如果刻度的单位为像素
76                  tem_value = Convert.ToString((int)j * 10);       //记录刻度值
77          }
78          else if (j % divide == 0)                                //如果刻度值的进位为5
79          {
80              tem_temHeight = Scale5;                              //设置刻度线为中等
81          }
82          tem_p.Width = 1;
83          if (RulerStyle == Ruler.Graduation)                      //如果是以刻度值进行测量
84          {
85              //绘制刻度线
86              e.Graphics.DrawLine(tem_p, i + 1 + thisleft, SpaceBetween, i + 1 + thisleft,
    SpaceBetween + tem_temHeight);
```

```
87             if (tem_value.Length > 0)                              //如果有刻度值
88                 //绘制刻度值
89                 ProtractString(e.Graphics, tem_value.Trim(), i + 1 + thisleft, SpaceBetween,
   i + 1 + thisleft, SpaceBetween + tem_temHeight, 0);
90         }
91         if (RulerStyle == Ruler.Rule)                              //如果是以标尺进行测量
92         {
93             if (tem_value.Length > 0)                              //如果有刻度值
94             {
95                 //绘制顶端的刻度线
96                 e.Graphics.DrawLine(tem_p, i + 1 + thisleft, 4, i + 1 + thisleft, 7);
97                 //绘制底端的刻度线
98                 e.Graphics.DrawLine(tem_p, i + 1 + thisleft, Distance_Y - 9, i + 1 +
   thisleft,Distance_Y - 7);
99                 //设置文本的横向位置
100                float tem_space = 3 + (Distance_X - 19F - 9F - StringSize(tem_value.Trim(),
   this.Font, false)) / 2F;
101        ProtractString(e.Graphics, tem_value.Trim(), i + 1 + thisleft, (float)Math.Ceiling
   (tem_space), i + 1 + thisleft, (float)Math.Ceiling(tem_space) + tem_temHeight, 0); //绘制文本
102            }
103        }
104        i += Degree;                                               //累加刻度的宽度
105    }
106    //纵向刻度的设置
107    if (UnitStyle == Unit.Cm)                                      //如果刻度的单位是厘米
108        Degree = e.Graphics.DpiX / 25.4F;                          //将厘米转换成像素
109    if (UnitStyle == Unit.Pels)                                    //如果刻度的单位是像素
110        Degree = 10;                                               //刻度值设为10像素
111    int tem_height = this.Height - 3;
112    tem_n = (int)StartBitV;                                        //记录纵向滚动条的位置
113    if (tem_n != StartBitV)                                        //如果纵向滚动条的位置为小数
114        StartBitV = (int)StartBitV;                                //对其进行取整
115    for (float i = 0; i < tem_height;)                             //在文本框的左端绘制标尺
116    {
117        tem_temHeight = Scale1;                                    //设置刻度线的最小值
118        float j = (i + (int)StartBitV) / Degree;                   //获取当前的刻度值
119        tem_value = "";
120        j = (int)j;                                                //对刻度值进行取整
121        if (j % 10 == 0)                                           //如果刻度值是10进位
122        {
123            tem_temHeight = Scale10;                               //设置刻度线的长度为最长
124            if (UnitStyle == Unit.Cm)                              //如果刻度的单位是厘米
125                tem_value = Convert.ToString(j / 10);              //获取厘米的刻度值
126            if (UnitStyle == Unit.Pels)                            //如果刻度的单位是像素
127                tem_value = Convert.ToString((int)j * 10);         //获取像素的刻度值
128        }
129        else if (j % 5 == 0)                                       //如果刻度值是5进位
130        {
131            tem_temHeight = Scale5;                                //设置刻度线的长度为中等
132        }
133        tem_p.Width = 1;
134        if (RulerStyle == Ruler.Graduation)                        //如果是以刻度值进行测量
```

```
135         {
136             //绘制刻度线
137             e.Graphics.DrawLine(tem_p, SpaceBetween, i + 1 + Distance_Y, SpaceBetween +
    tem_temHeight, i + 1 + Distance_Y);
138             if (tem_value.Length > 0)                           //如果有刻度值
139                 //绘制刻度值
140                 ProtractString(e.Graphics, tem_value.Trim(), SpaceBetween, i + 1 + Distance_Y,
    SpaceBetween + tem_temHeight, i + 1 + Distance_Y, 1);
141         }
142         if (RulerStyle == Ruler.Rule)                          //如果是以标尺进行测量
143         {
144             if (tem_value.Length > 0)                           //如果有刻度值
145             {
146                 //绘制左端刻度线
147                 e.Graphics.DrawLine(tem_p, 4, i + 1 + Distance_Y, 7, i + 1 + Distance_Y);
148                 //绘制右端刻度线
149                 e.Graphics.DrawLine(tem_p, Distance_Y - 9, i + 1 + Distance_Y, Distance_Y - 7,
    i + 1 + Distance_Y);
150                 //设置文本的纵向位置
151                 float tem_space = 3 + (Distance_X - 19F - 9F - StringSize(tem_value.Trim(),
    this.Font, false)) / 2F;
152             ProtractString(e.Graphics, tem_value.Trim(), (float)Math.Floor(tem_space), i + 1 +
    Distance_Y, (float)Math.Floor(tem_space) + tem_temHeight, i + 1 + Distance_Y, 1); //绘制文本
153             }
154         }
155         i += Degree;                                           //累加刻度值
156     }
157     if (CodeShow)                                              //如果显示行号
158     {
159         float tem_FontHeight = (float)(richTextBox1.Height / (StringSize(CodeSize.ToString(),
    richTextBox1.Font,
160 false)));                                                      //设置文本的高度
161         float tem_tep = richTextBox1.Top;                      //获取文本框的顶端位置
162         int tem_mark = 0;
163         for (int i = 0; i < (int)tem_FontHeight; i++)          //绘制行号
164         {
165             tem_mark = i + (int)CodeSize;                      //设置代码编号的宽度
166             //绘制行号
167             e.Graphics.DrawString(tem_mark.ToString(), this.Font, new SolidBrush(Color.Red),
    new PointF(richTextBox1.Left - StringSize(tem_ mark.ToString(), this.Font, true) - 2, tem_tep));
168             //设置下一个行号的x坐标值
169             tem_tep = tem_tep + StringSize("懂", richTextBox1.Font, false);
170         }
171     }
172 }
```

自定义方法 ProtractString 主要是在指定的位置根据参数 n 绘制横向或纵向字符串。代码如下：

052-2

```
01 ///<summary>
02 ///在指定的位置绘制文本信息
03 ///</summary>
04 ///<param e="Graphics">封装一个绘图的对象</param>
```

```
05  ///<param str="string">文本信息</param>
06  ///<param x1="float">左上角x坐标</param>
07  ///<param y1="float">左上角y坐标</param>
08  ///<param x2="float">右下角x坐标</param>
09  ///<param y2="float">右下角y坐标</param>
10  ///<param n="float">标识，判断是在横向标尺上绘制文字还是在纵向标尺上绘制文字</param>
11  public void ProtractString(Graphics e, string str, float x1, float y1, float x2, float y2, float n)
12  {
13      float TitWidth = StringSize(str, this.Font, true);           //获取字符串的宽度
14      if (n == 0)                                                  //在横向标尺上绘制文字
15          e.DrawString(str, this.Font, new SolidBrush(Color.Black), new PointF
    (x2 - TitWidth / 2, y2 + 1));
16      else                                                         //在纵向标尺上绘制文字
17      {
18          StringFormat drawFormat = new StringFormat();            //创建StringFormat对象
19          drawFormat.FormatFlags = StringFormatFlags.DirectionVertical; //设置文本为垂直对齐
20          //绘制指定的文本
21          e.DrawString(str, this.Font, new SolidBrush(Color.Black), new PointF
    (x2 + 1, y2 - TitWidth / 2), drawFormat);
22      }
23  }
```

自定义方法 StringSize 主要是根据字符串和字符串的字体样式，通过参数 n 获取字符串的高度或宽度。代码如下：

052-3

```
01  ///<summary>
02  ///获取文本的高度或宽度
03  ///</summary>
04  ///<param str="string">文本信息</param>
05  ///<param font="Font">字体样式</param>
06  ///<param n="bool">标识，判断返回的是高度还是宽度</param>
07  public float StringSize(string str, Font font, bool n)         //n==true为width
08  {
09      Graphics TitG = this.CreateGraphics();                     //创建Graphics对象
10      SizeF TitSize = TitG.MeasureString(str, font);             //将绘制的字符串进行格式化
11      float TitWidth = TitSize.Width;                            //获取字符串的宽度
12      float TitHeight = TitSize.Height;                          //获取字符串的高度
13      if (n)
14          return TitWidth;                                       //返回文本信息的宽度
15      else
16          return TitHeight;                                      //返回文本信息的高度
17  }
```

GuageRichTextBox 控件的 Resize 事件主要是在控件大小改变时，设置 richTextBox1 控件的大小，以及对该控件进行重绘。代码如下：

052-4

```
01  private void GuageRichTextBox_Resize(object sender, EventArgs e)
02  {
03      richTextBox1.Top = Distance_X;                             //设置控件的顶端位置
04      richTextBox1.Left = Distance_Y;                            //设置控件的左端位置
05      richTextBox1.Width = this.Width - Distance_X - 2;          //设置控件的宽度
```

```
06        richTextBox1.Height = this.Height - Distance_Y - 2;            //设置控件的高度
07        this.Invalidate();                                              //控件重绘
08    }
```

richTextBox1 控件的 HScroll 事件是在改变该控件的横向滚动条时，获取当前第一个字符 x 坐标的位置。代码如下：

052-5

```
01    private void richTextBox1_HScroll(object sender, EventArgs e)
02    {
03        //检索控件横向内指定字符索引处的位置
04        StartBitH = (int)(Math.Abs((float)richTextBox1.GetPositionFromCharIndex(0).X - 1));
05        this.Invalidate();
06    }
```

richTextBox1 控件的 VScroll 事件是在改变该控件的纵向滚动条时，获取当前第一个字符 y 坐标的位置。如果显示行号，获取行号的高度，代码如下：

052-6

```
01    private void richTextBox1_VScroll(object sender, EventArgs e)
02    {
03        //检索控件纵向内指定字符索引处的位置
04        StartBitV = (int)(Math.Abs((float)richTextBox1.GetPositionFromCharIndex(0).Y - 1));
05        if (CodeShow)                                                   //如果显示行号
06            //设置行号的高度
07            CodeSize = (int)Math.Abs((richTextBox1.GetPositionFromCharIndex(0).Y /
      StringSize("懂", richTextBox1.Font, false)));
08        this.Invalidate();
09    }
```

扩展学习

RichTextBox 与 TextBox 控件的区别

RichTextBox 控件用于显示、输入和操作带有格式的文本，而 TextBox 控件用于获取用户输入或显示文本，通常用于可编辑文本，也可以成为只读控件。二者之间的区别在于，RichTextBox 控件可以显示字体、颜色和链接，从文件中加载文本和嵌入的图像，撤销和重复编辑操作以及查找指定的字符，而 TextBox 控件不能。

第2章

文件操作

获取文件夹下的所有子文件夹及文件的名称

将长文件名转换成短文件名

C# 中实现文件拖放

根据内容对文件进行比较

解析含有多种格式的文本文件

……

实例 053 获取文件夹下的所有子文件夹及文件的名称

源码位置：Code\02\053

实例说明

本实例主要是根据指定的文件夹路径，获取该文件夹下的所有子文件夹和文件的名称，并将获取的名称按照先后顺序，以节点的方式添加到 TreeView 控件中。实例运行效果如图 2.1 所示。

图 2.1 获取文件夹下的所有子文件夹及文件的名称

关键技术

本实例实现时主要用到了 DirectoryInfo 类的 GetFileSystemInfos 方法、FileInfo 类的 DirectoryName 属性和 Name 属性。

实现过程

（1）打开 Visual Studio 2022 开发环境，新建一个名为 RansackFile 的 Windows 窗体应用程序。

（2）更改默认窗体 Form1 的 Name 属性为 Frm_Main，在该窗体中添加一个 TextBox 控件，用于显示要遍历的文件夹路径；添加一个 FolderBrowserDialog 控件，用于弹出“浏览文件夹”对话框；添加一个 Button 控件，用于选择文件夹的路径；添加一个 TreeView 控件，用于显示指定文件夹下的所有子文件夹及文件名称。

（3）“显示”按钮的 Click 事件，用于获取要遍历的文件夹路径，并将该路径下的所有子文件夹及文件的名称通过线程显示在 TreeView 控件上。代码如下：

053-1

```
01  private void button1_Click(object sender, EventArgs e)
02  {
03      //打开文件夹对话框
04      if (folderBrowserDialog1.ShowDialog() == DialogResult.OK)
05      {
```

```
06            //显示选择的文件夹路径
07            textBox1.Text = folderBrowserDialog1.SelectedPath;
08            //存储选择的文件夹路径
09            tempstr = folderBrowserDialog1.SelectedPath;
10            //创建一个线程
11            thdAddFile = new Thread(new ThreadStart(SetAddFile));
12            thdAddFile.Start();                              //执行当前线程
13        }
14    }
```

自定义方法 SetAddFile 主要实现委托线程的应用。代码如下：

```
053-2
01    public delegate void AddFile();                          //定义委托线程
02    public void SetAddFile()
03    {
04        this.Invoke(new AddFile(RunAddFile));                //对指定的线程进行托管
05    }
```

自定义方法 RunAddFile 主要是通过线程序来实现对文件夹下所有子文件夹和文件的遍历。代码如下：

```
053-3
01    public void RunAddFile()
02    {
03        TreeNode TNode = new TreeNode();                     //创建一个线程
04        Files_Copy(treeView1, tempstr, TNode, 0);
05        Thread.Sleep(0);                                     //挂起主线程
06        thdAddFile.Abort();                                  //执行线程
07    }
```

自定义方法 Files_Copy 是一个递归方法，主要用于实现遍历指定文件夹下的所有子文件夹和文件，并按照其先后顺序将文件夹名称和文件的名称显示在 TreeView 控件上，参数 TV 表示 TreeView 控件，参数 Sdir 表示指定文件夹的路径，参数 TNode 表示 TreeView 控件的当前节点，参数 n 表示当前操作的是文件，还是文件夹，如果为 0，表示的是文件夹，否则为文件。代码如下：

```
053-4
01    private void Files_Copy(TreeView TV, string Sdir, TreeNode TNode, int n)
02    {
03        DirectoryInfo dir = new DirectoryInfo(Sdir);
04        Try
05        {
06            if (!dir.Exists)                                 //判断所指的文件或文件夹是否存在
07                return;
08            //如果给定参数不是文件夹则退出
09            DirectoryInfo dirD = dir as DirectoryInfo;
10            if (dirD == null)                                //判断文件夹是否为空
11                return;
12            else
13            {
14                if (n == 0)
15                {
16                    TNode = TV.Nodes.Add(dirD.Name);         //添加文件夹的名称
17                    TNode.Tag = 1;
```

```
18              }
19              else
20              {
21                  //在文件夹中添加各子文件夹的名称
22                  TNode = TNode.Nodes.Add(dirD.Name);      TNode.Tag = 1;
23              }
24          }
25          //获取文件夹中所有文件和文件夹
26          FileSystemInfo[] files = dirD.GetFileSystemInfos();
27          //对单个FileSystemInfo进行判断，如果是文件夹，则进行递归操作
28          foreach (FileSystemInfo FSys in files){
29              FileInfo file = FSys as FileInfo;
30              if (file != null)                      //如果是文件，进行文件的复制操作
31              {
32                  //获取文件所在的原始路径
33                  FileInfo SFInfo = new FileInfo(file.DirectoryName + "\\" + file.Name);
34                  TNode.Nodes.Add(file.Name);      //添加文件
35                  TNode.Tag = 1;
36              }
37              else
38              {
39                  string pp = FSys.Name;           //获取当前搜索到的文件夹名称
40                  //如果是文件夹，则进行递归调用
41                  Files_Copy(TV, Sdir + "\\" + FSys.ToString(), TNode, 1);
42              }
43          }
44      }
45      catch (Exception ex)
46      {
47          MessageBox.Show(ex.Message);
48          return;
49      }
50  }
```

自定义方法 UpAndDown 用于返回指定路径的父级路径，参数 dir 表示指定的路径。代码如下：

053-5

```
01  public string UpAndDown_Dir(string dir)
02  {
03      string Change_dir = "";                            //定义字符串变量
04      //返回当前路径的父级路径
05      Change_dir = Directory.GetParent(dir).FullName;
06      return Change_dir;
07  }
```

扩展学习

TreeView 控件的使用技巧

TreeView 控件经常被用来设计 Windows 窗体的左侧导航菜单。

实例 054　将长文件名转换成短文件名

源码位置：Code\02\054

实例说明

长文件名和短文件名的转换在 Windows 操作系统中经常遇到。例如，有一个比较长的路径名“D:\Program Files\Microsoft SQL Server\MSSQL\README.TXT”，那么在 Windows 操作系统中显示时，系统可能会自动将其转换成短文件名。本实例就使用 C# 实现了将长文件名转换为短文件名的功能。实例运行效果如图 2.2 所示。

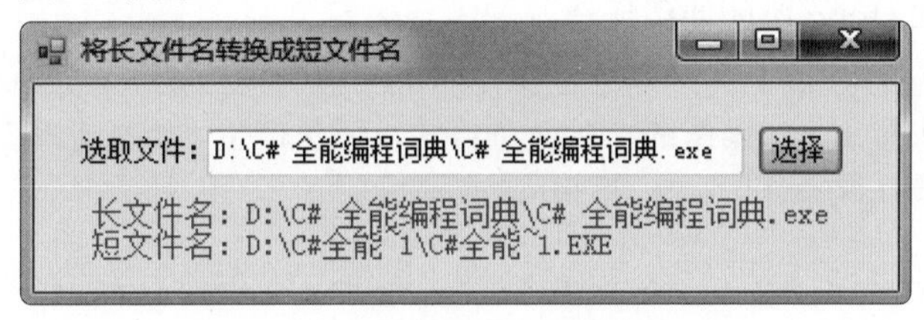

图 2.2　将长文件名转换成短文件名

关键技术

本实例实现时主要用到了系统 API 函数 GetShortPathName，GetShortPathName 是一个内核 API 函数，该函数能够将长文件名转换为短文件名，它在 C# 中需要手动引入方法所在的类库。

实现过程

（1）打开 Visual Studio 2022 开发环境，新建一个名为 GetShortPathName 的 Windows 窗体应用程序。

（2）更改默认窗体 Form1 的 Name 属性为 Frm_Main，在该窗体中添加一个 Button 控件，用来选择文件；添加一个 TextBox 控件，用来显示选择的文件路径；添加一个 Label 控件，用来显示原来的文件名及转换后的短文件名。

（3）程序主要代码如下：

054-1

```
01  [DllImport("Kernel32.dll")]                                     //声明API函数
02  private static extern Int16 GetShortPathName(string lpszLongPath, StringBuilder lpszShortPath,
    Int16 cchBuffer);
03  private void button1_Click(object sender, EventArgs e)
04  {
05      //创建OpenFileDialog对象
06      OpenFileDialog OFDialog = new OpenFileDialog();
07      if (OFDialog.ShowDialog() == DialogResult.OK)               //判断是否选择了文件
08      {
09          textBox1.Text = OFDialog.FileName;                      //显示选择的文件名
10          string longName = textBox1.Text;                        //记录选择的文件名
11          //创建StringBuilder对象
12          StringBuilder shortName = new System.Text.StringBuilder(256);
13          //调用API函数转换成短文件名
```

```
14            GetShortPathName(longName, shortName, 256);
15            string myInfo = "长文件名：" + longName;                //显示长文件名
16            myInfo += "\n短文件名：" + shortName;                   //显示短文件名
17            label2.Text = myInfo;
18        }
19    }
```

扩展学习

StringBuilder 类和 string 类的使用场合

当程序中需要大量的对某个字符串进行操作时，应该考虑应用 StringBuilder 类处理该字符串，其设计目的就是针对大量 string 操作的一种改进办法，避免产生太多的临时对象。当程序中只是对某个字符串进行一次或几次操作时，采用 string 类即可。

实例 055　C# 中实现文件拖放

源码位置：Code\02\055

实例说明

在 Windows 操作系统的文件夹中，经常会以文件拖放的形式对文件进行复制，使文件便于管理和使用。本实例制作了一个拖放文件的窗体，将所选的文件拖放到该窗体中，将在该窗体中显示被拖放文件的路径及文件名。实例运行效果如图 2.3 所示。

图 2.3　C# 中实现文件拖放

关键技术

本实例实现时主要用到了 DragEventArgs 类的 Data 属性及 DataObject 类的 GetDataPresent 方法和 GetData 方法。

实现过程

（1）打开 Visual Studio 2022 开发环境，新建一个名为 AllowDropFile 的 Windows 窗体应用程序。

（2）更改默认窗体 Form1 的 Name 属性为 Frm_Main，在该窗体中添加一个 ListBox 控件，用来显示拖放到窗体中的文件名。

（3）程序主要代码如下：

055-1

```
01  private void Form1_DragEnter(object sender, DragEventArgs e)
02  {
03      if (e.Data.GetDataPresent(DataFormats.FileDrop))
04      {
05          //获取拖入文件的基本信息
06          string[] files = (string[])e.Data.GetData(DataFormats.FileDrop);
07          //把窗体的文件的文件名加入ListBox
08          for (int i = 0; i < files.Length; i++)   {
09              listBox1.Items.Add(files[i]);                              //添加文件的路径
10          }
11      }
12  }
```

扩展学习

程序中尽量不要使用太多的嵌套 for 语句

由于嵌套 for 语句将消耗很大的资源，所以在实际开发项目时，最好不使用嵌套 for 语句。

实例 056　根据内容对文件进行比较

源码位置：Code\02\056

实例说明

本实例通过对两个文件的内容进行比较来确定它们是否相等。运行本实例，单击“源文件”按钮，选择第一个文件；单击“目标文件”按钮，选择第二个文件；单击“文件比较”按钮，对选择的两个文件的内容进行比较。实例运行效果如图 2.4 所示。

图 2.4　根据内容对文件进行比较

关键技术

本实例主要使用 StreamReader 类对两个文件的内容进行比较。实现时，首先将源文件用 StreamReader 类读入，并将目标文件用另一个 StreamReader 类读入，然后使用 StreamReader 类的 ReadToEnd 方法将文件内容读出进行比较。

实现过程

（1）打开 Visual Studio 2022 开发环境，新建一个名为 FileEqual 的 Windows 窗体应用程序。

（2）更改默认窗体 Form1 的 Name 属性为 Frm_Main，在该窗体中添加 3 个 Button 控件，分别用来执行选择源文件、选择目标文件和比较文件内容操作；添加两个 TextBox 控件，分别用来显示选择的源文件和目标文件路径。

（3）程序主要代码如下：

056-1

```
01  private void button3_Click(object sender, EventArgs e)
02  {
03      //创建StreamReader对象
04      StreamReader sr1 = new StreamReader(textBox1.Text);
05      StreamReader sr2 = new StreamReader(textBox2.Text);          //创建StreamReader对象
06      //读取文件内容并判断
07      if (object.Equals(sr1.ReadToEnd(), sr2.ReadToEnd()))    {
08          MessageBox.Show("两个文件相等");
09      }
10      else
11      {
12          MessageBox.Show("两个文件不相等");
13      }
14  }
```

扩展学习

区分 ReadLine 方法和 ReadToEnd 方法

StreamReader 类的 ReadLine 方法用于从流中读取第一行字符，而 ReadToEnd 方法用于从流的当前位置到末尾读取流。

实例 057　解析含有多种格式的文本文件

源码位置：Code\02\057

实例说明

本实例在运行时，首先在窗体左侧的文本框中显示若干条具有不同格式的字符串，然后单击窗体中的按钮，程序将按照文本框中文本的特有格式把数据写入到对应的 DataGridView 控件中。实例运行效果如图 2.5 所示。

关键技术

在解析含有多种格式的文本文件时，本实例主要用到了 TextFieldParser 类的 PeekChars 方法，该方法只返回指定数目的字符而不会前进至下一行，开发人员通过采用逐一判断每个数据行格式并逐行读取数据行的方式，能够解析含有多种格式的文本文件并顺利读取。

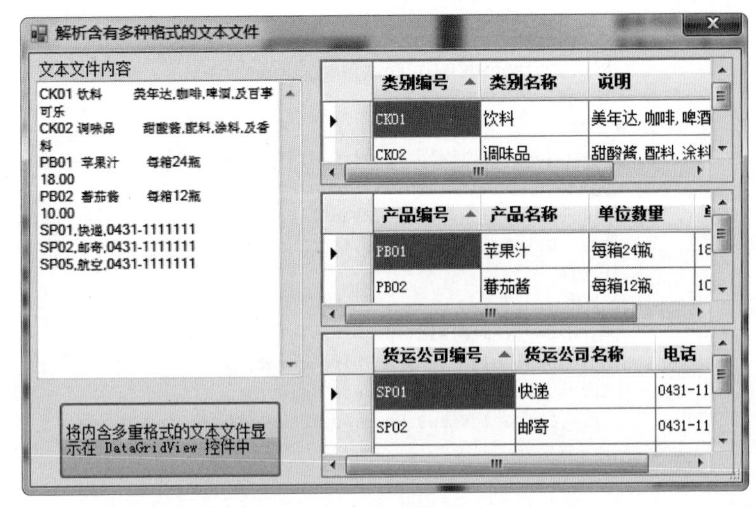

图 2.5　解析含有多种格式的文本文件

实现过程

（1）打开 Visual Studio 2022 开发环境，新建一个名为 MultiFormatTxt 的 Windows 窗体应用程序。

（2）在默认窗体 Form1 中添加 3 个 DataGridView 控件，用来导入并显示对应格式的文本；添加一个 TextBox 控件，用来显示文本文件的内容；添加一个 Button 控件，用来实现把不同格式的文本导入对应的 DataGridView 控件中。

（3）单击窗体上的按钮，实现把不同格式的文本导入对应的 DataGridView 控件中。代码如下：

057-1

```
01  private void btnParseTextFiles_Click(object sender, EventArgs e)
02  {
03      using (TextFieldParser myReader = new TextFieldParser("test.txt"))
04      {
05          int[] FirstFormat = { 5, 10, -1 };                //定义第一种格式的宽度
06          int[] SecondFormat = { 6, 10, 17, -1 };           //定义第二种格式的宽度
07          string[] ThirdFormat = { "," };                   //定义第三种格式的分隔字符
08          this.DataGridView1.Rows.Clear();                  //清空第一个DataGridView控件
09          this.DataGridView2.Rows.Clear();                  //清空第二个DataGridView控件
10          this.DataGridView3.Rows.Clear();                  //清空第三个DataGridView控件
11          string[] CurrentRow;
12          while (!myReader.EndOfData)                       //读取数据直到结束
13          {
14              try
15              {
16                  //读取当前行的前两个字符
17                  string RowType = myReader.PeekChars(2);
18                  switch (RowType)                          //根据读取的两个字符进行分类
19                  {
20                      case "CK":                            //对应第一个DataGridView控件
21                          myReader.TextFieldType = FieldType.FixedWidth;
22                          myReader.FieldWidths = FirstFormat;
```

```
23                  CurrentRow = myReader.ReadFields();
24                  this.DataGridView1.Rows.Add(CurrentRow);
25                  break;
26              case "PB":                          //对应第二个DataGridView控件
27                  myReader.TextFieldType = FieldType.FixedWidth;
28                  myReader.FieldWidths = SecondFormat;
29                  CurrentRow = myReader.ReadFields();
30                  this.DataGridView2.Rows.Add(CurrentRow);
31                  break;
32              case "SP":                          //对应第三个DataGridView控件
33                  myReader.TextFieldType = FieldType.Delimited;
34                  myReader.Delimiters = ThirdFormat;
35                  CurrentRow = myReader.ReadFields();
36                  this.DataGridView3.Rows.Add(CurrentRow);
37                  break;
38          }
39      }
40      catch (MalformedLineException ex)
41      {
42          MessageBox.Show("行 " + ex.Message + " 是无效的。略过。");
43      }
44  }
45  //排序各个DataGridView控件的内容
46  DataGridView1.Sort(DataGridView1.Columns[0], System.ComponentModel.
47  ListSortDirection.Ascending);
48  DataGridView2.Sort(DataGridView2.Columns[0], System.ComponentModel.
49  ListSortDirection.Ascending);
50  DataGridView3.Sort(DataGridView3.Columns[0], System.ComponentModel.
51  ListSortDirection.Ascending);
52      }
53  }
```

扩展学习

指定 DataGridView 列的内容排序

DataGridView 控件主要用来显示数据记录，若数据量较大，则查找某条记录比较麻烦，这时可以通过使用 DataGridView 控件的 Sort 方法来指定某个列及排序方式实现对控件中的数据进行升序或降序排列。

实例 058　批量替换 Word 文档中指定的字符串　源码位置：Code\02\058

实例说明

在字符串操作中可以使用 Replace 方法方便地替换字符串中指定的内容。本实例中将会使用 Range 对象的 Find 属性方便地在 Word 文档中查找指定的字符串，也可以设置 Find 对象的 Replacement 属性方便地替换 Word 文档中的文本内容。实例运行效果如图 2.6 所示。

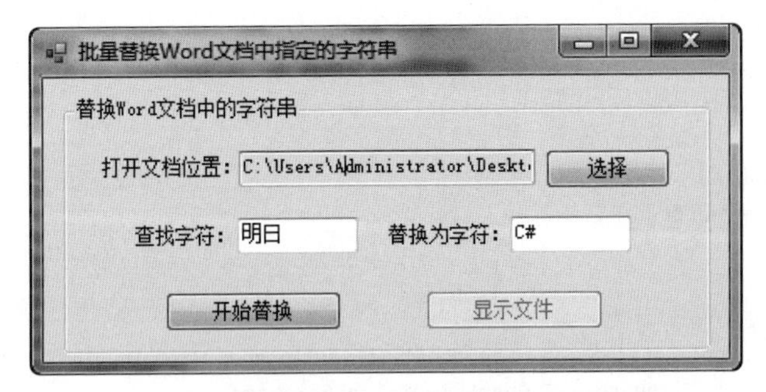

图 2.6　批量替换 Word 文档中指定的字符串

实例运行中单击“开始替换”按钮，会将用户选择 Word 文档内所指定的字符串替换为相应的字符串。替换字符串前的 Word 文档如图 2.7 所示。替换字符串后的 Word 文档如图 2.8 所示。

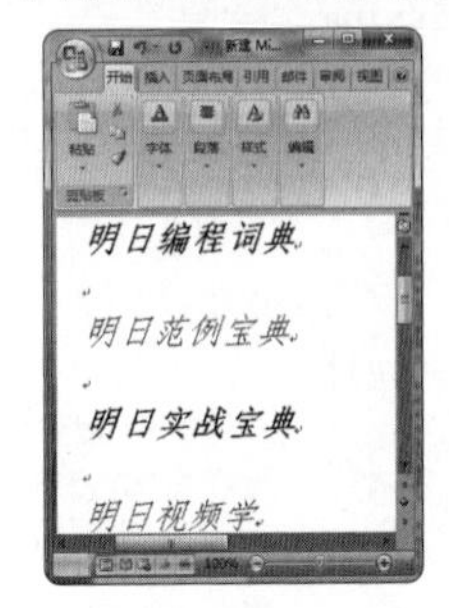

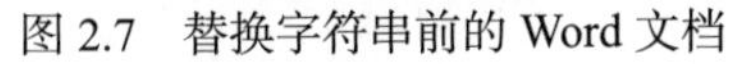

图 2.7　替换字符串前的 Word 文档

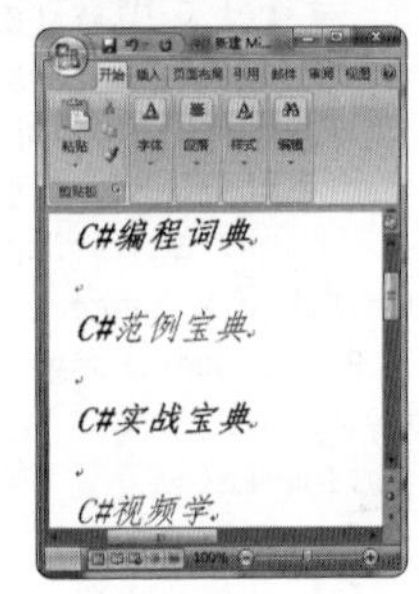

图 2.8　替换字符串后的 Word 文档

关键技术

本实例通过 Find 对象的属性和方法批量替换 Word 文档中指定的字符串，如果替换 Word 文档中指定的字符串首先要获取 Find 对象，可以使用 Document 对象的 Range 方法获取 Range 对象，通过 Range 对象的 Find 属性会返回 Find 对象。

实现过程

（1）打开 Visual Studio 2022 开发环境，新建一个名为 WordReplace 的 Windows 窗体应用程序。

（2）使用 C# 操作 Word 文档，首先要确保本地计算机中已经安装 Office 办公软件，本实例使用的 Office 版本为 Microsoft Office 2010。C# 引用 OM 组件的具体步骤：选中当前项目，右击，在弹出的快捷菜单中选择“添加引用”选项，弹出“添加引用”对话框。在“添加引用”对话框中选择 COM 选项卡，再选择 Microsoft Word 14.0 Object Library 选项，单击“确定”按钮完成添加。成功添加 COM 组件的引用后，可以在程序代码中引用命名空间“using Word = Microsoft.Office.Interop.Word;”。

（3）更改默认窗体 Form1 的 Name 属性为 Frm_Main，更改 Text 属性为“批量替换 Word 文档中指定的字符串”，向窗体中添加 3 个 TextBox 控件，分别用于显示打开 Word 文档路径、定义查找字符串和定义替换字符串；添加 3 个 Button 控件，分别用于选择 Word 文档、替换 Word 文档内容和显示 Word 文档。

（4）程序主要代码如下：

058-1

```
01 private void btn_Begin_Click(object sender, EventArgs e)
02 {
03     btn_Begin.Enabled = false;                                   //停用替换按钮
04     ThreadPool.QueueUserWorkItem(                                //开始线程池
05         (o) =>                                                   //使用Lambda表达式
06         {
07             //创建Word应用程序对象
08             G_WordApplication = new Microsoft.Office.Interop.Word.Application(); //创建object对象
09             object P_FilePath = G_OpenFileDialog.FileName;
10             //打开Word文档
11             Word.Document P_Document = G_WordApplication.Documents.Open(
12                     ref P_FilePath, ref G_Missing, ref G_Missing,
13                     ref G_Missing, ref G_Missing, ref G_Missing,
14                     ref G_Missing, ref G_Missing, ref G_Missing,
15                     ref G_Missing, ref G_Missing, ref G_Missing,
16                     ref G_Missing, ref G_Missing, ref G_Missing,
17                     ref G_Missing);
18             Word.Range P_Range =                                 //得到文档范围
19                 P_Document.Range(ref G_Missing, ref G_Missing);
20             Word.Find P_Find = P_Range.Find;                     //得到Find对象
21             this.Invoke(                                         //在窗体线程中执行
22                 (MethodInvoker)(() =>                            //使用Lambda表达式
23                 {
24                     P_Find.Text = txt_Find.Text;                 //设置查找的文本
25                     P_Find.Replacement.Text = txt_Replace.Text;
26                 }));
27           //定义替换方式对象
28           object P_Replace = Word.WdReplace.wdReplaceAll;
29             bool P_bl = P_Find.Execute(                          //开始替换
30                     ref G_Missing, ref G_Missing, ref G_Missing,
31                     ref G_Missing, ref G_Missing, ref G_Missing, ref G_Missing,
32                     ref G_Missing, ref G_Missing, ref G_Missing, ref P_Replace,
33                     ref G_Missing, ref G_Missing, ref G_Missing, ref G_Missing);
34             G_WordApplication.Documents.Save(                    //保存文档
35                     ref G_Missing, ref G_Missing);
36             ((Word._Document)P_Document).Close(                  //关闭文档
37                     ref G_Missing, ref G_Missing, ref G_Missing);
38             ((Word._Application)G_WordApplication).Quit(         //退出Word应用程序
39                     ref G_Missing, ref G_Missing, ref G_Missing);
40             this.Invoke(                                         //在窗体线程中执行
41                 (MethodInvoker)(() =>                            //使用Lambda表达式
42                 {
43                     if (P_bl)                                    //查看是否找到并替换
44                     {
45                         //弹出消息对话框
46                         MessageBox.Show("找到字符串并替换", "提示！");
47                         btn_Display.Enabled = true;              //启用显示文件按钮
48                     }
49                     else
```

```
50                  {
51                      //弹出消息对话框
52                      MessageBox.Show("没有找到字符串", "提示！");  }
53                  btn_Begin.Enabled = true;                //启用开始替换按钮
54              }));
55          });
56  }
```

扩展学习

使用 Replace 方法简单地代替 Find 对象的方法实现批量替换字符串

在 Word 文档操作中，可以使用 Find 对象的属性和方法批量替换 Word 文档中指定的字符串，也可以使用字符串对象的 Replace 方法简单地代替 Find 对象的方法，使用方法如下：

```
P_Range.Text = P_Range.Text.Replace("查找的字符串","替换的字符串");
```

实例 059 根据日期动态建立文件

源码位置：Code\02\059

实例说明

本实例主要实现以当前日期时间为根据创建文件的功能，运行本实例，单击“根据系统日期建立文件”按钮，以当前的日期时间为名称在指定位置创建一个文件。实例运行效果如图 2.9 所示。创建的文件名称如图 2.10 所示。

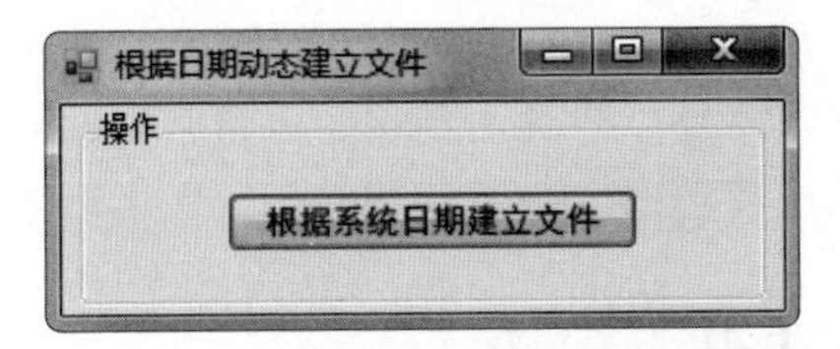

图 2.9 根据日期动态建立文件

图 2.10 创建的文件名称

关键技术

本实例实现时，首先需要使用 DateTime 结构的 Now 属性获取系统当前日期时间，并格式化获取到的日期时间，然后使用 File 类的 Create 方法创建文件。

实现过程

（1）打开 Visual Studio 2022 开发环境，新建一个名为 CreateFile 的 Windows 窗体应用程序。

（2）更改默认窗体 Form1 的 Name 属性为 Frm_Main，在该窗体中添加一个 Button 控件，用来根据当前日期时间动态地创建文件。

（3）程序主要代码如下：

059-1

```
01  private void btn_Create_Click(object sender, EventArgs e)
02  {
03      //创建浏览文件夹对话框对象
04      FolderBrowserDialog P_FolderBrowserDialog = new FolderBrowserDialog();
05      if (P_FolderBrowserDialog.ShowDialog() == DialogResult.OK)    //判断是否选择了文件夹
06      {
07          File.Create(P_FolderBrowserDialog.SelectedPath + "\\" + DateTime.Now.ToString
    ("yyyyMMddhhmmss") + ".txt");                                         //创建文件
08      }
09  }
```

扩展学习

使用 DateTime.Now 属性获取系统时间

使用 DateTime.Now 属性可以方便地获取系统时间，而且可以使用格式化方式方便地获取系统时间的字符串表示形式。代码如下：

```
string P_str = DateTime.Now.ToString("yyyy年M月d日h时m分s秒fff毫秒");
```

实例 060　清空回收站中的所有文件

源码位置：Code\02\060

实例说明

“回收站”顾名思义是用来存储垃圾的。在 Windows 操作系统中，回收站是一个存放已删除文件的地方。其实回收站是一个系统文件夹，在 DOS 模式下进入磁盘根目录，输入 dir/a 则会看到一个名为 RECYCLED 的文件夹，这个就是回收站。为了防止误删除操作，Windows 操作系统将用户删除的文件先暂存到回收站中，并且删除的文件可以恢复，待确认删除后再将回收站清空即可。本实例将以编程的方式完成清空回收站的工作，为用户清理出一些磁盘空间。实例运行效果如图 2.11 所示。

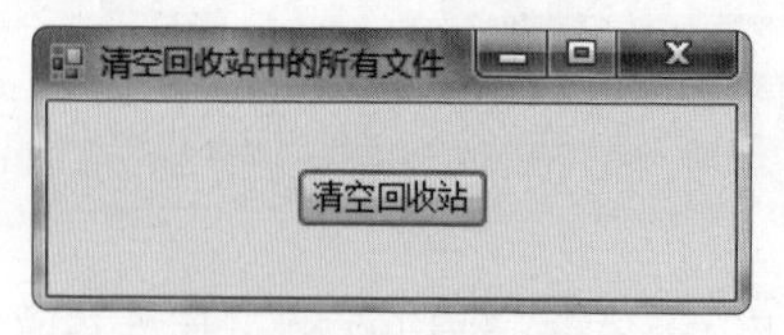

图 2.11　清空回收站中的所有文件

关键技术

本实例实现时主要用到了系统 API 函数 SHEmptyRecycleBin，SHEmptyRecycleBin 是一个内核 API 函数，该函数能够清空回收站中的文件，它在 C# 中需要手动地引入方法所在的类库。

实现过程

（1）打开 Visual Studio 2022 开发环境，新建一个名为 ClearRecycle 的 Windows 窗体应用程序。

（2）更改默认窗体 Form1 的 Name 属性为 Frm_Main，在该窗体中添加一个 Button 控件，用来执行清空回收站操作。

（3）程序主要代码如下：

060-1

```
01  //整型常量在API中表示删除时没有确认对话框
02  const int SHERB_NOCONFIRMATION = 0x000001;
03  const int SHERB_NOPROGRESSUI = 0x000002;        //在API中表示不显示删除进度条
04  const int SHERB_NOSOUND = 0x000004;             //在API中表示删除完毕时不播放声音
05  [DllImportAttribute("shell32.dll")]             //声明API函数
06  private static extern int SHEmptyRecycleBin(IntPtr handle, string root, int falgs);
07  private void button1_Click(object sender, EventArgs e)
08  {
09      //清空回收站
10      SHEmptyRecycleBin(this.Handle, "", SHERB_NOCONFIRMATION + SHERB_NOPROGRESSUI +
    SHERB_NOSOUND);
11  }
```

扩展学习

有效使用系统 API 函数

系统 API 函数中封装了很多常用的功能，在 C# 程序中可以通过重写来方便地使用它，从而快速实现指定的功能。在 C# 程序中重写系统 API 函数时，首先需要在命名空间区域添加 System.Runtime.InteropServices 命名空间。

实例 061 文件批量更名

源码位置：Code\02\061

实例说明

相信读者对更改文件名感觉并不陌生，修改的方法也非常简单。但是，如果有多个文件需要更名，那将是一项非常烦琐的工作。本实例开发的程序解决了这个难题，通过本实例可以批量对文件名进行修改。程序中提供了更名的模板，选择后可以快速更改文件名，也可以自定义更名模板，对于文件名还可以进行简体和繁体之间的相互转换。实例运行效果如图 2.12 所示。

图 2.12 文件批量更名

关键技术

本实例在实现文件批量更名功能时，主要用到了 File 类的 Copy 方法和 Delete 方法，具体实现时，首先通过 Copy 方法将现有文件复制到新文件，然后再调用 Delete 方法删除原文件，这样就可以实现对文件名称的修改。

实现过程

（1）打开 Visual Studio 2022 开发环境，新建一个名为 FileBatchChangeName 的 Windows 窗体应用程序。

（2）更改默认窗体 Form1 的 Name 属性为 Frm_Main，在该窗体中添加一个 MenuStrip 控件，用来作为窗体的菜单栏；添加一个 StatusStrip 控件，用来作为窗体的状态栏；添加一个 OpenFileDialog 控件，用来选择要批量更名的文件；添加一个 SaveFileDialog 控件，用来导出文件列表；添加 5 个 RadioButton 控件，分别用来选择“文件名大写”“文件名小写”“第一个字母大写”“扩展名大写”和“扩展名小写”5 种更名方式；添加一个 ComboBox 控件，用来选择预设模板；添加一个 TextBox 控件，用来设置模板；添加两个 NumericUpDown 控件，分别用来选择起始数字和增量值；添加一个 ListView 控件，用来显示要批量更名的文件的详细信息。

（3）程序主要代码如下：

061-1

```
01 private void ChangeName()
02 {
03     int flag = 0;                                                    //记录出现错误的文件数量
04     try
05     {
06         toolStripProgressBar1.Minimum = 0;                           //设置进度条的起始值为0
07         //设置进度条的最大值为文件数量
08         toolStripProgressBar1.Maximum = listView1.Items.Count - 1;
09         for (int i = 0; i < listView1.Items.Count; i++)             //开始读取每一项
10         {
11             //获取文件所在目录
12             string path = listView1.Items[i].SubItems[4].Text;
13             //获取文件的完整路径
14             string sourcePath = path + listView1.Items[i].SubItems[0].Text;
15             //设置更名后的文件的完整路径
16             string newPath = path + listView1.Items[i].SubItems[1].Text
17             //将更名后的文件复制到原目录下
18             File.Copy(sourcePath, newPath);
19             File.Delete(sourcePath);                                 //删除原目录下的原始文件
20             toolStripProgressBar1.Value = i;                         //设置进度条进度
21             //设置更新后的文件名，并显示在ListView控件中
22             listView1.Items[i].SubItems[0].Text = listView1.Items[i].SubItems[1].Text;
23             //设置更改成功后的提示信息
24             listView1.Items[i].SubItems[6].Text = "√成功";
25         }
26     }
27     catch (Exception ex)
28     {
```

```
29            flag++;                                        //如果发生异常，则使flag加1
30            MessageBox.Show(ex.Message);
31        }
32        finally
33        {
34            //显示出现错误的数量
35            tsslError.Text = flag.ToString() + " 个错误";
36        }
37    }
```

实例 062　复制文件时显示复制进度

源码位置：Code\02\062

实例说明

复制文件时显示复制进度实际上就是用文件流来复制文件，并在每一部分文件复制后，用进度条来显示文件的复制情况。本实例实现了复制文件时显示复制进度的功能。实例运行效果如图 2.13 所示。

图 2.13　复制文件时显示复制进度

关键技术

本实例主要是以线程和委托的方式，在使用 FileStream 类对文件进行复制的同时，使用 ProgressBar 控件来显示文件复制进度。

实现过程

（1）打开 Visual Studio 2022 开发环境，新建一个名为 FileCopyPlan 的 Windows 窗体应用程序。

（2）更改默认窗体 Form1 的 Name 属性为 Frm_Main，在该窗体中添加一个 OpenFileDialog 控件，用来选择源文件；添加一个 FolderBrowserDialog 控件，用来选择目的文件的路径；添加两个 TextBox 控件，分别用来显示源文件和目的文件的路径；添加 3 个 Button 控件，分别用来选择源文件和目的文件的路径，以及实现文件的复制功能；添加一个 ProgressBar 控件，用来显示复制进度条。

（3）程序主要代码如下：

062-1

```
01  public void CopyFile(string FormerFile, string toFile, int SectSize, ProgressBar progressBar1)
02  {
03      progressBar1.Value = 0;                                    //设置进度栏的当前位置为0
04      progressBar1.Minimum = 0;                                  //设置进度栏的最小值为0
05      //创建目的文件，如果已存在将被覆盖
06      FileStream fileToCreate = new FileStream(toFile, FileMode.Create);
07      fileToCreate.Close();                                      //关闭所有资源
08      fileToCreate.Dispose();                                    //释放所有资源
09      //以只读方式打开源文件
10      FormerOpen = new FileStream(FormerFile, FileMode.Open, FileAccess.Read);
11      //以写方式打开目的文件
12      //根据一次传输的大小，计算传输的个数
13      ToFileOpen = new FileStream(toFile, FileMode.Append, FileAccess.Write);
14      int max = Convert.ToInt32(Math.Ceiling((double)FormerOpen.Length / (double)SectSize));
15      progressBar1.Maximum = max;                                //设置进度栏的最大值
16      int FileSize;                                              //要复制的文件的大小
17      //如果分段复制，即每次复制内容小于文件总长度
18      if (SectSize < FormerOpen.Length)
19      {
20          //根据传输的大小，定义一个字节数组
21          byte[] buffer = new byte[SectSize];
22          int copied = 0;                                        //记录传输的大小
23          int tem_n = 1;                                         //设置进度栏中进度块的增加个数
24          //复制主体部分
25          while (copied <= ((int)FormerOpen.Length - SectSize))         {
26              //从0开始读，每次最大读SectSize
27              FileSize = FormerOpen.Read(buffer, 0, SectSize);
28              FormerOpen.Flush();                                //清空缓存
29              //向目的文件写入字节
30              ToFileOpen.Write(buffer, 0, SectSize);
31              ToFileOpen.Flush();                                //清空缓存
32              //使源文件和目的文件流的位置相同
33              ToFileOpen.Position = FormerOpen.Position;
34              copied += FileSize;                                //记录已复制的大小
35              //增加进度栏的进度块
36              progressBar1.Value = progressBar1.Value + tem_n;
37          }
38          //获取剩余大小
39          int left = (int)FormerOpen.Length - copied;
40          //读取剩余的字节
41          FileSize = FormerOpen.Read(buffer, 0, left);
42          FormerOpen.Flush();                          //清空缓存
43          ToFileOpen.Write(buffer, 0, left);           //写入剩余的部分
44          ToFileOpen.Flush();                          //清空缓存
45      }
46      else                                             //如果整体复制，即每次复制内容大于文件总长度
47      {
48          //获取文件的大小
49          byte[] buffer = new byte[FormerOpen.Length]; //读取源文件的字节
50          FormerOpen.Read(buffer, 0, (int)FormerOpen.Length);
```

```
51            FormerOpen.Flush();                             //清空缓存
52            //释放字节
53            ToFileOpen.Write(buffer, 0, (int)FormerOpen.Length);
54            ToFileOpen.Flush();                             //清空缓存
55        }
56        FormerOpen.Close();                                 //释放所有资源
57        ToFileOpen.Close();                                 //释放所有资源
58        //显示"复制完成"提示对话框
59        if (MessageBox.Show("复制完成") == DialogResult.OK)
60        {
61            progressBar1.Value = 0;                         //设置进度栏的当前位置为0
62            textBox1.Clear();                               //清空文本
63            textBox2.Clear();
64            str = "";
65        }
66    }
```

扩展学习

使用线程代替 Timer 组件

Timer 组件可以按用户定义的时间间隔来引发 Tick 事件。Tick 事件一般为周期性的，每隔若干秒或若干毫秒执行一次，Timer 组件工作在窗体线程中，如果 Timer 组件中执行了较为耗时的操作，会增加窗体线程的负担，导致窗体中其他操作不能及时得到 CPU 资源，出现窗体长时间或短时间无响应的情况。在适当的情况下可以使用线程来代替 Timer 组件，这样会减少窗体线程的负担。

实例 063　使用 C# 操作 INI 文件

源码位置：Code\02\063

实例说明

除了格式，大家对很多计算机的配置文件未必都熟悉。细心的读者会发现，相当多的一部分配置文件都是 INI 格式。本实例将详细讲解 C# 中有关 INI 文件的操作。实例运行效果如图 2.14 所示。

图 2.14　使用 C# 操作 INI 文件

关键技术

本实例中使用系统 API 函数 GetPrivateProfileString 和 WritePrivateProfileString。GetPrivateProfileString

函数用来读取 INI 文件的内容，WritePrivateProfileString 函数主要用于向 INI 文件写入数据。

实现过程

（1）打开 Visual Studio 2022 开发环境，新建一个名为 INIFileOperate 的 Windows 窗体应用程序。

（2）更改默认窗体 Form1 的 Name 属性为 Frm_Main，在该窗体中添加 4 个 TextBox 控件，分别用来显示 INI 文件中对应的 4 个节点的内容；添加一个 Button 控件，用来对 INI 文件执行修改操作。

（3）Frm_Main 窗体加载时，在文本框中显示 INI 文件。代码如下：

063-1

```
01  private void Form1_Load(object sender, EventArgs e)
02  {
03      str = Application.StartupPath + "\\ConnectString.ini";         //INI文件的物理地址
04      strOne = System.IO.Path.GetFileNameWithoutExtension(str);     //获取INI文件的文件名
05      if (File.Exists(str))                                         //判断是否存在该INI文件
06      {
07          //读取INI文件中服务器节点的内容
08          server.Text = ContentReader(strOne, "Data Source", "");
09          //读取INI文件中数据库节点的内容
10          database.Text = ContentReader(strOne, "DataBase", "");
11          uid.Text = ContentReader(strOne, "Uid", "");              //读取INI文件中用户节点的内容
12          pwd.Text = ContentReader(strOne, "Pwd", "");              //读取INI文件中密码节点的内容
13      }
14  }
```

需要修改节点内容时，直接在文本框中进行修改，修改完成后，单击“修改”按钮，即可将编辑的内容写入到 INI 文件中。“修改”按钮的 Click 事件代码如下：

063-2

```
01  private void button1_Click(object sender, EventArgs e)
02  {
03      if (File.Exists(str))                                         //判断是否存在INI文件
04      {
05          //修改INI文件中服务器节点的内容
06          WritePrivateProfileString(strOne, "Data Source", server.Text, str);
07          //修改INI文件中数据库节点的内容
08          WritePrivateProfileString(strOne, "DataBase", database.Text, str);
09          //修改INI文件中用户节点的内容
10          WritePrivateProfileString(strOne, "Uid", uid.Text, str);
11          //修改INI文件中密码节点的内容
12          WritePrivateProfileString(strOne, "Pwd", pwd.Text, str);
13          MessageBox.Show("恭喜你，修改成功！", "提示信息", MessageBoxButtons.OK,
MessageBoxIcon.Information);
14      }
15      else
16      {
17          MessageBox.Show("对不起，你所要修改的文件不存在，请确认后再进行修改操作！", "提示信息",
MessageBoxButtons.OK, MessageBoxIcon.Information);
18      }
19  }
```

扩展学习

如何获取程序可执行文件的路径

获取程序可执行文件的路径时，可以使用 Application 类的 StartupPath 属性来实现，该属性用来获取启动了应用程序的可执行文件的路径，不包括可执行文件的名称。

实例 064　使用 C# 操作 XML 文件

源码位置：Code\02\064

实例说明

本实例使用 C# 中的 LINQ to XML 技术实现了创建、添加、修改和删除 XML 文件的功能。运行本实例，如果 XML 文件不存在，则“创建 XML 文件”区域的全部控件可用，这时输入相应的 XML 元素值，单击“创建”按钮，即可在项目文件夹下创建一个新的 XML 文件，同时将 XML 文件中的内容显示在窗体下方的数据表格中；在“操作 XML 文件”区域输入值，单击“添加”按钮，可以向 XML 文件中添加元素；如果用户在窗体下方的数据表格中选定一条记录，则单击“修改”和“删除”按钮，即可修改和删除 XML 文件中的元素。实例运行效果如图 2.15 所示。

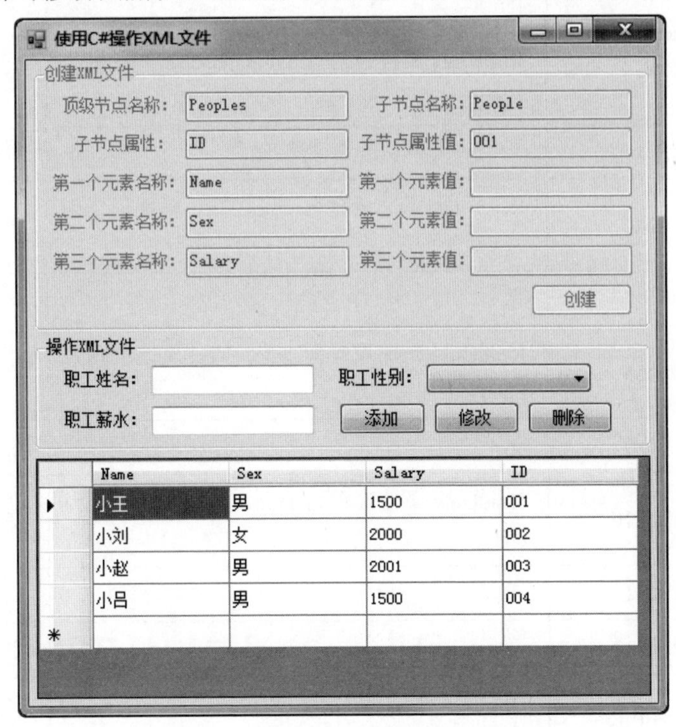

图 2.15　使用 C# 操作 XML 文件

关键技术

本实例对 XML 文件进行操作时，主要用到 LINQ to XML 技术中的 XElement 类的 Load 方法、

SetAttributeValue 方法、Add 方法、ReplaceNodes 方法及 Save 方法、XDocument 类的 Save 方法、XDeclaration 类、IEnumerable<T> 泛型接口的 First 方法及 Remove 方法。

实现过程

（1）打开 Visual Studio 2022 开发环境，新建一个名为 OperateXML 的 Windows 窗体应用程序。

（2）更改默认窗体 Form1 的 Name 属性为 Frm_Main，该窗体中主要用到的控件及说明如表 2.1 所示。

表 2.1　Frm_Main 窗体中用到的控件及说明

控件类型	控件名称	属性设置	说明
TextBox	textBox1	ReadOnly 属性设置为 True，Text 属性设置为 Peoples	顶级节点名称
	textBox2	ReadOnly 属性设置为 True，Text 属性设置为 People	子节点名称
	textBox3	ReadOnly 属性设置为 True，Text 属性设置为 ID	子节点属性
	textBox4	ReadOnly 属性设置为 True，Text 属性设置为 Name	第一个元素名称
	textBox5	无	第一个元素值
TextBox	textBox6	ReadOnly 属性设置为 True，Text 属性设置为 Sex	第二个元素名称
	textBox7	无	第二个元素值
	textBox8	ReadOnly 属性设置为 True，Text 属性设置为 Salary	第三个元素名称
	textBox9	无	第三个元素值
	textBox10	ReadOnly 属性设置为 True，Text 属性设置为 001	子节点属性值
	textBox11	无	职工姓名
	textBox12	无	职工薪水
ComboBox	comboBox1	DropDownStyle 属性设置为 DropDownList，Items 属性中添加“男”和“女”	职工性别
DataGridView	dataGridView1	无	显示 XML 文件信息

续表

控件类型	控件名称	属性设置	说明
Button	button1	Text 属性设置为“创建”	创建 XML 文件
	button2	Text 属性设置为“添加”	添加 XML 文件元素
	button3	Text 属性设置为“修改”	修改 XML 文件元素
	button4	Text 属性设置为“删除”	删除 XML 文件元素

（3）自定义一个 getXmlInfo 方法，该方法为自定义的无返回值类型方法，它主要用来将 XML 文件中的内容绑定到 DataGridView 控件中。getXmlInfo 方法的实现代码如下：

064-1

```
01  ///<summary>
02  ///将XML文件内容绑定到DataGridView控件
03  ///</summary>
04  private void getXmlInfo()
05  {
06      DataSet myds = new DataSet();                          //创建DataSet数据集对象
07      myds.ReadXml(strPath);                                 //读取XML结构
08      dataGridView1.DataSource = myds.Tables[0];             //显示XML文件中的信息
09  }
10  #endregion
```

单击“创建”按钮，根据用户输入的元素值创建一个 XML 文件，并保存到程序文件夹下的 bin 文件夹中。“创建”按钮的 Click 事件代码如下：

064-2

```
01  private void button1_Click(object sender, EventArgs e)
02  {
03      XDocument doc = new XDocument(                         //创建XML文档对象
04          new XDeclaration("1.0", "utf-8", "yes"),           //添加XML文件声明
05          new XElement(textBox1.Text,                        //创建XML元素
06              //为XML元素添加属性
07              new XElement(textBox2.Text, new XAttribute(textBox3.Text, textBox10.Text),
08                  new XElement(textBox4.Text, textBox5.Text),
09                  new XElement(textBox6.Text, textBox7.Text),
10                  new XElement(textBox8.Text, textBox9.Text))
11              )
12          );
13      doc.Save(strPath);                                     //保存XML文档
14      groupBox1.Enabled = false;
15      getXmlInfo();
16  }
```

单击“添加”按钮，使用 LINQ to XML 技术向指定的 XML 文件中插入用户输入的数据，并重新保存 XML 文件。“添加”按钮的 Click 事件代码如下：

```
01  private void button2_Click(object sender, EventArgs e)                              064-3
02  {
03      XElement xe = XElement.Load(strPath);                       //加载XML文档
04      //创建IEnumerable泛型接口
05      IEnumerable<XElement> elements1 = from element in xe.Elements("People")
06                                        select element;
07      //生成新的编号
08      string str = (Convert.ToInt32(elements1.Max(element => element.Attribute("ID").Value))
    + 1).ToString("000");
09      XElement people = new XElement(                             //创建XML元素
10          "People", new XAttribute("ID", str),                    //为XML元素设置属性
11          new XElement("Name", textBox11.Text),
12          new XElement("Sex", comboBox1.Text),
13          new XElement("Salary", textBox12.Text)
14          );
15      xe.Add(people);                                             //添加XML元素
16      xe.Save(strPath);                                           //保存XML元素到XML文件中
17      getXmlInfo();
18  }
```

单击“修改”按钮，首先判断是否选定要修改的记录，如果已经选定，则使用 LINQ to XML 技术修改 XML 文件中的指定记录，并重新保存 XML 文件。“修改”按钮的 Click 事件代码如下：

```
01  private void button3_Click(object sender, EventArgs e)                              064-4
02  {
03      if (strID != "")                                            //判断是否选择了编号
04      {
05          XElement xe = XElement.Load(strPath);                   //加载XML文档
06          //根据编号查找信息
07          IEnumerable<XElement> elements = from element in xe.Elements("People")
08                                           where element.Attribute("ID").Value == strID
09                                           select element;
10          if (elements.Count() > 0)                               //判断是否找到了信息
11          {
12              XElement newXE = elements.First();                  //获取找到的第一条记录
13              newXE.SetAttributeValue("ID", strID);               //为XML元素设置属性值
14              newXE.ReplaceNodes(                                 //替换XML元素中的值
15                  new XElement("Name", textBox11.Text),
16                  new XElement("Sex", comboBox1.Text),
17                  new XElement("Salary", textBox12.Text)
18                  );
19          }
20          xe.Save(strPath);                                       //保存XML元素到XML文件中
21      }
22      getXmlInfo();
23  }
```

单击“删除”按钮，首先判断是否选定要删除的记录，如果已经选定，则使用 LINQ to XML 技术删除 XML 文件中的指定记录，并重新保存 XML 文件。“删除”按钮的 Click 事件代码如下：

064-5

```
01  private void button4_Click(object sender, EventArgs e)
02  {
03      if (strID != "")                                //判断是否选择了编号
04      {
05          XElement xe = XElement.Load(strPath);       //加载XML文档
06          //根据编号查找信息
07          IEnumerable<XElement> elements = from element in xe.Elements("People")
08                                      where element.Attribute("ID").Value == strID
09                                      select element;
10          if (elements.Count() > 0)                   //判断是否找到了信息
11              elements.First().Remove();              //删除找到的XML元素信息
12              xe.Save(strPath);                       //保存XML元素到XML文件中
13      }
14      getXmlInfo();
15  }
```

扩展学习

什么是 XML

XML 是 eXtensible Markup Language 的简写，是一种提供数据描述格式的标记语言。XML 以一种简单的文本格式存储数据，可以在不同系统间进行数据交换，这使它成为在 Internet 上传输数据的绝佳格式。XML 是 Visual Studio.NET 和 .NET Framework 的很多功能的核心。

实例 065　创建 PDF 文档

源码位置：Code\02\065

实例说明

PDF 文档凭借界面美观、大方赢得了众多 PDF 迷的喜爱，该文档简单易用，可以实现打印、查找及阅读等常用的功能。本实例将介绍如何使用 C# 编程语言创建 PDF 文档。实例运行效果如图 2.16 所示，创建完的 PDF 文档如图 2.17 所示。

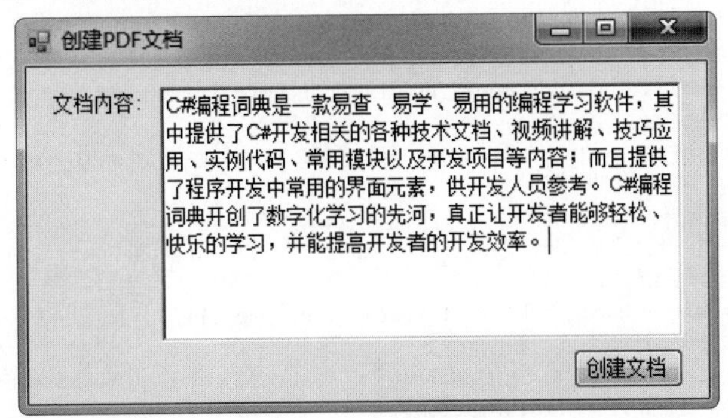

图 2.16　创建 PDF 文档

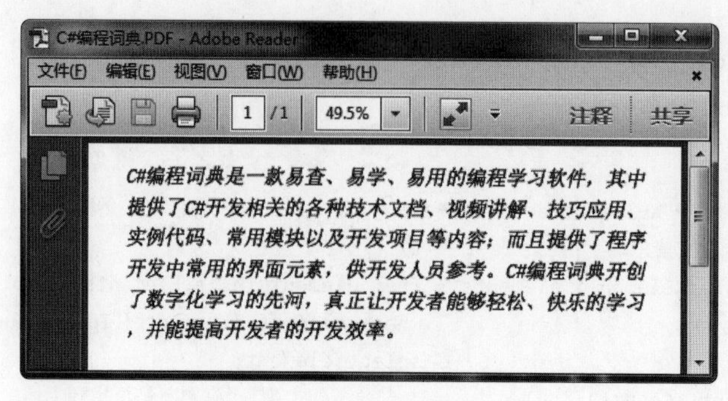

图 2.17　创建完的 PDF 文档

关键技术

本实例在创建 PDF 文档时，用到了第三方组件 itextsharp.dll。具体实现时，首先创建一个 itextSharp.text. Document 对象，然后使用该对象创建一个 Writer 对象，打开当前 Document 对象，向该对象内写入内容，最后关闭 Document 对象，完成创建 PDF 文档工作。

实现过程

（1）打开 Visual Studio 2022 开发环境，新建一个名为 CreatePDFDocument 的 Windows 窗体应用程序。

（2）更改默认窗体 Form1 的 Name 属性为 Frm_Main，在该窗体中添加一个 RichTextBox 控件，用来输入要保存的内容；添加一个 Button 控件，用来创建 PDF 文档。

（3）程序主要代码如下：

```
065-1
01  private void button1_Click(object sender, EventArgs e)
02  {
03      //给出文件保存信息，确定保存位置
04      SaveFileDialog saveFileDialog = new SaveFileDialog();
05      saveFileDialog.Filter = "PDF文件（*.PDF）|*.PDF";
06      if (saveFileDialog.ShowDialog() == DialogResult.OK)
07      {
08          filePath = saveFileDialog.FileName;
09          //开始创建PDF文档，首先声明一个Document对象
10          Document document = new Document();
11          //使用指定的路径和创建模式初始化文件流对象
12          PdfWriter.getInstance(document, new FileStream(filePath, FileMode.Create));
13          document.Open();                                                    //打开文档
14          BaseFont baseFont = BaseFont.createFont(@"c:\windows\fonts\SIMSUN.TTC,1", BaseFont.
    IDENTITY_H, BaseFont.NOT_EMBEDDED);
15          //设置文档字体样式
16          iTextSharp.text.Font font = new iTextSharp.text.Font(baseFont, 20);
17          //添加内容至PDF文档中
18          document.Add(new Paragraph(richTextBox1.Text, font));
19          document.Close();                                                   //关闭文档
20          MessageBox.Show("祝贺你，文档创建成功！", "提示信息", MessageBoxButtons.OK,
21                  MessageBoxIcon.Information);
22      }
23  }
```

扩展学习

合理使用第三方组件

.NET 框架本身提供了丰富的 dll 组件，通常情况下，这些组件完全可以满足开发人员的需求。但有些第三方组件具有特定的功能，并且执行效率非常高，可以满足开发人员的某些特殊需求，这时可以考虑使用第三方组件来解决开发中遇到的一些特殊需求。

实例 066　使用递归法删除文件夹中的所有文件

源码位置：Code\02\066

实例说明

使用递归法删除文件夹中的所有文件，即遍历文件夹中的所有文件，并将遍历到的文件进行一一删除。本实例实现了使用递归法删除文件夹中所有文件的功能。实例运行效果如图 2.18 所示。

图 2.18　使用递归法删除文件夹中的所有文件

关键技术

本实例实现时，首先需要创建 DirectoryInfo 对象，用于指定文件夹；然后调用 DirectoryInfo 类的 GetFileSystemInfos 方法生成一个 FileSystemInfo 类型的数组，用来记录指定文件夹中的所有子文件夹及文件；最后，循环访问 FileSystemInfo 数组中的文件，并调用 FileInfo 类的 Delete 方法将遍历到的文件一一删除。

实现过程

（1）打开 Visual Studio 2022 开发环境，新建一个名为 DeleteDirByDG 的 Windows 窗体应用程序。

（2）更改默认窗体 Form1 的 Name 属性为 Frm_Main，在该窗体中添加一个 TextBox 控件，用来显示选择的文件夹；添加两个 Button 控件，分别用来执行选择文件夹操作和使用递归法删除文件夹中所有文件的操作。

（3）程序主要代码如下：

066-1

```
01  private void button2_Click(object sender, EventArgs e)
02  {
03      DirectoryInfo DInfo = new DirectoryInfo(textBox1.Text);        //创建DirectoryInfo对象
04      FileSystemInfo[] FSInfo = DInfo.GetFileSystemInfos();          //获取所有文件
05      for (int i = 0; i < FSInfo.Length; i++)                        //遍历获取的文件
```

```
06          {
07              //创建FileInfo对象
08              FileInfo FInfo = new FileInfo(textBox1.Text + "\\" + FSInfo[i].ToString());
09              FInfo.Delete();                                                    //删除文件
10          }
11          MessageBox.Show("删除成功", "信息", MessageBoxButtons.OK, MessageBoxIcon.Information);
12      }
```

扩展学习

FileSystemInfo 类的使用场合

FileSystemInfo 类包含文件和文件夹操作所共有的方法。FileSystemInfo 对象可以表示文件或文件夹，从而可以作为 FileInfo 或 DirectoryInfo 对象的基础。当在程序中分析许多文件和文件夹时，请使用 FileSystemInfo 类。

实例 067　对指定文件夹中的文件进行分类存储　源码位置：Code\02\067

实例说明

当一个文件夹中有很多种类型的文件时，查找起来非常不方便，但这时如果将各种类型的文件进行分类存储（如将 txt 类型的文件放在一个文件夹中，将 doc 类型的文件放在另一个文件夹中），则会显得非常方便。本实例使用 C# 实现了对指定文件夹中的文件进行分类存储的功能。运行本实例，如图 2.19 所示，单击“选择”按钮，选择要整理的文件夹；单击“整理”按钮，对选择的文件夹中的文件进行分类存储；单击“查看”按钮，可以查看整理后的文件夹，如图 2.20 所示。

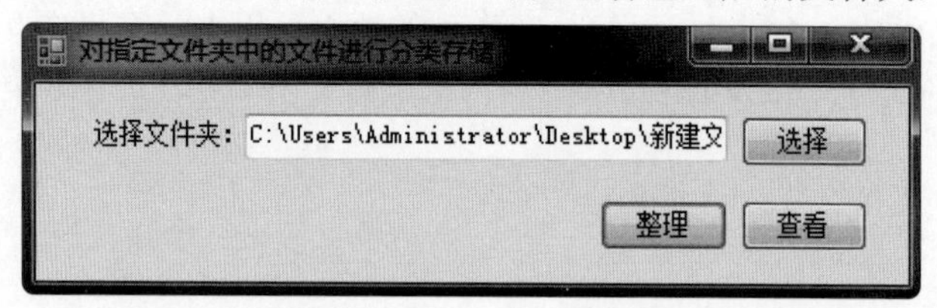

图 2.19　对指定文件夹中的文件进行分类存储

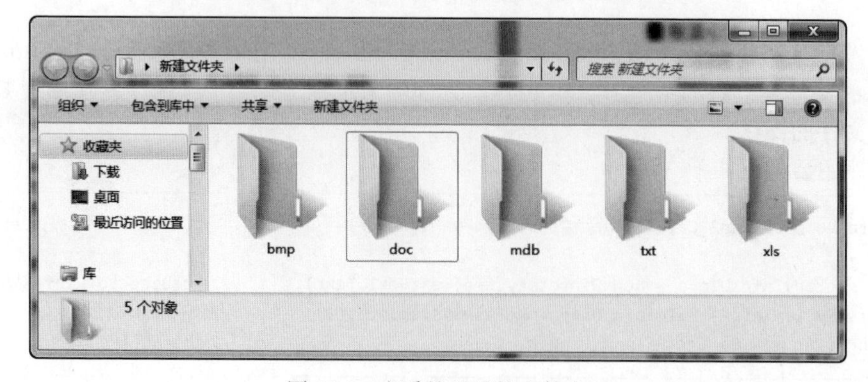

图 2.20　查看整理后的文件夹

关键技术

本实例中首先使用 DirectoryInfo 类的 GetFiles 方法获取指定文件夹中的所有文件，并遍历这些文件，将这些文件的扩展名添加到一个 List 泛型集合中；然后遍历 List 泛型集合，根据其中存储的扩展名类型，使用 Directory 类的 CreateDirectory 方法创建相应的文件夹；最后再次遍历获取的所有文件，并使用 FileInfo 类的 MoveTo 方法将文件移动到对应的文件夹中，从而实现文件的分类存储功能。

实现过程

（1）打开 Visual Studio 2022 开发环境，新建一个名为 ManageFileByType 的 Windows 窗体应用程序。

（2）更改默认窗体 Form1 的 Name 属性为 Frm_Main，在该窗体中添加一个 TextBox 控件，用来显示选择的文件夹；添加 3 个 Button 控件，分别用来执行选择文件夹、整理文件夹和查看整理后的文件夹的操作。

（3）程序主要代码如下：

067-1

```
01  private void button2_Click(object sender, EventArgs e)
02  {
03      List<string> listExten = new List<string>();              //创建泛型集合对象
04      DirectoryInfo DInfo = new DirectoryInfo(textBox1.Text); //创建DirectoryInfo对象
05      FileInfo[] FInfos = DInfo.GetFiles();                     //获取文件夹中的所有文件
06      string strExten = "";                                     //定义一个变量，用来存储文件扩展名
07      foreach (FileInfo FInfo in FInfos)                        //遍历所有文件
08      {
09          strExten = FInfo.Extension;                           //记录文件扩展名
10          if (!listExten.Contains(strExten))                    //判断泛型集合中是否已经存在该扩展名
11          {
12              listExten.Add(strExten.TrimStart('.'));           //将扩展名去掉之后添加到泛型集合中
13          }
14      }
15      for (int i = 0; i < listExten.Count; i++)                 //遍历泛型集合
16      {
17          Directory.CreateDirectory(textBox1.Text + listExten[i]); //创建文件夹
18      }
19      foreach (FileInfo FInfo in FInfos)                        //遍历所有文件
20      {
21          //将文件移动到对应的文件夹中
22          FInfo.MoveTo(textBox1.Text + FInfo.Extension.TrimStart('.') + "\\" + FInfo.Name);
23      }
24      MessageBox.Show("整理完毕！", "提示", MessageBoxButtons.OK, MessageBoxIcon.Information);
25  }
```

扩展学习

List<T> 泛型集合的使用

List<T> 泛型集合表示通过索引访问的对象的强类型列表，它是 ArrayList 类的泛型等效类，提

供用于对列表进行搜索、排序和操作的方法。

实例 068　伪装文件夹

源码位置：Code\02\068

实例说明

出于安全考虑，现在许多用户喜欢通过一些软件对文件夹进行加密。但是，这样加密后真的安全吗？笔者认为加密的最高境界应该是让人感觉文件夹并没有被加密，这样自然也就不会有人对它实施破解了，安全系数才会大幅度提高。所以，开发本实例用于对文件夹进行伪装。例如，将文件夹伪装成回收站，那么当双击伪装后的文件夹，则会进入回收站，而不是文件夹。实例运行效果如图 2.21 所示。

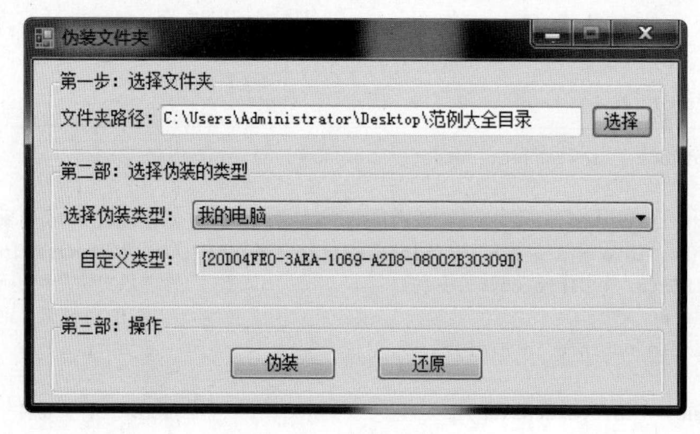

图 2.21　伪装文件夹

关键技术

本实例首先通过 File 类的 CreateText 方法创建 desktop.ini 文件，然后通过 StreamWriter 对象的 WriteLine 方法向该文件中写入 Windows 文件标识符，从而达到伪装文件夹的目的。

实现过程

（1）打开 Visual Studio 2022 开发环境，新建一个名为 CamouflageFolder 的 Windows 窗体应用程序。

（2）更改默认窗体 Form1 的 Name 属性为 Frm_Main，在该窗体中添加一个 FolderBrowserDialog 控件，用来选择要伪装或还原的文件夹；添加两个 TextBox 控件，分别用来显示选择的文件夹和输入类标识符；添加一个 ComboBox 控件，用来选择要伪装的类型；添加 3 个 Button 控件，分别用来执行打开浏览文件夹对话框、伪装文件夹和还原文件夹操作。

（3）Frm_Main 窗体的后台代码中，首先自定义一个 GetFolType 方法，用于根据选择的伪装方式获取其对应的 Windows 文件标识符。代码如下：

```
01  private string GetFolType()                                                    068-1
02  {
03      int Tid = comboBox1.SelectedIndex;                       //获取选择项索引
04      switch (Tid)                                             //根据索引设置Windows文件标识符
05      {
06          //我的电脑的Windows文件标识符
07          case 0: return @"{20D04FE0-3AEA-1069-A2D8-08002B30309D}";
08          //我的文档Windows文件标识符
09          case 1: return @"{450D8FBA-AD25-11D0-98A8-0800361B1103}";
10          //拨号网络Windows文件标识符
11          case 2: return @"{992CFFA0-F557-101A-88EC-00DD010CCC48}";
12          //控制面板Windows文件标识符
13          case 3: return @"{21EC2020-3AEA-1069-A2DD-08002B30309D}";
14          //计划任务Windows文件标识符
15          case 4: return @"{D6277990-4C6A-11CF-8D87-00AA0060F5BF}";
16          //打印机Windows文件标识符
17          case 5: return @"{2227A280-3AEA-1069-A2DE-08002B30309D}";
18          //网络邻居Windows文件标识符
19          case 6: return @"{208D2C60-3AEA-1069-A2D7-08002B30309D}";
20          //回收站Windows文件标识符
21          case 7: return @"{645FF040-5081-101B-9F08-00AA002F954E}";
22          //公文包Windows文件标识符
23          case 8: return @"{85BBD920-42A0-1069-A2E4-08002B30309D}";
24          //字体Windows文件标识符
25          case 9: return @"{BD84B380-8CA2-1069-AB1D-08000948F534}";
26          //Web文件夹Windows文件标识符
27          case 10: return @"{BDEADF00-C265-11d0-BCED-00A0C90AB50F}";
28      }
29      //如果都不符合，则返回我的电脑Windows文件标识符
30      return @"{20D04FE0-3AEA-1069-A2D8-08002B30309D}";
31  }
```

自定义一个 Camouflage 方法，用于在指定的文件夹下创建一个名为 desktop.ini 的文件，在此文件中写入伪装类型的 Windows 文件标识符。例如，如果想将文件夹伪装成“我的电脑”，那么在调用此方法后，desktop.ini 文件中就被写入“我的电脑”的 Windows 文件标识符“CLSID={20D-04FE0-3AEA-1069-A2D8-08002B30309D}”。Camouflage 方法的实现代码如下：

```
01  private void Camouflage(string str)                      //用于创建desktop.ini文件        068-2
02  {
03      //用desktop.ini文件创建StreamWriter对象
04      StreamWriter sw = File.CreateText(txtFolPath.Text.Trim() + @"\desktop.ini");
05      sw.WriteLine(@"[.ShellClassInfo]");                  //写入“[.ShellClassInfo]”
06      sw.WriteLine("CLSID=" + str);                        //写入Windows文件标识符
07      sw.Close();                                          //关闭对象
08      //设置desktop.ini文件为隐藏
09      File.SetAttributes(txtFolPath.Text.Trim() + @"\desktop.ini", FileAttributes.Hidden);
10      //设置文件夹属性为系统属性
```

```
11      File.SetAttributes(txtFolPath.Text.Trim(), FileAttributes.System);
12      MessageBox.Show("伪装成功！", "提示", MessageBoxButtons.OK, MessageBoxIcon.Information);
13  }
```

还原伪装过的文件夹，首先需要选择它，然后单击“还原”按钮去除伪装，其实现原理是删除文件夹下的 desktop.ini 文件，这样文件夹就还原到原始状态了。“还原”按钮的 Click 事件代码如下：

068-3

```
01  private void button3_Click(object sender, EventArgs e)
02  {
03      if (txtFolPath.Text == "")                        //判断是否选择了要还原伪装的文件夹
04      {
05          MessageBox.Show("请选择加密过的文件夹！", "提示信息", MessageBoxButtons.OK,
MessageBoxIcon.Error);
06      }
07      else                                              //如果选择了文件夹
08      {
09          try
10          {
11              //创建FileInfo对象
12              FileInfo fi = new FileInfo(txtFolPath.Text.Trim() + @"\desktop.ini");
13              if (!fi.Exists)                           //如果不存在desktop.ini文件
14              {
15                  MessageBox.Show("该文件夹没有被伪装！", "提示信息", MessageBoxButtons.OK,
MessageBoxIcon.Error);
16              }
17              else
18              {
19                  System.Threading.Thread.Sleep(1000);  //休眠线程
20                  //删除文件夹下的desktop.ini文件
21                  File.Delete(txtFolPath.Text + @"\desktop.ini");
22                  //设置文件夹属性为系统属性
23                  File.SetAttributes(txtFolPath.Text.Trim(), FileAttributes.System);
24                  MessageBox.Show("还原成功", "提示信息", MessageBoxButtons.OK,
MessageBoxIcon.Information);
25              }
26          }
27          catch
28          {
29              MessageBox.Show("不要多次还原！");
30          }
31      }
32  }
```

扩展学习

Windows 文件标识符的作用

就像每个公民都有唯一的公民身份证号码一样，在 Windows 操作系统中，每个系统级别的应用程序（如“我的电脑”“回收站”和“计划任务”等）也都用唯一的标识符来进行管理，当双击某个文件夹时（如双击“计划任务”），操作系统会首先检查该文件夹的文件名，并到注册表中去搜索该标识符所注册的应用程序类型，最后再打开相应的应用程序或使用这个应用程序打开该文件，那么在操作系统与真实文件夹之间起到承接作用的这些数字就被称为“Windows 文件标识符”，英文名称为“CLSID”，它们被保存在注册表中的“HKEY_LOCAL_MACHINE\Software\Classes\CLSID”键值下，通常由 32 个十六进制数构成。

实例 069　按行读取文本文件中的数据

源码位置：Code\02\069

实例说明

本实例实现按行读取文本文件中的所有数据，首先选择要读取的文本文件，然后程序将按行读取该文件的全部数据，并将读取的数据显示在窗体下方的文本框中。实例运行效果如图 2.22 所示。

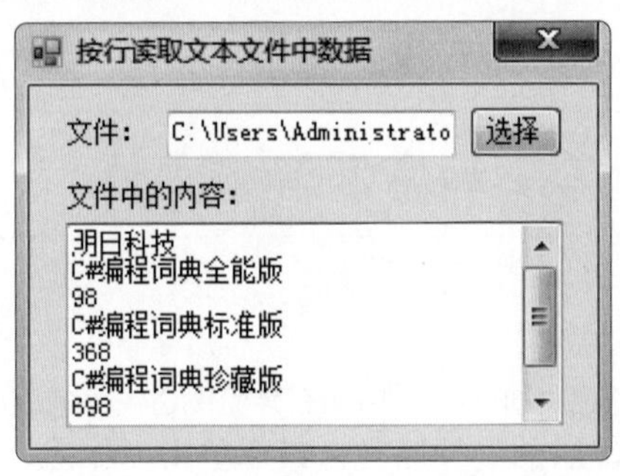

图 2.22　按行读取文本文件中的数据

关键技术

本实例主要用到了 StreamReader 类的 ReadLine 方法，该方法实现从当前流中读取一行字符并将数据作为字符串返回。

实现过程

（1）打开 Visual Studio 2022 开发环境，新建一个名为 ReadFileByLine 的 Windows 窗体应用程序。

（2）在默认窗体 Form1 中添加两个文本框控件，分别用来显示文件路径和文件中的全部数据。

（3）程序主要代码如下：

069-1

```
01  private void button1_Click(object sender, EventArgs e)
02  {
03      try
04      {
05          openFileDialog1.Filter = "文本文件(*.txt)|*.txt";          //设置选择的文件类型
06          openFileDialog1.ShowDialog();                              //打开对话框
07          textBox1.Text = openFileDialog1.FileName;                  //设置文件路径
```

```
08            //创建StreamReader对象
09            StreamReader SReader = new StreamReader(textBox1.Text, Encoding.Default);
10            string strLine = string.Empty;
11            while ((strLine = SReader.ReadLine()) != null)              //逐行读取文本文件
12            {
13                textBox2.Text += strLine + Environment.NewLine;         //在文本框中显示读取内容
14            }
15        }
16        catch { }
17    }
```

扩展学习

如何使文本换行

在文本框中输出多行文本时，可以使用静态类 Environment 的 NewLine 属性实现文本的换行显示。

实例 070 使用对称算法加密和解密文件

源码位置：Code\02\070

实例说明

本实例使用对称算法实现加密和解密文件，在本实例的对称算法加密窗体中，首先选择原文件路径，然后输入加密密码和加密后的文件路径，最后单击“加密”按钮实现对原文件加密，如图 2.23 所示。在本实例的对称算法解密窗体中，首先选择要解密的原文件路径，然后输入解密密码和解密后的文件路径，最后单击“解密”按钮实现对原文件解密，如图 2.24 所示。

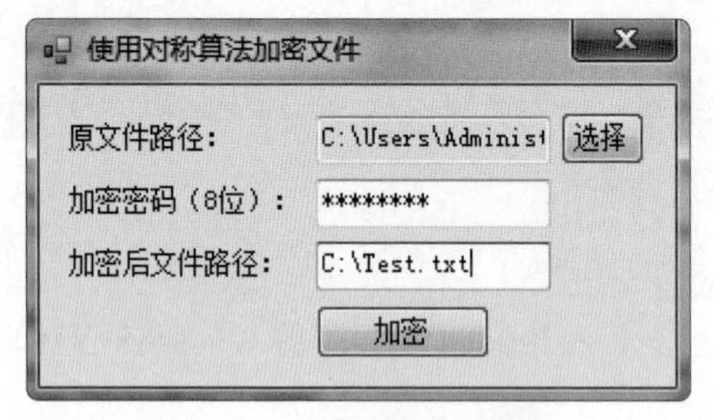

图 2.23　对称算法加密窗体

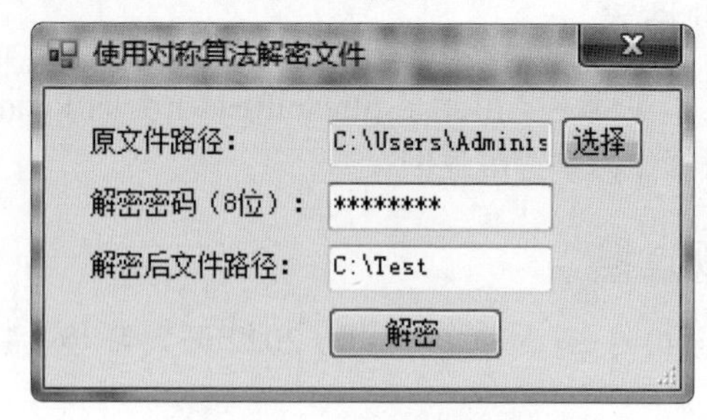

图 2.24　对称算法解密窗体

关键技术

本实例主要用到了 DESCryptoServiceProvider 类的 CreateDecryptor 方法和 CryptoStream 类的相关方法。

实现过程

（1）打开 Visual Studio 2022 开发环境，新建一个 Windows 窗体应用程序，并将其解决方案命名为 SymmetricalEncrypt，项目名称命名为 EncryptFile，作为实现加密的项目。然后添加一个新项目，命名为 UnEncryptFile，作为实现解密的项目。

（2）在 EncryptFile 项目的默认窗体 Form1 中添加 3 个文本框，分别用来显示原文件路径、输入加密密码和输入加密后的文件路径；添加两个 Button 控件，分别用来选择原文件和实现对文件的加密。对于 UnEncryptFile 项目的默认窗体 Form1，该窗体上控件的设置情况可参考 EncryptFile 项目中 Form1 窗体的设置。

（3）在 EncryptFile 项目的默认窗体 Form1 中，单击“加密”按钮实现对原文件的加密。代码如下：

070-1

```
01  private void button2_Click(object sender, EventArgs e)
02  {
03      string myFile = textBox1.Text;                              //获取原文件路径
04      string myPassword = textBox2.Text;                          //获取加密密码
05      string myEnFile = textBox3.Text;                            //获取加密后的文件路径
06      try
07      {
08          byte[] myIV = { 0x12, 0x34, 0x56, 0x78, 0x90, 0xAB, 0xCD, 0xEF }; //设置向量
09          byte[] myKey = System.Text.Encoding.UTF8.GetBytes(myPassword);    //设置密钥
10          //原文件的文件流
11          FileStream myInStream = new FileStream(myFile, FileMode.Open, FileAccess.Read);
12          //加密后文件的文件流
13          FileStream myOutStream = new FileStream(myEnFile, FileMode.OpenOrCreate, FileAccess.Write);
14          myOutStream.SetLength(0);                               //初始文件流的长度
15          byte[] myBytes = new byte[100];                         //定义缓冲区
16          long myInLength = 0;                                    //定义不断变化的流的长度
17          long myLength = myInStream.Length;                      //获取原文件的文件流的长度
18          DES myProvider = new DESCryptoServiceProvider();        //定义标准的加密算法实例
19          //实现将数据流链接到加密转换的流
20          CryptoStream myCryptoStream = new CryptoStream(myOutStream,
    myProvider. CreateEncryptor(myKey, myIV), CryptoStreamMode.Write);
21          //从原文件流中每次读取100个字节，然后写入加密转换的流
22          while (myInLength < myLength)
23          {
24              int mylen = myInStream.Read(myBytes, 0, 100);       //读取原文件流
25              myCryptoStream.Write(myBytes, 0, mylen);            //写入加密转换的流
26              myInLength += mylen;                                //计算写入的流长度
27          }
28          myCryptoStream.Close();                                 //关闭资源
29          myInStream.Close();
30          myOutStream.Close();
31          MessageBox.Show("加密文件成功！", "提示", MessageBoxButtons.OK, MessageBoxIcon.Information);
32      }
33      catch (Exception ex)
34      {
35          MessageBox.Show(ex.Message, "提示", MessageBoxButtons.OK, MessageBoxIcon.Information);
36      }
37  }
```

在 UnEncryptFile 项目的默认窗体 Form1 中，单击“解密”按钮实现对原文件的解密。代码

如下：

070-2

```
01 private void button2_Click(object sender, EventArgs e)
02 {
03     string str1 = textBox1.Text;                                    //获取原文件路径
04     string strPwd = textBox2.Text;                                  //获取解密密码
05     string str2 = textBox3.Text;                                    //获取解密后的文件路径
06     try
07     {
08         byte[] myIV = { 0x12, 0x34, 0x56, 0x78, 0x90, 0xAB, 0xCD, 0xEF }; //设置向量
09         byte[] myKey = System.Text.Encoding.UTF8.GetBytes(strPwd);        //设置密钥
10         //原文件的文件流
11         FileStream myFileIn = new FileStream(str1, FileMode.Open, FileAccess.Read);
12         //解密后文件的文件流
13         FileStream myFileOut = new FileStream(str2, FileMode.OpenOrCreate, FileAccess.Write);
14         myFileOut.SetLength(0);                                     //初始化文件流的长度
15         byte[] myBytes = new byte[100];                             //定义缓冲区
16         long myLength = myFileIn.Length;                            //获取原文件流的长度
17         long myInLength = 0;                                        //定义不断变化的流的长度
18         DES myProvider = new DESCryptoServiceProvider();            //定义标准的加密算法实例
19         //实现将数据流链接到解密转换的流
20         CryptoStream myDeStream = new CryptoStream(myFileOut, myProvider.CreateDecryptor
   (myKey, myIV), CryptoStreamMode.Write);
21         //从原文件流中每次读取100个字节，然后写入解密转换的流
22         while (myInLength < myLength)
23         {
24             int mylen = myFileIn.Read(myBytes, 0, 100);             //读取原文件流
25             myDeStream.Write(myBytes, 0, mylen);                    //写入解密转换的流
26             myInLength += mylen;                                    //计算写入的流长度
27         }
28         myDeStream.Close();                                         //关闭资源
29         myFileOut.Close();
30         myFileIn.Close();
31         MessageBox.Show("解密文件成功！", "提示", MessageBoxButtons.OK, MessageBoxIcon.Information);
32     }
33     catch (Exception ex)
34     {
35         MessageBox.Show(ex.Message, "提示", MessageBoxButtons.OK, MessageBoxIcon.Information);
36     }
37 }
```

扩展学习

关于加密与解密过程的总结

从上面的两段加密和解密代码中可以看出，加密与解密的过程基本相同。首先都是获取原文件的文件流和加密（或解密）后的文件流，然后将原数据流链接到加密（或解密）转换的流，最后把原文件流写入加密（或解密）转换的流。

实例 071　批量压缩和解压缩文件

源码位置：Code\02\071

实例说明

传输多个文件，通常需要将这些文件做成压缩包。这样不仅容易携带和传输，而且还压缩了体积。运行本实例，在窗体中可以选择要压缩的多个文件，然后单击“批量压缩”按钮，将选择的多个文件压缩成一个压缩包。也可以选择多个压缩包，然后单击“批量解压缩”按钮，批量解压缩选择的压缩包。实例运行效果如图 2.25 所示。

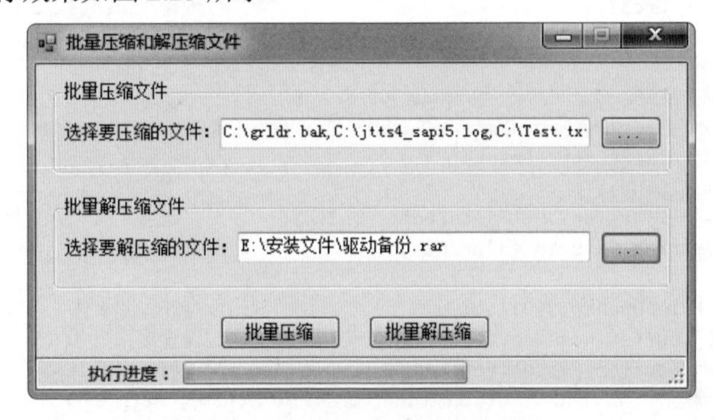

图 2.25　批量压缩和解压缩文件

关键技术

本实例中的压缩和解压缩主要使用了第三方的 ICSharpCode.dll 组件，相对于 .NET 自带的 Copression 压缩类，它压缩后的文件更小，而且支持的压缩格式更多，因此这里使用了该组件。

实现过程

（1）打开 Visual Studio 2022 开发环境，新建一个名为 BatchDecompression 的 Windows 窗体应用程序。

（2）在默认窗体 Form1 中主要用到的控件及说明如表 2.2 所示。

表 2.2　Form1 窗体主要用到的控件及说明

控件类型	控件名称	属性设置	说明
StatusStrip	statusStrip1	无	状态栏
SaveFileDialog	saveFileDialog1	Filter 属性设为 RAR|*.rar	选择压缩文件保存路径
TextBox	txtfiles	无	显示要压缩的文件路径
	txtfiles2	无	显示要解压缩的文件路径
OpenFileDialog	openFileDialog1	无	选择要压缩的文件

（3）将文件全部复制到新建的文件夹后，调用 ZipFileDictory 方法压缩文件夹，其参数分别代表待压缩的文件夹、压缩文件输出流以及压缩后的文件名。该方法首先创建文件夹，然后压缩文件，再递归压缩文件夹。代码如下：

071-1

```
01  private bool ZipFileDictory(string FolderToZip, ZipOutputStream ZOPStream,
    stringParentFolderName)
02  {
03      bool res = true;                                  //判断操作是否成功
04      string[] folders, filenames;                      //声明文件夹和文件的数组
05      ZipEntry entry = null;                            //创建一个ZipEntry实例
06      FileStream fs = null;                             //创建一个FileStream实例
07      Crc32 crc = new Crc32();                          //创建一个Crc32实例
08      try
09      {
10          //创建当前文件夹，加上"/"才会当成是文件夹创建
11          entry = new ZipEntry(Path.Combine(ParentFolderName, Path.GetFileName(FolderToZip) + "/"));
12          ZOPStream.PutNextEntry(entry);                //加入到压缩流中
13          ZOPStream.Flush();
14          filenames = Directory.GetFiles(FolderToZip);  //先压缩文件，再递归压缩文件夹
15          foreach (string file in filenames)            //遍历文件
16          {
17              fs = File.OpenRead(file);                 //打开压缩文件
18              byte[] buffer = new byte[fs.Length];      //设置缓存
19              fs.Read(buffer, 0, buffer.Length);        //读取文件流
20              entry = new ZipEntry(Path.Combine(ParentFolderName, Path.GetFileName(FolderToZip) +
    "/" + Path.GetFileName(file)));
21              entry.DateTime = DateTime.Now;            //获取当前日期和时间
22              entry.Size = fs.Length;                   //获取文件流大小
23              fs.Close();                               //关闭文件流
24              crc.Reset();
25              crc.Update(buffer);
26              entry.Crc = crc.Value;
27              ZOPStream.PutNextEntry(entry);            //加入到压缩流中
28              ZOPStream.Write(buffer, 0, buffer.Length);  //开始写入
29          }
30      }
31      catch
32      {
33          res = false;
34      }
35      finally
36      {
37          if (fs != null)
38          {
39              fs.Close();
40              fs = null;
41          }
42          if (entry != null)
43          {
44              entry = null;
45          }
46          GC.Collect();
47          GC.Collect(1);
48      }
```

```
49      folders = Directory.GetDirectories(FolderToZip);      //获取指定目录下的所有子目录
50      foreach (string folder in folders)                    //遍历目录
51      {
52          if (!ZipFileDictory(folder, ZOPStream, Path.Combine(ParentFolderName,
    Path.GetFileName(FolderToZip))))
53          {
54              return false;                                 //返回false
55          }
56      }
57      return res;
58  }
```

如果想批量解压缩文件，只需选择要解压缩的文件，单击“批量解压缩”按钮。此时会调用自定义的 UnZip 方法，其参数分别代表待解压的文件和指定的解压目录，步骤是首先初始化压缩文件写入流对象，然后创建解压后的文件名，读取压缩文件，向解压后的文件写入内容。代码如下：

071-2

```
01  public void UnZip(string FileToUpZip, string ZipedFolder)
02  {
03      if (!File.Exists(FileToUpZip))                            //如果不存在需要解压缩的文件
04      {
05          return;                                               //返回
06      }
07      if (!Directory.Exists(ZipedFolder))                       //如果不存在解压缩的文件夹
08      {
09          Directory.CreateDirectory(ZipedFolder);               //创建文件夹
10      }
11      ZipInputStream ZIPStream = null;                          //创建ZipInputStream实例
12      ZipEntry theEntry = null;                                 //创建ZipEntry实例
13      string fileName;
14      FileStream streamWriter = null;                           //创建文件流
15      try
16      {
17          //生成一个GZipInputStream流，用来打开压缩文件
18          ZIPStream = new ZipInputStream(File.OpenRead(FileToUpZip));
19          while ((theEntry = ZIPStream.GetNextEntry()) != null)
20          {
21              if (theEntry.Name != String.Empty)
22              {
23                  fileName = Path.Combine(ZipedFolder, theEntry.Name);
24                  //判断文件路径是否是文件夹
25                  if (fileName.EndsWith("/") || fileName.EndsWith("\\"))
26                  {
27                      Directory.CreateDirectory(fileName);          //创建文件夹
28                      continue;
29                  }
30                  streamWriter = File.Create(fileName);             //生成文件流，它用来生成解压文件
31                  int size = 2048;                                  //压缩块的大小，一般为2048的倍数
32                  byte[] data = new byte[2048];                     //指定缓冲区的大小
33                  while (true)
34                  {
35                      size = ZIPStream.Read(data, 0, data.Length); //读入一个压缩块
36                      if (size > 0)
37                      {
38                          streamWriter.Write(data, 0, size);        //写入解压文件代表的文件流
```

```
39                  }
40                  else
41                  {
42                      break;                                    //若读到压缩文件尾，则结束
43                  }
44              }
45          }
46      }
47  }
48  finally
49  {
50      if (streamWriter != null)                                 //如果存在streamWriter
51      {
52          streamWriter.Close();                                 //关闭流
53          streamWriter = null;
54      }
55      if (theEntry != null)                                     //如果存在theEntry
56      {
57          theEntry = null;                                      //清空
58      }
59      if (ZIPStream != null)                                    //如果存在ZIPStream
60      {
61          ZIPStream.Close();                                    //关闭流
62          ZIPStream = null;
63      }
64      GC.Collect();
65      GC.Collect(1);
66  }
67 }
```

实例 072　将 Word 文档转换为 HTML 网页

源码位置：Code\02\072

实例说明

用户可以使用 C# 方便地读取 Word 文档中的文本内容，并将文本内容保存到文本文件中，但是保存的文本内容是没有格式的，那么，有什么好的方法可以解决上面的问题吗？将 Word 文档的内容转换为 HTML 网页是一个不错的选择。本实例将介绍一种可以轻松将 Word 文档转换为 HTML 网页的方法。实例运行效果如图 2.26 所示。

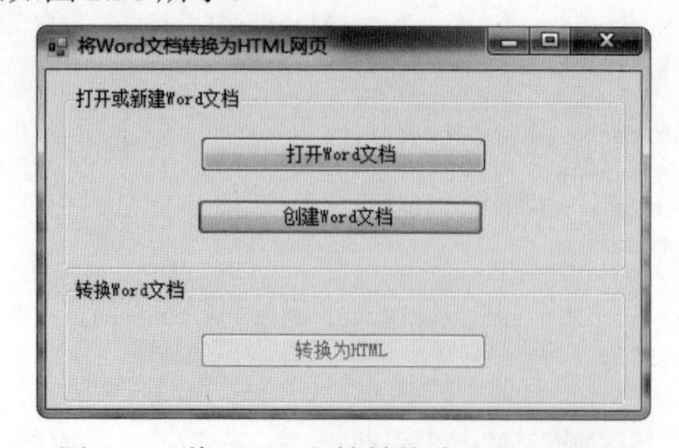

图 2.26　将 Word 文档转换为 HTML 网页

实例运行中单击“打开 Word 文档”或“创建 Word 文档”按钮，会打开 Word 文档，用户可以手动向文档中添加文本信息，如图 2.27 所示。单击“转换为 HTML”按钮，可以将 Word 文档转换为 HTML 网页，如图 2.28 所示。

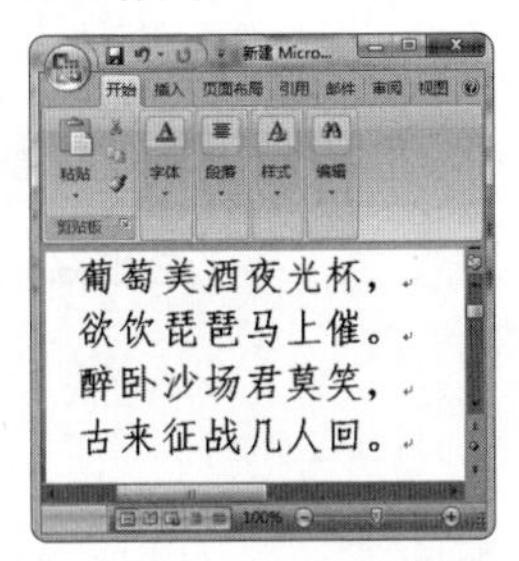

图 2.27　Word 文档中的文本内容

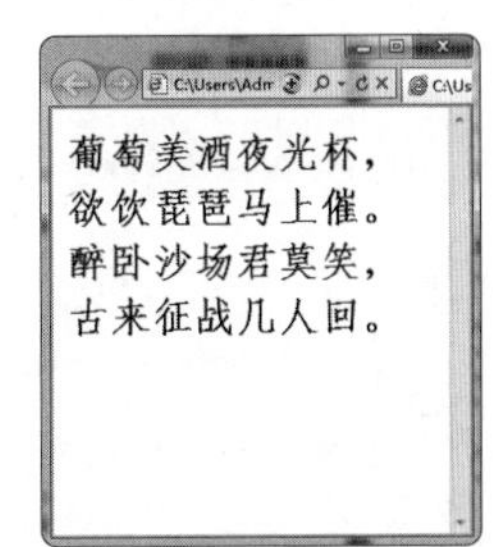

图 2.28　HTML 网页中的文本内容

关键技术

本实例重点在于向读者介绍怎样使用 Document 对象的 SaveAs 方法将 Word 文档转换为 HTML 网页。

实现过程

（1）打开 Visual Studio 2022 开发环境，新建一个名为 WordToHTML 的 Windows 窗体应用程序。

（2）使用 C# 操作 Word 文档，首先要确保本地计算机中已经安装 Office 办公软件，本实例使用的 Office 版本为 Microsoft Office 2010。C# 引用 OM 组件的具体步骤：选中当前项目，右击，在弹出的快捷菜单中选择“添加引用”选项，弹出“添加引用”对话框。在“添加引用”对话框中选择 COM 选项卡，再选择 Microsoft Word 14.0 Object Library 选项，单击“确定”按钮完成添加。成功添加 COM 组件的引用后，可以在程序代码中引用命名空间“using Word = Microsoft.Office.Interop.Word;”。

（3）更改默认窗体 Form1 的 Name 属性为 Frm_Main，更改 Text 属性为“将 Word 文档转换为 HTML 网页”，向窗体中添加 3 个 Button 控件，分别用于打开 Word 文档、创建 Word 文档和将 Word 文档转换为 HTML 网页。

（4）程序主要代码如下：

072-1

```
01  private void btn_SaveAs_Click(object sender, EventArgs e)
02  {
03      btn_SaveAs.Enabled = false;                              //停用转换按钮
04      try
05      {
06          G_wa.ActiveDocument.Save();                          //保存文档
07          ((Word._Application)G_wa.Application).Quit(         //退出应用程序
08            ref G_missing, ref G_missing, ref G_missing);
09      }
10      catch (Exception ex)
11      {
12          Console.WriteLine(ex.Message);
13      }
```

```
14        SaveFileDialog P_SaveFileDialog = new SaveFileDialog();       //创建保存文件对话框
15        P_SaveFileDialog.Filter = "*.html|*.html";                    //筛选文件扩展名
16        DialogResult P_DialogResult = P_SaveFileDialog.ShowDialog(); //打开保存文件对话框
17        if (P_DialogResult == DialogResult.OK)                        //判断是否保存文件
18        {
19            object P_str_path = P_SaveFileDialog.FileName;            //创建object对象
20            ThreadPool.QueueUserWorkItem(                             //开始线程池
21                (pp) =>                                               //使用Lambda表达式
22                {
23                    G_wa =                                            //创建应用程序对象
24                      new Microsoft.Office.Interop.Word.Application();
25                    G_wa.Visible = false;
26                    Word.Document P_wd = G_wa.Documents.Open(         //打开Word文档
27                       ref G_FilePath, ref G_missing, ref G_missing, ref G_missing, ref G_missing,
28                       ref G_missing, ref G_missing, ref G_missing, ref G_missing, ref G_missing,
29                       ref G_missing, ref G_missing, ref G_missing, ref G_missing, ref G_missing,
30                       ref G_missing);
31                    object P_Format = Word.WdSaveFormat.wdFormatHTML;//创建保存文档参数
32                    P_wd.SaveAs(                                      //保存Word文件
33                        ref P_str_path,
34                        ref P_Format, ref G_missing, ref G_missing, ref G_missing,
35                        ref G_missing, ref G_missing, ref G_missing, ref G_missing,
36                        ref G_missing, ref G_missing, ref G_missing, ref G_missing,
37                        ref G_missing, ref G_missing, ref G_missing);
38                    ((Word._Application)G_wa.Application).Quit(       //退出应用程序
39                        ref G_missing, ref G_missing, ref G_missing);
40                    this.Invoke(                                      //调用窗体线程
41                        (MethodInvoker)(() =>                         //使用Lambda表达式
42                        {
43                            btn_Open.Enabled = true;                  //启用打开按钮
44                            btn_New.Enabled = true;                   //启用新建按钮
45                            MessageBox.Show("文件已经创建", "提示！"); //提示已经创建Word文档
46                        }));
47                });
48        }
49    }
```

扩展学习

将 Word 转换为 rtf 文档

本实例中详细地介绍了怎样使用 Document 对象的 SaveAs 方法将 Word 文档转换为 HTML 网页。SaveAs 方法还可以将 Word 文档轻松地转换为 rtf 文档。只要将实例中的代码：

```
object P_Format = Word.WdSaveFormat.wdFormatHTML;
```

替换为：

```
object P_Format = Word.WdSaveFormat.wdFormatRTF;
```

并相应地更改保存文件的扩展名即可。

实例 073　将多个 Excel 文件进行自动汇总

源码位置：Code\02\073

实例说明

本实例使用 C# 代码实现了将多个 Excel 文件进行自动汇总的功能。运行本实例，如图 2.29 所示，单击第一个“选择”按钮，选择要汇总的多个 Excel 文件；单击第二个“选择”按钮，选择存放汇总数据的 Excel 文件；然后在“自动汇总设置”栏中设置自动汇总时间，单击“设置”按钮，启动 Timer 计时器，在 Timer 计时器中实时判断当前时间是否与设置的自动汇总时间相同，如果相同，则自动将多个 Excel 文件汇总到一个 Excel 文件中；单击“查看”按钮，查看汇总数据之后的 Excel 文件。

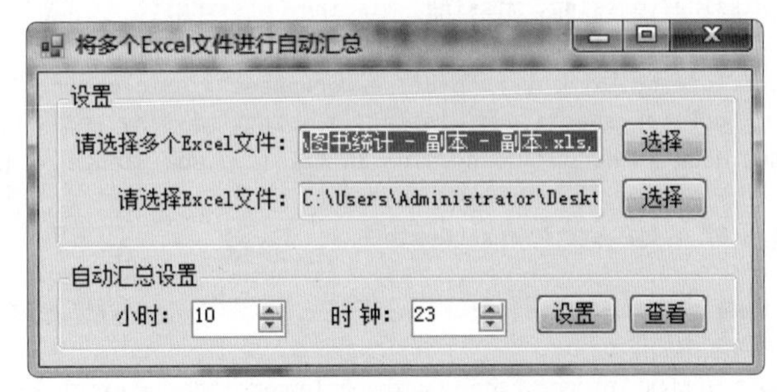

图 2.29　将多个 Excel 文件进行自动汇总

关键技术

本实例主要实现自动将多个 Excel 文件数据汇总到一个 Excel 文件中，实现该功能时，首先需要把用户的设置写入到 INI 文件中，当程序启动时，在 Timer 计时器中判断系统当前时间是否与用户设置的时间相同，如果相同，则调用 Microsoft Excel 自动化对象模型的 Worksheet 对象的 Copy 方法自动将多个 Excel 文件的数据汇总到一个 Excel 文件中。

实现过程

（1）打开 Visual Studio 2022 开发环境，新建一个名为 AutoMultiExcelToOneExcel 的 Windows 窗体应用程序。

（2）更改默认窗体 Form1 的 Name 属性为 Frm_Main，在该窗体中添加两个 TextBox 控件，分别用来显示选择的多个 Excel 文件路径和单个 Excel 文件路径；添加两个 NumericUpDown 控件，分别用来设置小时和分；添加 4 个 Button 控件，分别用来执行选择多个 Excel 文件、选择单个 Excel 文件、将定时设置写入到系统配置文件中和查看汇总的 Excel 文件的操作；添加一个 Timer 组件，用来实时检测当前时间是否与设置的时间相同，如果相同，则自动将多个 Excel 文件的内容汇总到一个 Excel 中。

（3）在 timer1 组件的 Tick 事件中，首先判断当前时间是否与设置的时间相同，如果相同，则自动将多个 Excel 文件的数据汇总到一个 Excel 文件中。代码如下：

073-1

```
01  private void timer1_Tick(object sender, EventArgs e)
02  {
03      object missing = System.Reflection.Missing.Value;                   //定义object默认值
04      string[] P_str_Names = txt_MultiExcel.Text.Split(',');              //存储所有选择的Excel文件名
05      string P_str_Name = "";                                             //存储遍历到的Excel文件名
06      //创建泛型集合对象，用来存储工作表名称
07      List<string> P_list_SheetNames = new List<string>();
08      //创建Excel对象
09      Microsoft.Office.Interop.Excel.Application excel = new Microsoft.Office.Interop.Excel.
Application();
10      //打开指定的Excel文件
11      Microsoft.Office.Interop.Excel.Workbook workbook = excel.Application.Workbooks.Open
(txt_Excel.Text, missing, missing, missing, missing, missing, missing, missing,
missing, missing, missing, missing, missing, missing, missing);
12      //创建新工作表
13      Microsoft.Office.Interop.Excel.Worksheet newWorksheet = (Microsoft.Office.Interop.
Excel.Worksheet)workbook.Worksheets.Add(missing, missing, missing, missing);
14      if (DateTime.Now.Hour == nudown_Hour.Value && DateTime.Now.Minute == nudown_Min.Value)
15      {
16          for (int i = 0; i < P_str_Names.Length - 1;                     //遍历所有选择的Excel文件名
17          {
18              P_str_Name = P_str_Names[i];                                //记录遍历到的Excel文件名
19              //指定要复制的工作簿
20              Microsoft.Office.Interop.Excel.Workbook Tempworkbook = excel.Application.Workbooks.
Open(P_str_Name, missing, missing, missing, missing, missing, missing, missing,
missing, missing, missing, missing, missing, missing, missing);
21              P_list_SheetNames = GetSheetName(P_str_Name);               //获取Excel文件中的所有工作表名
22              for (int j = 0; j < P_list_SheetNames.Count; j++)           //遍历所有工作表
23              {
24                  //指定要复制的工作表
25                  Microsoft.Office.Interop.Excel.Worksheet TempWorksheet = (Microsoft.Office.
Interop.Excel.Worksheet)Tempworkbook.Sheets[P_list_ SheetNames[j]]; //创建新工作表
26                  TempWorksheet.Copy(missing, newWorksheet);              //将工作表内容复制到目标工作表中
27              }
28              Tempworkbook.Close(false, missing, missing);                //关闭临时工作簿
29          }
30      }
31      workbook.Save();                                                    //保存目标工作簿
32      workbook.Close(false, missing, missing);                            //关闭目标工作簿
33      MessageBox.Show("程序在" + DateTime.Now.ToShortTimeString() +
"分时自动汇总了多个Excel文件！", "提示", MessageBoxButtons.OK, MessageBoxIcon.Information);
34      CloseProcess("EXCEL");                                              //关闭所有Excel进程
35  }
```

扩展学习

使用文件流对 INI 文件进行读写

本实例使用系统 API 函数实现了对 INI 文件进行读写的功能，但是开发人员还可以使用文件流来对 INI 文件进行读写，读写时主要用到了 StreamReader 类和 StreamWrite 类。

第3章

图形图像及打印

简单画图程序

批量图像格式转换

生成图片缩略图

屏幕颜色拾取器

不失真压缩图片

……

实例 074　简单画图程序

源码位置：Code\03\074

实例说明

画图工具是大家经常用到的，那么，如何在程序中通过鼠标的单击和移动绘制线条和图形呢？通过本实例的介绍，读者将了解如何在窗体上绘制各种图形、线条和文字等。实例运行效果如图 3.1 所示。

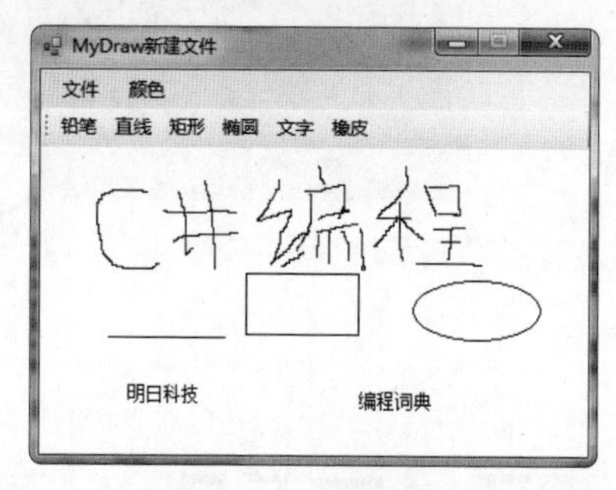

图 3.1　简单画图程序

关键技术

本实例在制作画图程序时，主要用到了 Graphics 类的 DrawLine 方法、DrawRectangle 方法、DrawEllipse 方法和 DrawString 方法。

实现过程

（1）打开 Visual Studio 2022 开发环境，新建一个名为 DrawTool 的 Windows 窗体应用程序。

（2）更改默认窗体 Form1 的 Name 属性为 Frm_Main，在该窗体中添加一个 MenuStrip 控件，用来作为窗体的菜单栏；添加一个 ToolStrip 控件，用来作为窗体的工具栏。

（3）在项目中添加一个新的 Windows 窗体，并将其命名为 Frm_Text.cs，用来作为文字输入窗体；在该窗体中添加一个 TextBox 控件，用来输入文本。

（4）menuStrip1 菜单栏的“打开”菜单项的 Click 事件用于打开“打开文件”对话框，并选择相应的图片，将图片绘制在窗体上。代码如下：

```
074-1
01  private void 打开ToolStripMenuItem_Click(object sender, EventArgs e)
02  {
03      //设置文件的类型
04      openFileDialog1.Filter = "Image Files(*.bmp;*.wmf;*.ico;*.cur;*.jgp)|*.bmp;*.wmf;"+
    "*.ico;*.cur;*.jpg";
05      openFileDialog1.Multiselect = false;                       //只能选择单个文件
06      if (openFileDialog1.ShowDialog() == DialogResult.OK)       //打开文件对话框
07      {
08          this.Text = "MyDraw\t" + openFileDialog1.FileName;     //修改窗口标题
09          editFileName = openFileDialog1.FileName;               //获取打开文件的路径
```

```
10          theImage = Image.FromFile(openFileDialog1.FileName);     //根据文件的路径创建Image对象
11          Graphics g = this.CreateGraphics();                      //创建窗体的Graphics对象
12          g.DrawImage(theImage, this.ClientRectangle);             //在窗体上绘制图片
13          ig = Graphics.FromImage(theImage);                       //创建Graphics对象
14          ig.DrawImage(theImage, this.ClientRectangle);            //在窗体上绘制图片
15          toolStrip1.Enabled = true;                               //该控件可用
16      }
17  }
```

menuStrip1 菜单栏的“新建”菜单项的 Click 事件主要用白色清除窗体的背景，从而实现“文件新建”功能。代码如下：

```
074-2
01  private void 新建ToolStripMenuItem_Click(object sender, EventArgs e)
02  {
03      Graphics g = this.CreateGraphics();                          //创建窗体的Graphics对象
04      g.Clear(backColor);                                          //以指定的颜色清除
05      toolStrip1.Enabled = true;                                   //该命令项可用
06      //创建一个Bitmap对象
07      theImage = new Bitmap(this.ClientRectangle.Width, this.ClientRectangle.Height);
08      editFileName = "新建文件";
09      this.Text = "MyDraw\t" + editFileName;                       //修改窗口标题
10      ig = Graphics.FromImage(theImage);                           //创建Graphics对象
11      ig.Clear(backColor);                                         //以指定的颜色清除
12  }
```

menuStrip1 菜单栏的“保存”菜单项的 Click 事件用于将窗体背景保存为 BMP 格式的图片。代码如下：

```
074-3
01  private void 保存ToolStripMenuItem_Click(object sender, EventArgs e)
02  {
03      saveFileDialog1.Filter = "图像(*.bmp)|*.bmp";                 //设置保存图片的类型
04      saveFileDialog1.FileName = editFileName;                     //设置保存图片的名称
05      if (saveFileDialog1.ShowDialog() == DialogResult.OK)         //打开“另存为”对话框
06      {
07          theImage.Save(saveFileDialog1.FileName, ImageFormat.Bmp);//将图片另存为
08          this.Text = "MyDraw\t" + saveFileDialog1.FileName;       //显示另存为图片的路径
09          editFileName = saveFileDialog1.FileName;
10      }
11  }
```

menuStrip1 菜单栏的“颜色”菜单项的 Click 事件用于打开“颜色”对话框，以选择画笔的颜色。代码如下：

```
074-4
01  private void 颜色ToolStripMenuItem_Click(object sender, EventArgs e)
02  {
03      if (colorDialog1.ShowDialog() == DialogResult.OK)            //打开“颜色”对话框
04      {
05          foreColor = colorDialog1.Color;                          //获取画笔的颜色
06      }
07  }
```

扩展学习

创建 Graphics 对象的 3 种方法

创建 Graphics 对象有以下 3 种方法：

① 在窗体或控件的 Paint 事件中创建，将其作为 PaintEventArgs 的一部分。

② 调用控件或窗体的 CreateGraphics 方法以获取对 Graphics 对象的引用，该对象表示控件或窗体的绘图画面。

③ 由从 Image 继承的任何对象创建 Graphics 对象。

实例 075　批量图像格式转换

源码位置：Code\03\075

实例说明

计算机支持的图像格式有很多种，但是如果想将某种格式转换成另一种格式就需要用到图像格式转换工具。由于需要转换的图片可能会有很多，所以开发出批量图像格式转换工具。通过本实例可以将选择的多个图片转换成指定的图像格式，实例运行效果如图 3.2 所示。

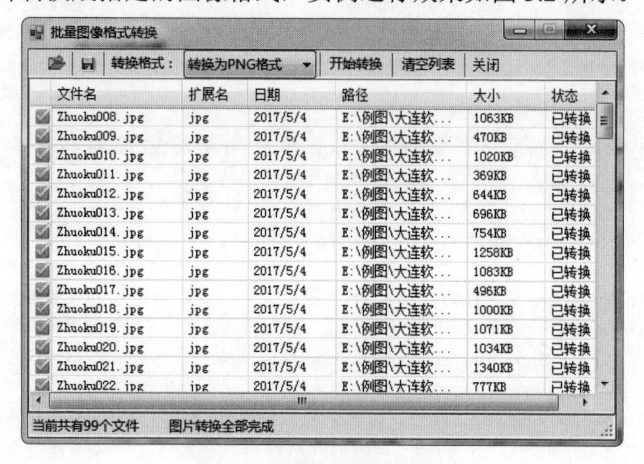

图 3.2　批量图像格式转换

关键技术

本实例主要用到了 Thread 类和 ImageFormat 类，其中，由于本实例实现的是批量图像格式转换，所以有可能会执行得比较慢，从而出现程序“假死”状态，这时如果使用 Thread 类新开一个线程去执行，就会避免这种情况的发生。而在执行图像格式转换功能时，主要是通过 ImageFormat 类实现的。

实现过程

（1）打开 Visual Studio 2022 开发环境，新建一个名为 PictureBatchConversion 的 Windows 窗体应用程序。

（2）更改默认窗体Form1的Name属性为Frm_Main，在该窗体中添加一个ToolStrip控件，用来作为窗体的工具栏；添加一个ListView控件，用来显示待转换的图片信息及转换的状态；添加一个OpenFileDialog控件，用来选择待转换的图片；添加一个FolderBrowserDialog控件，用来选择保存路径；添加一个StatusStrip控件，用来显示状态信息。

（3）Frm_Main窗体的后台代码中，创建一个ConvertImage方法用于进行图像格式转换，该方法中使用switch语句判断要转换的类型，如果类型Imgtype1为0，则将图像转换为BMP类型。代码如下：

075-1

```
01  case 0:                                                  //如果选择第一项，则转换为BMP
02      for (int i = 0; i<path1.Length; i++)                 //遍历图片集合
03      {
04          string ImgName = path1[i].Substring(path1[i].LastIndexOf("\\") + 1,
05                  path1[i].Length - path1[i].LastIndexOf("\\") - 1);  //获取图片名称（带扩展名）
06                  ImgName = ImgName.Remove(ImgName.LastIndexOf(".")); //获取图片名称（不带扩展名）
07          OlePath = path1[i].ToString();                          //获取图片所在路径
08          bt = new Bitmap(OlePath);                               //创建Bitmap对象
09          path = path2 + "\\" + ImgName + ".bmp";                 //设置保存路径
10          bt.Save(path, System.Drawing.Imaging.ImageFormat.Bmp);  //保存
11          listView1.Items[flags - 1].SubItems[6].Text = "已转换";   //显示转换的状态
12          tsslPlan.Text = "正在转换"+flags*100/path1.Length+"%";    //显示转换的进度
13          if (flags == path1.Length)                         //如果转换的数量等于图片总数量
14          {
15              toolStrip1.Enabled = true;
16              tsslPlan.Text = "图片转换全部完成";                 //提示转换完成
17          }
18          flags++;
19      }
20  break;
```

例如，如果类型Imgtype1为1，则将图像转换为JPEG格式。代码如下：

075-2

```
01  case 1:                                                  //如果选择第二项，则转换成JPEG格式
02      for (int i = 0; i<path1.Length; i++)                 //遍历图片集合
03      {
04          string ImgName = path1[i].Substring(path1[i].LastIndexOf("\\") + 1,
05                  path1[i].Length - path1[i].LastIndexOf("\\") - 1);  //获取图片名称（带扩展名）
06                  ImgName = ImgName.Remove(ImgName.LastIndexOf(".")); //获取图片名称（不带扩展名）
07          OlePath = path1[i].ToString();                          //获取图片所在路径
08          bt = new Bitmap(OlePath);                               //创建Bitmap对象
09          path = path2 + "\\" + ImgName + ".jpeg";                //设置保存路径
10          bt.Save(path, System.Drawing.Imaging.ImageFormat.Jpeg); //保存
11          listView1.Items[flags - 1].SubItems[6].Text = "已转换";   //显示转换的状态
12          tsslPlan.Text = "正在转换" + flags* 100 / path1.Length + "%"; //显示转换的进度
13          if (flags == path1.Length)                              //如果转换的数量等于图片总数量
14          {
15              toolStrip1.Enabled = true;
16              tsslPlan.Text = "图片转换全部完成";                      //提示转换完成
17          }
18          flags++;
19      }
```

```
20  break;
```

说明：在进行图像格式转换时，如果原图是GIF动画，转换成其他格式的图片后只能保留一帧。而如果将其他格式的图片转换成GIF格式也只能是静态的图片。

实例 076　生成图片缩略图

源码位置：Code\03\076

实例说明

图片过多，只有一张张地打开图片才能知道图片的内容，显然浏览起来非常不便。Windows 系统在浏览图片时提供了缩略图的功能，这样大大地方便了浏览者了解每张图片的内容，本实例实现了与 Windows 系统缩略图相同的功能。实例运行效果如图 3.3 所示。

图 3.3　生成图片缩略图

关键技术

本实例实现时主要用到了 Image 类的 GetThumbnailImage 方法，用于返回指定 Image 的缩略图。

实现过程

（1）打开 Visual Studio 2022 开发环境，新建一个名为 ImgMicroimage 的 Windows 窗体应用程序。

（2）更改默认窗体 Form1 的 Name 属性为 Frm_Main，在该窗体中添加一个 ToolStrip 控件，用来作为窗体的菜单栏；添加一个 FolderBrowserDialog 控件，用来选择图片文件夹；添加一个 ImageList 组件，用来存储生成的缩略图；添加一个 Panel 控件，用来显示生成的缩略图。

（3）程序主要代码如下：

076-1

```
01  public bool GetReducedImage(double Percent, string targetFilePath)
02  {
03      try
04      {
05          Bitmap bt = new Bitmap(120, 120);                          //创建Bitmap实例
06          Graphics g = Graphics.FromImage(bt);                       //创建Graphics实例
07          g.Clear(Color.White);                                      //设置画布背景颜色为白色
08          Image ReducedImage;                                        //缩略图
09          Image.GetThumbnailImageAbort callb = new Image.GetThumbnailImageAbort(ThumbnailCallback);
10          ImageWidth = Convert.ToInt32(ResourceImage.Width * Percent);      //设置宽度
11          ImageHeight = Convert.ToInt32(ResourceImage.Height * Percent);    //设置高度
12          //获取缩略图
13          ReducedImage = ResourceImage.GetThumbnailImage(ImageWidth, ImageHeight, callb, IntPtr.Zero);
14          if (ImageWidth > ImageHeight)                              //如果原图宽度大于高度
15          {
16              //缩放图片
17              g.DrawImage(ReducedImage, 0, (int)(120 - ImageHeight) / 2, ImageWidth, ImageHeight);
18          }
19          else
20          {
21              g.DrawImage(ReducedImage, (int)(120 - ImageWidth) / 2, 0, ImageWidth, ImageHeight);
22          }
23          g.DrawRectangle(new Pen(Color.Gray), 0, 0, 119, 119);     //绘制缩略图的边框
24          bt.Save(@targetFilePath, ImageFormat.Jpeg);                //保存缩略图
25          bt.Dispose();                                              //释放对象
26          ReducedImage.Dispose();                                    //释放对象
27          return true;
28      }
29      catch (Exception e)
30      {
31          ErrMessage = e.Message;
32          return false;
33      }
34  }
```

扩展学习

避免生成缩略图时的闪烁现象

在开发本实例的过程中，将生成的缩略图添加到 ListView 控件时，会出现非常严重的闪烁现象，影响了整体的浏览效果，在本程序中通过重写 ListView 控件消除了闪烁现象。

实例 077　屏幕颜色拾取器

源码位置：Code\03\077

实例说明

在处理图片或者制作网页过程中，有时需要获取某个点的颜色值，传统的方法是将屏幕抓取下来保存成图片，然后使用 Photoshop 等软件打开此图片获取颜色值，显然这样做过于烦琐。因此，本实例开发出屏幕颜色拾取器用于获取鼠标所在位置的颜色值。实例运行效果如图 3.4 所示。

图 3.4 屏幕颜色拾取器

关键技术

本实例主要通过调用 API 函数 CreateDC 和 GetPixel 获取指定坐标处的颜色值，从而实现获取屏幕的颜色。

实现过程

（1）打开 Visual Studio 2022 开发环境，新建一个名为 GetColor 的 Windows 窗体应用程序。

（2）更改默认窗体 Form1 的 Name 属性为 Frm_Main，在该窗体中添加一个 CheckBox 控件，用来设置窗体是否显示在最顶层；添加一个 Panel 控件，用来显示屏幕的颜色；添加 3 个 TextBox 控件，分别用来显示鼠标位置。指定点的 R、G、B 值和网页颜色值；添加一个 Button 控件，用来执行退出窗体操作。

（3）Frm_Main 窗体中，自定义一个 GetColor 方法用于获取指定坐标处的颜色值，其返回值是 Color 类型。该方法中分别调用了 GetRValue 方法、GetGValue 方法和 GetBValue 方法获取指定坐标处的 R、G、B 值。代码如下：

```
077-1
01  public Color GetColor(Point screenPoint)
02  {
03      IntPtr displayDC = CreateDC("DISPLAY", null, null, IntPtr.Zero); //创建一个屏幕句柄
04      //获取鼠标所在位置的像素的RGB值
05      uint colorref = GetPixel(displayDC, screenPoint.X, screenPoint.Y);
06      DeleteDC(displayDC);                                  //删除场景
07      byte Red = GetRValue(colorref);                       //获取R值
08      byte Green = GetGValue(colorref);                     //获取G值
09      byte Blue = GetBValue(colorref);                      //获取B值
10      return Color.FromArgb(Red, Green, Blue);              //返回RGB值对应的Color值
11  }
```

为了能获取鼠标所在坐标处的颜色值，向窗体中添加一个 Timer 组件，在 Timer 组件的 Tick 事件中调用 GetColor 方法获取指定坐标处的颜色值。代码如下：

```
077-2
01  private void timer1_Tick(object sender, EventArgs e)
02  {
03      //显示鼠标坐标
```

```
04        txtPoint.Text = Control.MousePosition.X.ToString() + "," + Control.MousePosition.Y.ToString();
05        Point pt = new Point(Control.MousePosition.X, Control.MousePosition.Y); //创建Point对象
06        Color cl = GetColor(pt);                                 //获取鼠标所在位置的Color值
07        panel1.BackColor = cl;                                   //显示该颜色
08        txtRGB.Text = cl.R + "," + cl.G + "," + cl.B;            //显示RGB值
09        txtColor.Text = ColorTranslator.ToHtml(cl).ToString();   //显示对应的网页颜色值
10        RegisterHotKey(Handle, 81, KeyModifiers.Ctrl, Keys.F);   //注册热键
11    }
```

扩展学习

使用 Color 结构获取颜色

Color 结构表示一种 ARGB 颜色（alpha、红色、绿色、蓝色），现在已经命名的颜色都可以使用 Color 结构的属性来表示，例如，蓝色可以用 Color.Blue 来表示。

实例 078　不失真压缩图片

源码位置：Code\03\078

实例说明

随着数码相机的普及，很多照片都是用数码相机拍摄出来的，清晰度要比用胶卷的相机好很多，但是数码相机拍摄出来的照片所占的储存空间都很大，不方便在网络上进行传输，所以要对这些图片进行处理，如果用一般的工具改变图片所占储存空间的大小，随之而来清晰度也会下降，因此，本实例使用 C# 开发了不失真图片压缩工具，该工具能够对图片进行高效的批量压缩，并且保证图片的清晰度为最佳状态。实例运行效果如图 3.5 所示。

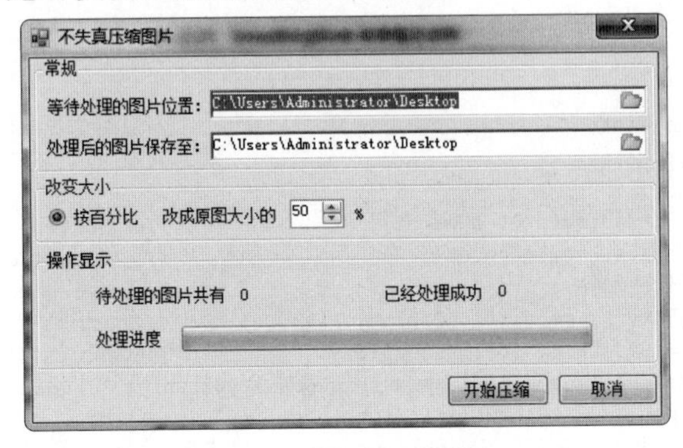

图 3.5　不失真压缩图片

关键技术

本实例在实现时，首先需要设置缩放的比例，然后设置画布的描绘质量，使重绘后的图片不失真，最后在设置保存图片时，指定图片的压缩质量，这样，才能保证在不失真的情况下压缩图片的储存空间。实现过程中主要用到 Graphics 类的 CompositingQuality 属性、SmoothingMode 属性和 InterpolationMode 属性。

实现过程

（1）打开 Visual Studio 2022 开发环境，新建一个名为 CompressImg 的 Windows 窗体应用程序。

（2）更改默认窗体 Form1 的 Name 属性为 Frm_Main，在该窗体中添加两个 PictureBox 控件，分别用来选择原始图片路径和处理后图片的保存路径；添加两个 FolderBrowserDialog 控件，用来显示“浏览文件夹”对话框；添加两个 TextBox 控件，分别用来显示原始图片路径和处理后图片的保存路径；添加一个 RadioButton 控件，用来设置是否按百分比压缩图片；添加一个 NumericUp-Down 控件，用来选择图片的压缩比例；添加两个 Label 控件，分别用来显示原图片的数目和已成功处理的图片数目；添加一个 ProgressBar 控件，用来显示压缩进度；添加两个 Button 控件，分别用来执行压缩图片和退出程序操作。

（3）程序主要代码如下：

078-1

```
01 public static bool GetPicThumbnail(string sFile, string dFile, int dHeight, int dWidth)
02 {
03     Image iSource = Image.FromFile(sFile);                          //创建Image实例
04     ImageFormat tFormat = iSource.RawFormat;                        //设置保存格式
05     int sW = 0, sH = 0;                                             //记录宽度和高度
06     Size tem_size = new Size(iSource.Width, iSource.Height);        //创建Size对象
07     if (tem_size.Height > dHeight || tem_size.Width > dWidth)       //判断原图大小是否大于指定大小
08     {
09         if ((tem_size.Width * dHeight) > (tem_size.Height * dWidth))
10         {
11             sW = dWidth;
12             sH = (dWidth * tem_size.Height) / tem_size.Width;
13         }
14         else
15         {
16             sH = dHeight;
17             sW = (tem_size.Width * dHeight) / tem_size.Height;
18         }
19     }
20     else                                                     //如果原图大小小于指定的大小
21     {
22         sW = tem_size.Width;                                 //原图宽度等于指定宽度
23         sH = tem_size.Height;                                //原图高度等于指定高度
24     }
25     Bitmap oB = new Bitmap(dWidth, dHeight);                 //创建Bitmap对象
26     Graphics g = Graphics.FromImage(oB);                     //创建Graphics对象
27     g.Clear(Color.WhiteSmoke);                               //设置画布背景颜色
28     g.CompositingQuality = CompositingQuality.HighQuality;  //Graphics的合成图像的呈现质量
29     g.SmoothingMode = SmoothingMode.HighQuality;             //Graphics的呈现质量
30     g.InterpolationMode = InterpolationMode.HighQualityBicubic;  //Graphics关联的插补模式
31     g.DrawImage(iSource, new Rectangle((dWidth - sW) / 2, (dHeight - sH) / 2, sW, sH), 0, 0,
32             iSource.Width, iSource.Height, GraphicsUnit.Pixel);  //开始重新绘制图像
33     g.Dispose();
34     //以下代码为保存图片时，设置压缩质量
35     EncoderParameters eP = new EncoderParameters();
36     long[] qy = new long[1];
37     qy[0] = 100;
38     EncoderParameter eParam = new EncoderParameter(System.Drawing.Imaging.Encoder.Quality, qy);
39     eP.Param[0] = eParam;
40     try
```

```
41        {
42            //获取包含有关内置图像编码解码器的信息的ImageCodecInfo对象
43            ImageCodecInfo[] arrayICI = ImageCodecInfo.GetImageEncoders();
44            ImageCodecInfo jpegICIinfo = null;
45            for (int x = 0; x < arrayICI.Length; x++)
46            {
47                if (arrayICI[x].FormatDescription.Equals("JPEG"))
48                {
49                    jpegICIinfo = arrayICI[x];                //设置JPEG编码
50                    break;
51                }
52            }
53            if (jpegICIinfo != null)
54            {
55                oB.Save(dFile, jpegICIinfo, eP);
56            }
57            else
58            {
59                oB.Save(dFile, tFormat);
60            }
61            return true;
62        }
63        catch
64        {
65            return false;
66        }
67        finally
68        {
69            iSource.Dispose();
70            oB.Dispose();
71        }
72    }
```

扩展学习

SmoothingMode 枚举的使用

SmoothingMode 枚举主要用于指定是否将平滑处理（消除锯齿）应用于直线、曲线和已填充区域的边缘，它一般用来消除图像的锯齿。

实例 079　为数码照片添加日期

源码位置：Code\03\079

实例说明

数码相机日益主流化，每人具备一台数码相机已经不是什么新鲜事了。与以胶卷为感光介质的普通相机相比，数码相机可以将所照图像即刻转换成计算机可识别的图像文件格式，以便浏览、共享和打印。数码相机拍摄的相片通常都会显示拍摄日期，但是，如果没有开启数码相机的这个功能，可能导致数码照片上没有拍摄日期，为了解决这个问题，开发出本实例批量为数码照片添加拍摄日期。实例运行效果如图 3.6 所示。

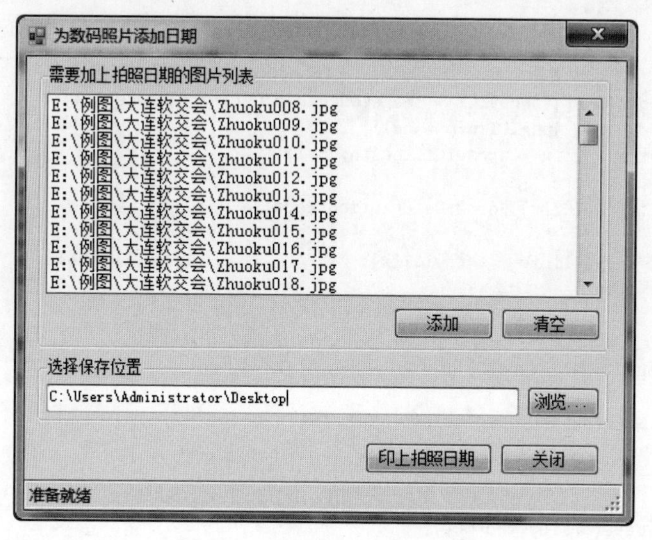

图 3.6　为数码照片添加日期

关键技术

本实例在实现使背景图片居中显示时，首先需要通过窗体的 BackgroundImage 属性设置图片，然后将窗体的 BackgroundImageLayout 属性设置为 ImageLayout.Tile 枚举值。

实现过程

（1）打开 Visual Studio 2022 开发环境，新建一个名为 IMGAddDate 的 Windows 窗体应用程序。

（2）更改默认窗体 Form1 的 Name 属性为 Frm_Main，在该窗体中添加一个 ListBox 控件，用来显示需要添加拍摄日期的图片列表；添加一个 OpenFileDialog 控件，用来选择要添加拍摄日期的图片；添加一个 FolderBrowserDialog 控件，用来选择保存路径；添加一个 TextBox 控件，用来显示保存路径；添加两个 Button 控件，分别用来执行添加拍摄日期和退出程序操作。

（3）程序主要代码如下：

```
079-1
01  private void AddDate()
02  {
03      Font normalContentFont = new Font("宋体", 36, FontStyle.Bold); //设置字体
04      Color normalContentColor = Color.Red;                           //设置颜色
05      int kk = 1;
06      toolStripProgressBar1.Maximum = listBox1.Items.Count;          //设置进度条的最大值
07      toolStripProgressBar1.Minimum = 1;                              //设置进度条的最小值
08      toolStripStatusLabel1.Text = "开始添加数码相片拍摄日期";        //显示状态
09      for (int i = 0; i < listBox1.Items.Count; i++)
10      {
11          pi = GetExif(listBox1.Items[i].ToString());
12          TakePicDateTime = GetDateTime(pi);      //获取元数据中的拍照日期时间，以字符串形式保存
13          SpaceLocation = TakePicDateTime.IndexOf(" "); //分析字符串分别保存拍照日期和时间的标准格式
14          pdt = TakePicDateTime.Substring(0, SpaceLocation);
```

```
15            pdt = pdt.Replace(":", "-");
16            ptm = TakePicDateTime.Substring(SpaceLocation + 1, TakePicDateTime.Length - SpaceLocation - 2);
17            TakePicDateTime = pdt + " " + ptm;
18            Pic = new Bitmap(listBox1.Items[i].ToString()); //由列表中的文件创建内存位图对象
19            g = Graphics.FromImage(Pic);                    //由位图对象创建Graphics对象
20            //绘制数码照片的日期/时间
21            g.DrawString(TakePicDateTime, normalContentFont, new SolidBrush(normalContentColor),
22            Pic.Width - 700, Pic.Height - 200);
23            if (txtSavePath.Text.Length == 3)               //将添加日期/时间戳后的图像进行保存
24            {
25                Pic.Save(txtSavePath.Text + Path.GetFileName(listBox1.Items[i].ToString()));
26            }
27            else
28            {
29                Pic.Save(txtSavePath.Text + "\\" + Path.GetFileName(listBox1.Items[i].ToString()));
30            }
31            Pic.Dispose();                                  //释放内存位图对象
32            toolStripProgressBar1.Value = kk;
33            if (kk == listBox1.Items.Count)
34            {
35                toolStripStatusLabel1.Text = "全部数码相片拍摄日期添加成功";
36                toolStripProgressBar1.Visible = false;
37                flag = null;
38                listBox1.Items.Clear();
39            }
40            kk++;
41        }
42    }
```

实例 080　制作画桃花小游戏

源码位置：Code\03\080

实例说明

本实例通过动态创建 PictureBox 控件实现了绘制桃花的效果。运行本实例，在窗体的左侧区域单击“花骨朵”“花蕾”“开花”中的任意图片控件，然后在窗体的右侧区域单击，则会在鼠标的单击位置出现对应的图形。实例运行效果如图 3.7 所示。

图 3.7　制作画桃花小游戏

关键技术

本实例在绘制桃花的过程中，主要用到 Point 类的构造方法、Size 类的构造方法和 ControlCollection 类的 Add 方法。

实现过程

（1）打开 Visual Studio 2022 开发环境，新建一个名为 DrawPeachBlossom 的 Windows 窗体应用程序。

（2）更改默认窗体 Form1 的 Name 属性为 Frm_Main，在该窗体中添加 4 个 PictureBox 控件，分别用来显示桃树、花骨朵、花蕾和开花效果的图片。

（3）程序主要代码如下：

080-1

```
01  private void pictureBox1_MouseClick(object sender, MouseEventArgs e)
02  {
03      Point myPT = new Point(e.X, e.Y);                          //获取鼠标单击位置
04      PictureBox pbox = new PictureBox();                        //创建PictureBox对象
05      pbox.Location = myPT;                                      //指定PictureBox控件的位置
06      pbox.BackColor = Color.Transparent;                        //设置PictureBox控件的背景色
07      //设置PictureBox控件的图片显示方式
08      pbox.SizeMode = System.Windows.Forms.PictureBoxSizeMode.StretchImage;
09      switch (flag)                                              //判断标记
10      {
11          case 0:
12              pbox.Size = new System.Drawing.Size(20, 18);       //设置PictureBox控件大小
13              pbox.Image = Properties.Resources._2;              //设置PictureBox控件要显示的图像
14              break;
15          case 1:
16              pbox.Size = new System.Drawing.Size(30, 31);       //设置PictureBox控件大小
17              pbox.Image = Properties.Resources._3;              //设置PictureBox控件要显示的图像
18              break;
19          case 2:
20              pbox.Size = new System.Drawing.Size(34, 30);       //设置PictureBox控件大小
21              pbox.Image = Properties.Resources._1;              //设置PictureBox控件要显示的图像
22              break;
23      }
24      if (e.Button == MouseButtons.Left)                         //判断是否单击了鼠标左键
25      {
26          pictureBox1.Controls.Add(pbox);                        //把图片控件添加到桃树上
27      }
28  }
```

扩展学习

逻辑标记在程序设计中的重要性

本实例中定义了一个整型字段 flag，这个字段十分重要，是本实例得以顺利实现的重要逻辑标记。当鼠标单击窗体左侧的桃花图案时，程序将为字段 flag 赋一个整型值；当鼠标单击窗体右侧时，程序将根据 flag 标记为创建的图片控件设置不同的 Image 属性值。从本实例使用 flag 标记中，总结出这样的开发经验，当一个逻辑的执行有多种情况时，可以首先定义一个逻辑标记，用来保存当前的执行状态，然后程序通过判断该逻辑标记的值来执行对应的程序代码。

实例 081　绘制公章

源码位置：Code\03\081

实例说明

在现代化企业中，公章的应用是非常普遍的，它代表了一个企业的身份，本实例将用 GDI+ 技术制作一个简单的公章。实例运行效果如图 3.8 所示。

图 3.8　绘制公章

关键技术

本实例实现时主要用到了 Graphics 类的 DrawString 方法、DrawRectangle 方法和 MeasureString 方法，它们分别用于在画布中绘制字符串、椭圆，以及对字符串进行测量。

实现过程

（1）打开 Visual Studio 2022 开发环境，新建一个名为 Cachet 的 Windows 窗体应用程序。

（2）更改默认窗体 Form1 的 Name 属性为 Frm_Main，在该窗体中添加一个 Button 控件，用来在窗体上绘制公章。

（3）程序主要代码如下：

081-1

```
01  private void button1_Click(object sender, EventArgs e)
02  {
03      int tem_Line = 0;                                          //记录圆的直径
04      int circularity_W = 4;                                     //设置圆画笔的粗细
05      if (panel1.Width >= panel1.Height)                         //如果panel1控件的宽度大于或等于高度
06          tem_Line = panel1.Height;                              //设置高度为圆的直径
07      else
08          tem_Line = panel1.Width;                               //设置宽度为圆的直径
09      //设置圆的绘制区域
10      rect = new Rectangle(circularity_W, circularity_W, tem_Line - circularity_W * 2,
    tem_Line - circularity_W * 2);
11      Font star_Font = new Font("Arial", 30, FontStyle.Regular); //设置星号的字体样式
12      string star_Str = "★";
```

```
13      Graphics g = this.panel1.CreateGraphics();              //创建Graphics对象
14      g.SmoothingMode = SmoothingMode.AntiAlias;              //消除绘制图形的锯齿
15      g.Clear(Color.White);                                   //以白色清空panel1控件的背景
16      Pen myPen = new Pen(Color.Red, circularity_W);          //设置画笔的颜色
17      g.DrawEllipse(myPen, rect);                             //绘制圆
18      SizeF Var_Size = new SizeF(rect.Width, rect.Width);  //创建SizeF对象
19      Var_Size = g.MeasureString(star_Str, star_Font);        //对指定字符串进行测量
20      g.DrawString(star_Str, star_Font, myPen.Brush, new PointF((rect.Width / 2F) +
    circularity_W - Var_Size.Width / 2F, rect.Height / 2F - Var_Size.Width / 2F)); //在指定的位置绘制星号
21      Var_Size = g.MeasureString("专用章", Var_Font);          //对指定字符串进行测量
22      g.DrawString("专用章", Var_Font, myPen.Brush, new PointF((rect.Width / 2F) +
    circularity_W - Var_Size.Width / 2F, rect.Height / 2F + Var_Size.Height * 2)); //绘制文字
23      string tempStr = "吉林省明日科技有限公司";
24      int len = tempStr.Length;                               //获取字符串的长度
25      float angle = 180 + (180 - len * 20) / 2;               //设置文字的旋转角度
26      for (int i = 0; i < len; i++)                           //将文字以指定的弧度进行绘制
27      {
28          //将指定的平移添加到g的变换矩阵前
29          g.TranslateTransform((tem_Line + circularity_W / 2) / 2, (tem_Line + circularity_W / 2) / 2);
30          g.RotateTransform(angle);                           //将指定的旋转用于g的变换矩阵
31          Brush myBrush = Brushes.Red;                        //定义画刷
32          g.DrawString(tempStr.Substring(i, 1), Var_Font, myBrush, 60, 0);  //显示旋转文字
33          g.ResetTransform();                                 //将g的全局变换矩阵重置为单位矩阵
34          angle += 20;                                        //设置下一个文字的角度
35      }
36  }
```

实例 082　绘制图形验证码

源码位置：Code\03\082

实例说明

经常上网的读者对验证码一定不陌生，每当用户注册或登录一个网络程序时大多数情况下都要求输入指定位数的验证码，所有信息经过验证无误时方可进入系统，那么如何生成类似的图形验证码呢？本实例使用 C# 语言实现了绘制图形验证码的功能，实例运行效果如图 3.9 所示。

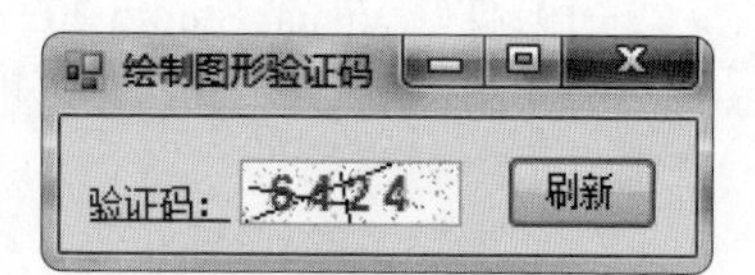

图 3.9　绘制图形验证码

关键技术

本实例实现时主要用到了 Random 类的 Next 方法，Random 类表示伪随机数生成器，它是一种能够产生满足某些随机性统计要求的数字序列的设备，其 Next 方法用来返回一个指定范围内的随机数。

实现过程

（1）打开 Visual Studio 2022 开发环境，新建一个名为 DrawValidateCode 的 Windows 窗体应用程序。

（2）更改默认窗体 Form1 的 Name 属性为 Frm_Main，在该窗体中添加一个 PictureBox 控件，用来显示图形验证码；添加一个 Button 控件，用来生成图形验证码。

（3）程序主要代码如下：

082-1

```
01  private string CheckCode()                          //此方法生成
02  {
03      int number;
04      char code;
05      string checkCode = String.Empty;                //声明变量存储随机生成的4位英文或数字
06      Random random = new Random();                   //生成随机数
07      for (int i = 0; i < 4; i++)
08      {
09          number = random.Next();                     //返回非负随机数
10          if (number % 2 == 0)                        //判断数字是否为偶数
11              code = (char)('0' + (char)(number % 10));
12          else                                        //如果不是偶数
13              code = (char)('A' + (char)(number % 26));
14          checkCode += " " + code.ToString();         //累加字符串
15      }
16      return checkCode;                               //返回生成的字符串
17  }
18  private void CodeImage(string checkCode)
19  {
20      if (checkCode == null || checkCode.Trim() == String.Empty)
21          return;
22      System.Drawing.Bitmap image = new System.Drawing.Bitmap((int)Math.Ceiling((checkCode.
    Length * 9.5)), 22);
23      Graphics g = Graphics.FromImage(image);        //创建Graphics对象
24      try
25      {
26          Random random = new Random();               //生成随机生成器
27          g.Clear(Color.White);                       //清空图片背景色
28          for (int i = 0; i < 3; i++)                 //画图片的背景噪音线
29          {
30              int x1 = random.Next(image.Width);
31              int x2 = random.Next(image.Width);
32              int y1 = random.Next(image.Height);
33              int y2 = random.Next(image.Height);
34              g.DrawLine(new Pen(Color.Black), x1, y1, x2, y2);
35          }
36          Font font = new System.Drawing.Font("Arial", 12, (System.Drawing.FontStyle.Bold));
37          g.DrawString(checkCode, font, new SolidBrush(Color.Red), 2, 2);
38          for (int i = 0; i < 150; i++)               //画图片的前景噪音点
39          {
40              int x = random.Next(image.Width);
41              int y = random.Next(image.Height);
42              image.SetPixel(x, y, Color.FromArgb(random.Next()));
43          }
44          //画图片的边框线
45          g.DrawRectangle(new Pen(Color.Silver), 0, 0, image.Width - 1, image.Height - 1);
46          this.pictureBox1.Width = image.Width;               //设置PictureBox的宽度
47          this.pictureBox1.Height = image.Height;             //设置PictureBox的高度
48          this.pictureBox1.BackgroundImage = image;           //设置PictureBox的背景图像
```

```
49        }
50        catch
51        { }
52    }
```

扩展学习

PictureBox 控件的使用

PictureBox 控件用于显示位图、GIF、JPEG、图元文件或图标格式的图形，它所显示的图片由 Image 属性确定，该属性可在运行时或设计时设置。另外，也可以通过设置 ImageLocation 属性，然后使用 Load 方法同步加载图像，或者使用 LoadAsync 方法异步加载图像。

实例 083　绘制中文验证码

源码位置：Code\03\083

实例说明

上网浏览网页时，有些网站提供会员注册或者发布帖子的功能。在注册或者发布帖子时很多都是只有输入正确验证码后才能提交数据。验证码主要用于防止恶意提交数据，验证码大体可分为数字验证码、数字与字母混合、字母验证码以及中文验证码。本实例可以随机生成中文验证码，并且可以验证输入的验证码是否正确。实例运行效果如图 3.10 所示。

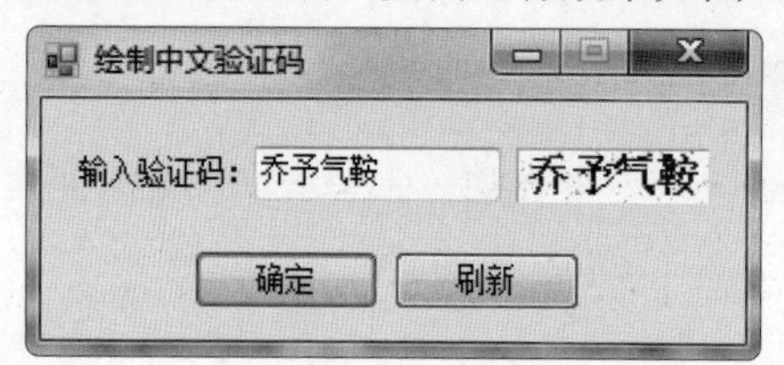

图 3.10　绘制中文验证码

关键技术

本实例在实现时主要用到了 Random 类和 Encoding 类，它们分别用于生成随机区位码和根据区位码获取相应的汉字。

实现过程

（1）打开 Visual Studio 2022 开发环境，新建一个名为 ChineseCode 的 Windows 窗体应用程序。

（2）更改默认窗体 Form1 的 Name 属性为 Frm_Main，在该窗体中添加一个 PictureBox 控件，用来显示生成的中文验证码；添加一个 TextBox 控件，用来输入验证码；添加两个 Button 控件，分别用来生成验证码和判断输入的验证码是否正确。

（3）程序主要代码如下：

083-1

```
01  private void CreateImage()
02  {
03      Encoding gb = Encoding.GetEncoding("gb2312");          //获取GB2312编码页（表）
04      object[] bytes = CreateCode(4);                        //调用函数产生4个随机中文汉字编码
05      //根据汉字编码的字节数组解码出中文汉字
06      string str1 = gb.GetString((byte[])Convert.ChangeType(bytes[0], typeof(byte[])));
07      string str2 = gb.GetString((byte[])Convert.ChangeType(bytes[1], typeof(byte[])));
08      string str3 = gb.GetString((byte[])Convert.ChangeType(bytes[2], typeof(byte[])));
09      string str4 = gb.GetString((byte[])Convert.ChangeType(bytes[3], typeof(byte[])));
10      txt = str1 + str2 + str3 + str4;                       //获取随机生成的4个汉字
11      if (txt == null || txt == String.Empty)                //如果没有汉字
12      {
13          return;                                            //返回
14      }
15      //创建Bitmap实例用于绘制验证码
16      Bitmap image = new Bitmap((int)Math.Ceiling((txt.Length * 21.5)), 22);
17      Graphics g = Graphics.FromImage(image);                //创建Graphics对象
18      try
19      {
20          Random random = new Random();                      //生成随机生成器
21          g.Clear(Color.White);                              //清空图片背景色
22          for (int i = 0; i < 2; i++)                        //画图片的背景噪音线
23          {
24              Point tem_Point_1 = new Point(random.Next(image.Width), random.Next(image.Height));
25              Point tem_Point_2 = new Point(random.Next(image.Width), random.Next(image.Height));
26              g.DrawLine(new Pen(Color.Black), tem_Point_1, tem_Point_2);
27          }
28          Font font = new Font("宋体", 12, (FontStyle.Bold));
29          LinearGradientBrush brush = new LinearGradientBrush(new Rectangle(0, 0, image.Width,
    image.Height), Color.Blue, Color.DarkRed, 1.2f, true);
30          g.DrawString(txt, font, brush, 2, 2);
31          for (int i = 0; i < 100; i++)                      //画图片的前景噪音点
32          {
33              Point tem_point = new Point(random.Next(image.Width), random.Next(image.Height));
34              image.SetPixel(tem_point.X, tem_point.Y, Color.FromArgb(random.Next()));
35          }
36          //画图片的边框线
37          g.DrawRectangle(new Pen(Color.Silver), 0, 0, image.Width - 1, image.Height - 1);
38          pictureBox1.Image = image;                         //显示生成的中文验证码
39      }
40      catch { }
41  }
```

扩展学习

使用 LinerGradientBrush 类绘制渐变色彩

LinerGradientBrush 类提供一种渐变色彩的特效，填满图形的内部区域，它位于 System.Drawing.Drawing2D 命名空间下。本实例中使用 LinerGradientBrush 类绘制渐变区域的代码如下：

```
LinearGradientBrush brush = new LinearGradientBrush(new Rectangle(0, 0, image.Width, image.Height),
Color.Blue, Color.DarkRed, 1.2f, true);
```

实例 084　使用双缓冲技术绘图

源码位置：Code\03\084

实例说明

在窗体中使用 GDI+ 技术绘图时，有时会发现绘制出的图形线条不够流畅，或者在改变窗体大小时会出现不断闪烁的现象。绘制的图形线条不流畅，是因为窗体在重绘时其自身的重绘与图形的重绘之间存在时间差，从而导致这两者之间的图像显示不协调；改变窗体大小出现的闪烁现象，是因为窗体在重绘时其自身的背景颜色与图形颜色频繁交替，从而造成人们视觉上的闪烁现象。若使用双缓冲技术绘制图形，则可以解决上述绘图中出现的若干问题。本实例使用双缓冲技术绘制 4 个图形，分别是贝赛尔曲线、圆形、矩形及一个不规则图形区域。实例运行效果如图 3.11 所示。

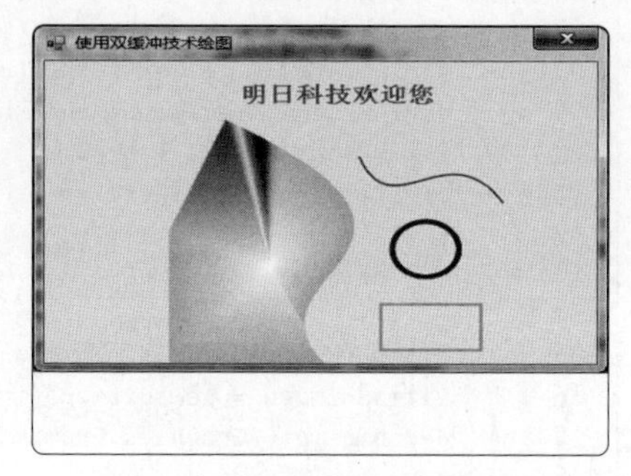

图 3.11　使用双缓冲技术绘图

关键技术

本实例在实现过程中，首先通过 Bitmap 类的构造函数创建一个位图实例，然后通过调用 Graphics 类的 FromImage 方法创建画布对象，最后调用 Graphics 类的 DrawImage 方法实现在窗体上绘制图形。

实现过程

（1）打开 Visual Studio 2022 开发环境，新建一个名为 DoubleBuffer 的 Windows 窗体应用程序。

（2）更改默认窗体 Form1 的 Name 属性为 Frm_Main。

（3）窗体的 Paint 事件在窗体被绘制时触发，若在窗体开始运行或窗体大小改变等情况下都将触发该事件。本实例通过在窗体的 Paint 事件中编写绘图程序来实现，首先在窗体的 Paint 事件中创建一个 Bitmap 位图实例，然后通过加载该位图实例生成一个 Graphics 画布对象，接着调用自定义方法 PaintImage 实现绘制图形，最后通过调用 Graphics 类的 DrawImage 方法将内存中的多个图形一次性绘制到窗体上。代码如下：

```
084-1
01  private void Form1_Paint(object sender, PaintEventArgs e)
02  {
03      Bitmap localBitmap = new Bitmap(ClientRectangle.Width, ClientRectangle.Height); //创建位图对象
04      Graphics bitmapGraphics = Graphics.FromImage(localBitmap);                     //创建的画布
05      bitmapGraphics.Clear(BackColor);                                               //清空画布
06      bitmapGraphics.SmoothingMode = SmoothingMode.AntiAlias;                        //消除画布锯齿
07      PaintImage(bitmapGraphics);                                                    //绘制多个图形
08      Graphics g = e.Graphics;                                                       //获取窗体画布
09      //将内存中的多个图形一次性绘制到窗体上
10      g.DrawImage(localBitmap, 0, 0);
11      bitmapGraphics.Dispose();                                                      //销毁画布对象
12      localBitmap.Dispose();                                                         //销毁位图对象
13      g.Dispose();                                                                   //销毁画布对象
14  }
```

技巧： 上面的代码中，由于Graphics类实现了IDisposable接口，所以在创建Graphics类的实例时，可以考虑使用using语句，这样当using语句块运行结束后，程序会自动调用IDisposable接口的Dispose方法来销毁实例。

上面的代码中用到了 PaintImage 方法，该方法为自定义的无返回值类型方法，主要用来绘制 4 个图形，它有一个参数，表示绘图的画布。PaintImage 方法的实现代码如下：

084-2

```
01  private void PaintImage(Graphics g)
02  {
03      //绘制不规则图形区域
04      GraphicsPath path = new GraphicsPath(new Point[]{ new Point(100,60),new Point(350,200),
    new Point(105,225),new Point(190,ClientRectangle.Bottom),new Point(50,ClientRectangle.Bottom),
    new Point(50,180)}, new byte[] { (byte)PathPointType.Start, (byte)PathPointType.Bezier,
    (byte)PathPointType.Bezier, (byte)PathPointType.Bezier, (byte)PathPointType.Line,
    (byte)PathPointType.Line });
05      PathGradientBrush pgb = new PathGradientBrush(path);  //创建PathGradientBrush对象
06      pgb.SurroundColors = new Color[] { Color.Green, Color.Yellow, Color.Red, Color.Blue, Color.Orange,
07              Color.LightBlue };                            //设置填充区域的颜色数组
08      g.FillPath(pgb, path);                                //使用指定颜色填充不规则图形区域
09      g.DrawString("明日科技欢迎您", new Font("宋体", 18, FontStyle.Bold),
    new SolidBrush (Color.Red), new PointF(110, 20));         //在画布上绘制字符串
10      g.DrawBeziers(new Pen(new SolidBrush(Color.Green), 2), new Point[] {new Point(220,100),
    new Point(250,180),new Point(300,70),new Point(350,150)}); //在画布上绘制贝塞尔曲线
11      g.DrawArc(new Pen(new SolidBrush(Color.Blue), 5), new Rectangle(new Point(250, 170),
    new Size(60,60)), 0, 360);                                //在画布上绘制圆形
12      g.DrawRectangle(new Pen(new SolidBrush(Color.Orange), 3), new Rectangle(new Point(240, 260),
    new Size(90, 50)));                                       //在画布上绘制长方形
13  }
```

扩展学习

有效避免窗体纵向拖放过程中的图像褶皱现象

本实例通过使用双缓冲技术绘制图形，从而有效减少绘制图形时的闪烁现象，并使图形的线条更加平滑和流畅，但在调整窗体纵向大小的过程中，有时图像会出现褶皱现象，出现这种现象主要是由于窗体的有效区域没有完全重绘造成的，这时通过调用窗体的 SetStyle 方法来设置控件的 ResizeRedraw 属性值为 true，可以实现窗体有效区域的完全重绘，这时再纵向拉伸窗体，图像就不会出现褶皱现象。

实例 085　局部图像放大

源码位置：Code\03\085

实例说明

浏览图片时，如果随着鼠标的移动可以将鼠标周围的区域放大显示，将会显得特别方便。本实例实现了图像局部放大的功能，当鼠标在图像上移动时，即放大其周围的图像。实例运行效果如图 3.12 所示。

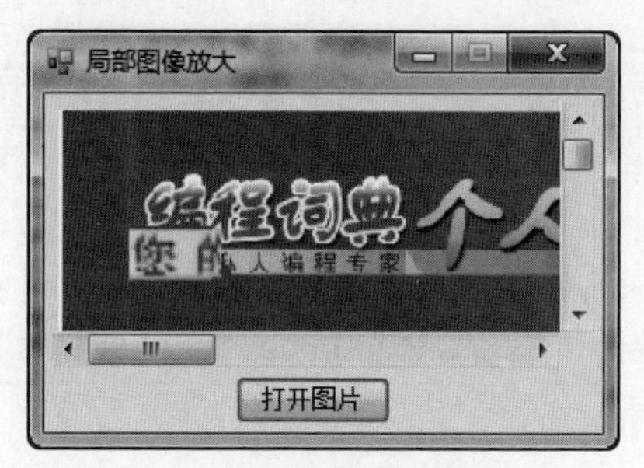

图 3.12　局部图像放大

关键技术

本实例使用 Graphics 类 DrawImage 方法放大图像局部。DrawImage 方法为可重载方法，主要用来在指定位置绘制指定的 Image 图像。

实现过程

（1）打开 Visual Studio 2022 开发环境，新建一个名为 ImageBlowUp 的 Windows 窗体应用程序。

（2）更改默认窗体 Form1 的 Name 属性为 Frm_Main，在该窗体中添加一个 Panel 控件，并将其 AutoScroll 属性设置为 true，以便显示图片的全部；添加一个 PictureBox 控件，用来显示选择的图片；添加一个 Button 控件，用来执行打开图片操作。

（3）程序主要代码如下：

085-1

```
01 private void pictureBox1_MouseMove(object sender, MouseEventArgs e)
02 {
03     try
04     {
05         Cursor.Current = myCursor;                                              //定义鼠标
06         Graphics graphics = pictureBox1.CreateGraphics(); //创建pictureBox1控件的Graphics对象
07         //声明两个Rectangle对象，分别用来指定要放大的区域和放大后的区域
08         Rectangle sourceRectangle = new Rectangle(e.X - 10, e.Y - 10, 20, 20); //要放大的区域
09         Rectangle destRectangle = new Rectangle(e.X - 20, e.Y - 20, 40, 40);
10         //调用DrawImage方法对选定区域进行重新绘制，以放大该部分
11         graphics.DrawImage(myImage, destRectangle, sourceRectangle, GraphicsUnit.Pixel);
12     }
13     catch { }
14 }
```

扩展学习

使用 try…catch 语句捕获异常

在大部分情况下，开发人员不希望异常状况发生导致程序结束，因此，可以使用 try…catch 程序语句块捕捉程序中的 Exception 对象，再使用自定义的程序逻辑处理异常状况。如果有需要，用户也可以使用多重 try…catch 语句块（如一个 try 块后跟一个或多个 catch 子句构成）。

实例 086　以任意角度旋转图像

源码位置：Code\03\086

实例说明

任意角度旋转图像主要是将图像旋转一周，也就是 360°，在旋转过程中，如果图像不能完全覆盖背景，则用图像的不显示部分覆盖。运行本实例，单击“打开图像”按钮，选中要旋转的图像，然后单击“以任意角度旋转显示图像”按钮，即可实现图像的旋转。实例运行效果如图 3.13 所示。

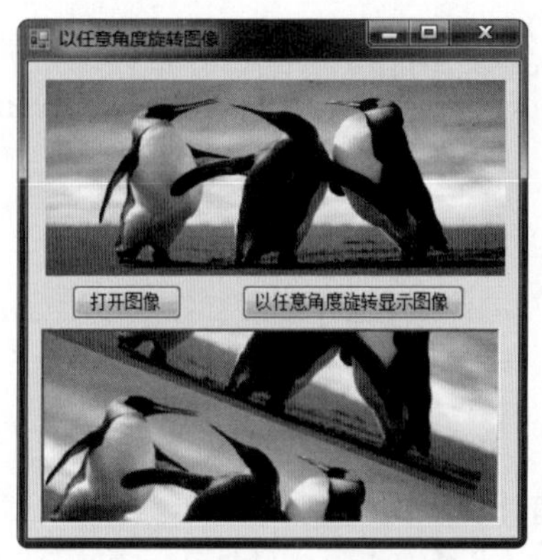

图 3.13　以任意角度旋转图像

关键技术

本实例实现时主要使用 TextureBrush 类的 RotateTransform 方法对图像进行旋转，然后使用 Graphics 类的 FillRectangle 方法对旋转的图像进行绘制。FillRectangle 方法中的参数说明如表 3.1 所示。

表 3.1　FillRectangle 方法中的参数说明

参　数	描　述
brush	确定填充特性的 Brush
x	要填充的矩形的左上角的 x 坐标
y	要填充的矩形的左上角的 y 坐标
width	要填充的矩形的宽度
height	要填充的矩形的高度

实现过程

（1）打开 Visual Studio 2022 开发环境，新建一个名为 RevolveImageByAngle 的 Windows 窗体应用程序。

（2）更改默认窗体 Form1 的 Name 属性为 Frm_Main，在该窗体中添加两个 Button 控件，分别用来执行打开图像和以任意角度旋转图像操作；添加两个 PictureBox 控件，分别用来显示打开的图像和以任意角度旋转的图像。

（3）程序主要代码如下：

086-1

```
01  private void button1_Click(object sender, EventArgs e)
02  {
03      Graphics g = this.panel1.CreateGraphics();                    //创建绘图对象
04      float MyAngle = 0;                                            //旋转的角度
05      while (MyAngle < 360)
06      {
07          TextureBrush MyBrush = new TextureBrush(MyBitmap);        //创建TextureBrush对象
08          this.panel1.Refresh();                                    //使工作区无效
09          MyBrush.RotateTransform(MyAngle);                         //以指定角度旋转图像
10          g.FillRectangle(MyBrush, 0, 0, this.ClientRectangle.Width, this.
    ClientRectangle.Height);                                          //绘制旋转后的图像
11          MyAngle += 0.5f;                                          //增加旋转的角度
12          System.Threading.Thread.Sleep(50);                        //使线程休眠50毫秒
13      }
14  }
```

扩展学习

do while 循环与 while 循环有什么不同吗

do while 与 while 语句的运行方式基本相同，只是 do while 语句要先执行一次循环体的内容，然后再判断布尔条件，如果满足布尔条件，则执行循环体；如果不满足布尔条件时，则退出循环体。

实例 087 马赛克效果显示图像

源码位置：Code\03\087

实例说明

马赛克效果显示图像就是随机小块地显示图像，最后合并成一整幅图像。使用马赛克效果显示图像时，关键要注意随机位置点的确定和图像块大小的确定。本实例将介绍如何以马赛克效果显示图像，运行本实例，单击“效果显示”按钮，即可在窗体中以马赛克效果显示图像。实例运行效果如图 3.14 所示。

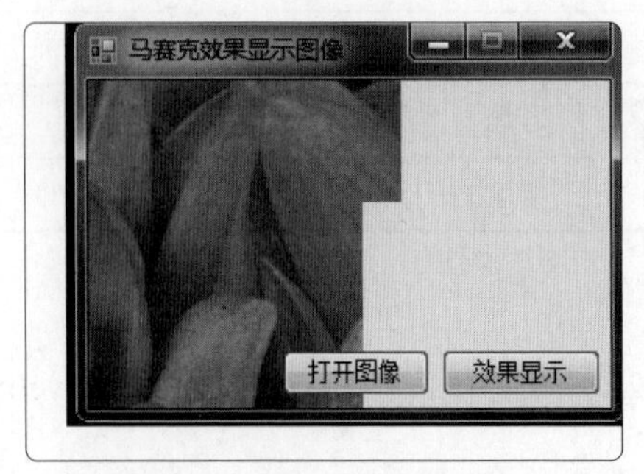

图 3.14 马赛克效果显示图像

关键技术

本实例通过使用 Bitmap 对象的 GetPixel 方法和 SetPixel 方法以描点的方式实现了以马赛克效果显示图像的功能。

实现过程

（1）打开 Visual Studio 2022 开发环境，新建一个名为 Mosaic 的 Windows 窗体应用程序。

（2）更改默认窗体 Form1 的 Name 属性为 Frm_Main，在该窗体中添加一个 OpenFileDialog 控件，用来显示“打开文件”对话框；添加两个 Button 控件，分别用来执行打开图像和以马赛克效果显示图像的功能。

（3）程序主要代码如下：

087-1

```
01  private void button2_Click(object sender, EventArgs e)
02  {
03      Bitmap myBitmap = new Bitmap(this.BackgroundImage);          //根据窗体的背景创建Bitmap对象
04      int intWidth = myBitmap.Width / 50;                          //获取图片的指定宽度
05      int intHeight = myBitmap.Height / 50;                        //获取图片的指定高度
06      Graphics myGraphics = this.CreateGraphics();                 //创建窗体的Graphics对象
07      myGraphics.Clear(Color.WhiteSmoke);                          //以指定的颜色清除
08      Point[] myPoint = new Point[2500];                           //定义数组
09      for (int i = 0; i < 50; i++)                                 //获取指定区域图片的位置
10      {
11          for (int j = 0; j < 50; j++)
12          {
13              myPoint[i * 50 + j].X = i * intWidth;
14              myPoint[i * 50 + j].Y = j * intHeight;
15          }
16      }
17      Bitmap bitmap = new Bitmap(myBitmap.Width, myBitmap.Height); //创建Bitmap对象
18      for (int i = 0; i < 10000; i++)
19      {
20          Random rand = new Random();                              //创建Random对象
21          int intPos = rand.Next(2500);                            //获取一个随机数
22          for (int m = 0; m < intWidth; m++)
23          {
24              for (int n = 0; n < intHeight; n++)
25              {
26                  //通过调用Bitmap对象的SetPixel方法为图像的各像素点重新着色
27                  bitmap.SetPixel(myPoint[intPos].X + m, myPoint[intPos].Y + n, myBitmap.
    GetPixel(myPoint[intPos].X + m, myPoint[intPos].Y + n));
28              }
29          }
30          this.Refresh();                                          //工作区无效
31          this.BackgroundImage = bitmap;                           //显示处理后的图片
32          for (int k = 0; k < 2500; k++)
33          {
34              for (int m = 0; m < intWidth; m++)
35              {
36                  for (int n = 0; n < intHeight; n++)
37                  {
```

```
38                    //通过调用Bitmap对象的SetPixel方法为图像的各像素点重新着色
39                    bitmap.SetPixel(myPoint[k].X + m, myPoint[k].Y + n, myBitmap.
   GetPixel(myPoint[k].X + m, myPoint[k].Y + n));
40                }
41            }
42            this.Refresh();                                          //工作区无效
43            this.BackgroundImage = bitmap;                           //显示处理后的图片
44        }
45    }
46 }
```

扩展学习

Point 结构的使用

Point 结构表示在二维平面中定义点的、整数 x 坐标和 y 坐标的有序对，它位于 System.Drawing 命名空间下。

实例 088 百叶窗效果显示图像

源码位置：Code\03\088

实例说明

百叶窗效果显示图像，就是将图像分成若干个区域，各个区域的图形以一种渐进的方式逐渐显示，效果就像百叶窗翻动一样。本实例实现了以百叶窗效果显示图像的功能，实例运行效果如图 3.15 所示。

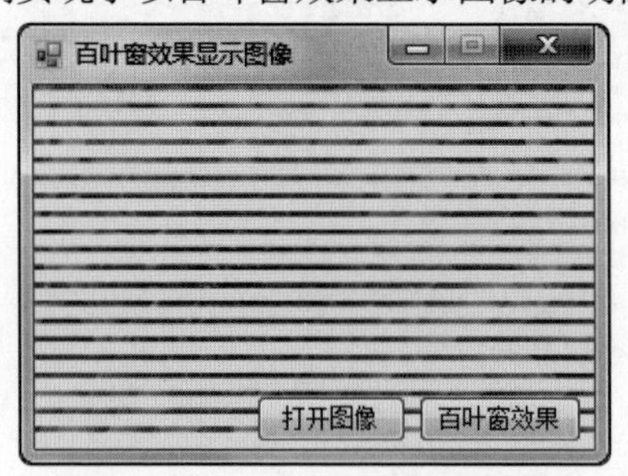

图 3.15 百叶窗效果显示图像

关键技术

本实例在实现百叶窗效果显示图像时，主要通过使用 Bitmap 类的 GetPixel 方法和 SetPixel 方法获取和设置图像中指定像素的颜色，然后使用 Refresh 方法重新刷新窗体背景，使其以百叶窗效果显示出来。

实现过程

（1）打开 Visual Studio 2022 开发环境，新建一个名为 HundredWindow 的 Windows 窗体应用程序。

（2）更改默认窗体 Form1 的 Name 属性为 Frm_Main，在该窗体中添加一个 OpenFileDialog 控件，用来显示“打开文件”对话框；添加两个 Button 控件，分别用来执行打开图像和以百叶窗效果显示图像的功能。

（3）程序主要代码如下：

088-1

```
01  private void button2_Click(object sender, EventArgs e)
02  {
03      try
04      {
05          Bitmap myBitmap = (Bitmap)this.BackgroundImage.Clone(); //用窗体背景的副本创建Bitmap对象
06          int intWidth = myBitmap.Width;                        //记录图片的宽度
07          int intHeight = myBitmap.Height / 20;                 //记录图片的指定高度
08          Graphics myGraphics = this.CreateGraphics();          //创建窗体的Graphics对象
09          myGraphics.Clear(Color.WhiteSmoke);                   //用指定的颜色清除窗体背景
10          Point[] myPoint = new Point[30];                      //定义数组
11          for (int i = 0; i < 30; i++)                          //记录百叶窗各节点的位置
12          {
13              myPoint[i].X = 0;
14              myPoint[i].Y = i * intHeight;
15          }
16          Bitmap bitmap = new Bitmap(myBitmap.Width, myBitmap.Height); //创建Bitmap对象
17          //通过调用Bitmap对象的SetPixel方法重新设置图像的像素点颜色，从而实现百叶窗效果
18          for (int m = 0; m < intHeight; m++)
19          {
20              for (int n = 0; n < 20; n++)
21              {
22                  for (int j = 0; j < intWidth; j++)
23                  {
24                      bitmap.SetPixel(myPoint[n].X + j, myPoint[n].Y + m,
myBitmap.GetPixel(myPoint[n].X + j, myPoint[n].Y + m));             //获取当前像素颜色值
25                  }
26              }
27              this.Refresh();                                   //绘制无效
28              this.BackgroundImage = bitmap;                    //显示百叶窗体的效果
29              System.Threading.Thread.Sleep(100);               //线程挂起
30          }
31      }
32      catch { }
33  }
```

扩展学习

使用 Thread 类的 Sleep 方法实现线程休眠

Thread 类用来创建并控制线程，设置其优先级并获取其状态，其 Sleep 方法用来将当前线程阻塞指定的毫秒数。例如，本实例中使用 Thread 类的 Sleep 方法使线程休眠指定的时间，代码如下：

```
System.Threading.Thread.Sleep(100);                                  //线程挂起
```

实例 089　印版效果的文字

源码位置：Code\03\089

实例说明

印版效果文字实际上就是让文字看上去具有一定的厚度。运行本实例，单击“效果”按钮，绘制指定厚度的文字，使其具有印版效果。实例运行效果如图 3.16 所示。

图 3.16　印版效果的文字

关键技术

本实例主要是使用 Graphics 对象的 DrawString 方法在指定的位置绘制文字，直到其具有一定的厚度。

实现过程

（1）打开 Visual Studio 2022 开发环境，新建一个名为 BlockCharacter 的 Windows 窗体应用程序。

（2）更改默认窗体 Form1 的 Name 属性为 Frm_Main，在该窗体中添加一个 Button 控件，用来绘制印版效果的文字；添加一个 Panel 控件，用来显示绘制的印版效果文字。

（3）程序主要代码如下：

089-1

```
01  private void button1_Click(object sender, EventArgs e)
02  {
03      Graphics g = panel1.CreateGraphics();                           //创建控件的Graphics对象
04      g.Clear(Color.White);                                           //以指定的颜色清除控件背景
05      Brush Var_Brush_Back = Brushes.Black;                           //设置前景色
06      Font Var_Font = new Font("宋体", 40);                            //设置字体样式
07      string Var_Str = "印版效果的文字";                                //设置字符串
08      SizeF Var_Size = g.MeasureString(Var_Str, Var_Font);            //获取字符串的大小
09      int Var_X = (panel1.Width - Convert.ToInt32(Var_Size.Width)) / 2;     //设置平移的x坐标
10      int Var_Y = (panel1.Height - Convert.ToInt32(Var_Size.Height)) / 2;   //设置平移的y坐标
11      //实现印版文字
12      for (int i = 0; i < 10; i++)
13          g.DrawString(Var_Str, Var_Font, Var_Brush_Back, Var_X - i, Var_Y + i);
14      g.DrawString(Var_Str, Var_Font, Var_Brush_Back, Var_X, Var_Y);        //绘制文字
15  }
```

扩展学习

使用 Convert.ToInt32 方法转换 int 类型

Convert 类用来将一个基本数据类型转换为另一个基本数据类型，其 ToInt32 方法用来将指定的值转换为 32 位有符号整数。

实例 090　渐变效果的文字

源码位置：Code\03\090

实例说明

渐变效果的文字就是在绘制文字时，使文字的前景色具有渐变的效果。运行本实例，单击“效果”按钮，绘制具有渐变颜色的文字。实例运行效果如图 3.17 所示。

图 3.17　渐变效果的文字

关键技术

本实例主要使用 LinearGradientBrush 类来设置文字的渐变效果，LinearGradientBrush 类使用线性渐变封装 Brush（画刷），也就是封装双色渐变和自定义多色渐变。所有渐变都是由矩形的宽度或两个点指定的直线绘制的。在默认情况下，双色渐变是沿指定直线从起始色到结束色的均匀水平线性混合。

实现过程

（1）打开 Visual Studio 2022 开发环境，新建一个名为 ShadeCharacter 的 Windows 窗体应用程序。

（2）更改默认窗体 Form1 的 Name 属性为 Frm_Main，在该窗体中添加一个 Button 控件，用来绘制渐变效果的文字；添加一个 Panel 控件，用来显示绘制的渐变效果文字。

（3）程序主要代码如下：

```
090-1
01  private void button1_Click(object sender, EventArgs e)
02  {
03      Graphics g = panel1.CreateGraphics();                    //创建控件的Graphics对象
04      g.Clear(Color.White);                                    //以指定的颜色清除控件背景
05      Color Var_Color_Up = Color.Red;                          //设置前景色
06      Color Var_Color_Down = Color.Yellow;                     //设置背景色
07      Font Var_Font = new Font("宋体", 40);                     //设置字体样式
08      string Var_Str = "渐变效果的文字";                         //设置字符串
09      SizeF Var_Size = g.MeasureString(Var_Str, Var_Font);     //获取字符串的大小
10      PointF Var_Point = new PointF(5, 5);                     //设置文字的显示位置
11      //根据文字的大小及位置，创建RectangleF对象
12      RectangleF Var_Rect = new RectangleF(Var_Point, Var_Size);
13      LinearGradientBrush Var_LinearBrush = new LinearGradientBrush(Var_Rect, Var_Color_Up,
    Var_Color_Down, LinearGradientMode.Horizontal);              //设置从左到右的线性渐变效果
14      g.DrawString(Var_Str, Var_Font, Var_LinearBrush, Var_Point); //绘制文字
15  }
```

扩展学习

使用 LinerGradientBrush 类绘制渐变色彩

LinerGradientBrush 类提供一种渐变色彩的特效，填满图形的内部区域，它位于 System.Drawing.Drawing2D 命名空间下。本实例中使用 LinerGradientBrush 类绘制渐变区域的代码如下：

```
LinearGradientBrush Var_LinearBrush = new LinearGradientBrush(Var_Rect, Var_Color_Up, Var_Color_Down,
LinearGradientMode.Horizontal);                                  //设置从左到右的线性渐变效果
```

实例 091 屏幕抓图

源码位置：Code\03\091

实例说明

抓图工具在实际生活中被广泛应用，通过抓图工具可以抓取当前屏幕并集存成图片，以便提取其中的内容。系统自带的抓图工具局限性很大，如无法获取鼠标等。本实例可以设置是否抓取鼠标，并且还提供了快捷键，方便使用者抓取屏幕。实例运行效果如图 3.18 所示。

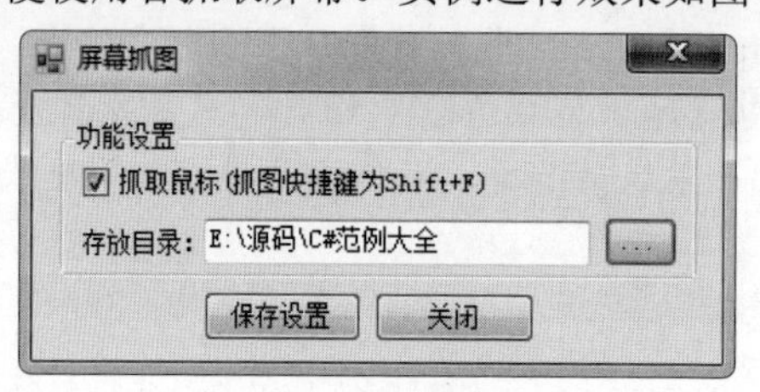

图 3.18 屏幕抓图

关键技术

本实例实现时主要用到了系统 API 函数 GetSystemMetrics 和 CopyIcon，以及 Graphics 类的 CopyFromScreen 方法。

实现过程

（1）打开 Visual Studio 2022 开发环境，新建一个名为 GetScreen 的 Windows 窗体应用程序。

（2）更改默认窗体 Form1 的 Name 属性为 Frm_Main，在该窗体中添加一个 CheckBox 控件，用来设置是否抓取鼠标；添加 3 个 Button 控件，分别用来执行选择保存路径、保存用户设置和退出程序功能；添加一个 FolderBrowserDialog 控件，用来显示“浏览文件夹”对话框；添加一个 TextBox 控件，用来显示保存路径；添加一个 Timer 组件，用来控制快捷键的设置；添加一个 ContextMenuStrip 控件，用来作为程序的快捷菜单。

（3）当抓取屏幕时，可以设置是否抓取鼠标，如果抓取没有鼠标的屏幕图片，则调用 CaptureNoCursor 方法，由于不需要抓取鼠标，所以此方法中直接使用 CopyFromScreen 方法捕获屏幕。代码如下：

091-1

```
01  private Bitmap CaptureNoCursor()                              //抓取没有鼠标的桌面
02  {
03      //根据屏幕大小创建一个Bitmap对象
04      Bitmap _Source = new Bitmap(GetSystemMetrics(0), GetSystemMetrics(1));
05      using (Graphics g = Graphics.FromImage(_Source))      //创建Graphics对象
06      {
07          g.CopyFromScreen(0, 0, 0, 0, _Source.Size);       //CopyFromScreen方法捕获桌面图像
08          g.Dispose();                                      //释放
09      }
10      return _Source;
11  }
```

如果想抓取带鼠标的屏幕图片，则调用 CaptureDesktop 方法。在此方法中首先还是调用 CopyFromScreen 方法捕获屏幕图片，然后通过 CaptureCursor 方法获取鼠标的样式和坐标，最后将鼠标绘制到捕获的屏幕图片上，从而实现抓取带鼠标的屏幕图片。代码如下：

091-2

```
01  private Bitmap CaptureDesktop()                          //抓取带鼠标的桌面
02  {
03      try
04      {
05          int _CX = 0, _CY = 0;
06          //根据屏幕大小创建一个Bitmap对象
07          Bitmap _Source = new Bitmap(GetSystemMetrics(0), GetSystemMetrics(1));
08          using (Graphics g = Graphics.FromImage(_Source))          //创建Graphics对象
09          {
10              g.CopyFromScreen(0, 0, 0, 0, _Source.Size);           //CopyFromScreen方法捕获桌面图像
11              //将鼠标样式绘制到捕获的桌面图像上
12              g.DrawImage(CaptureCursor(ref _CX, ref _CY), _CX, _CY);
13              g.Dispose();                                          //释放
14          }
15          _X = (800 - _Source.Width) / 2;
16          _Y = (600 - _Source.Height) / 2;
17          return _Source;
18      }
19      catch
20      {
21          return null;
22      }
23  }
```

CaptureCursor 方法用于获取鼠标的样式和坐标，当抓取带鼠标的屏幕图片时，会用到此方法，其返回值是鼠标的 Bitmap 对象。代码如下：

091-3

```
01  private Bitmap CaptureCursor(ref int _CX, ref int _CY)
02  {
03      IntPtr _Icon;                                                  //鼠标句柄
04      CURSORINFO _CursorInfo = new CURSORINFO();                     //创建CURSORINFO对象
05      ICONINFO _IconInfo;
06      _CursorInfo.cbSize = Marshal.SizeOf(_CursorInfo);
07      if (GetCursorInfo(ref _CursorInfo))                            //获取鼠标信息
08      {
09          if (_CursorInfo.flags == 0x00000001)
10          {
11              _Icon = CopyIcon(_CursorInfo.hCursor);                 //获取鼠标句柄
12              if (GetIconInfo(_Icon, out _IconInfo))                 //取得与图标有关的信息
13              {
14                  _CX = _CursorInfo.ptScreenPos.X - _IconInfo.xHotspot;  //获取鼠标x坐标
15                  _CY = _CursorInfo.ptScreenPos.Y - _IconInfo.yHotspot;  //获取鼠标y坐标
16                  return Icon.FromHandle(_Icon).ToBitmap();          //返回鼠标图像
17              }
18          }
19      }
20      return null;
21  }
```

实例 092　抓取网站整页面

源码位置：Code\03\092

实例说明

当浏览网站时，如果想保存网页，通常是选择浏览器中的“文件”→“另存为”菜单项将网页

保存到本地磁盘中。但有的网页不允许用这样的方法保存，所以就需要将整个网页内容抓取成图片保存起来，从而实现保存网站内容的功能。本实例实现了抓取网站整页面的功能，实例运行效果如图 3.19 所示。

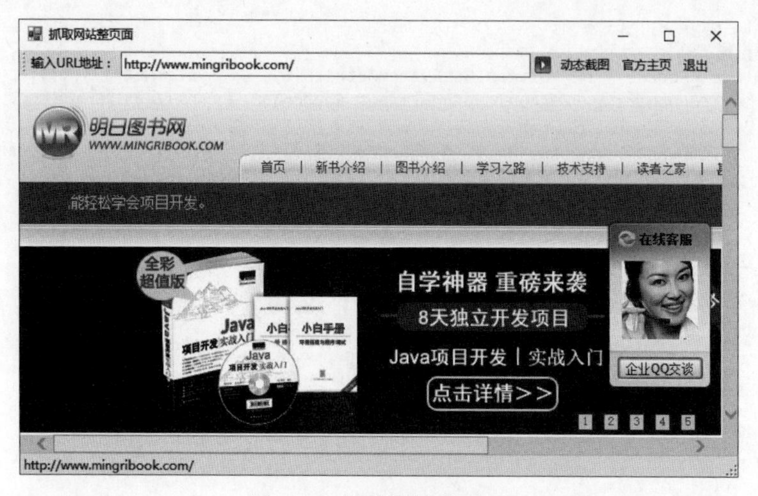

图 3.19 抓取网站整页面

关键技术

本实例在实现抓取网站整页面功能时，首先需要获取网页工作区的范围；然后判断当前网页是否存在滚动条，如果存在滚动条，说明网页的内容已经超出当前页面，这时需要将当前页面以外的内容抓取出来，并与当前页面的图片合并，从而实现动态抓取网站整页面的功能。

实现过程

（1）打开 Visual Studio 2022 开发环境，新建一个名为 WebSnap 的 Windows 窗体应用程序。

（2）更改默认窗体 Form1 的 Name 属性为 Frm_Main，在该窗体中添加一个 ToolStrip 控件，用来作为窗体的工具栏；添加一个 SaveFileDialog 控件，用来选择保存位置；添加一个 WebBrowser 控件，用来显示加载的网页；添加一个 StatusStrip 控件，用来作为窗体的状态栏。

（3）程序主要代码如下：

092-1

```
01  private void Snapweb()
02  {
03      this.TopMost = true;                                          //窗体处于所有窗体的最前端
04      SelectObject(DestDC, Bhandle);                                //选择场景对象
05      int linewidth = 0;                                            //宽
06      int lineheight = 0;                                           //高
07      int i = 0;                                                    //纵向计数器
08      int j = 0;                                                    //横向计数器
09      winpoint = webBrowser1.Handle;                                //webBrowser1句柄
10      GetWindowRect(winpoint, ref Rectangles);                      //获取整个窗口的范围矩形
11      while (lineheight < webBrowser1.Document.Body.ScrollRectangle.Height - 199)
12      {
13          if (webBrowser1.Document.Body.ScrollTop == 0)
```

```
14          {
15              inputHide();                                        //屏蔽输入法
16              //获取可见区域场景
17              BitBlt(DestDC, 0, 0, webBrowser1.Document.Body.ClientRectangle.Width, webBrowser1.
    Document.Body.ClientRectangle.Height, SourceDC, Rectangles.Left, Rectangles.Top, 13369376);
18              linewidth = webBrowser1.Document.Body.ClientRectangle.Width + 5; //赋值宽
19              if (linewidth < webBrowser1.Document.Body.ScrollRectangle.Width) //当前宽小于网页宽度时
20              {
21                  //获取整个宽度场景
22                  while (linewidth < webBrowser1.Document.Body.ScrollRectangle.Width - 199)
23                  {
24                      inputHide();
25                      webBrowser1.Document.Body.ScrollLeft += 199;
26                      BitBlt(DestDC, webBrowser1.Document.Body.ClientRectangle.Width + 199 * j,
    0, 199, webBrowser1.Document.Body.ClientRectangle.Height, SourceDC, Rectangles.Left +
    webBrowser1.Document.Body.ClientRectangle.Width - 199, Rectangles.Top, 13369376);
27                      linewidth = linewidth + 199;
28                      j = j + 1;
29                  }
30                  if (linewidth >= webBrowser1.Document.Body.ScrollRectangle.Width - 199)
31                  {
32                      inputHide();
33                      webBrowser1.Document.Body.ScrollLeft += 199;
34                      BitBlt(DestDC, webBrowser1.Document.Body.ClientRectangle.Width + 199 * j,
    0, webBrowser1.Document.Body.ScrollRectangle.Width - linewidth, webBrowser1.Document.Body.
    ClientRectangle.Height, SourceDC, Rectangles.Left + webBrowser1.Document.Body.ClientRectangle.Width -
    (webBrowser1.Document.Body.ScrollRectangle.Width - linewidth),Rectangles.Top,13369376);
35                      webBrowser1.Document.Body.ScrollLeft = 0;
36                      j = 0;
37                  }
38              }
39              //累计当前高度
40              lineheight = lineheight + webBrowser1.Document.Body.ClientRectangle.Height;
41          }
42          else
43          {
44              inputHide();
45              BitBlt(DestDC, 0, webBrowser1.Document.Body.ClientRectangle.Height + 199 * i,
    webBrowser1.Document.Body.ClientRectangle.Width, 199, SourceDC, Rectangles.Left, Rectangles.
    Top + webBrowser1.Document.Body.ClientRectangle.Height - 199, 13369376);
46              //获取可见区域场景
47              linewidth = webBrowser1.Document.Body.ClientRectangle.Width; //当前宽度
48              if (linewidth < webBrowser1.Document.Body.ScrollRectangle.Width)
49              {
50                  while (linewidth < webBrowser1.Document.Body.ScrollRectangle.Width - 199)
51                  {
52                      inputHide();
53                      webBrowser1.Document.Body.ScrollLeft += 199;
54                      BitBlt(DestDC, webBrowser1.Document.Body.ClientRectangle.Width + 199 * j,
    webBrowser1.Document.Body.ClientRectangle.Height + 199 * i, webBrowser1.Document.
    Body.ClientRectangle.Width, 199, SourceDC, Rectangles.Left + webBrowser1.Document.
    Body.ClientRectangle.Width - 199, Rectangles.Top + webBrowser1.Document.Body.
    ClientRectangle.Height - 199, 13369376);
55                      linewidth = linewidth + 199;
56                      j = j + 1;
57                  }
```

```
58                      if (linewidth >= webBrowser1.Document.Body.ScrollRectangle.Width - 199)
59                      {
60                          inputHide();
61                          webBrowser1.Document.Body.ScrollLeft += 199;
62                          BitBlt(DestDC, webBrowser1.Document.Body.ClientRectangle.Width + 199 * j,
    webBrowser1.Document.Body.ClientRectangle.Height + 199 * i, webBrowser1.Document.
    Body.ScrollRectangle.Width - linewidth, 199, SourceDC, Rectangles.Left + webBrowser1.Document.
    Body.ClientRectangle.Width - (webBrowser1.Document.Body.ScrollRectangle.Width - linewidth),
    Rectangles.Top + webBrowser1.Document.Body.ClientRectangle.Height - 199, 13369376);
63                          webBrowser1.Document.Body.ScrollLeft = 0;
64                          j = 0;
65                      }
66                  }
67                  i = i + 1;                                          //纵向计数器累计
68                  lineheight = lineheight + 199;
69              }
70              webBrowser1.Document.Body.ScrollTop += 199;             //调整纵向滚动条位置
71          }
72          if (lineheight >= webBrowser1.Document.Body.ScrollRectangle.Height - 199)
73          {
74              inputHide();
75              BitBlt(DestDC, 0, webBrowser1.Document.Body.ClientRectangle.Height + 199 * i,
    webBrowser1.Document.Body.ClientRectangle.Width, (webBrowser1.Document.Body.ScrollRectangle.
    Height - lineheight), SourceDC, Rectangles.Left, Rectangles.Top + webBrowser1.Document.
    Body.ClientRectangle.Height - (webBrowser1.Document.Body.ScrollRectangle.Height - lineheight), 13369376);
76              linewidth = webBrowser1.Document.Body.ClientRectangle.Width;    //当前宽度
77              if (linewidth < webBrowser1.Document.Body.ScrollRectangle.Width) //当前宽度小于网页宽度时
78              {
79                  //获取整个宽度场景
80                  while (linewidth < webBrowser1.Document.Body.ScrollRectangle.Width - 199)
81                  {
82                      inputHide();
83                      webBrowser1.Document.Body.ScrollLeft += 199;
84                      BitBlt(DestDC, webBrowser1.Document.Body.ClientRectangle.Width + 199 * j,
    webBrowser1.Document.Body.ClientRectangle.Height + 199 * i, webBrowser1.Document.Body.
    ClientRectangle.Width, (webBrowser1.Document.Body.ScrollRectangle.Height - lineheight),
    SourceDC, Rectangles.Left + webBrowser1.Document.Body.ClientRectangle.Width - 199, Rectangles.
    Top + webBrowser1.Document.Body.ClientRectangle.Height - (webBrowser1.Document.Body.
    ScrollRectangle.Height - lineheight), 13369376);
85                      linewidth = linewidth + 199;                //累计当前高度
86                      j = j + 1;                                  //纵向计数器累计
87                  }
88                  if (linewidth >= webBrowser1.Document.Body.ScrollRectangle.Width - 199)
89                  {
90                      inputHide();
91                      webBrowser1.Document.Body.ScrollLeft += 199;     //调整纵向滚动条位置
92                      BitBlt(DestDC, webBrowser1.Document.Body.ClientRectangle.Width + 199 * j,
    webBrowser1.Document.Body.ClientRectangle.Height + 199 * i, webBrowser1.Document.
    Body.ScrollRectangle.Width - linewidth, (webBrowser1.Document.Body.ScrollRectangle.
    Height - lineheight), SourceDC, Rectangles.Left + webBrowser1.Document.Body.ClientRectangle.
    Width - (webBrowser1.Document.Body.ScrollRectangle.Width - linewidth), Rectangles.Top +
    webBrowser1.Document.Body.ClientRectangle.Height - (webBrowser1.Document.Body.ScrollRectangle.
    Height - lineheight), 13369376);
93                      webBrowser1.Document.Body.ScrollLeft = 0;
94                  }
95              }
```

```
96          i = 0;
97          OpenClipboard(this.Handle);
98          EmptyClipboard();
99          SetClipboardData(2, Bhandle);
100         CloseClipboard();
101         Image ig = (Image)Clipboard.GetImage();
102         if (saveFileDialog1.ShowDialog() == DialogResult.OK)
103         {
104             string path = saveFileDialog1.FileName;
105             ig.Save(path);
106             MessageBox.Show("保存成功", "提示", MessageBoxButtons.OK, MessageBoxIcon.Exclamation);
107             webBrowser1.Document.Body.ScrollTop = 0;
108             ig.Dispose();
109         }
110     }
111 }
```

扩展学习

使用 WebBrowser 控件轻松地在窗体中浏览网页信息

WebBrowser 控件可以在 Windows 窗体客户端应用程序中显示网页，使用 WebBrowser 控件显示网页信息非常方便，只需执行 Navigate 方法，并在方法参数中加入网址信息字符串即可。

实例 093　批量添加图片水印

源码位置：Code\03\093

实例说明

现在网络已经非常普及，很多人选择网上购物。在网上开店的店主们会精心地处理自己的商品图片，并且还会在图片上加上水印，突出自己的店铺风格，实现广告效应。如果多个图片想添加同一个水印，那么会变得非常复杂，所以本实例将实现批量添加水印的功能，通过本实例可以为多个图片添加文字或者图片水印。实例运行效果如图 3.20 所示。

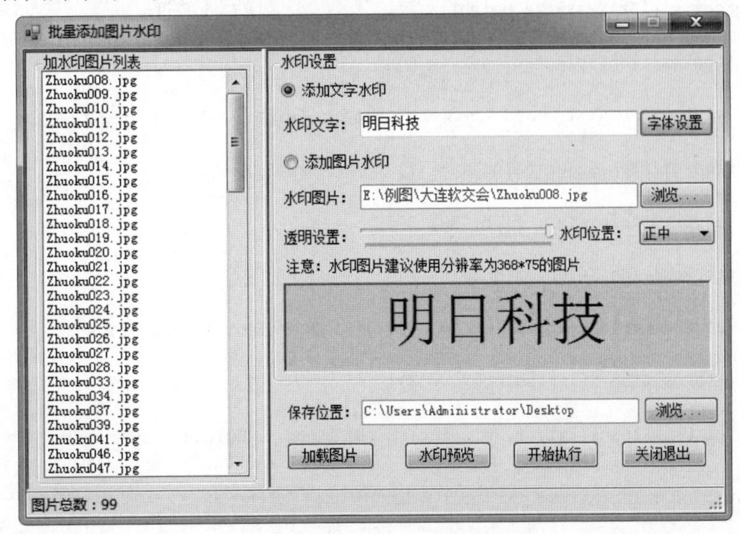

图 3.20　批量添加图片水印

关键技术

本实例在实现为图片添加水印功能时，主要用到了 Graphics 类中的 DrawString 方法和 DrawImage 方法。

实现过程

（1）打开 Visual Studio 2022 开发环境，新建一个名为 IMGwatermark 的 Windows 窗体应用程序。

（2）更改默认窗体 Form1 的 Name 属性为 Frm_Main，在该窗体中添加一个 ListBox 控件，用来显示图片列表；添加两个 OpenFileDialog 控件，分别用来选择所有图片和水印图片；添加一个 ColorDialog 控件，用来选择字体颜色；添加一个 FontDialog 控件，用来设置字体；添加一个 FolderBrowserDialog，用来选择保存位置；添加一个 PictureBox 控件，用来显示添加水印的效果；添加一个 TrackBar 控件，用来设置水印图片透明度；添加一个 ComboBox 控件，用来选择添加水印的位置；添加 7 个 Button 控件，分别用来执行选择字体、选择水印图片、选择保存位置、加载图片、预览水印效果、添加水印效果和退出程序的功能。

（3）程序主要代码如下：

093-1

```
01  private void AddFontWatermark(string txt, string Iname, int i)
02  {
03      b = new SolidBrush(fontColor);                          //创建SolidBrush对象
04      bt = new Bitmap(368, 75);                               //创建Bitmap对象，设置水印图片大小
05      BigBt = new Bitmap(Image.FromFile(ImgDirectoryPath + "\\" + Iname));
06      //通过图片路径创建Bitmap对象
07      Graphics g = Graphics.FromImage(bt);                    //创建Graphics对象
08      Graphics g1 = Graphics.FromImage(BigBt);                //创建Graphics对象
09      g.Clear(Color.Gainsboro);                               //设置画布背景颜色
10      pbImgPreview.Image = bt;                                //设置Image属性
11      if (FontF == null)                                      //判断是否设置字体
12      {
13          f = new Font(txt, fontSize);                        //创建字体对象
14          SizeF XMaxSize = g.MeasureString(txt, f);           //获取字体的大小
15          Fwidth = (int)XMaxSize.Width;                       //字体宽度
16          Fheight = (int)XMaxSize.Height;                     //字体高度
17          g.DrawString(txt, f, b, (int)(368 - Fwidth) / 2, (int)(75 - Fheight) / 2); //绘制文字水印
18          if (cbbPosition.SelectedIndex == 0)                 //正中
19          {
20              g1.DrawString(txt, f, b, (int)(BigBt.Width - Fwidth) / 2, (int)(BigBt.Height - Fheight) / 2);
21          }
22          if (cbbPosition.SelectedIndex == 1)                 //左上
23          {
24              g1.DrawString(txt, f, b, 30, 30);
25          }
26          if (cbbPosition.SelectedIndex == 2)                 //左下
27          {
28              g1.DrawString(txt, f, b, 30, (int)(BigBt.Height - Fheight) - 30);
29          }
30          if (cbbPosition.SelectedIndex == 3)                 //右上
31          {
32              g1.DrawString(txt, f, b, (int)(BigBt.Width - Fwidth), 30);
33          }
```

```
34          if (cbbPosition.SelectedIndex == 4)             //右下
35          {
36              g1.DrawString(txt, f, b, (int)(BigBt.Width - Fwidth),
37                      (int)(BigBt.Height - Fheight) - 30);
38          }
39      }
40      else                                                        //如果设置了字体
41      {
42          f = new Font(FontF, fontSize, fontStyle);                   //创建字体对象
43          SizeF XMaxSize = g.MeasureString(txt, f);                   //获取字体的大小
44          Fwidth = (int)XMaxSize.Width;                               //字体宽度
45          Fheight = (int)XMaxSize.Height;                             //字体高度
46          g.DrawString(txt, new Font(FontF, fontSize, fontStyle), b, (int)(368 - Fwidth) / 2,
    (int)(75 - Fheight) / 2);                                           //绘制文字水印
47          if (cbbPosition.SelectedIndex == 0)                         //正中
48          {
49              g1.DrawString(txt, new Font(FontF, fontSize, fontStyle), b, (int)
    (BigBt.Width - Fwidth) / 2,
50              (int)(BigBt.Height - Fheight) / 2);
51          }
52          if (cbbPosition.SelectedIndex == 1)                         //左上
53          {
54              g1.DrawString(txt, new Font(FontF, fontSize, fontStyle), b, 30, 30);
55          }
56          if (cbbPosition.SelectedIndex == 2)                         //左下
57          {
58              g1.DrawString(txt, new Font(FontF, fontSize, fontStyle), b, 30, (int)
    (BigBt.Height - Fheight) - 30);
59          }
60          if (cbbPosition.SelectedIndex == 3)                         //右上
61          {
62              g1.DrawString(txt, new Font(FontF, fontSize, fontStyle), b, (int)
    (BigBt.Width - Fwidth), Fheight);
63          }
64          if (cbbPosition.SelectedIndex == 4)                         //右下
65          {
66              g1.DrawString(txt, new Font(FontF, fontSize, fontStyle), b,
67              (int)(BigBt.Width - Fwidth), (int)(BigBt.Height - Fheight) - 30);
68          }
69      }
70      if (i == 1)                                         //i为1时，保存绘制了文字水印的图片
71      {
72          string ipath;                                   //加水印后的图片路径
73          if (NewFolderPath.Length == 3)                  //判断是不是系统磁盘
74              //如果是系统磁盘，则删除“:”后边的字符
75              ipath = NewFolderPath.Remove(NewFolderPath.LastIndexOf(":") + 1);
76          else                                            //否则
77              ipath = NewFolderPath;                      //获取路径
78          //获取图片类型
79          string imgstype = Iname.Substring(Iname.LastIndexOf(".") + 1,
    Iname.Length - 1 - Iname.LastIndexOf("."));
80          if (imgstype.ToLower() == "jpeg" || imgstype.ToLower() == "jpg") //如果原图是jpeg格式
81          {
82              BigBt.Save(ipath + "\\_" + Iname, ImageFormat.Jpeg);  //加水印后依然保存成jpeg
83          }
84          if (imgstype.ToLower() == "png")                            //如果原图是png格式
```

```
85          {
86              BigBt.Save(ipath + "\\_" + Iname, ImageFormat.Png);   //加水印后依然保存成png格式
87          }
88          if (imgstype.ToLower() == "bmp")                           //如果原图是bmp格式
89          {
90              BigBt.Save(ipath + "\\_" + Iname, ImageFormat.Bmp);   //加水印后依然保存成bmp
91          }
92          if (imgstype.ToLower() == "gif")                           //如果原图是gif格式
93          {
94              BigBt.Save(ipath + "\\_" + Iname, ImageFormat.Gif);   //加水印后依然保存成gif
95          }
96          g1.Dispose();
97          BigBt.Dispose();
98      }
99      if (i == 2)                                                    //加完图片水印后预览
100     {
101         if (cbbPosition.SelectedIndex == 0)                        //正中
102         {
103             g1.DrawImage(effect, (int)(BigBt.Width - effect.Width) / 2, (int)
(BigBt.Height - effect.Height) / 2);
104         }
105         if (cbbPosition.SelectedIndex == 1)                        //左上
106         {
107             g1.DrawImage(effect, 30, 30);
108         }
109         if (cbbPosition.SelectedIndex == 2)                        //左下
110         {
111             g1.DrawImage(effect, 30, (int)(BigBt.Height - effect.Height) - 30);
112         }
113         if (cbbPosition.SelectedIndex == 3)                        //右上
114         {
115             g1.DrawImage(effect, (int)(BigBt.Width - effect.Width) - 30, 30);
116         }
117         if (cbbPosition.SelectedIndex == 4)                        //右下
118         {
119             g1.DrawImage(effect, (int)(BigBt.Width - effect.Width) - 30, (int)
(BigBt.Height - effect.Height) - 30);
120         }
121     }
122     if (i == 3)                                                    //加完图片水印后保存
123     {
124         if (cbbPosition.SelectedIndex == 0)                        //正中
125         {
126             g1.DrawImage(effect, (int)(BigBt.Width - effect.Width) / 2, (int)
(BigBt.Height - effect.Height) / 2);
127         }
128         if (cbbPosition.SelectedIndex == 1)                        //左上
129         {
130             g1.DrawImage(effect, 30, 30);
131         }
132         if (cbbPosition.SelectedIndex == 2)                        //左下
133         {
134             g1.DrawImage(effect, 30, (int)(BigBt.Height - effect.Height) - 30);
135         }
136         if (cbbPosition.SelectedIndex == 3)                        //右上
137         {
```

```
138                 g1.DrawImage(effect, (int)(BigBt.Width - effect.Width), 30);
139             }
140             if (cbbPosition.SelectedIndex == 4)                              //右下
141             {
142                 g1.DrawImage(effect, (int)(BigBt.Width - effect.Width), (int)
    (BigBt.Height - effect.Height) - 30);
143             }
144             string ipath;
145             if (NewFolderPath.Length == 3)
146                 ipath = NewFolderPath.Remove(NewFolderPath.LastIndexOf(":") + 1);
147             else
148                 ipath = NewFolderPath;
149             string imgstype = Iname.Substring(Iname.LastIndexOf(".") + 1, Iname.
    Length - 1 - Iname.LastIndexOf("."));
150             if (imgstype.ToLower() == "jpeg" || imgstype.ToLower() == "jpg") //如果原图是jpeg格式
151             {
152                 BigBt.Save(ipath + "\\_" + Iname, ImageFormat.Jpeg);  //加水印后依然保存成jpeg格式
153             }
154             if (imgstype.ToLower() == "png")                          //如果原图是png格式
155             {
156                 BigBt.Save(ipath + "\\_" + Iname, ImageFormat.Png);   //加水印后依然保存成png格式
157             }
158             if (imgstype.ToLower() == "bmp")                          //如果原图是bmp格式
159             {
160                 BigBt.Save(ipath + "\\_" + Iname, ImageFormat.Bmp);   //加水印后依然保存成bmp格式
161             }
162             if (imgstype.ToLower() == "gif")                          //如果原图是gif格式
163             {
164                 BigBt.Save(ipath + "\\_" + Iname, ImageFormat.Gif);   //加水印后依然保存成gif格式
165             }
166         }
167 }
```

扩展学习

如何保存图片为指定格式

使用 Bitmap 类 Save 方法可以将图片保存为指定格式，该方法有多种重载形式，其最常用的一种用来将 Image 图片以指定格式保存到指定文件。语法格式如下：

```
public void Save(string filename,ImageFormat format)
```

参数说明：

① filename：字符串，包含要将 Image 图片保存到的文件的名称。

② format：Image 图片的保存格式，通过 ImageFormat 类的静态属性设置。

实例 094　仿 QQ 截图

源码位置：Code\03\094

实例说明

在工作中，有时需要抓取图片。如果通过 Windows 系统自带的抓图工具，只能抓取当前窗体

的图片，而不能抓取局部图片。QQ 提供了抓图工具，可以通过鼠标选取要抓取的范围，使用起来非常方便，本实例实现了与 QQ 截图类似的功能。实例运行效果如图 3.21 所示。

图 3.21　仿 QQ 截图

关键技术

本实例实现仿 QQ 截图功能，在绘制鼠标拖出的区域时用到了 Graphics 类的 DrawRectangle 方法；双击鼠标将选择的区域保存在系统剪贴板中，这一功能是通过 Clipboard 类的 SetImage 方法实现的。

实现过程

（1）打开 Visual Studio 2022 开发环境，新建一个名为 ScreenCutter 的 Windows 窗体应用程序。

（2）更改默认窗体 Form1 的 Name 属性为 Frm_Main，在该窗体中添加一个 Button 控件，用来实现仿 QQ 截图功能。

（3）在项目中添加一个新的 Windows 窗体，并将其命名为 Frm_Browser.cs，用来实现截图功能。

（4）Frm_Main 窗体的后台代码中，首先获取整个屏幕的抓图，然后将其传递给第二个窗体，以便截取指定区域，代码如下：

094-1

```
01  private void button1_Click(object sender, EventArgs e)
02  {
03      //创建Image对象，用于存储整个屏幕的抓图
04      Image img = new Bitmap(Screen.AllScreens[0].Bounds.Width, Screen.AllScreens[0].Bounds.Height);
05      Graphics g = Graphics.FromImage(img);                                  //创建Graphics对象
06      //CopyFromScreen方法捕获整个屏幕图像
07      g.CopyFromScreen(new Point(0, 0), new Point(0, 0), Screen.AllScreens[0].Bounds.Size);
08      IntPtr dc = g.GetHdc();                                                //获取句柄
09      g.ReleaseHdc(dc);                                                      //释放
10      Frm_Browser frm2 = new Frm_Browser();                                  //创建Frm_Browser对象
11      frm2.ig = img;                                                         //将img传递给ig
12      frm2.Show(); ;                                                         //打开Frm_Browser窗体
13  }
```

Frm_Browser 窗体的后台代码中，窗体的 Load 事件首先将 Frm_Main 传递过来的屏幕截图设为窗体背景，然后最大化窗体，这样就可以在 Frm_Browser 窗体上使用鼠标选择截图的区域，以便保存。代码如下：

094-2

```
01  private void Form2_Load(object sender, EventArgs e)
02  {
03      this.BackgroundImage = ig;                                             //将捕获的屏幕图像作为窗体的背景
04      this.WindowState = FormWindowState.Maximized;                          //最大化窗体
05      MainPainter = this.CreateGraphics();                                   //创建Graphics对象
06      pen = new Pen(Brushes.Tomato);                                         //创建Pen对象
```

```
07          isDowned = false;                                          //判断鼠标是否按下
08          baseImage = this.BackgroundImage;                          //获取捕获的屏幕图像
09          Rect = new Rectangle();                                    //创建Rectangle对象
10          RectReady = false;                                         //是否出现边框
11          change = false;
12          Rectpoints = new Rectangle[8];
13          for (int i = 0; i < Rectpoints.Length; i++)
14          {
15              Rectpoints[i].Size = new Size(4, 4);
16          }
17      }
```

当鼠标移动时，会触发窗体的 MouseMove 事件，在此事件中，判断鼠标左键是否按下，如果按下，则开始获取鼠标拖动后绘制的选区。代码如下：

094-3

```
01  private void Form2_MouseMove(object sender, MouseEventArgs e)
02  {
03      if (RectReady == true)
04      {
05          if (Rect.Contains(e.X, e.Y))
06          {
07              if (isDowned == true && change == false)
08              {
09                  //和上一次的位置比较获取偏移量
10                  Rect.X = Rect.X + e.X - tmpx;
11                  Rect.Y = Rect.Y + e.Y - tmpy;
12                  //记录现在的位置
13                  tmpx = e.X;
14                  tmpy = e.Y;
15                  MoveRect((Image)baseImage.Clone(), Rect);          //移动选择区域
16              }
17          }
18      }
19      else
20      {
21          if (isDowned == true)                                      //如果按下鼠标左键
22          {
23              Image New = DrawScreen((Image)baseImage.Clone(), e.X, e.Y); //开始绘制选区
24              MainPainter.DrawImage(New, 0, 0);
25              New.Dispose();
26          }
27      }
28  }
```

当双击鼠标时，会触发窗体的 DoubleClick 事件，在此事件中，判断是否双击了鼠标左键，如果双击鼠标左键，则获取鼠标选择的区域，并存入系统剪贴板中。代码如下：

094-4

```
01  private void Form2_DoubleClick(object sender, EventArgs e)
02  {
03      if (((MouseEventArgs)e).Button == MouseButtons.Left && Rect.Contains(((MouseEventArgs)e).X,
    ((MouseEventArgs)e).Y))
04      {
05          //创建Image对象，用于记录选定的区域
06          Image memory = new Bitmap(Rect.Width - 1, Rect.Height - 1);
```

```
07          Graphics g = Graphics.FromImage(memory                         //创建Graphics对象
08          g.CopyFromScreen(Rect.X + 1, Rect.Y + 1, 0, 0, Rect.Size); //Graphics方法捕获选定的区域
09          Clipboard.SetImage(memory);                                    //复制到剪贴板
10          this.Close();                                                  //关闭当前窗口
11      }
12  }
```

扩展学习

仿 QQ 截图的实现原理

在实现仿 QQ 截图功能时，首先需要抓取整个屏幕图片，然后在图片上按住鼠标左键，拖动鼠标选择区域，当双击鼠标左键时，将选择的区域保存下来。

实例 095　屏幕放大镜

源码位置：Code\03\095

实例说明

放大镜相信大家不会感觉陌生，它的功能是能呈现放大后的物体，方便浏览。在 Windows 系统中，选择“开始”→“程序”→“附件”→“辅助工具”→“放大镜”菜单项，可以打开系统自带的屏幕放大镜程序，它实现的功能与现实中的放大镜是一样的，本实例通过 C# 开发出与 Windows 系统自带的放大镜功能类似的屏幕放大镜程序，实例运行结果如图 3.22 所示。

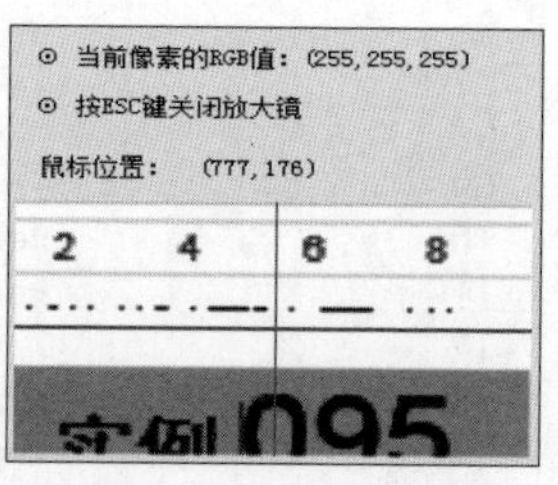

图 3.22　屏幕放大镜

关键技术

开发屏幕放大镜程序的思路是首先获取鼠标所在位置的坐标，然后以鼠标为中心抓取一个固定宽和高的长方形，最后将抓取的图像通过 PictureBox 控件显示出来，这样就实现了放大镜的效果。在开发过程中主要用到 Control 类的 MousePosition 属性获取鼠标的坐标，Graphics 类的 CopyFromScreen 方法抓取一定规格的长方形。

实现过程

（1）新建一个名为 ScreenBlowupGlass 的 Windows 窗体应用程序，默认窗体为 Form1。

（2）Form1 窗体主要用到的控件及说明如表 3.2 所示。

表 3.2　Form1 窗体主要用到的控件及说明

控件类型	控件名称	属性设置	说明
Label	lblRGB	无	显示 RGB 值
	lblmPos	无	显示鼠标位置
PictureBox	pictureBox1	SizeMode 属性设为 Zoom	放大区域
Timer	timer1	无	捕获鼠标所处区域

（3）当窗体加载时，首先设置屏幕放大镜窗体的 Location 属性，使该窗体处于屏幕左上角。然后获取屏幕的分辨率并使屏幕放大镜窗体处于所有窗体的最前端，代码如下：

095-1

```
01  private void Form1_Load(object sender, EventArgs e)
02  {
03      this.Location = new Point(0, 0);                            //设置放大镜窗体处于屏幕左上角
04      screenWidth = Screen.PrimaryScreen.WorkingArea.Width;       //获取屏幕宽度
05      screenHeight = Screen.PrimaryScreen.WorkingArea.Height;     //获取屏幕高度
06      this.TopMost = true;                                        //使放大镜窗体处于所有窗体的最前端
07  }
```

在窗体中添加一个 Timer 控件，在该控件的 Tick 事件中主要实现注册热键、获取鼠标当前坐标、鼠标所在坐标的颜色值、屏幕放大镜窗体的即时位置以及以当前鼠标为中心截取一定范围的屏幕图片，代码如下：

095-2

```
01  private void timer1_Tick(object sender, EventArgs e)
02  {
03      RegisterHotKey(Handle, 81, KeyModifiers.None, Keys.Escape);  //注册热键
04      mx = Control.MousePosition.X;                                //获取鼠标的x坐标
05      my = Control.MousePosition.Y;                                //获取鼠标的y坐标
06      lblmPos.Text = "(" + mx.ToString() + "," + my.ToString() + ")";//显示鼠标坐标
07      Point pt = new Point(mx, my);                                //创建Point实例
08      Color cl = GetColor(pt);                                     //创建Color实例
09      lblRGB.Text = "(" + cl.R.ToString() + "," + cl.G.ToString() + "," + cl.B + ")"; //显示RGB值
10      if (mx <= this.Width && my <= this.Height)                   //判断鼠标是否在放大镜窗体上
11      {
12          this.Location = new Point(screenWidth - this.Width, 0);  //如果在放大镜窗体，则让窗体处于另一端
13      }
14      if (mx >= screenWidth - this.Width && my <= this.Height)     //如果不在放大镜窗体上
15      {
16          this.Location = new Point(0, 0);                         //则让放大镜窗体处于左上角
17      }
18      Bitmap bt = new Bitmap(imgWidth / 2, imgHeight / 2);         //创建Bitmap实例
19      Graphics g = Graphics.FromImage(bt);                         //创建Graphics实例
20      g.CopyFromScreen(new Point(Cursor.Position.X - imgWidth / 4, Cursor.Position.Y - imgHeight / 4),
    new Point(0, 0), new Size(imgWidth / 2, imgHeight / 2)); //CopyFromScreen方法捕获制定区域图像
21      IntPtr dc1 = g.GetHdc();                                     //获取句柄
22      g.ReleaseHdc(dc1);                                           //释放
23      pictureBox1.Image = (Image)bt;                               //显示捕获的图像
24  }
```

在 pictureBox1 控件的 Paint 事件中，主要实现绘制两条交叉直线，用于在放大镜窗口指示鼠标所在位置，代码如下：

095-3

```
01  private void pictureBox1_Paint(object sender, PaintEventArgs e)
02  {
03      Graphics g = e.Graphics;                                      //创建Graphics实例
04      g.DrawLine(new Pen(Color.Red), new PointF(pictureBox1.Width / 2, 0),
    new PointF(pictureBox1.Width / 2, pictureBox1.Height));           //绘制垂直线
05      g.DrawLine(new Pen(Color.Red, 2), new PointF(0, pictureBox1.Height / 2),
    new PointF(pictureBox1.Width, pictureBox1.Height / 2));           //绘制水平线
06  }
```

实例 096　打造自己的开心农场

源码位置：Code\03\096

实例说明

开心农场、QQ 农场曾经是广泛流行的虚拟小游戏，本实例将实现类似 QQ 农场的小游戏。运行本实例，单击窗体中的“播种”“生长”“开花”等按钮，将会显示出农作物在不同时期的图像，如果单击按钮的顺序不符合农作物的实际生长过程，则程序会给予信息提示。实例运行效果如图 3.23 所示。

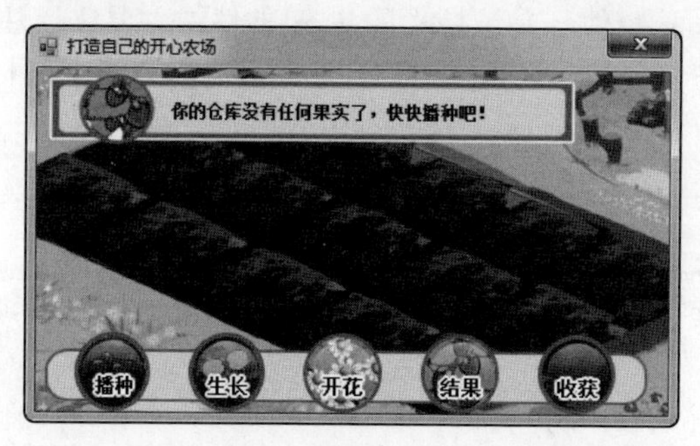

图 3.23　打造自己的开心农场

关键技术

本实例实现时主要用到了 Rectangle 类的 Contains 方法、IEnumerable<T> 泛型接口和 Enumerable 类的 Cast 方法。

实现过程

（1）打开 Visual Studio 2022 开发环境，新建一个名为 ChuffedFarm 的 Windows 窗体应用程序。

（2）更改默认窗体 Form1 的 Name 属性为 Frm_Main，在该窗体中添加 5 个 PictureBox 控件，分别用来实现播种、生长、开花、结果和收获功能；添加一个 Label 控件，用来显示仓库中果实的信息；添加一个 ToolTip 控件，用来作为图片控件的信息提示助手。

（3）在 Frm_Main 窗体中，单击“播种”图片控件，将触发该图片控件的 Click 事件。在该事件中，程序首先创建一个 CPictureBox 图片控件，用来显示种子图片，然后设置该图片控件的相关属性。“播种”图片控件的 Click 事件代码如下：

096-1

```
01  private void pbxInseminate_Click(object sender, EventArgs e)
02  {
03      if (PlantState != PlantState.Nothing && PlantState != PlantState.Harvest && PlantState !=
04      PlantState.Inseminate)                                          //若农场中存在未收获的农作物
05      {
06          MessageBox.Show("还未收获，无法播种！");
07          return;
08      }
09      this.PlantState = PlantState.Inseminate;                        //设置农作物处于播种状态
10      this.cpbxSeed = new CPictureBox();                              //创建CPictureBox图片控件
```

```
11      this.cpbxSeed.BackColor = System.Drawing.Color.Transparent;     //设置图片控件的背景颜色为透明色
12      //设置图片控件背景图像的布局，这里设置图像将沿图片控件的矩形工作区拉伸
13      this.cpbxSeed.BackgroundImageLayout = System.Windows.Forms.ImageLayout.Stretch;
14      //设置Image属性，让图片控件显示种子图片
15      this.cpbxSeed.Image = ChuffedFarm.Properties.Resources.seed2;
16      this.cpbxSeed.Size = new System.Drawing.Size(ChuffedFarm.Properties.Resources.seed2.Width,
17          ChuffedFarm.Properties.Resources.seed2.Height);          //设置图片控件大小
18      //设置图片控件位置
19      this.cpbxSeed.Location = new System.Drawing.Point(this.pbxInseminate.Location.X - 50,
20      this.pbxInseminate.Location.Y - 80);
21      this.cpbxSeed.TabStop = true;                                 //设置图片控件接收Tab键的焦点
22      this.cpbxSeed.IsInseminate = false;                           //表示种子还未种下
23      //把图片控件的Click事件绑定到cpbxSeed_Click方法
24      this.cpbxSeed.Click += new System.EventHandler(this.cpbxSeed_Click);
25      this.Controls.Add(this.cpbxSeed);                             //把图片控件添加到窗体中
26      tipSeed.SetToolTip(this.cpbxSeed, "这是种子");                 //给图片控件设置提示助手
27  }
```

在种子种下后，可按照农作物的生长顺序，依次单击各个图片按钮，农场中的农作物会呈现不同的外观状态，当农作物结果后，单击“收获”图片控件，程序将清空农场中的所有农作物，并记录下收获的果实数量。单击“收获”图片控件，会触发该控件的 Click 事件。代码如下：

096-2

```
01  private void pbxHarvest_Click(object sender, EventArgs e)
02  {
03      if (PlantState == PlantState.Nothing)                        //若还未播种
04      {
05          MessageBox.Show("还未播种，能收获吗？", "信息提示！");
06          return;
07      }
08      if (PlantState == PlantState.Inseminate)                     //若刚播完种子
09      {
10          MessageBox.Show("刚刚播完种，还未生长，能收获吗？", "信息提示！");
11          return;
12      }
13      if (PlantState == PlantState.Vegetate)                       //若农作物还处在生长期
14      {
15          MessageBox.Show("还处在生长期，并未开花，能收获吗？", "信息提示！");
16          return;
17      }
18      if (PlantState == PlantState.BlossomOut)                     //若农作物还处在开花期
19      {
20          MessageBox.Show("正在花期，并未结果，能收获吗？", "信息提示！");
21          return;
22      }
23      if (PlantState == PlantState.Harvest)                        //若农作物已被收获完毕
24      {
25          MessageBox.Show("都已经收过了？", "信息提示！");
26          return;
27      }
28      IEnumerable<Control> cons = this.GetCPictureBoxes();         //获取所有的CPictureBox控件实例
29      foreach (CPictureBox cpbx in cons)
30      {
31          intAmount++;                                             //记录收获果实的数量
```

```
32          cpbx.Dispose();                                         //销毁当前的CPictureBox控件实例
33      }
34      if (cons.Count<Control>() > 0)                              //若图片控件集合中还有元素
35      {
36          pbxHarvest_Click(sender, e);                            //递归调用pbxHarvest_Click方法
37      }
38      this.PlantState = PlantState.Harvest;                       //设置农作物处于收获完毕状态
39      lbAmount.Text = "你的仓库里有" + intAmount.ToString() + "个果实！";
40  }
```

扩展学习

轻松实现动画按钮

当鼠标移入或移出图片按钮时，可使图片按钮显示动态效果，这种动态效果增强了软件的操作性。当鼠标移入图片控件区域时，会触发图片控件的 MouseEnter 事件；当鼠标移出图片控件区域时，会触发图片控件的 MouseLeave 事件，在这两个事件中为图片控件设置不同的 Image 属性值，即可实现图片按钮的动态效果。

实例 097　在柱形图的指定位置显示说明文字

源码位置：Code\03\097

实例说明

实际生活中使用柱形图统计分析数据时，通常会在柱形图上显示文字，以便让用户更清楚地了解运行的数据。本实例使用 C# 实现了在柱形图上绘制说明文字的功能，实例运行效果如图 3.24 所示。

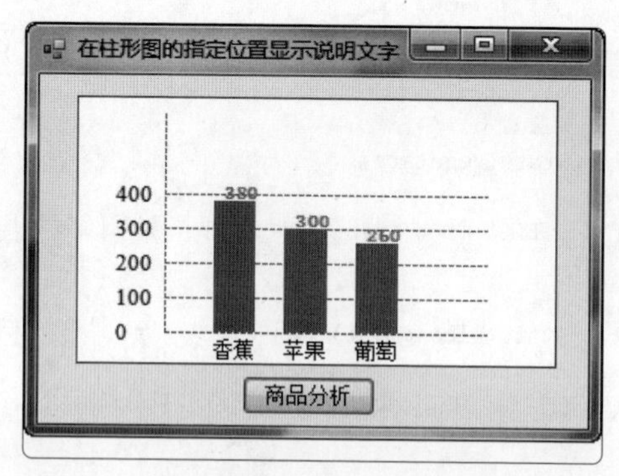

图 3.24　在柱形图的指定位置显示说明文字

关键技术

本实例在绘制柱形图及柱形图上的文字时，主要用到了 Graphics 类的 FillRectangle 方法和 DrawString 方法。

实现过程

（1）打开 Visual Studio 2022 开发环境，新建一个名为 TextInColumn 的 Windows 窗体应用程序。

（2）更改默认窗体 Form1 的 Name 属性为 Frm_Main，在该窗体中添加一个 Panel 控件，用于显示绘制的标有说明文字的柱形图。

（3）程序主要代码如下：

097-1

```
01 private void ShowPic()
02 {
03     Conn();                                                              //打开数据库
04     using (cmd = new SqlCommand("SELECT TOP 3 * FROM tb_Rectangle order by t_Num desc", con))
05     {
06         SqlDataReader dr = cmd.ExecuteReader();                          //创建SqlDataReader对象
07         Bitmap bitM = new Bitmap(this.panel1.Width, this.panel1.Height); //创建画布
08         Graphics g = Graphics.FromImage(bitM);                           //创建Graphics对象
09         Pen p = new Pen(new SolidBrush(Color.SlateGray), 1.0f);          //创建Pen对象
10         p.DashStyle = System.Drawing.Drawing2D.DashStyle.Dash;           //设置虚线
11         g.Clear(Color.White);                                            //设置画布颜色
12         for (int i = 0; i < 5; i++)
13         {
14             //绘制水平线条
15             g.DrawLine(p, 50, this.panel1.Height - 20 - i * 20, this.panel1.Width - 40,
this.panel1.Height - 20 - i * 20);
16             g.DrawString(Convert.ToString(i * 100), new Font("Times New Roman", 10, FontStyle.
Regular), new SolidBrush(Color.Black), 20, this.panel1.Height - 27 - i * 20); //绘制商品的增长值
17         }
18         for (int j = 0; j < 4; j++)
19         {
20             g.DrawLine(p, 50, this.panel1.Height - 20, 50, 20);          //绘制垂直线条
21             if (dr.Read())
22             {
23                 int x, y, w, h;                                          //声明变量存储坐标和大小
24                 g.DrawString(dr[0].ToString(), new Font("宋体", 9, FontStyle.Regular),
new SolidBrush(Color.Black), 76 + 40 * j, this.panel1.Height - 16);       //绘制商品名称
25                 x = 78 + 40 * j;                                         //x坐标
26                 //y坐标
27                 y = this.panel1.Height - 20 - Convert.ToInt32((Convert.ToDouble
(Convert.ToDouble(dr[1].ToString()) * 20 / 100)));
28                 w = 24;                                                  //宽度
29                 h = Convert.ToInt32(Convert.ToDouble(dr[1].ToString()) * 20 / 100); //高度
30                 g.FillRectangle(new SolidBrush(Color.SlateGray), x, y, w, h); //绘制柱形图
31                 //在柱形图指定的位置绘制文字
32                 g.DrawString((h * 100 / 20).ToString(), new Font("宋体", 8, FontStyle.Bold),
new SolidBrush(Color.Tomato), new Point(x + 4, y - 10));
33             }
34         }
35         this.panel1.BackgroundImage = bitM;                              //显示绘制的图形
36     }
37 }
```

扩展学习

FillRectangle 方法的使用

FillRectangle 方法为可重载方法，它有 4 种重载形式，分别用来填充由 Rectangle 结构、RectangleF 结构以及一对坐标、一个宽度、一个高度指定的矩形的内部。

实例 098　利用柱形图表分析商品走势　　源码位置：Code\03\098

实例说明

在实现一个具有分析功能的软件时，经常使用图表显示分析结果，图表可以使用户更直观地了解所关注的信息。本实例通过图表技术来动态地分析某商品每年的走势情况。实例运行效果如图 3.25 所示。

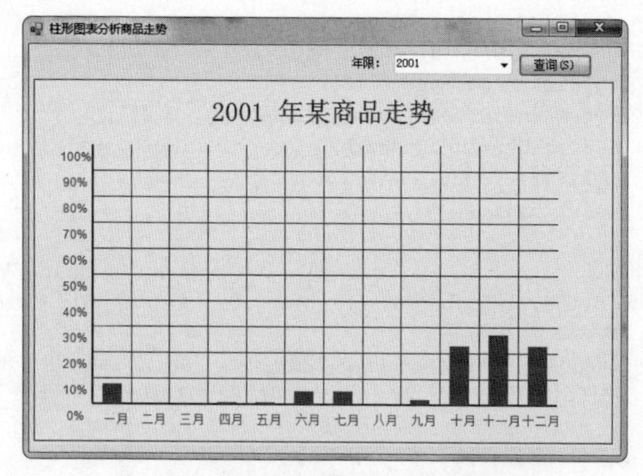

图 3.25　利用柱形图表分析商品走势

关键技术

本实例在绘制柱形图时，主要通过调用 Graphics 类中的 FillRectangle 方法实现，Graphics 类中的 FillRectangle 方法用于填充由一对坐标、一个宽度和一个高度指定的矩形的内部。

实现过程

（1）打开 Visual Studio 2022 开发环境，新建一个名为 AnalyseGoodsTrend 的 Windows 窗体应用程序。

（2）更改默认窗体 Form1 的 Name 属性为 Frm_Main，在该窗体中添加一个 Panel 控件、一个 ComboBox 控件和一个 Button 控件，分别用于显示绘图结果、统计年份和绘制图形。

（3）程序主要代码如下：

```
098-1
01  private void CreateImage(int Year)
02  {
03      int height = 400, width = 600;                                    //设置画布的高和宽
04      System.Drawing.Bitmap image = new System.Drawing.Bitmap(width, height);  //创建一个新画布
05      Graphics g = Graphics.FromImage(image);                           //创建Graphics对象
06      try
07      {
08          g.Clear(Color.White);                                         //设置画布背景色
09          Font font = new System.Drawing.Font("Arial", 9, FontStyle.Regular);  //设置字体
```

```
10          Font font1 = new System.Drawing.Font("宋体", 20, FontStyle.Regular); //设置字体
11          System.Drawing.Drawing2D.LinearGradientBrush brush = new System.Drawing.Drawing2D.
    LinearGradientBrush(new Rectangle(0, 0, image.Width, image.Height), Color.Blue,
    Color.Blue, 1.2f, true);                                      //创建LinearGradientBrush对象
12          g.FillRectangle(Brushes.WhiteSmoke, 0, 0, width, height); //绘制柱形图
13          Brush brush1 = new SolidBrush(Color.Blue);               //创建Brush对象
14          //绘制说明文字
15          g.DrawString("" + Year + " 年某商品走势", font1, brush1, new PointF(180, 30));
16          //画图片的边框线
17          g.DrawRectangle(new Pen(Color.Blue), 0, 0, image.Width - 4, image.Height - 4);
18          Pen mypen = new Pen(brush, 1);                              //创建Pen对象
19          //绘制横向线条
20          int x = 100;
21          for (int i = 0; i < 11; i++)
22          {
23              g.DrawLine(mypen, x, 80, x, 340);                       //绘制线条
24              x = x + 40;
25          }
26          Pen mypen1 = new Pen(Color.Blue, 2);                        //创建Pen对象
27          g.DrawLine(mypen1, x - 480, 80, x - 480, 340);
28          //绘制纵向线条
29          int y = 106;
30          for (int i = 0; i < 9; i++)
31          {
32              g.DrawLine(mypen, 60, y, 540, y);                       //绘制线条
33              y = y + 26;
34          }
35          g.DrawLine(mypen1, 60, y, 540, y);
36          //x轴
37          String[] n = {"  一月", "  二月", "  三月", "  四月", "  五月", "  六月",
    "  七月","  八月", "  九月", "  十月", "十一月", "十二月"};         //绘制x轴的月份
38          x = 62;
39          for (int i = 0; i < 12; i++)
40          {
41              g.DrawString(n[i].ToString(), font, Brushes.Red, x, 348); //设置文字内容及输出位置
42              x = x + 40;
43          }
44          //y轴
45          String[] m = {"100%", " 90%", " 80%", " 70%", " 60%", " 50%", " 40%",
    " 30%"," 20%", " 10%", "  0%"};                                  //绘制y轴的商品上升百分比
46          y = 85;
47          for (int i = 0; i < 11; i++)
48          {
49              g.DrawString(m[i].ToString(), font, Brushes.Red, 25, y);  //设置文字内容及输出位置
50              y = y + 26;
51          }
52          int[] Count = new int[12];
53          string cmdtxt2 = "SELECT * FROM tb_Stat WHERE ShowYear=" + Year + "";
54          SqlConnection Con = new SqlConnection("server=mrwxk\\wangxiaoke;uid=sa;pwd=;
    database=db_TomeOne");                                           //建立数据库连接
55          Con.Open();                                                  //打开连接
56          SqlCommand Com = new SqlCommand(cmdtxt2, Con);              //创建SqlCommand对象
57          SqlDataAdapter da = new SqlDataAdapter();                    //创建SqlDataAdapter对象
58          da.SelectCommand = Com;
59          DataSet ds = new DataSet();                                  //创建DataSet对象
60          da.Fill(ds);                                                 //Fill方法填充DataSet
```

```
61            int j = 0;
62            int number = SumYear(Year);
63            for (j = 0; j < 12; j++)
64            {
65                Count[j] = Convert.ToInt32(ds.Tables[0].Rows[0][j + 1].ToString()) * 100 / number;
66            }
67            //显示柱状效果
68            x = 70;
69            for (int i = 0; i < 12; i++)
70            {
71                SolidBrush mybrush = new SolidBrush(Color.Red);
72                g.FillRectangle(mybrush, x, 340 - Count[i] * 26 / 10, 20, Count[i] * 26 / 10);
73                x = x + 40;
74            }
75            this.panel1.BackgroundImage = image;
76        }
77        catch (Exception ey)
78        {
79            MessageBox.Show(ey.Message);
80        }
81    }
```

扩展学习

SolidBrush 类的使用

SolidBrush 类主要用来定义单色画笔，画笔用于填充图形形状，如矩形、椭圆、扇形、多边形和封闭路径等。

实例 099　利用折线图分析彩票中奖情况

源码位置：Code\03\099

实例说明

彩票销售点经常会挂着折线图，将近期本销售点中奖金额信息清晰地表示出来。本实例将实现利用折线图分析彩票中奖情况的功能，运行本程序，选择要分析的起始日期和终止日期，单击“分析”按钮，即可将本时间段的彩票中奖情况使用折线图描绘出来。实例运行结果如图 3.26 所示。

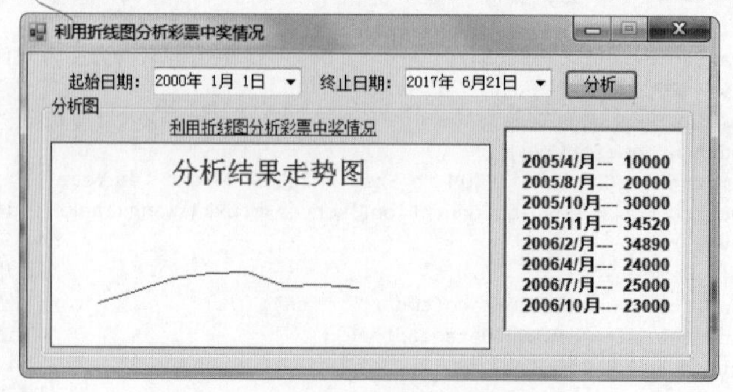

图 3.26　利用折线图分析彩票中奖情况

关键技术

本实例首先通过 SQL 语句从数据库中检索出相关数据，在绘制折线图时，将对应的数据进行计算，并以适当的比例绘制计算结果，实现过程中主要用到了 Graphics 类中的 DrawLines 方法、DrawLine 方法和 DrawString 方法。

实现过程

（1）打开 Visual Studio 2022 开发环境，新建一个名为 AnalyseLottery 的 Windows 窗体应用程序。

（2）更改默认窗体 Form1 的 Name 属性为 Frm_Main，在该窗体中添加两个 DateTimePicker 控件，分别用来选择起始日期和终止日期；添加一个 Button 控件，用来查询指定时间段的彩票中奖情况，并绘制折线图；添加两个 Panel 控件，分别用来显示绘制的折线图和彩票中奖详细列表。

（3）程序主要代码如下：

099-1

```
01  private void DrowInfo(string SQL)
02  {
03      try
04      {
05          System.Drawing.Bitmap bmp = new Bitmap(this.panel1.Width, this.panel1.Height);//定义画布
06          Graphics g = Graphics.FromImage(bmp);                       //创建Graphics对象
07          g.Clear(Color.White);                                       //设置画布背景颜色
08          Brush bru = new SolidBrush(Color.Blue);                     //创建Brush对象
09          Pen p = new Pen(bru);                                       //定义画笔
10          Font font = new Font("Arial", 9, FontStyle.Bold);           //定义字体
11          Conn();                                                     //连接数据库
12          cmd = new SqlCommand(SQL, con);                             //创建SqlCommand对象
13          SqlDataReader dr = cmd.ExecuteReader();                     //创建SqlDataReader对象
14          int i = 0;
15          Pen pLine = new Pen(Color.Orange, 4.0f);                    //定义画笔
16          string str = null;
17          float f = 0.0f;
18          while (dr.Read())                                           //开始读取数据库中的数据
19          {
20              i++;
21              //绘制月份
22              g.DrawString(dr[0].ToString().Substring(0, 7) + "月---", font, bru, 10, 15.0f * i);
23              //绘制每个月份的中奖情况
24              g.DrawString(dr[1].ToString(), font, bru, this.panel1.Width - 50, 15.0f * i);
25              str += dr[1].ToString() + "#";
26              f += Convert.ToSingle(dr[1].ToString());
27          }
28          dr.Close();                                                 //关闭SqlDataReader对象
29          this.panel1.BackgroundImage = bmp;                          //显示绘制的图像
30          Bitmap bmpP = new Bitmap(this.panel3.Width, this.panel3.Height); //定义画布
31          Graphics gP = Graphics.FromImage(bmpP);                     //创建Graphics对象
32          gP.Clear(Color.White);                                      //设置背景颜色
33          Brush bruImg = new SolidBrush(Color.Orange);                //定义笔刷
34          Pen Pg = new Pen(bruImg, 1.0f);                             //定义画笔
35          string[] strCount = str.Split('#');
36          int[] ICount = new int[strCount.Length];
37          for (int l = 0; l < strCount.Length - 1; l++)
38          {
```

```
39              ICount[l] = Convert.ToInt32(strCount[l]);
40          }
41          Point[] P = new Point[ICount.Length - 1];                    //用于存储直线的坐标
42          for (int j = 0; j < ICount.Length - 1; j++)
43          {
44              P[j].X = 35 + 28 * j;                                    //设置x坐标
45              P[j].Y = this.panel3.Height - 20 - Convert.ToInt32(ICount[j] / f *
    (this.panel3.Height + 20));                                          //设置y坐标
46          }
47          f = 0.0f;
48          str = null;
49          gP.DrawLines(new Pen(new SolidBrush(Color.Red)), P);         //绘制走势图
50          gP.DrawString("分析结果走势图", new Font("宋体", 16), bru,
    this.panel3.Width / 2 - 80, 10);                                     //绘制标题
51          this.panel3.BackgroundImage = bmpP;                          //显示绘制的图像
52      }
53      catch
54      {
55          MessageBox.Show("此范围内没有任何信息！！！");
56          return;
57      }
58  }
```

扩展学习

return 语句的使用

return 语句用于退出类的方法，并控制返回方法的调用者，如果方法有返回类型，return 语句必须返回该类型的值；如果方法没有返回类型，应使用没有表达式的 return 语句。

实例 100　利用饼形图分析产品市场占有率

源码位置：Code\03\100

实例说明

开发商品销售管理系统的过程中，饼形图可以让用户更清晰地了解产品在市场上的占有率。本实例利用饼形图来分析某电子产品市场占有率，实例运行效果如图 3.27 所示。

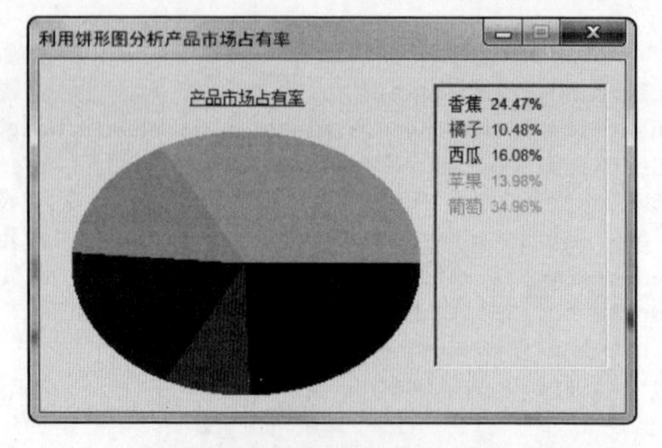

图 3.27　利用饼形图分析产品市场占有率

关键技术

本实例在实现时，首先通过 SQL 语句统计商品在市场的占有率，并将其字段名与数量存放于 Hashtable（哈希表）中，然后遍历“哈希表”计算出每种商品所占的比例，最后通过 Graphics 类的 FillPie 方法和 FillPie 方法绘制饼形图。

实现过程

（1）打开 Visual Studio 2022 开发环境，新建一个名为 CAnalyseGoodsScale 的 Windows 窗体应用程序。

（2）更改默认窗体 Form1 的 Name 属性为 Frm_Main，在该窗体中添加两个 Panel 控件，分别用来显示绘制的饼形图和说明信息。

（3）程序主要代码如下：

100-1

```
01  private void showPic(float f, Brush B)
02  {
03      Graphics g = this.panel1.CreateGraphics();          //通过panel1控件创建一个Graphics对象
04      if (TimeNum == 0.0f)
05      {
06          g.FillPie(B, 0, 0, this.panel1.Width, this.panel1.Height, 0, f * 360); //绘制扇形
07      }
08      else
09      {
10          g.FillPie(B, 0, 0, this.panel1.Width, this.panel1.Height, TimeNum, f * 360);
11      }
12      TimeNum += f * 360;
13  }
14  private void Form1_Paint(object sender, PaintEventArgs e)          //在Paint事件中绘制窗体
15  {
16      ht.Clear();
17      Conn();                                                        //连接数据库
18      Random rnd = new Random();                                     //生成随机数
19      using (cmd = new SqlCommand("select t_Name,sum(t_Num) as Num  from tb_14 group by
    t_Name", con))
20      {
21          Graphics g2 = this.panel2.CreateGraphics();     //通过panel2控件创建一个Graphics对象
22          SqlDataReader dr = cmd.ExecuteReader();         //创建SqlDataReader对象
23          while (dr.Read())                               //读取数据
24          {
25              ht.Add(dr[0], Convert.ToInt32(dr[1]));      //将数据添加到Hashtable中
26          }
27          float[] flo = new float[ht.Count];
28          int T = 0;
29          foreach (DictionaryEntry de in ht)              //遍历Hashtable
30          {
31              flo[T] = Convert.ToSingle((Convert.ToDouble(de.Value) / SumNum).ToString().
    Substring(0, 6));
32              Brush Bru = new SolidBrush(Color.FromArgb(rnd.Next(255), rnd.Next(255),
    rnd.Next(255)));
```

```
33              //绘制商品及百分比
34              g2.DrawString(de.Key + "  " + flo[T] * 100 + "%", new Font("Arial", 8,
    FontStyle.Regular), Bru, 7, 5 + T * 18);
35              showPic(flo[T], Bru);                                   //调用showPic方法绘制饼形图
36              T++;
37          }
38      }
39  }
```

扩展学习

使用 Paint 事件实现窗体或控件的重绘

当重绘窗体或控件时会引发其 Paint 事件，该事件将 PaintEventArgs 的实例传递给用来处理 Paint 事件的方法，从而实现窗体或控件的重绘。

实例 101　利用多饼形图分析企业人力资源情况　　源码位置：Code\03\101

实例说明

开发企业人力资源管理系统时，经常使用饼形图分析企业中各个阶层的人员情况，为了让用户有更清晰地认识，本实例采用了多饼图表示法实现分析功能。实例运行效果如图 3.28 所示。

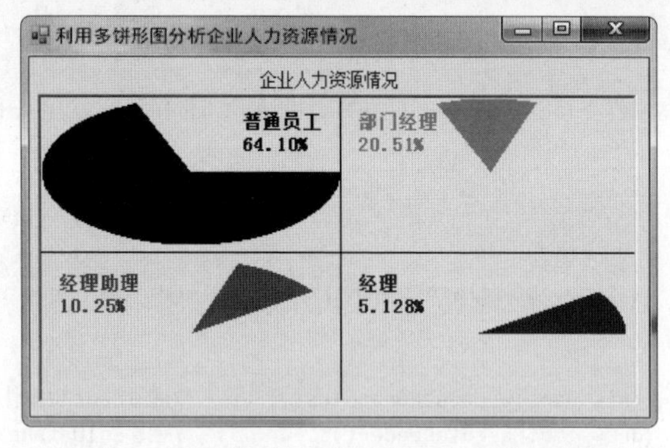

图 3.28　利用多饼形图分析企业人力资源情况

关键技术

本实例在实现时，首先通过 SQL 语句分别统计企业总人数和各个阶层的人数，然后通过统计的比例绘制饼形图，实现过程中主要用到 Graphics 类的 DrawLine 方法、DrawString 方法和 FillPie 方法。

实现过程

（1）打开 Visual Studio 2022 开发环境，新建一个名为 MultiCAnalyseHR 的 Windows 窗体应用程序。

（2）更改默认窗体 Form1 的 Name 属性为 Frm_Main，在该窗体中添加一个 Panel 控件，用来显示绘制的多个饼形图。

（3）程序主要代码如下：

101-1

```
01  private void ShowPic(int Sum)
02  {
03      using (cmd = new SqlCommand("select t_Point,sum(t_Num) from tb_manpower group by
    t_Point order by sum(t_Num) desc", con))
04      {
05          Bitmap bmp = new Bitmap(this.panel1.Width, this.panel1.Height); //创建画布
06          Graphics g = Graphics.FromImage(bmp);           //创建Graphics对象
07          cmd.Connection.Open();
08          SqlDataReader dr = cmd.ExecuteReader();         //创建SqlDataReader对象
09          while (dr.Read())                               //开始读取记录
10          {
11              float f = Convert.ToSingle(dr[1]) / Sum;
12              string str = dr[0].ToString();
13              drowPic(g, f, str);                         //调用drowPic方法绘制饼形图
14          }
15          //绘制线条
16          g.DrawLine(new Pen(Color.Black), 0, this.panel1.Height / 2, this.panel1.Width,
    this.panel1.Height / 2);
17          g.DrawLine(new Pen(Color.Black), this.panel1.Width / 2, 0, this.panel1.Width / 2,
    this.panel1.Height);
18          this.panel1.BackgroundImage = bmp;              //显示绘制的图形
19          dr.Close();                                     //关闭SqlDataReader对象
20          con.Close();                                    //关闭数据库连接
21      }
22  }
23  private void drowPic(Graphics g, float f, string str)   //根据要求绘制饼形图
24  {
25      if (ConutNum == 0)                                  //如果ConutNum为0时执行
26      {
27          //绘制扇形
28          g.FillPie(new SolidBrush(Color.Black), 0, 0, (this.panel1.Width) / 2,
    (this.panel1.Height - 10) / 2, 0, 360 * f);
29          //绘制文本
30          g.DrawString(str, new Font("宋体", 10, FontStyle.Bold), new SolidBrush(Color.Black),
    (this.panel1.Width) / 2 - 70, 10);
31          //绘制文本
32          g.DrawString(Convert.ToString(f * 100).Substring(0, 5) + "%", new Font
    ("宋体", 10, FontStyle.Bold), new SolidBrush(Color.Black), (this.panel1.Width) / 2 - 70, 25);
33          floatNum = 360 * f;                             //计算角度
34          ConutNum += 1;                                  //使ConutNum为1
35      }
36      else if (ConutNum == 1)                             //如果ConutNum为1时执行
37     {
38          //绘制扇形
39          g.FillPie(new SolidBrush(Color.DarkOrange), (this.panel1.Width) / 2, 0,
    (this.panel1.Width) / 2, (this.panel1.Height - 10) / 2, floatNum, 360 * f);
40          //绘制文本
```

```
41          g.DrawString(str, new Font("宋体", 10, FontStyle.Bold), new SolidBrush
   (Color.DarkOrange), (this.panel1.Width) / 2 + 10, 10);
42          g.DrawString(Convert.ToString(f * 100).Substring(0, 5) + "%", new Font("宋体", 10,
   FontStyle.Bold), new SolidBrush(Color.DarkOrange), (this.panel1.Width) / 2 + 10, 25); //绘制文本
43          floatNum += 360 * f;                                      //计算角度
44          ConutNum += 1;                                            //使ConutNum为2
45      }
46      else if (ConutNum == 2)                                       //ConutNum为2时执行
47      {
48          //绘制扇形
49          g.FillPie(new SolidBrush(Color.Red), 0, (this.panel1.Height - 10) / 2 + 10,
   (this.panel1.Width) / 2, (this.panel1.Height - 10) / 2, floatNum, 360 * f);
50          //绘制文本
51          g.DrawString(str, new Font("宋体", 10, FontStyle.Bold), new SolidBrush(Color.Red),
   10,(this.panel1.Height - 10) / 2 + 20);
52          //绘制文本
53          g.DrawString(Convert.ToString(f * 100).Substring(0, 5) + "%", new Font("宋体", 10,
   FontStyle.Bold), new SolidBrush(Color.Red), 10, (this.panel1.Height - 10) / 2 + 35);
54          floatNum += 360 * f;                                      //计算角度
55          ConutNum += 1;                                            //使ConutNum为3
56      }
57      else if (ConutNum == 3)                                       //ConutNum为3时执行
58      {
59          //绘制扇形
60          g.FillPie(new SolidBrush(Color.Blue), (this.panel1.Width) / 2 - 10, (this.panel1.
   Height - 10) / 2 + 10, (this.panel1.Width) / 2, (this.panel1.Height - 10) / 2, floatNum, 360 * f);
61          //绘制文本
62          g.DrawString(str, new Font("宋体", 10, FontStyle.Bold), new SolidBrush(Color.Blue),
   (this.panel1.Width) / 2 + 10, (this.panel1.Height - 10) / 2 + 20);
63          //绘制文本
64          g.DrawString(Convert.ToString(f * 100).Substring(0, 5) + "%", new Font("宋体",
   10,FontStyle.Bold), new SolidBrush(Color.Blue), (this.panel1.Width) / 2 + 10, (this.panel1.
   Height - 10) / 2 + 35);
65      }
66  }
```

扩展学习

绘制多饼形图的实现原理

绘制多饼形图，需要计算各个部分所占的比例，然后依次绘制。绘制过程中，首先从第一部分开始绘制，绘制结束后，记录其绘制的扇形结束位置，并以该位置为起点，开始绘制第二部分，以此类推，直到绘制完最后一部分，这样就实现了绘制多饼形图的功能。

实例 102 制作家庭影集

源码位置：Code\03\102

实例说明

许多家庭为了防止照片的损坏，便将图片存入电脑中，为了更方便地浏览图片，本实例制作了

一个多图片的浏览程序，运行本实例，单击“上一张”“下一张”按钮，可以对图片进行快速浏览。实例运行效果如图 3.29 所示。

图 3.29　制作家庭影集

关键技术

本实例在实现时，首先通过 DirectoryInfo 类的 GetFileSystemInfos 方法从指定的文件夹中获取图片信息；然后将所有的图片名称取出来放在一个字符串中，并通过 Split 方法分割字符串生成一个存储图片名称的数组，数组的大小就是图片的数量；最后通过一个变量进行增加或减少作为数组下标从而实现图片的显示。

实现过程

（1）打开 Visual Studio 2022 开发环境，新建一个名为 TailorFamilyAlbum 的 Windows 窗体应用程序。

（2）更改默认窗体 Form1 的 Name 属性为 Frm_Main，在该窗体中添加两个 Button 控件和一个 PictureBox 控件，分别用来执行上一张、下一张导向操作以及显示图片信息。

（3）在 Frm_Main 窗体中自定义一个 GetAllFiles 方法，用于遍历文件中的所有图片名称。代码如下：

102-1

```
01  public void GetAllFiles(DirectoryInfo dir)
02  {
03      FileSystemInfo[] fileinfo = dir.GetFileSystemInfos();//初始化一个FileSystemInfo类型的数组
04      foreach (FileSystemInfo i in fileinfo)              //循环遍历fileinfo中的每一条记录
05      {
06          if (i is DirectoryInfo)                         //当i在类DirectoryInfo中存在时
07          {
08              GetAllFiles((DirectoryInfo)i);              //获取i下的所有文件
09          }
10          else                                            //当不存在该i时
11          {
12              string str = i.FullName;                    //记录变量i的全名
13              int b = str.LastIndexOf("\\");              //在此实例中获取最后一个匹配项的索引
14              string strType = str.Substring(b + 1);      //保存文件的后缀
15              //当文件格式为jpg或者bmp时
16              if (strType.Substring(strType.Length - 3) == "jpg" || strType.Substring
    (strType.Length - 3) == "bmp")
```

```
17                {
18                    strInfo += strType + "#";                                //为变量strInfo赋值
19                }
20            }
21        }
22    }
```

扩展学习

妙用 foreach 语句

foreach 循环语句专门用来遍历数组和集合的元素，foreach 语句的工作原理是逐个枚举出数组或集合中的每一个元素，每枚举一个元素就执行一次语句块中的内容，在使用 foreach 语句遍历的过程中要注意不可以更改遍历中的集合。

实例 103 播放 Flash 动画

源码位置：Code\03\103

实例说明

在互联网高度发展的今天，读者一定不会对 Flash 感到陌生，这种格式的媒体文件是由 Macromedia 公司推出的交互式矢量图和 Web 动画的标准。使用此种格式的文件可以创作具有交互性的多媒体动画，并且文件体积非常小。Flash 不仅在网上流行，目前的家用电脑中这种文件也非常多。本实例设计了一个播放 Flash 动画的软件，实例运行效果如图 3.30 所示。

图 3.30 播放 Flash 动画

关键技术

本实例的关键技术是 Flash 插件，首先要确认计算机中是否存在 Flash 插件，也就是 IE 浏览器浏览网页时是否能够播放网页中的 Flash。播放 Flash 时主要使用了 Macromedia 公司提供的一个 ActiveX 组件，该 ActiveX 组件是 Flash8.OCX。

实现过程

（1）打开 Visual Studio 2022 开发环境，新建一个名为 playflash 的 Windows 窗体应用程序。

（2）更改默认窗体Form1的Name属性为Frm_Main，在该窗体中添加一个MenuStrip控件，用来作为窗体的菜单栏；添加一个OpenFileDialog控件，用来打开Flash文件；添加一个Panel控件，用来添加播放Flash的控件。添加一个Timer组件，用来控制菜单栏中各个菜单项的状态。

（3）在Frm_Main窗体的后台代码中，首先定义程序中要使用的全局对象，该对象用于播放Flash文件。代码如下：

103-1
```
01  AxShockwaveFlashObjects.AxShockwaveFlash ax;            //创建AxShockwaveFlash实例
```

自定义一个AddFlash方法用于创建AxShockwaveFlash对象，并将该对象添加到Panel控件中。代码如下：

103-2
```
01  private void AddFlash()
02  {
03      ax = new AxShockwaveFlashObjects.AxShockwaveFlash(); //创建AxShockwaveFlash对象
04      panel1.Controls.Add(ax);                             //添加到Panel控件中
05      ax.Dock = DockStyle.Fill;                            //设置填充模式
06      ax.ScaleMode = 1;
07      ax.Stop();                                           //停止，不播放
08  }
```

当窗体加载时，调用AddFlash方法加载播放Flash文件的控件。代码如下：

103-3
```
01  private void Frm_Main_Load(object sender, EventArgs e)
02  {
03      AddFlash();                                          //窗体加载时添加播放器
04      ax.Visible = false;                                  //隐藏播放器
05      ControlState(0);                                     //设置菜单状态
06  }
```

选择菜单栏中的“文件”→“打开”菜单项，弹出选择Flash文件的窗口，选择某个Flash文件后，单击“确定”按钮，获取Flash文件的路径，并赋值给AxShockwaveFlash对象的Movie属性值，实现播放Flash文件的功能。代码如下：

103-4
```
01  private void 打开ToolStripMenuItem_Click(object sender, EventArgs e)
02  {
03      if (openFileDialog1.ShowDialog() == DialogResult.OK) //如果选择了Flash文件
04      {
05          ax.Visible = true;                               //显示播放器
06          string flashPath = openFileDialog1.FileName;     //获取Flash文件路径
07          ax.Movie = flashPath;                            //设置播放器的Movie属性
08          panel1.Visible = true;                           //显示Panel控件
09          ControlState(1);                                 //激活菜单
10      }
11  }
```

选择菜单栏中的“控制”→“第一帧”菜单项，调用AxShockwaveFlash对象的Rewind方法使Flash从第一帧开始播放。代码如下：

103-5
```
01  private void 第一帧ToolStripMenuItem_Click(object sender, EventArgs e)
02  {
03      ax.Rewind();                                    //调用Rewind方法播放第一帧
04  }
```

选择菜单栏中的“控制”→“向前”菜单项，调用 AxShockwaveFlash 对象的 Back 方法播放 Flash 的上一帧。代码如下：

103-6
```
01  private void 向前ToolStripMenuItem_Click(object sender, EventArgs e)
02  {
03      ax.Back();                                      //调用Back方法播放上一帧
04  }
```

选择菜单栏中的“控制”→“向后”菜单项，调用 AxShockwaveFlash 对象的 Forward 方法播放 Flash 的下一帧。代码如下：

103-7
```
01  private void 向后ToolStripMenuItem_Click(object sender, EventArgs e)
02  {
03      ax.Forward();                                   //调用Forward方法播放下一帧
04  }
```

扩展学习

添加 Shockwave Flash Object 组件时的注意事项

在 C# 程序中添加 Shockwave Flash Object 组件时，必须保证本地计算机上已经正确安装了 Macromedia Flash 软件。

实例 104　MP3 播放器

源码位置：Code\03\104

实例说明

在过去，都是通过唱片或磁带存储音乐。使用起来非常不便，而且唱片和磁带容易损坏。随着信息技术的发展，人们现在听音乐可以从网络上下载。音乐文件的格式有很多，例如：WMA、RM 和 MP3 等，比较常用的是 MP3 格式的文件。当从网络上将 MP3 格式的音乐下载到本地计算机后，需要通过播放器进行播放，通过本实例可以播放 MP3 格式的音乐，实例运行结果如图 3.31 所示。

图 3.31　MP3 播放器

关键技术

本实例主要是通过 Windows Media Player 控件播放 MP3 文件的，下面介绍添加该控件的具体步骤：

（1）选择“工具箱”，右击，在弹出的快捷菜单中选择“选择项”选项。

（2）弹出“选择工具箱项”对话框，选择“COM 组件”选项卡。

（3）在“COM 组件”列表中选择 Windows Media Player 选项，然后单击“确定”按钮返回工具箱，此时在工具箱中会新增一个“Windows Media Player”控件。

实现过程

（1）打开 Visual Studio 2022 开发环境，新建一个名为 MP3Player 的 Windows 窗体应用程序，默认窗体为 Form1。

（2）Form1 窗体主要用到的控件及说明如表 3.3 所示。

表 3.3 Form1 窗体主要用到的控件及说明

控件类型	控件名称	属性设置	说明
OpenFileDialog	openFileDialog1	无	选择要打开的 MP3 文件
Timer	timer1	Enabled 属性设为 True	显示播放状态以及播放进度条的走动
HScrollBar	hScrollBar1	无	播放进度条
	hScrollBar2	无	调节音量
PictureBox	pictureBox1	BackColor 属性设为 Transparent	窗体最小化
	pictureBox3	BackColor 属性设为 Transparent	拖动无边框窗体
	pictureBox4	BackColor 属性设为 Transparent	播放按钮
	pictureBox5	BackColor 属性设为 Transparent	暂停按钮
	pictureBox6	BackColor 属性设为 Transparent	停止按钮
	pictureBox7	BackColor 属性设为 Transparent	音量按钮

（3）如果想播放 MP3 文件，可以单击播放按钮，弹出选择 MP3 文件的窗口。选择后，将文件的路径赋值给 axWindowsMediaPlayer1 对象的 URL 属性，实现自动播放 MP3 的功能，代码如下：

104-1

```
01  private void pictureBox4_Click(object sender, EventArgs e)        //打开播放
02  {
03      if (!flag)                                                    //标记是暂停播放器还是选择打开文件
04      {
05          if (openFileDialog1.ShowDialog() == DialogResult.OK)      //选择文件
06          {
07              axWindowsMediaPlayer1.URL = openFileDialog1.FileName; //将选择文件的路径赋值给URL属性
```

```
08              m = 1;
09              lblSongTitle.Text = " 歌曲名称：" + axWindowsMediaPlayer1.currentMedia.
    getItemInfo("Title");
10          }
11      }
12      else
13      {
14          axWindowsMediaPlayer1.Ctlcontrols.play();          //如果是暂停播放器，则调用play方法播放
15      }
16  }
```

如果想暂停播放 MP3 文件，可以单击暂停按钮。此时，会调用 axWindowsMediaPlayer1 对象的 pause 方法，实现暂停播放 MP3 的功能，代码如下：

```
104-2
01  private void pictureBox5_Click(object sender, EventArgs e)
02  {
03      axWindowsMediaPlayer1.Ctlcontrols.pause();          //暂停
04      flag = true;                                        //设置flag为true，单击播放按钮直接播放
05  }
```

如果想停止播放 MP3 文件，可以单击停止按钮。此时，会调用 axWindowsMediaPlayer1 对象的 stop 方法，实现停止播放 MP3 的功能，代码如下：

```
104-3
01  private void pictureBox6_Click(object sender, EventArgs e)
02  {
03      axWindowsMediaPlayer1.Ctlcontrols.stop();           //停止
04      flag = false;                                       //设置flag为false，单击播放按钮选择新文件
05  }
```

如果想静音，可以单击静音按钮。将 axWindowsMediaPlayer1 对象的 mute 属性设为 true，则静音，设为 false 则取消静音，代码如下：

```
104-4
01  private void pictureBox7_Click(object sender, EventArgs e) //静音
02  {
03      if (MM)
04      {
05          pictureBox7.Image = (Image)Properties.Resources.音量按钮变色; //设置按钮图标
06          axWindowsMediaPlayer1.settings.mute = true;     //静音
07          MM = false;                                     //MM设为false，用于控制按钮的图标切换
08      }
09      else                                                //如果MM为false
10      {
11          pictureBox7.Image = (Image)Properties.Resources.音量按钮; //恢复原来的图标
12          axWindowsMediaPlayer1.settings.mute = false;    //取消静音
13          MM = true;                                      //MM设为true
14      }
15  }
```

当播放 MP3 文件时，程序提供一个进度条，用于显示歌曲播放的进度，这个功能是在 Timer 组件的 Tick 事件里实现的。在此事件中，除了显示歌曲播放的进度外，还实现了获取当前播放状

态的功能，代码如下：

104-5

```
01  private void timer1_Tick(object sender, EventArgs e)
02  {
03      int i = (int)axWindowsMediaPlayer1.playState;                  //获取播放器状态
04      switch (i)                                                     //通过switch语句判断
05      {
06          case 1: lblStauts.Text = "状态：停止"; break;               //1表示停止
07          case 2: lblStauts.Text = "状态：暂停"; break;               //2表示暂停
08          case 3: lblStauts.Text = "状态：播放"; break;               //3表示播放
09          case 6: lblStauts.Text = "状态：正在缓冲"; break;           //6表示正在缓冲
10          case 9: lblStauts.Text = "状态：正在连接"; break;           //9表示正在连接
11          case 10: lblStauts.Text = "状态：准备就绪"; break;          //10表示准备就绪
12      }
13      lbljindu.Text = axWindowsMediaPlayer1.Ctlcontrols.currentPositionString; //显示播放的进度信息
14      if (m == 1)
15      {
16          //设置进度条的最大值是音乐总的播放时间
17          hScrollBar1.Maximum = (int)axWindowsMediaPlayer1.currentMedia.duration;
18          hScrollBar1.Minimum = 0;                                     //最小值为0
19          //当前值是音乐的当前播放进度
20          hScrollBar1.Value = (int)axWindowsMediaPlayer1.Ctlcontrols.currentPosition;
21          hScrollBar2.Value = axWindowsMediaPlayer1.settings.volume; //音量控制
22      }
23  }
```

实例 105　播放 FLV 文件

源码位置：Code\03\105

实例说明

随着网络的普及，很多网民会选择在线观看影片或者其他的视频节目。现在各大网络视频网站都选择将视频文件转换成 FLV 格式，然后放到网站上供网民们点击观看。这样不仅大大减小了视频文件的存储空间，而且还有利于网络传播，使视频播放更加流畅。很多网民为了观看方便，有时会将 FLV 视频文件下载到自己的计算机里，这样就需要在本地计算机中提供 FLV 文件播放器，本实例通过 C# 与 Flash 相结合开发出 FLV 文件播放器，实例运行结果如图 3.32 所示。

图 3.32　播放 FLV 文件

关键技术

本实例的要点是如何播放 FLV 文件，在 C# 中没有提供播放 FLV 文件的控件。只能借助其他工具来实现播放 FLV 文件的功能，Macromedia Flash 8 针对 FLV 增加了一个非常好用的 FLVPlayback 组件。FLVPlayback 组件包含自定义用户界面控件，用于播放、停止、暂停和回放视频。这些控件包括 BackButton、ForwardButton、PauseButton、PlayButton、PlayPauseButton、SeekBar 和 StopButton，可以将它们拖到舞台上并分别进行自定义。

实现过程

（1）打开 Visual Studio 2022 开发环境，新建一个名为 Playflv 的 Windows 窗体应用程序，默认窗体为 Form1。

（2）Form1 窗体主要用到的控件及说明如表 3.4 所示。

表 3.4 Form1 窗体主要用到的控件及说明

控件类型	控件名称	属性设置	说明
ListView	listView1	View 属性设为 Details	显示播放列表
ContextMenuStrip	contextMenuStrip1	无	提供播放器的右键菜单
Panel	panel1	无	添加 flash 播放器
	panel2	无	控制显示和隐藏播放列表
OpenFileDialog	openFileDialog1	无	打开 FLV 文件

（3）创建一个 playFLV 方法用于播放 FLV 文件，在此方法中，首先在 C 盘创建一个 flvVidio 文件夹，然后将要播放的 FLV 文件复制到该文件夹中，由于播放 FLV 的组件不支持中文路径，所以需要对 FLV 文件重新命名，最后将更改后的路径赋值给 AxShockwaveFlash 对象的 Movie 属性，开始播放 FLV 文件，代码如下：

```
105-1
01  private void playFLV(string path)                          //播放FLV文件的方法
02  {
03      FileInfo fi2 = new FileInfo(path);                     //实例化FileInfo
04      if (fi2.Exists)                                        //如果文件存在
05      {
06          Directory.CreateDirectory("c:\\flvVidio");         //新建文件夹
07          //随机生成文件名
08          string newPath = "c:\\flvVidio\\" + DateTime.Now.Year + DateTime.Now.Second + ".flv";
09          File.Copy(path, newPath);                          //将原FLV文件复制到新建的文件夹中
10          ChangeFlv(newPath);                                //修改XML文件中的播放地址
11          this.Text = listView1.SelectedItems[0].SubItems[0].Text; //显示正在播放的文件名称
12          ax.Dispose();                                      //释放
13          AddFlash();                                        //重新添加播放器
14          ax.Movie = strg;                                   //设置Movie属性
15      }
16  }
```

将 FLV 文件添加到列表后，双击列表中某一项即可播放该文件。实现的思路是双击后获取选

择项的路径，然后将这个路径作为参数传递给 playFLV 方法播放该文件，代码如下：

105-2

```
01  private void listView1_MouseDoubleClick(object sender, MouseEventArgs e)
02  {
03      try
04      {
05          if (listView1.SelectedItems.Count > 0)          //判断是否添加了要播放的文件
06          {
07              string path = listView1.SelectedItems[0].SubItems[1].Text; //获取FLV文件的路径
08              playFLV(path);                              //调用playFLV方法播放FLV文件
09          }
10      }
11      catch { }
12  }
```

说明：在C#中没有提供播放FLV文件的控件，只能借助Macromedia Flash 8的FLVPlayback组件播放FLV文件。C#只对XML文件进行读写，修改XML文件中的FLV文件路径，当通过FLVPlayback组件制作的FLASH加载时首先读取XML文件中的FLV路径。

实例 106　开发一个语音计算器

源码位置：Code\03\106

实例说明

使用计算器时，有时会输入错误的数字，但操作者并不知道，这样会给后续工作带来麻烦。本实例将制作一个带语音的计算器，运行本程序，效果如图 3.33 所示。当用户在语音计算器的主窗体上右击时，可以在弹出的快捷菜单中选择“设置声音”选项，弹出“语音设置”对话框，如图 3.34 所示。在该对话框中可以对各个按键的声音进行设置。

图 3.33　语音计算器

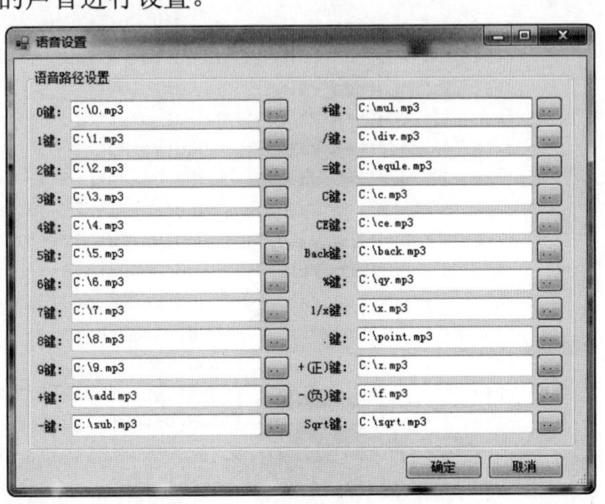

图 3.34　“语音设置”对话框

关键技术

本实例主要使用 API 函数 mciSendString 来实现语音文件的播放与关闭。

实现过程

（1）打开 Visual Studio 2022 开发环境，新建一个名为 SoundCalculator 的 Windows 窗体应用程序。

（2）更改默认窗体 Form1 的 Name 属性为 Frm_Main，在该窗体中添加一个 TextBox 控件，用于显示输入的数字及运算结果；添加 23 个 Button 控件，用来设置计算器中的按键。

（3）在项目中添加一个新的 Windows 窗体，并将其命名为 Frm_Set.cs，该窗体用来对各个按键的声音进行设置。

（4）程序主要代码如下：

106-1

```
01  public void sound(string FileName)
02  {
03      if (FileName == null)                                       //如果文件为空
04          return;                                                 //退出操作
05      if (FileName.IndexOf(" ") == -1)                            //如果路径中没有空格
06      {
07          if (tem_FileName.Length != 0)                           //如果有播放的文件
08              mciSendString("close " + tem_FileName, null, 0, 0); //关闭当前文件的播放
09          n = mciSendString("open " + FileName, null, 0, 0);      //打开要播放的文件
10          n = mciSendString("play " + FileName, null, 0, 0);      //播放当前文件
11          tem_FileName = FileName;                                //记录播放文件的路径
12      }
13  }
14  private void pict_Back_Click(object sender, EventArgs e)
15  {
16      tem_Value = ((PictureBox)sender).AccessibleName;            //获取当前按钮的标识
17      switch (tem_Value)
18      {
19          case "0": num(tem_Value); sound(VoxPath[0]); break;     //实现按钮的语音功能
20          case "1": num(tem_Value); sound(VoxPath[1]); break;
21          case "2": num(tem_Value); sound(VoxPath[2]); break;
22          case "3": num(tem_Value); sound(VoxPath[3]); break;
23          case "4": num(tem_Value); sound(VoxPath[4]); break;
24          case "5": num(tem_Value); sound(VoxPath[5]); break;
25          case "6": num(tem_Value); sound(VoxPath[6]); break;
26          case "7": num(tem_Value); sound(VoxPath[7]); break;
27          case "8": num(tem_Value); sound(VoxPath[8]); break;
28          case "9": num(tem_Value); sound(VoxPath[9]); break;
29          case "+": js(tem_Value); sound(VoxPath[10]); break;
30          case "-": js(tem_Value); sound(VoxPath[11]); break;
31          case "*": js(tem_Value); sound(VoxPath[12]); break;
32          case "/": js(tem_Value); sound(VoxPath[13]); break;
33          case "=": js(tem_Value); sound(VoxPath[14]); break;
34          case "C": Aclose(); sound(VoxPath[15]); break;
35          case "CE": ce(); sound(VoxPath[16]); break;
36          case "Back": backspace(); sound(VoxPath[17]); break;
```

```
37          case "%": bai(); sound(VoxPath[18]); break;
38          case "X": ji(); sound(VoxPath[19]); break;
39          case ".": dian(); sound(VoxPath[20]); break;
40          case "+-":
41              {
42                  zf();
43                  if (Convert.ToInt32(textBox1.Text) > 0)         //如果当前为正数
44                      sound(VoxPath[21]);                        //实现正数发音
45                  else
46                      sound(VoxPath[22]);                        //实现负数发音
47                  break;
48              }
49          case "Sqrt": kfang(); sound(VoxPath[23]); break;
50      }
51      textBox1.Select(textBox1.Text.Length, 0);
52  }
```

扩展学习

switch 语句的使用注意事项

使用 switch 语句时需要注意以下 3 点：

（1）每个case后面的“常量表达式”的值必须是与“表达式”的类型相同的一个常量，不能是变量。

（2）同一个 switch 语句中的两个或多个 case 标签中指定同一个常数值，会导致编译出错。

（3）一个 switch 语句中最多只能有一个 default 标签，并且每一个标签后面都需要一个 break 语句跳过 switch 语句的其他标签。

实例 107　自定义横向或纵向打印

源码位置：Code\03\107

实例说明

在打印文档时，用户需要根据文档的内容设置横向或纵向打印，本实例主要实现了使用 C# 代码自定义横向或纵向打印功能。实例运行中，如果用户选中“横向打印”复选框，在该复选框上方可以看到横向打印的预览效果图，如果取消选中该复选框，则可以在该复选框上方看到纵向打印的预览效果图。实例运行效果如图 3.35 所示。

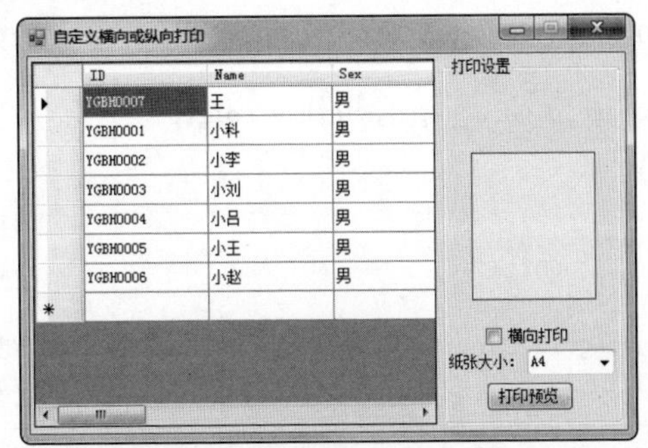

图 3.35　自定义横向或纵向打印

关键技术

本实例使用 PrintDocument 类定义 Windows 窗体应用程序进行打印时，将输出发送到打印机的可重用对象，其 DefaultPageSettings.Landscape 属性用来获取或设置一个值，该值指示是横向还是纵向打印该页。

实现过程

（1）打开 Visual Studio 2022 开发环境，新建一个名为 PrintRange 的 Windows 窗体应用程序。

（2）更改默认窗体 Form1 的 Name 属性为 Frm_Main，向窗体中添加一个 DataGridView 控件，用于显示数据库中的信息；添加一个 CheckBox 控件，用于设置横向或纵向打印；添加一个 ComboBox 控件，用于选择打印纸张大小；添加一个 Button 按钮，用于显示打印预览和打印信息。

（3）程序主要代码如下：

107-1

```
01  private void printdocument_printpage(object sender,
02          System.Drawing.Printing.PrintPageEventArgs e)
03  {
04      PrintPageWidth = e.PageBounds.Width;                          //获取打印纸张的宽度
05      PrintPageHeight = e.PageBounds.Height;                        //获取打印纸张的高度
06      if (this.isautopagerowcount)                                  //自动计算页的行数
07      //获取每页的行数
08      pagerowcount = (int)((PrintPageHeight - this.topmargin -
09              this.headerfont.Height - this.headerheight -this.buttommargin) / this.rowgap);
10      pagecount = (int)(rowcount / pagerowcount);                   //获取打印多少页
11      pagesetupdialog.AllowOrientation = true;                      //启动打印页面对话框的方向部分
12      if (rowcount % pagerowcount > 0)                              //如果数据的行数大于页的行数
13      pagecount++;                                                  //页数加1
14      int colcount = 0;                                             //记录数据的列数
15      int y = topmargin;                                            //获取表格的顶边距
16      string cellvalue = "";                                        //记录文本信息（单元格的文本信息）
17      int startrow = currentpageindex * pagerowcount;               //设置打印的初始页数
18      int endrow = startrow + this.pagerowcount < rowcount ? startrow
19            + pagerowcount : rowcount;                              //设置打印的最大页数
20      int currentpagerowcount = endrow - startrow;                  //获取打印页数
21      colcount = datagrid.ColumnCount;                              //获取打印数据的列数
22      x = leftmargin;                                               //获取表格的左边距
23      int cwidth = 0;                                               //获取报表的宽度
24      for (int j = 0; j < colcount; j++)                            //循环数据的列数
25      {
26          if (datagrid.Columns[j].Width > 0)                        //如果列的宽度大于 0
27          {
28              cwidth += datagrid.Columns[j].Width + colgap;         //累加每列的宽度
29          }
30      }
31      y += rowgap;                                                  //设置表格的上边线的位置
32      for (int j = 0; j < colcount; j++)                            //遍历列数据
33      {
34          int colwidth = datagrid.Columns[j].Width;                 //获取列的宽度
35          if (colwidth > 0)                                         //如果列的宽度大于0
```

```
36            {
37                cellvalue = datagrid.Columns[j].HeaderText;      //获取列标题
38                e.Graphics.DrawString(cellvalue, headerfont,
39                        brushHeaderFont, x, y + celltopmargin); //绘制列标题
40                x += colwidth + colgap;                          //横向，下一个单元格的位置
41                int nnp = y + currentpagerowcount * rowgap + this.headerheight; //下一行线的位置
42            }
43        }
44        for (int i = startrow; i < endrow; i++)                  //对行进行循环
45        {
46            x = leftmargin;                                      //获取线的 x 坐标点
47            for (int j = 0; j < colcount; j++)                   //对列进行循环
48            {
49                if (datagrid.Columns[j].Width > 0)               //如果列的宽度大于0
50                {
51                    cellvalue = datagrid.Rows[i].Cells[j].Value.ToString();   //获取单元格的值
52                    e.Graphics.DrawString(cellvalue, Cellfont,
53                        brushHeaderFont, x, y + celltopmargin + rowgap);  //绘制单元格信息
54                    x += datagrid.Columns[j].Width + colgap;             //单元格信息的x坐标
55                    y = y + rowgap * (cellvalue.Split(                    //单元格信息的y坐标
56                        new char[] { '\r', '\n' }).Length - 1);
57                }
58            }
59            y += rowgap;                                         //设置下行的位置
60        }
61        currentpageindex++;                                      //下一页的页码
62        if (currentpageindex < pagecount)                        //如果当前页不是最后一页
63        {
64            e.HasMorePages = true;                               //打印副页
65        }
66        else
67        {
68            e.HasMorePages = false;                              //不打印副页
69            this.currentpageindex = 0;                           //当前打印的页编号设为0
70        }
71    }
```

扩展学习

绘制多个矩形

在 PrintPage 事件中不仅可以使用 Graphics 对象的 DrawImage 方法绘制图像，使用 DarwString 方法绘制文本信息，还可以使用 DrawRectangle 方法绘制矩形，通过多次调用 Graphics 对象的 DrawRectangle 方法可以绘制多个矩形。

实例 108　自定义打印页码范围

源码位置：Code\03\108

实例说明

实际生活中打印文档时，有时并不需要把文档的全部内容打印出来，而只是需要其中的某几

页内容，这时就需要用户自定义打印页码的范围。本实例主要实现了自定义打印页码范围的功能，实例运行时，当用户选中“全部”单选按钮时，则打印全部数据；如果选中“页码范围”单选按钮，并在其后的文本框中输入要打印的页码范围，则可以打印指定的页码。实例运行效果如图 3.36 所示。

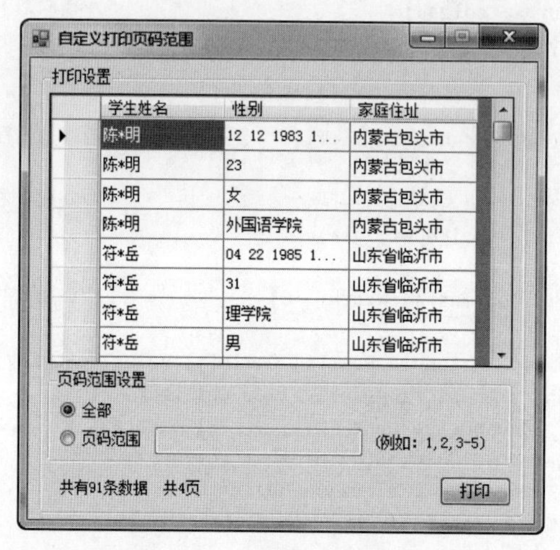

图 3.36　自定义打印页码范围

关键技术

本实例使用 ArrayList 集合的 Sort 方法对集合中的元素排序，使用 PrintPageEventArgs 参数对象的 HasMorePages 属性指示是否打印附加页。

实现过程

（1）打开 Visual Studio 2022 开发环境，新建一个名为 SetPrintRange 的 Windows 窗体应用程序。

（2）更改默认窗体 Form1 的 Name 属性为 Frm_Main，向窗体中添加一个 DataGridView 控件，用于显示数据库中的数据信息；添加两个 RadioButton 单选按钮，用于设置打印页码范围；添加一个 Button 按钮，用于显示打印预览信息及打印数据。

（3）程序主要代码如下：

```
108-1
01  private void button2_Click(object sender, EventArgs e)
02  {
03      try
04      {
05          if (rb_Range.Checked)
06          {
07              if (txt_Range.Text == "")
08              {
09                  MessageBox.Show("请指定要打印的页码！",                    //弹出消息对话框
10                      "警告", MessageBoxButtons.OK, MessageBoxIcon.Warning);
11                  return;                                                 //退出事件
12              }
```

```
13              else if (txt_Range.Text.IndexOf(",") == -1)
14              {
15                  if (txt_Range.Text.IndexOf("-") != -1)
16                  {
17                      string[] strSubPages = txt_Range.Text.Split('-');           //分割字符串
18                      int intStart = Convert.ToInt32(strSubPages[0].ToString());//获取开始页码
19                      int intEnd = Convert.ToInt32(strSubPages[1].ToString());  //获取结束页码
20                      for (int j = intStart; j <= intEnd; j++)
21                          list.Add(j);                                          //记录页码
22                      list.Sort();                                              //排序
23                  }
24                  else
25                  {
26                      list.Add(int.Parse(txt_Range.Text));                      //记录页码
27                  }
28              }
29              else
30              {
31                  string[] strPages = txt_Range.Text.Split(',');                //分割字符串
32                  for (int i = 0; i < strPages.Length; i++)
33                  {
34                      int intStart = Convert.ToInt32(strPages[0].ToString());   //获取开始页码
35                      int intEnd = Convert.ToInt32(strPages[1].ToString());     //获取结束页码
36                      for (int j = intStart; j <= intEnd; j++)
37                          list.Add(j);                               //记录页码
38                          list.Sort();                               //对list集合中的元素集进行排序
39                  }
40              }
41          }
42          printPreviewDialog1.ShowDialog();                          //弹出打印预览对话框
43      }
44      catch (Exception ex)                                           //捕获异常
45      {
46          MessageBox.Show(ex.Message, "提示");                       //弹出消息对话框
47      }
48  }
```

扩展学习

打印多页信息

PrintPage 事件中的参数 e 是 PrintPageEventArgs 类型的对象，e 参数的 HasMorePages 属性可以设置是否打印附加页，如果此属性值为 true 则打印附加页，如果此属性值为 false 则不打印附加页，通过 HasMorePages 属性可以实现打印多页信息的功能。

实例 109　分页打印

源码位置：Code\03\109

实例说明

用户在打印文档时，有时为了能够更加清楚地看到数据，通常在一页中设置打印更少的行数，

这时就需要用到文档的分页打印功能。本实例主要实现了在 C# 中分页打印的功能，实例运行时，在“每页打印行数”文本框中输入每页要打印的行数，按下 Enter 键，即可在后面的 Label 控件中显示总页数，然后单击“打印”按钮，则按照用户的分页打印文档。实例运行效果如图 3.37 所示。

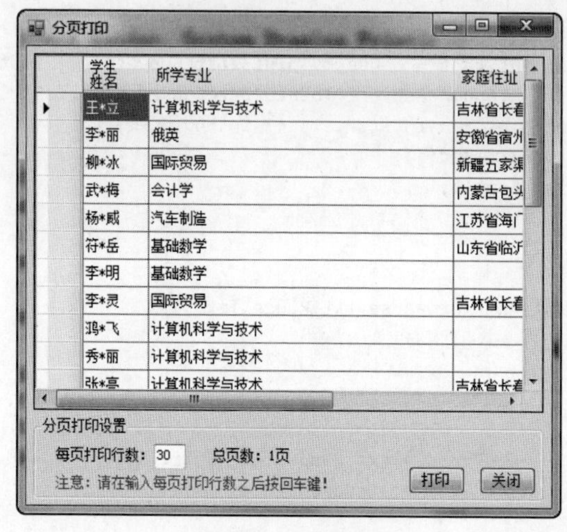

图 3.37　分页打印

关键技术

本实例实现的关键是通过 PrintDocument 组件的 PrintPage 事件和事件参数中的 HasMorePages 属性实现分页打印信息。

实现过程

（1）打开 Visual Studio 2022 开发环境，新建一个名为 PagesPrint 的 Windows 窗体应用程序。

（2）更改默认窗体 Form1 的 Name 属性为 Frm_Main，向窗体中添加两个 TextBox 控件，分别用来输入每页打印行数和显示总页数；添加一个 DataGridView 控件，用来显示要打印的信息；添加两个 Button 控件，分别用来执行打印和关闭窗体操作。

（3）程序主要代码如下：

```
109-1
01 private void printDocument1_PrintPage(object sender,
02         System.Drawing.Printing.PrintPageEventArgs e)
03 {
04     if (dataGridView1.Rows.Count > 0)
05     {
06         PrintPageWidth = e.PageBounds.Width;                    //获取打印纸张的宽度
07         PrintPageHeight = e.PageBounds.Height;                  //获取打印纸张的高度
08         e.Graphics.DrawLine(myPen, leftmargin, topmargin,
09                 PrintPageWidth - leftmargin - rightmargin, topmargin);    //绘制边框线
10         e.Graphics.DrawLine(myPen, leftmargin, topmargin,
11                 leftmargin, PrintPageHeight - topmargin - buttommargin);  //绘制边框线
12         e.Graphics.DrawLine(myPen, leftmargin, PrintPageHeight
13                 - topmargin - buttommargin, PrintPageWidth - leftmargin
14                 - rightmargin, PrintPageHeight - topmargin - buttommargin); //绘制边框线
```

```
15          e.Graphics.DrawLine(myPen, PrintPageWidth - leftmargin
16                  - rightmargin, topmargin, PrintPageWidth - leftmargin
17                  - rightmargin, PrintPageHeight - topmargin - buttommargin); //绘制边框线
18          #region 打印
19          int intPrintRows = currentpageindex * intRows;          //当前页最后一条记录的索引
20          rowgap = Convert.ToInt32((PrintPageHeight - topmargin
21                  - buttommargin - 5 * intRows) / intRows)+3;      //计算行高度
22          int j = 0;                                               //记录正在打印的行数
23          for (int i = 0 + (intPrintRows - intRows); i < intPrintRows; i++)
24          {
25              if (i <= dataGridView1.Rows.Count - 2)
26              {
27                  //绘制字符串信息
28                  e.Graphics.DrawString(dataGridView1.Rows[i].Cells[0].Value.ToString(),
29                          myFont, myBrush, leftmargin + 5, topmargin + j * rowgap + 5);
30                  //绘制字符串信息
31                  e.Graphics.DrawString(dataGridView1.Rows[i].Cells[1].Value.ToString(), myFont,
32                          myBrush, leftmargin + columnWidth1 + 5, topmargin + j * rowgap + 5);
33                  //绘制字符串信息
34                  e.Graphics.DrawString(dataGridView1.Rows[i].Cells[2].Value.ToString(),
35                          myFont, myBrush, leftmargin + columnWidth1 + columnWidth2 + 5,
36                          topmargin + j * rowgap + 5);
37                  e.Graphics.DrawLine(myPen, leftmargin, topmargin + j * rowgap + 1,
38                          PrintPageWidth - leftmargin - rightmargin, topmargin + j * rowgap + 1);
39                  e.Graphics.DrawLine(myPen, leftmargin + columnWidth1, topmargin +
40                          j * rowgap, leftmargin + columnWidth1, PrintPageHeight -
41                          topmargin - buttommargin);
42                  e.Graphics.DrawLine(myPen, leftmargin + columnWidth1 + columnWidth2,
43                          topmargin + j * rowgap, leftmargin + columnWidth1 + columnWidth2,
44                          PrintPageHeight - topmargin - buttommargin);
45                  e.Graphics.DrawString("共 " + intPage + " 页    第 " + currentpageindex
46                          + " 页", myFont, myBrush, PrintPageWidth - 200, (int)(PrintPageHeight
47                          - buttommargin / 2));
48                  j++;                                                 //计数器
49              }
50          }
51          currentpageindex++;                                          //下一页的页码
52          if (currentpageindex <= intPage)                             //如果当前页不是最后一页
53          {
54              e.HasMorePages = true;                                   //打印副页
55          }
56          else
57          {
58              e.HasMorePages = false;                                  //不打印副页
59              currentpageindex = 1;                                    //当前打印的页编号设为1
60          }
61      }
62  }
```

扩展学习

打印表格信息

在 PrintDocument 组件的 PringPage 事件中，可以轻松地实现打印文本及图像信息，那么要怎样才能实现打印表格信息呢？可以通过 Graphics 对象的 DrawLine 和 DrawRectangle 方法实现，使用 DrawRectangle 方法绘制表格外部边框，使用 DrawLine 方法绘制表格内部线条。

实例 110　打印条形码

源码位置：Code\03\110

实例说明

人们在购买图书时，总能在其后面的封皮上看到条形码，那么这种条形码是如何生成的呢？本实例可以生成以上所说的条形码，并对其进行打印。运行实例，在窗体左侧的“条形码”文本框中输入条形码，并选择条形码的样式、子样式、校验位、线条宽度和方向，单击“确定”按钮，在窗体右侧预览生成的条形码效果图，单击“打印”按钮，打印生成的条形码。实例运行效果如图 3.38 所示。

图 3.38　打印条形码

关键技术

本实例在实现打印条形码时，主要用到了 Microsoft Access 中的 BarCode 组件。

实现过程

（1）打开 Visual Studio 2022 开发环境，新建一个名为 BarCode 的 Windows 窗体应用程序。

（2）更改默认窗体 Form1 的 Name 属性为 Frm_Main，向窗体中添加 5 个 ComboBox 控件，用于设置条形码的样式；添加一个 TextBox 控件，用于用户填写条形码信息；添加两个 Button 按钮，分别用于生成条形码和打印条形码。

（3）程序主要代码如下：

110-1

```
01  private void captureScreen()
02  {
03      using (Graphics g = panel1.CreateGraphics())
04      {
```

```
05          Size s = panel1.Size;                                  //获取面板的高度和宽度
06          mImage = new Bitmap(s.Width, s.Height, g);             //创建Bitmap对象
07          using (Graphics mg = Graphics.FromImage(mImage))
08          {
09              IntPtr dc1 = g.GetHdc();                           //获取上下文句柄
10              IntPtr dc2 = mg.GetHdc();                          //获取上下文句柄
11              BitBlt(dc2, 0, 0, panel1.ClientRectangle.Width,
12                      panel1.ClientRectangle.Height, dc1, 0, 0, 13369376); //获取面板中的图像
13              g.ReleaseHdc(dc1);                                 //释放上下文句柄
14              mg.ReleaseHdc(dc2);                                //释放上下文句柄
15          }
16      }
17  }
```

扩展学习

使用 PrintPreviewDialog 预览打印信息

PrintPreviewDialog 控件是预先配置的对话框，用于显示 PrintDocument 组件在打印时的外观，该控件的 ShowDialog 方法可以显示“打印预览”窗口，用户可以在此窗口中预览打印信息。

实例 111　打印学生个人简历

源码位置：Code\03\111

实例说明

本实例主要实现打印学生个人简历的功能，实例运行时，用户可以在窗体中添加、修改和删除学生信息并在 DataGridView 控件中显示学生信息，如图 3.39 所示。

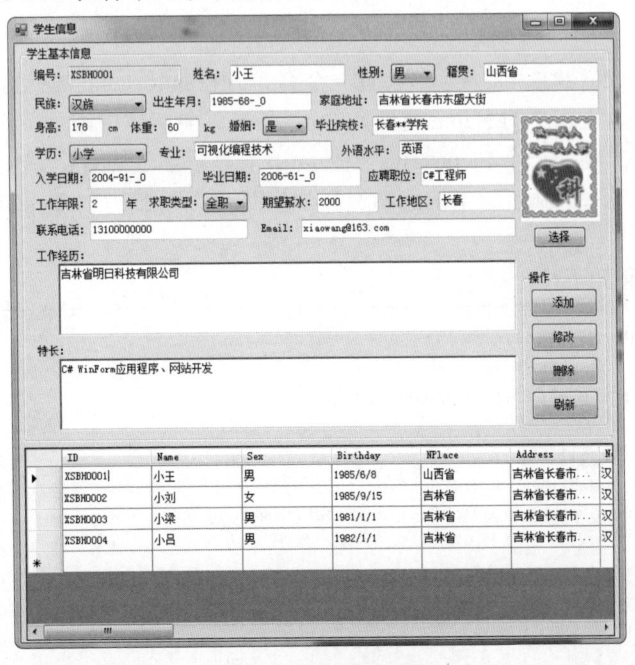

图 3.39　操作学生信息

在主窗体的 DataGridView 控件中选择要打印的学生所在的行，双击该行，弹出“个人简历”对话框，在该对话框中单击“打印”按钮，即可根据获取的学生信息打印其个人简历，如图 3.40 所示。

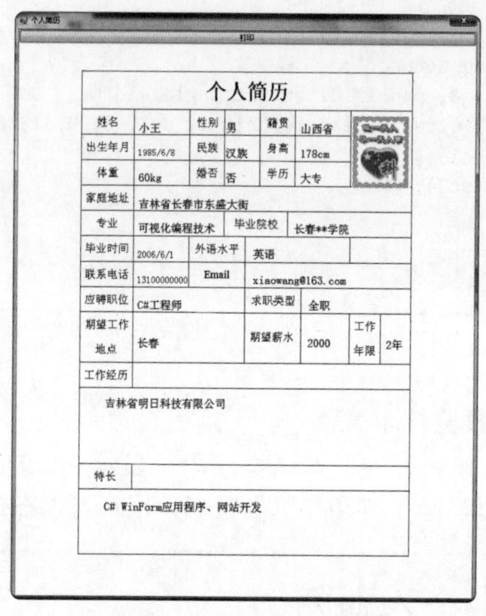

图 3.40　打印学生个人简历

关键技术

本实例使用 API 函数 BitBlt 将个人简历绘制成图片和使用 DrawImage 方法绘制 Image 图像。

实现过程

（1）打开 Visual Studio 2022开发环境，新建一个名为PrintStuResume 的 Windows 窗体应用程序。

（2）更改默认窗体 Form1 的 Name 属性为 Frm_Main，向窗体中添加多个 TextBox 控件，用于显示或修改学生信息；添加一个 PictureBox 控件，用于显示学生照片；添加 5 个 Button 按钮，分别用于添加、修改、删除、刷新学生信息和选择学生照片；添加一个 DataGridView 控件，用于显示学生信息。

（3）程序主要代码如下：

```
111-1
01  private void captureScreen()
02  {
03      using (Graphics g = panel1.CreateGraphics())
04      {
05          Size s = panel1.Size;
06          mImage = new Bitmap(s.Width, s.Height, g);                    //获取面板的高度和宽度
07          using (Graphics mg = Graphics.FromImage(mImage))              //创建Bitmap对象
08          {
09              IntPtr dc1 = g.GetHdc();                                  //获取上下文句柄
10              IntPtr dc2 = mg.GetHdc();                                 //获取上下文句柄
```

```
11              BitBlt(dc2, 0, 0, panel1.ClientRectangle.Width,
12                  panel1.ClientRectangle.Height, dc1, 0, 0, 13369376);    //获取面板中的图像
13              g.ReleaseHdc(dc1);                                          //释放上下文句柄
14              mg.ReleaseHdc(dc2);                                         //释放上下文句柄
15          }
16      }
17  }
```

扩展学习

在指定的位置绘制文本信息

PrintPage 事件中的 e 参数是 PrintPageEventArgs 类型的对象，通过 e 参数的 Graphics 属性可以获取 Graphics 对象，调用此对象的 DrawString 方法绘制文本信息，该方法提供了多个重载，在方法的参数中可以指定文本信息绘制的位置。

实例 112　打印商品入库单据

源码位置：Code\03\112

实例说明

商品入库单据的打印在现实生活中经常遇到，例如，一个公司每天都会有商品的出入库信息，这时就需要用到商品的出入库单据，由于商品的出库单与入库单类似，这里以商品入库单为例来讲解。运行本实例，在主窗体的 DataGridView 控件中选择要打印的商品入库单所在的行，单击“打印”按钮，即可打印指定的入库单信息；如果 DataGridView 控件中不存在要打印的入库单信息，用户可以根据实际情况添加入库单信息，然后再按以上步骤进行打印。预览商品入库单的效果如图 3.41 所示。

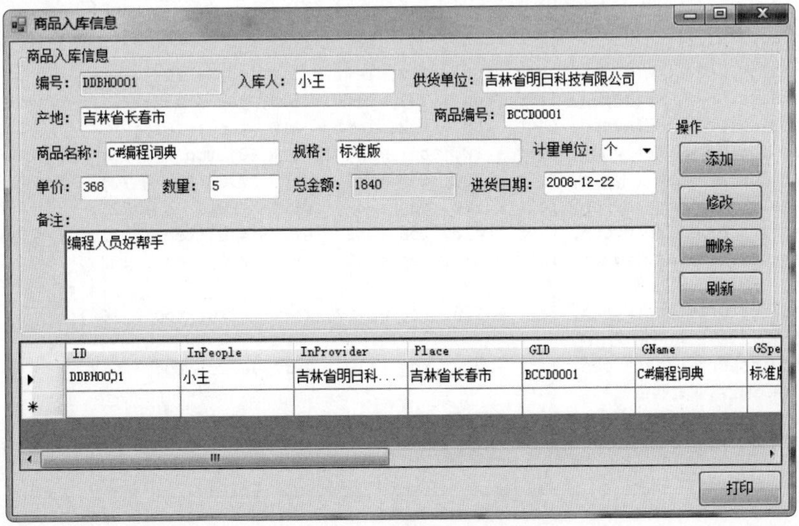

图 3.41　打印商品入库单据

关键技术

本实例实现打印商品入库单据时，分别使用 Graphics 类的 DrawRectangle 方法、DrawLine 方法和 DrawString 方法将商品入库单包含的各种信息绘制到打印纸张上，然后进行打印。

实现过程

（1）打开 Visual Studio 2022 开发环境，新建一个名为 PrintTable 的 Windows 窗体应用程序。

（2）更改默认窗体 Form1 的 Name 属性为 Frm_Main，向窗体中添加多个 TextBox 控件，用于添加或修改入库信息；添加一个 Button 按钮，用于打印商品入库单据；添加一个 DataGridView 控件，用于显示商品入库信息。

（3）程序主要代码如下：

```
112-1
01 private void printDocument1_PrintPage(object sender,
02         System.Drawing.Printing.PrintPageEventArgs e)
03 {
04     int printWidth = e.PageBounds.Width;                                          //页面宽度
05     int printHeight = e.PageBounds.Height;                                        //页面高度
06     int left = printWidth / 2 - 305;
07     int right = printWidth / 2 + 305;
08     int top = printHeight / 2 - 200;
09     Brush myBrush = new SolidBrush(Color.Black);                                  //创建Brush对象
10     Pen mypen = new Pen(Color.Black);                                             //创建Pen对象
11     Font myFont = new Font("宋体", 12);                                            //创建Font对象
12     e.Graphics.DrawString("商品入库单", new Font("宋体", 20, FontStyle.Bold),
13             myBrush, new Point(printWidth / 2 - 100, top));                             //绘制标题
14     e.Graphics.DrawLine(new Pen(Color.Black, 2), 300, top + 30, 480, top + 30);        //绘制线条
15     e.Graphics.DrawLine(new Pen(Color.Black, 2), 300, top + 34, 480, top + 34);        //绘制线条
16     e.Graphics.DrawString("吉林省明日科技有限公司", new Font("宋体", 9),
17             myBrush, new Point(left + 2, top + 25));
18     e.Graphics.DrawString("日期：" + DateTime.Now.ToLongDateString(),
19             new Font("宋体", 12), myBrush, new Point(right - 190, top + 25));
20     e.Graphics.DrawRectangle(mypen, left, top + 42, 610, 230);                    //绘制矩形框
21     e.Graphics.DrawLine(mypen, left, top + 72, left + 610, top + 72);             //绘制第一行网格线
22     e.Graphics.DrawLine(mypen, left, top + 102, left + 610, top + 102);           //绘制第二行网格线
23     e.Graphics.DrawLine(mypen, left, top + 132, left + 610, top + 132);           //绘制第三行网格线
24     e.Graphics.DrawLine(mypen, left, top + 162, left + 610, top + 162);           //绘制第四行网格线
25     e.Graphics.DrawLine(mypen, left + 80, top + 42, left + 80, top + 272);        //绘制第一列网格线
26     e.Graphics.DrawLine(mypen, left + 220, top + 42, left + 220, top + 72);       //绘制第二列网格线
27     e.Graphics.DrawLine(mypen, left + 280, top + 42, left + 280, top + 72);       //绘制第三列网格线
28     e.Graphics.DrawLine(mypen, left + 410, top + 42, left + 410, top + 132); //绘制第四列网格线
29     e.Graphics.DrawLine(mypen, left + 470, top + 42, left + 470, top + 162); //绘制第五列网格线
30     //绘制第三行第二列网格线
31     e.Graphics.DrawLine(mypen, left + 170, top + 102, left + 170, top + 162);
32     //绘制第三行第三列网格线
33     e.Graphics.DrawLine(mypen, left + 220, top + 102, left + 220, top + 162
34     //绘制第四行第四列网格线
35     e.Graphics.DrawLine(mypen, left + 300, top + 132, left + 300, top + 162);
36     //绘制第四行第五列网格线
```

```
37        e.Graphics.DrawLine(mypen, left + 360, top + 132, left + 360, top + 162);
38        //绘制第四行第七列网格线
39        e.Graphics.DrawLine(mypen, left + 520, top + 132, left + 520, top + 162);
40        //绘制第一行数据
41        e.Graphics.DrawString("入库日期", myFont, myBrush, new Point(left + 2, top + 50));
42        e.Graphics.DrawString(strInDate, myFont, myBrush, new Point(left + 82, top + 50));
43        e.Graphics.DrawString("单据号", myFont, myBrush, new Point(left + 222, top + 50));
44        e.Graphics.DrawString(strID, myFont, myBrush, new Point(left + 282, top + 50));
45        e.Graphics.DrawString("入库人", myFont, myBrush, new Point(left + 412, top + 50));
46        e.Graphics.DrawString(strInPeople, myFont, myBrush, new Point(left + 472, top + 50));
47        //绘制第二行数据
48        e.Graphics.DrawString("供货商", myFont, myBrush, new Point(left + 2, top + 80));
49        e.Graphics.DrawString(strInProvider, myFont, myBrush, new Point(left + 82, top + 80));
50        e.Graphics.DrawString("产地", myFont, myBrush, new Point(left + 412, top + 80));
51        e.Graphics.DrawString(strPlace, myFont, myBrush, new Point(left + 472, top + 80));
52        //绘制第三行数据
53        e.Graphics.DrawString("商品编号", myFont, myBrush, new Point(left + 2, top + 110));
54        e.Graphics.DrawString(strGID, myFont, myBrush, new Point(left + 82, top + 110));
55        e.Graphics.DrawString("名称", myFont, myBrush, new Point(left + 172, top + 110));
56        e.Graphics.DrawString(strGName, myFont, myBrush, new Point(left + 222, top + 110));
57        e.Graphics.DrawString("规格", myFont, myBrush, new Point(left + 412, top + 110));
58        e.Graphics.DrawString(strGSpec, myFont, myBrush, new Point(left + 472, top + 110));
59        //绘制第四行数据
60        e.Graphics.DrawString("单位", myFont, myBrush, new Point(left + 2, top + 140));
61        e.Graphics.DrawString(strGUnit, myFont, myBrush, new Point(left + 82, top + 140));
62        e.Graphics.DrawString("单价", myFont, myBrush, new Point(left + 172, top + 140));
63        e.Graphics.DrawString(strGMoney, myFont, myBrush, new Point(left + 222, top + 140));
64        e.Graphics.DrawString("数量", myFont, myBrush, new Point(left + 302, top + 140));
65        e.Graphics.DrawString(strGNum, myFont, myBrush, new Point(left + 362, top + 140));
66        e.Graphics.DrawString("金额", myFont, myBrush, new Point(left + 472, top + 140));
67        e.Graphics.DrawString(strSMoney, myFont, myBrush, new Point(left + 522, top + 140));
68        //绘制第五行数据
69        e.Graphics.DrawString("备注", myFont, myBrush, new Point(left + 2, top + 170));
70        e.Graphics.DrawString(strRemark, myFont, myBrush, new Point(left + 82, top + 170));
71    }
```

扩展学习

在指定位置绘制线条

PrintPage 事件中的 e 参数是 PrintPageEventArgs 类型的对象，通过 e 参数的 Graphics 属性可以获取 Graphics 对象，调用此对象的 DrawLine 方法可以绘制一条连接由坐标对指定的两个点的线条，DrawLine 方法提供了多个重载，在方法的参数中可以指定线条绘制的位置。

实例 113　批量打印学生证书

源码位置：Code\03\113

实例说明

学校在打印学生证书时，通常都需要批量打印，本实例使用 C# 制作了一个批量打印学生证书的程序。运行本实例，在主窗体的 DataGridView 控件中选择要打印的学生证信息所在的行，单击

“打印”按钮，即可打印指定的学生证信息；如果在 DataGridView 控件中选中多行，单击“打印”按钮，则对选中的多个学生证信息进行批量打印；如果 DataGridView 控件中没有选中的行，单击“打印”按钮，则打印一个空的学生证。实例运行效果如图 3.42 所示。

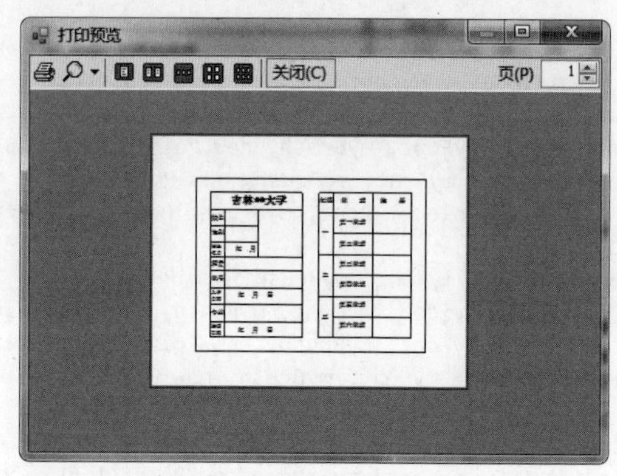

图 3.42　批量打印学生证书

关键技术

本实例实现批量打印学生证书时主要用到了 DataGridView 选中行的记录、PrintPageEventArgs.HasMorePages 属性和 PageSetupDialog 控件。

实现过程

（1）打开 Visual Studio 2022 开发环境，新建一个名为 PrintStuCertificate 的 Windows 窗体应用程序。

（2）更改默认窗体 Form1 的 Name 属性为 Frm_Main，向窗体中添加一个 DataGridView 控件，用于打印学生证书；添加一个 DataGridView 控件，用于显示学生信息。

（3）程序主要代码如下：

113-1

```
01  private void printDocument1_PrintPage(object sender,
02          System.Drawing.Printing.PrintPageEventArgs e)
03  {
04      if (lists.Count > 0)
05      {
06          DataSet myds = BindInfo("编号",dataGridView1.Rows[Convert.ToInt32(lists[currentPage - 1])].
07                  Cells[0].Value.ToString());
08          strID = dataGridView1.Rows[Convert.ToInt32(
09                  lists[currentPage - 1])].Cells[0].Value.ToString();  //获取学生编号
10          strName = myds.Tables[0].Rows[0][1].ToString();              //获取学生姓名
11          strSex = myds.Tables[0].Rows[0][2].ToString();               //获取学生性别
12          DateTime dt = Convert.ToDateTime(
13                  myds.Tables[0].Rows[0][3].ToString());                //获取系统时间
14          strBirthday = dt.Year + "年" + dt.Month + "月";               //获取生日信息
15          strNPlace = myds.Tables[0].Rows[0][4].ToString();            //获取籍贯信息
16          strRXSJ = Convert.ToDateTime(myds.Tables[0].
17                  Rows[0][5].ToString()).ToLongDateString();            //获取入学时间
18          strZY = myds.Tables[0].Rows[0][6].ToString();                //获取专业信息
19          strFZRQ = DateTime.Now.ToLongDateString();                   //获取当前系统时间
```

```
20          MemoryStream memoryImage =
21                  new MemoryStream((byte[])myds.Tables[0].Rows[0][7]);      //创建内存流对象
22          imgPhoto = Image.FromStream(memoryImage);                         //获取图像对象
23      }
24      int printWidth = e.PageBounds.Width;                                  //获取打印区域的宽度
25      int printHeight = e.PageBounds.Height;                                //获取打印区域的高度
26      //绘制矩形边框
27      e.Graphics.DrawRectangle(mypen, 344, 236, 480, 355);
28      e.Graphics.DrawRectangle(mypen, 374, 266, 193, 295);
29      e.Graphics.DrawRectangle(mypen, 601, 266, 193, 295);
30      //填充左侧内容
31      e.Graphics.DrawLine(mypen, 404, 301, 404, 561);                       //绘制第一列网格线
32      e.Graphics.DrawLine(mypen, 476, 301, 476, 396);                       //绘制第二列网格线
33      e.Graphics.DrawLine(mypen, 374, 301, 567, 301);                       //绘制第一行网格线
34      e.Graphics.DrawLine(mypen, 374, 333, 476, 333);                       //绘制第二行网格线
35      e.Graphics.DrawLine(mypen, 374, 366, 476, 366);                       //绘制第三行网格线
36      e.Graphics.DrawLine(mypen, 374, 396, 567, 396);                       //绘制第四行网格线
37      e.Graphics.DrawLine(mypen, 374, 426, 567, 426);                       //绘制第五行网格线
38      e.Graphics.DrawLine(mypen, 374, 460, 567, 460);                       //绘制第六行网格线
39      e.Graphics.DrawLine(mypen, 374, 495, 567, 495);                       //绘制第七行网格线
40      e.Graphics.DrawLine(mypen, 374, 530, 567, 530);                       //绘制第八行网格线
41      e.Graphics.DrawString("吉林**大学", new Font("宋体", 16,
42              FontStyle.Bold), myBrush, 415, 270);                          //绘制文本内容
43      e.Graphics.DrawString("姓名", myFont, myBrush, 375, 310);             //绘制文本内容
44      e.Graphics.DrawString(strName, myFont, myBrush, 405, 310);            //绘制文本内容
45      e.Graphics.DrawString("性别", myFont, myBrush, 375, 342);             //绘制文本内容
46      e.Graphics.DrawString(strSex, myFont, myBrush, 405, 342);             //绘制文本内容
47      e.Graphics.DrawString("出生", new Font("宋体", 8), myBrush, 377, 371); //绘制文本内容
48      e.Graphics.DrawString("年月", new Font("宋体", 8), myBrush, 377, 384); //绘制文本内容
49      e.Graphics.DrawString(strBirthday, myFont, myBrush, 405, 375);        //绘制文本内容
50      e.Graphics.DrawString("籍贯", myFont, myBrush, 375, 405);             //绘制文本内容
51      e.Graphics.DrawString(strNPlace, myFont, myBrush, 405, 405);          //绘制文本内容
52      e.Graphics.DrawString("学号", myFont, myBrush, 375, 435);             //绘制文本内容
53      e.Graphics.DrawString(strID, myFont, myBrush, 405, 435);              //绘制文本内容
54      e.Graphics.DrawString("入学", new Font("宋体", 8), myBrush, 377, 465); //绘制文本内容
55      e.Graphics.DrawString("日期", new Font("宋体", 8), myBrush, 377, 478); //绘制文本内容
56      e.Graphics.DrawString(strRXSJ, myFont, myBrush, 405, 469);            //绘制文本内容
57      e.Graphics.DrawString("专业", myFont, myBrush, 375, 504);             //绘制文本内容
58      e.Graphics.DrawString(strZY, myFont, myBrush, 405, 504);              //绘制文本内容
59      e.Graphics.DrawString("发证", new Font("宋体", 8), myBrush, 377, 535); //绘制文本内容
60      e.Graphics.DrawString("日期", new Font("宋体", 8), myBrush, 377, 548); //绘制文本内容
61      e.Graphics.DrawString(strFZRQ, myFont, myBrush, 405, 539);            //绘制文本内容
62      if (imgPhoto != null)
63      e.Graphics.DrawImage(imgPhoto, 479, 303, 86, 93);                     //绘制照片
64      //填充右侧内容
65      e.Graphics.DrawLine(mypen, 632, 266, 632, 561);                       //绘制第一列网格线
66      e.Graphics.DrawLine(mypen, 713, 266, 713, 561);                       //绘制第二列网格线
67      e.Graphics.DrawLine(mypen, 601, 306, 794, 306);                       //绘制第一行网格线
68      e.Graphics.DrawLine(mypen, 601, 391, 794, 391);                       //绘制第二行网格线
69      e.Graphics.DrawLine(mypen, 601, 476, 794, 476);                       //绘制第三行网格线
70      e.Graphics.DrawString("年级", myFont, myBrush, 602, 276);             //绘制文本内容
71      e.Graphics.DrawString("学    期", myFont, myBrush, 646, 276);         //绘制文本内容
72      e.Graphics.DrawString("注    册", myFont, myBrush, 727, 276);         //绘制文本内容
73      e.Graphics.DrawString("一", myFont, myBrush, 607, 341);               //绘制文本内容
74      e.Graphics.DrawString("二", myFont, myBrush, 607, 426);               //绘制文本内容
```

```
75        e.Graphics.DrawString("三", myFont, myBrush, 607, 511);                    //绘制文本内容
76        e.Graphics.DrawLine(mypen, 632, 348, 794, 348);                            //分割第一学期
77        e.Graphics.DrawLine(mypen, 632, 433, 794, 433);                            //分割第二学期
78        e.Graphics.DrawLine(mypen, 632, 518, 794, 518);                            //分割第三学期
79        e.Graphics.DrawString("第一学期", myFont, myBrush, 642, 320);              //绘制文本内容
80        e.Graphics.DrawString("第二学期", myFont, myBrush, 642, 362);              //绘制文本内容
81        e.Graphics.DrawString("第三学期", myFont, myBrush, 642, 404);              //绘制文本内容
82        e.Graphics.DrawString("第四学期", myFont, myBrush, 642, 446);              //绘制文本内容
83        e.Graphics.DrawString("第五学期", myFont, myBrush, 642, 488);              //绘制文本内容
84        e.Graphics.DrawString("第六学期", myFont, myBrush, 642, 530);              //绘制文本内容
85        currentPage++;                                                              //下一页的页码
86        if (currentPage <= lists.Count)
87        {
88            e.HasMorePages = true;                                                  //打印副页
89        }
90        else
91        {
92            e.HasMorePages = false;                                                 //不打印副页
93            currentPage = 1;                                                        //设置当前页码为1
94        }
95    }
```

扩展学习

HasMorePages 属性

HasMorePages 属性用来获取或设置一个值，该值指示是否打印附加页，若属性值为 true 则打印附加页；若属性值为 false，则不打印附加页。在实际应用中，可以通过 HasMorePages 属性打印多页信息。

第4章

系统及注册表操作

自定义动画鼠标

隐藏和显示鼠标

使用键盘控制窗体的移动

获取鼠标在窗体上的位置

限制鼠标在某一区域工作

……

实例 114　自定义动画鼠标

源码位置：Code\04\114

实例说明

人们在电脑中使用的鼠标样式，一般都是系统默认的，为了使自己的电脑更具有特色，用户可以自己设置鼠标样式。本实例将对改变 C# 窗体和系统鼠标样式进行详细讲解，实例运行效果如图 4.1 所示。

图 4.1　自定义动画鼠标

关键技术

本实例实现时，主要使用 API 函数 LoadCursorFromFile、IntLoadCursorFromFile 和 SetSystem-Cursor 来改变系统的鼠标样式。

实现过程

（1）打开 Visual Studio 2022 开发环境，新建一个名为 SetAnimateMouse 的 Windows 窗体应用程序。

（2）更改默认窗体 Form1 的 Name 属性为 Frm_Main，在该窗体中添加一个 MenuStrip 控件，用来作为窗体的菜单栏。

（3）在 ToolS_From 项的 Click 事件中，设置当前鼠标指针位于窗体时显示自定义的鼠标图标，代码如下：

114-1

```
01  private void ToolS_From_Click(object sender, EventArgs e)
02  {
03      Cursor myCursor = new Cursor(Cursor.Current.Handle);         //创建Cursor类
04      IntPtr colorCursorHandle = LoadCursorFromFile("0081.ani");   //鼠标图标路径
05      //获取鼠标
06      myCursor.GetType().InvokeMember("handle", BindingFlags.Public | BindingFlags.NonPublic |
    BindingFlags.Instance | BindingFlags.SetField, null, myCursor, new object[] { colorCursorHandle });
07      this.Cursor = myCursor;                          //设置当前鼠标指针位于窗体时显示的光标
08  }
```

在 ToolS_FromRevert 项的 Click 事件中，恢复当前鼠标指针位于窗体时的鼠标图标，代码如下：

114-2

```
01  private void ToolS_FromRevert_Click(object sender, EventArgs e)
02  {
```

```
03        this.Cursor = Cursors.Default;
04    }
```

在 ToolS_System 项的 Click 事件中，用自定义鼠标图标设置系统鼠标的正常选择鼠标、移动鼠标、不可用鼠标和超链接鼠标，代码如下：

114-3

```
01  private void ToolS_System_Click(object sender, EventArgs e)
02  {
03      int cur = IntLoadCursorFromFile(@"C:\WINDOWS\Cursors\01.cur");       //设置正常选择鼠标
04      SetSystemCursor(cur, OCR_NORAAC);
05      cur = IntLoadCursorFromFile(@"C:\WINDOWS\Cursors\03.cur");           //设置移动鼠标
06      SetSystemCursor(cur, OCR_SIZEALL);
07      cur = IntLoadCursorFromFile(@"C:\WINDOWS\Cursors\04.cur");           //设置不可用鼠标
08      SetSystemCursor(cur, OCR_NO);
09      cur = IntLoadCursorFromFile(@"C:\WINDOWS\Cursors\06.cur");           //设置超链接鼠标
10      SetSystemCursor(cur, OCR_HAND);
11  }
```

注意　当用自定义鼠标图标设置鼠标时，应将其图标放置在系统盘的WINDOWS\Cursors目录下，否则API函数IntLoadCursorFromFile无法在指定文件的基础上创建一个指针。

在 ToolS_SystemRevert 项的 Click 事件中，恢复系统鼠标的正常选择鼠标、移动鼠标、不可用鼠标和超链接鼠标，代码如下：

114-4

```
01  private void ToolS_SystemRevert_Click(object sender, EventArgs e)
02  {
03      int cur = IntLoadCursorFromFile(@"C:\WINDOWS\Cursors\arrow_m.cur");   //恢复正常选择鼠标
04      SetSystemCursor(cur, OCR_NORAAC);
05      cur = IntLoadCursorFromFile(@"C:\WINDOWS\Cursors\move_r.cur");        //恢复移动鼠标
06      SetSystemCursor(cur, OCR_SIZEALL);
07      cur = IntLoadCursorFromFile(@"C:\WINDOWS\Cursors\no_r.cur");          //恢复不可用鼠标
08      SetSystemCursor(cur, OCR_NO);
09      cur = IntLoadCursorFromFile(@"C:\WINDOWS\Cursors\hand.cur");          //恢复超链接鼠标
10      SetSystemCursor(cur, OCR_HAND);
11  }
```

扩展学习

如何修改文件名

修改文件名称时，需要调用 FileInfo 类的 MoveTo 方法实现，代码如下：

```
FileInfo FInfo = new FileInfo(textBox1.Text);
string strPath = textBox1.Text.Substring(0, textBox1.Text.LastIndexOf("\\") + 1) +
       textBox2.Text + "." + textBox3.Text;
FInfo.MoveTo(strPath);
```

实例 115　隐藏和显示鼠标

源码位置：Code\04\115

实例说明

本实例使用 C# 实现了隐藏和显示鼠标的功能。运行本实例，单击“隐藏鼠标”按钮，即可将当前鼠标隐藏；通过 Tab 键将鼠标焦点移动到“显示鼠标”按钮上，按下 Enter 键，即可将隐藏的鼠标显示出来。实例运行效果如图 4.2 所示。

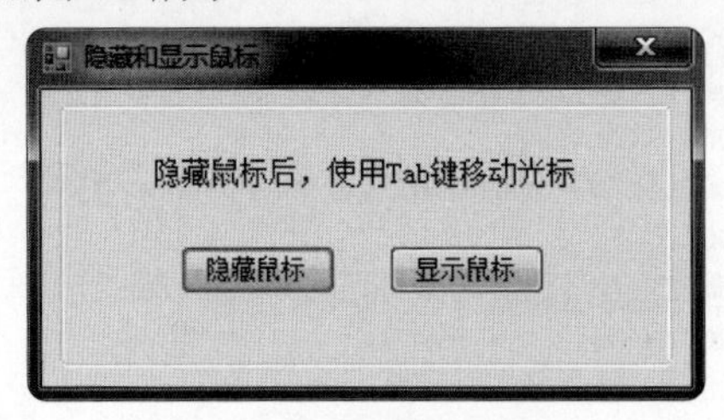

图 4.2　隐藏和显示鼠标

关键技术

本实例实现时主要用到了 API 函数 ShowCursor，下面对其进行详细介绍。

ShowCursor 函数主要用来控制鼠标指针的可视性，其声明语法如下：

```
[System.Runtime.InteropServices.DllImport("user32.dll", EntryPoint = "ShowCursor")]
public extern static bool ShowCursor(bool bShow);                          //重写API函数
```

参数说明：

bShow ：如果为 true，显示指针；如果为 false，则隐藏指针。

实现过程

（1）打开 Visual Studio 2022 开发环境，新建一个名为 HideMouse 的 Windows 窗体应用程序。

（2）更改默认窗体 Form1 的 Name 属性为 Frm_Main，在该窗体中添加两个 Button 控件，分别用来执行隐藏鼠标和显示鼠标操作。

（3）程序主要代码如下：

115-1

```
01  [System.Runtime.InteropServices.DllImport("user32.dll", EntryPoint = "ShowCursor")]
02  public extern static bool ShowCursor(bool bShow);                      //重写API函数
03  private void btnHide_Click(object sender, EventArgs e)
04  {
05      ShowCursor(false);                                                 //鼠标隐藏
06  }
07  private void btnShow_Click(object sender, EventArgs e)
08  {
09      ShowCursor(true);                                                  //鼠标显示
10  }
```

扩展学习

如何修改文件夹名称？

修改文件夹名称时，需要调用 DirectoryInfo 类的 MoveTo 方法实现，代码如下：

```
DirectoryInfo DInfo = new DirectoryInfo(textBox1.Text);
DInfo.MoveTo(textBox1.Text.Substring(0, textBox1.Text.LastIndexOf("\\") + 1) + textBox2.Text);
```

实例 116　使用键盘控制窗体的移动

源码位置：Code\04\116

实例说明

在日常的设计过程中，当对某一控件或窗体进行精确定位时，通过鼠标很难实现，此时可以借助于键盘。通过对本实例的学习，用户可以使用键盘的 UP、DOWN、LEFT、RIGHT 方向键来移动窗体，以方便进行精确定位，实例运行效果如图 4.3 所示。

图 4.3　使用键盘控制窗体的移动

关键技术

本实例实现时主要用到了 Form 类的 KeyPreview 属性、Location 属性和 KeyEventArgs 类的 KeyData 属性。

实现过程

（1）打开 Visual Studio 2022 开发环境，新建一个名为 ControlFormMove 的 Windows 窗体应用程序。

（2）更改默认窗体 Form1 的 Name 属性为 Frm_Main，并为该窗体设置指定的背景图片。

（3）程序主要代码如下：

116-1

```
01  private void Form1_Load(object sender, EventArgs e)
02  {
03      Frm_Main form1 = new Frm_Main();                    //创建窗体对象
04      form1.KeyPreview = true;                            //设置窗体接收按键事件
05  }
06  private void Form1_KeyDown(object sender, KeyEventArgs e)
07  {
```

```
08        Point point = this.Location;                           //定义一个标识窗体的变量
09        switch (e.KeyData)                                     //判断按键类型
10        {
11            case Keys.Up:                                      //当按键为UP键时
12                point.Y -= 2;
13                break;
14            case Keys.Down:                                    //当按键为DOWN键时
15                point.Y += 2;
16                break;
17            case Keys.Right:                                   //当按键为RIGHT键时
18                point.X += 2;
19                break;
20            case Keys.Left:                                    //当按键为LEFT键时
21                point.X -= 2;
22                break;
23            case Keys.Escape:                                  //当按键为ESC键时
24                this.Close();                                  //关闭本窗体
25                break;
26            default: break;
27        }
28        this.Location = point;
29    }
```

扩展学习

如何创建一个文件用于写入 UTF-8 编码的文本

本程序中创建一个用于写入 UTF-8 编码文本的文件时，需要用到 File.CreateText 方法，该方法位于 System.IO 命名空间，是一个静态方法，主要用来创建或打开一个文件，用于写入 UTF-8 编码的文本。使用 CreateText 方法创建一个用于写入 UTF-8 编码文本的代码如下：

```
if (!File.Exists(textBox1.Text))
{
    using (StreamWriter sw = File.CreateText(textBox1.Text))
    {
        sw.WriteLine(textBox2.Text);
        MessageBox.Show("文件创建成功", "提示", MessageBoxButtons.OK, MessageBoxIcon.Information);
    }
}
```

实例 117　获取鼠标在窗体上的位置

源码位置：Code\04\117

实例说明

开发精确度比较高的程序（如电子地图程序、屏幕抓图程序等），通常需要对鼠标进行准确定位，那么如何实现该功能呢？运行本实例，在窗体的任意位置单击，本程序会适时将鼠标的当前位置显示在窗体上。实例运行效果如图 4.4 所示。

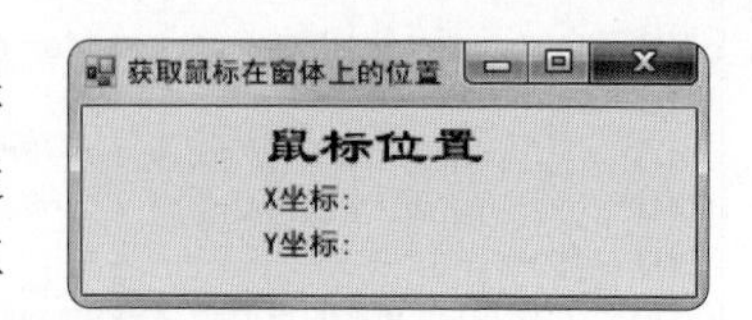

图 4.4　获取鼠标在窗体上的位置

关键技术

本实例实现时主要用到了 MouseEventArgs 类的 X 属性和 Y 属性。

实现过程

（1）打开 Visual Studio 2022 开发环境，新建一个名为 GetMousePosition 的 Windows 窗体应用程序。

（2）更改默认窗体 Form1 的 Name 属性为 Frm_Main，在该窗体中添加两个 Label 控件，分别用来显示鼠标当前位置的 X 坐标和 Y 坐标。

（3）程序主要代码如下：

117-1

```
01  private void Form1_MouseDown(object sender, MouseEventArgs e)
02  {
03      this.labX.Text = e.X.ToString();                    //显示X坐标
04      this.labY.Text = e.Y.ToString();                    //显示Y坐标
05  }
```

扩展学习

如何创建临时文件

在 C# 中创建一个临时文件的代码如下：

```
textBox1.Text = Path.GetTempFileName();
FileInfo fin = new FileInfo(textBox1.Text);
StreamWriter sw = fin.AppendText();
sw.Write(textBox2.Text);
sw.Close();
```

实例 118　限制鼠标在某一区域工作

源码位置：Code\04\118

实例说明

鼠标是一个用于操作计算机的外部输入设备，在屏幕中，用一个具有特殊形状的图标来表示当前鼠标。鼠标的移动范围是整个屏幕，用它可以向任意窗口发送指令，但是一些恶意软件故意改变鼠标移动的区域，将它固定在某个范围内，而这项技术也可以应用在普通的应用软件中。本实例使用 C# 实现了一个限制鼠标活动区域的功能，实例运行效果如图 4.5 所示。

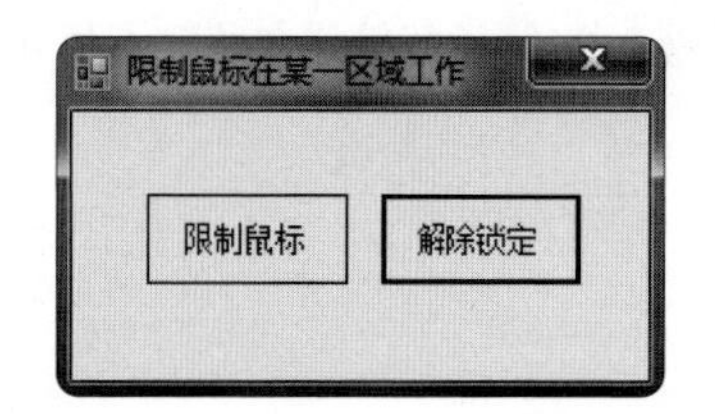

图 4.5　限制鼠标在某一区域工作

关键技术

本实例实现限制鼠标在某一区域工作的功能时，主要用到了 Cursor 类中的相关属性。

实现过程

（1）打开 Visual Studio 2022 开发环境，新建一个名为 ControlMouseRange 的 Windows 窗体应用程序。

（2）更改默认窗体 Form1 的 Name 属性为 Frm_Main，在该窗体中添加两个 Button 控件，分别用来执行限制和解除鼠标活动区域的操作。

（3）程序主要代码如下：

118-1

```
01  private void button1_Click(object sender, EventArgs e)      //限制鼠标活动区域
02  {
03      this.Cursor = new Cursor(Cursor.Current.Handle);         //创建Cursor对象
04      Cursor.Position = new Point(Cursor.Position.X, Cursor.Position.Y); //设置鼠标位置
05      Cursor.Clip = new Rectangle(this.Location, this.Size); //设置鼠标的活动区域
06  }
07  private void button2_Click(object sender, EventArgs e)      //解除对鼠标活动区域的限制
08  {
09      Screen[] screens = Screen.AllScreens;                    //获取显示的数组
10      this.Cursor = new Cursor(Cursor.Current.Handle);         //创建Cursor对象
11      Cursor.Clip = screens[0].Bounds;                         //解除对鼠标活动区域的限制
12  }
```

扩展学习

如何拖放文件

将所选的文件拖放到窗体中主要用到窗体的 DragEnter 事件和 DragEventArgs 对象的 Date.GetDate 方法。

实例 119　使用鼠标拖放复制文本

源码位置：Code\04\119

实例说明

现在很多软件都有一个通用的功能，即用鼠标拖放复制文本。该功能使用户的输入更加方便、快捷，那么该功能是如何实现的呢？本实例将对使用鼠标拖放复制文本功能的实现过程进行详细讲解，实例运行效果如图 4.6 所示。

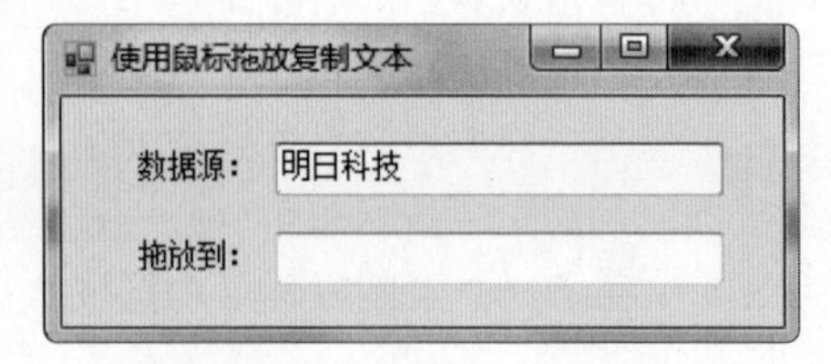

图 4.6　使用鼠标拖放复制文本

关键技术

本实例实现时主要用到了 TextBox 控件的 DoDragDrop 方法、DragEventArgs 类的 Data 属性和 Effect 属性以及 DataObject 类的 GetData 方法。

实现过程

（1）打开 Visual Studio 2022 开发环境，新建一个名为 MouseDragTxt 的 Windows 窗体应用程序。

（2）更改默认窗体 Form1 的 Name 属性为 Frm_Main，在该窗体中添加两个 TextBox 控件，分别用来输入信息和显示拖放的信息。

（3）程序主要代码如下：

119-1

```
01  private void txt1_MouseMove(object sender, MouseEventArgs e)
02  {
03      if ((e.Button & MouseButtons.Left) == MouseButtons.Left)      //判断是否按下鼠标左键
04      {
05          this.Cursor = new Cursor("arrow_l.cur");                   //设置鼠标样式
06          //拖放文本
07          DragDropEffects dropEffect = this.txt1.DoDragDrop(this.txt1.Text, DragDropEffects.
    Copy | DragDropEffects.Link);
08      }
09  }
10  private void txt2_DragDrop(object sender, DragEventArgs e)
11  {
12      txt2.Text = e.Data.GetData(DataFormats.Text).ToString();      //显示拖放文本
13  }
14  private void txt2_DragEnter(object sender, DragEventArgs e)
15  {
16      p
17      e.Effect = DragDropEffects.Copy;                              //设置复制操作
18  }
```

扩展学习

如何删除文件夹

删除文件夹时，需要用到 DirectoryInfo 类的 Delete 方法。使用 Delete 方法删除文件夹时，首先判断文件夹是否为空，如果为空，则删除；否则将引发 IOExecption 异常。删除文件夹的代码如下：

```
DirectoryInfo DInfo = new DirectoryInfo(textBox1.Text);
DInfo.Delete();
```

实例 120　屏蔽 Alt+F4 组合键关闭窗体

源码位置：Code\04\120

实例说明

在 Windows 操作系统中，系统提供了 Alt+F4 组合键，用来关闭窗体，那么如何使用程序来屏蔽该组合键呢？本实例实现了这样的功能，实例运行效果如图 4.7 所示。

图 4.7　屏蔽 Alt+F4 组合键关闭窗体

关键技术

本实例实现时主要用到了 KeyEventArgs 类的 Alt 属性、

KeyValue 属性和 Handled 属性。

实现过程

（1）打开 Visual Studio 2022 开发环境，新建一个名为 CancelAltAndF4 的 Windows 窗体应用程序。

（2）更改默认窗体 Form1 的 Name 属性为 Frm_Main，并为该窗体设置指定的背景图片。

（3）程序主要代码如下：

```
120-1
01  private void Form1_KeyDown(object sender, KeyEventArgs e)
02  {
03      if (e.Alt && e.KeyValue == 115)                         //如果按下的是Alt+F4组合键
04          e.Handled = true;                                   //不执行操作
05  }
```

扩展学习

如何监视文件系统变化情况

监视文件系统变化情况时需要用到 FileSystemWatcher 对象，该对象用来侦听文件系统更改通知，并在目录或目录中的文件发生更改时引发事件。

实例 121　虚拟键盘操作

源码位置：Code\04\121

实例说明

当用户的键盘不能正确输入，又无法更换键盘时，就需要使用软键盘来进行输入。本实例根据 Windows 系统中输入法的软键盘制作了一个功能相近的虚拟键盘，该虚拟键盘不但可以进行大小写转换，还可以对组合键进行操作，实例运行效果如图 4.8 所示。

图 4.8　虚拟键盘操作

关键技术

为了实现虚拟键盘，本实例利用钩子函数来捕获鼠标和键盘信息，当单击虚拟键盘上的按键时，获取当前按键的名称，通过名称获取当前按键的键值，然后，将当前按键的信息发送到获取焦点的窗体中。在这里要注意组合键的使用，如 Shift、Alt、Ctrl 和 Win 键，它们都是经常使用的组合键，在第一次单击这些按键时，将其设置为按下操作，这样可以与其他键进行组合，如果再次单击这些按键，将其设置为松开操作。在具体实现过程中，主要用到了 IDictionary 接口以及系统 API 函数 GetWindowLong、GetKeyState、SendInput 和 SendMessage。

实现过程

（1）打开 Visual Studio 2022 开发环境，新建一个名为 DummyKey 的 Windows 窗体应用程序。

（2）在当前项目中添加一个用户控件，并将其命名为 FecitButton；添加两个类，分别将其命名为 KeyboardConstaint 和 NativeMethods。

（3）在当前项目中添加一个类库项目，将其命名为 HookEx，在该类组中添加两个类，分别将其命名为 EventSet 和 UserActivityHook。

（4）更改默认窗体 Form1 的 Name 属性为 Frm_Main，在该窗体中根据大键盘的按键个数添加相应个数的用户控件 FecitButton，并将 Name 属性设置为相应的按键名称。

（5）自定义一个 UserActivityHook 类，该类主要是对钩子进行安装和卸载，以及自定义键盘、鼠标的事件，如 KeyDown、KeyUp、KeyPress、MouseUp 和 MouseDown 事件等。

下面以自定义事件 KeyDown 为例进行说明。

定义一个 KeyExEventArgs 类，用于继承 KeyEventArgs 类，并对其进行重载，关键字 base 对指定的参数进行初始化。代码如下：

121-1

```
01  //键盘事件KeyDown、KeyUp
02  public class KeyExEventArgs : KeyEventArgs
03  {
04      private int flags;
05      //构造函数
06      public KeyExEventArgs(Keys keyData, int flags) : base(keyData)
07      {
08          this.flags = flags;
09      }
10      public int Flags;
11  }
```

在 UserActivityHook 类的声明中定义变量，以及对自定义事件进行声明，代码如下：

121-2

```
01  private IntPtr hMouseHook = IntPtr.Zero;                              //设置句柄为空
02  private IntPtr hKeyboardHook = IntPtr.Zero;
03  private static readonly EventKey EventMouseActivity = new EventKey();//声明鼠标事件
04  private static readonly EventKey EventKeyDown = new EventKey();      //声明键盘按下事件
05  private static readonly EventKey EventKeyPress = new EventKey();     //声明键盘的KeyPress事件
06  private static readonly EventKey EventKeyUp = new EventKey();        //声明键盘松开事件
07  private static HookProc MouseHookProcedure;
08  private static HookProc KeyboardHookProcedure;
09  private readonly EventSet Events = new EventSet();                   //创建自定义EventSet类
```

在当前类的构造函数中安装钩子，代码如下：

121-3

```
01  public UserActivityHook()
02  {
03      Start();                                              //安装钩子
04  }
```

调用自定义方法 Start 的重载方法，代码如下：

121-4

```
01  ///<summary>
02  ///安装钩子
03  ///</summary>
04  public void Start()
05  {
06      this.Start(true, true);
07  }
```

自定义方法 Start 是一个重载方法，主要用于安装鼠标和键盘的钩子，代码如下：

121-5

```
01  ///<summary>
02  ///安装钩子（重载方法）
03  ///</summary>
04  ///<param installMouseHook="bool">安装鼠标</param>
05  ///<param installKeyboardHook="bool">安装键盘</param>
06  public void Start(bool installMouseHook, bool installKeyboardHook)
07  {
08      if (hMouseHook == IntPtr.Zero && installMouseHook)          //如果安装鼠标的钩子
09      {
10          MouseHookProcedure = new HookProc(MouseHookProc);       //创建鼠标的单击操作
11          //安装钩子
12          hMouseHook = SetWindowsHookEx(WH_MOUSE_LL, MouseHookProcedure,
    Marshal.GetHINSTANCE(Assembly.GetExecutingAssembly().GetModules()[0]), 0);
13          if (hMouseHook == IntPtr.Zero)                          //如果没有安装成功
14          {
15              int errorCode = Marshal.GetLastWin32Error();        //返回错误代码
16              Stop(true, false, false);                           //卸载钩子
17              throw new Win32Exception(errorCode);                //初始化Win32Exception类
18          }
19      }
20      if (hKeyboardHook == IntPtr.Zero && installKeyboardHook)    //如果安装键盘的钩子
21      {
22          KeyboardHookProcedure = new HookProc(KeyboardHookProc); //创建键盘的操作
23          //安装钩子
24          hKeyboardHook = SetWindowsHookEx(WH_KEYBOARD_LL, KeyboardHookProcedure,
    Marshal.GetHINSTANCE(Assembly.GetExecutingAssembly().GetModules()[0]), 0);
25          if (hKeyboardHook == IntPtr.Zero)                       //如果没有安装成功
26          {
27              int errorCode = Marshal.GetLastWin32Error();        //返回错误代码
28              Stop(false, true, false);                           //卸载钩子
29              throw new Win32Exception(errorCode);                //初始化Win32Exception类
30          }
31      }
32  }
```

自定义方法 MouseHookProc 用于判断是否执行鼠标的单击操作，其主要功能是在用鼠标单击 Windows 窗体时，获取该窗体的句柄。代码如下：

121-6

```
01  ///<summary>
02  ///判断是否执行鼠标的单击操作
03  ///</summary>
04  ///<param wParam="IntPtr">鼠标键值</param>
05  ///<param lParam="IntPtr">指针</param>
06  private IntPtr MouseHookProc(int nCode, IntPtr wParam, IntPtr lParam)
07  {
08      EventHandler<MouseExEventArgs> handler = this.Events[EventMouseActivity]
    as EventHandler<MouseExEventArgs>;
09      if ((nCode >= 0) && (handler != null))
10      {
11          //定义鼠标托管对象
12          MouseLLHookStruct mouseHookStruct = (MouseLLHookStruct)Marshal.PtrToStructure
    (lParam, typeof(MouseLLHookStruct));
13          MouseButtons button = MouseButtons.None;                //记录鼠标曾按下的数量
14          short mouseDelta = 0;
15          switch ((int)wParam)                                    //鼠标的键值
16          {
17              case WM_LBUTTONDOWN:                                //鼠标左键
18                  button = MouseButtons.Left;                     //记录鼠标左键的单击次数
19                  break;
20              case WM_RBUTTONDOWN:                                //鼠标右键
21                  button = MouseButtons.Right;                    //记录鼠标右键的单击次数
22                  break;
23              case WM_MOUSEWHEEL:                                 //鼠标中键
24                  //获取鼠标中键的键值
25                  mouseDelta = unchecked((short)((mouseHookStruct.mouseData >> 16) & 0xffff));
26                  break;
27          }
28          //创建MouseExEventArgs类
29          MouseExEventArgs e = new MouseExEventArgs(button, 0, mouseHookStruct.pt.x,
    mouseHookStruct.pt.y, mouseDelta, mouseHookStruct.flags);
30          handler(this, e);                                       //处理事件
31      }
32      return CallNextHookEx(hMouseHook, nCode, wParam, lParam);   //调用下一个钩子过程
33  }
```

自定义方法 KeyboardHookProc 用于判断是否执行键盘的单击操作，其主要功能是键盘单击时，判断键盘是按下、松开或单击事件，并执行相应的操作。代码如下：

121-7

```
01  ///<summary>
02  ///判断是否执行键盘的单击操作
03  ///</summary>
04  ///<param wParam="IntPtr">键盘的操作值</param>
05  ///<param lParam="IntPtr">指针</param>
06  private IntPtr KeyboardHookProc(int nCode, IntPtr wParam, IntPtr lParam)
07  {
08      bool handled = false;
09      //创建键盘的按下操作
10      EventHandler<KeyExEventArgs> handlerKeyDown = this.Events[EventKeyDown]
    as EventHandler<KeyExEventArgs>;
11      //创建键盘的松开操作
```

```
12      EventHandler<KeyExEventArgs> handlerKeyUp = this.Events[EventKeyUp]
    as EventHandler<KeyExEventArgs>;
13      //创建键盘的单击操作
14      EventHandler<KeyPressExEventArgs> handlerKeyPress = this.Events[EventKeyPress] as
    EventHandler<KeyPressExEventArgs>;
15      //如果键盘被操作
16      if ((nCode >= 0) && (handlerKeyDown != null || handlerKeyUp != null || handlerKeyPress != null))
17      {
18          //创建KeyboardHookStruct类
19          KeyboardHookStruct MyKeyboardHookStruct = (KeyboardHookStruct)Marshal.
    PtrToStructure(lParam, typeof(KeyboardHookStruct));
20          //如果键盘被按下
21          if (handlerKeyDown != null && ((int)wParam == WM_KEYDOWN || (int)wParam == WM_SYSKEYDOWN))
22          {
23              Keys keyData = (Keys)MyKeyboardHookStruct.vkCode;    //获取键值
24              //创建KeyExEventArgs
25              KeyExEventArgs e = new KeyExEventArgs(keyData, MyKeyboardHookStruct.flags);
26              handlerKeyDown(this, e);                             //执行键盘被按下操作
27              handled = handled || e.Handled;                      //是否操作
28          }
29          if (handlerKeyPress != null && (int)wParam == WM_KEYDOWN)//如果单击键盘
30          {
31              //判断是否为Shift键
32              bool isDownShift = ((GetKeyState(VK_SHIFT) & 0x80) == 0x80 ? true : false);
33              //判断是否为CapsLock键
34              bool isDownCapslock = (GetKeyState(VK_CAPITAL) != 0 ? true : false);
35              byte[] keyState = new byte[256];                     //定义字节数组
36              GetKeyboardState(keyState);                          //获取虚拟键的当前状态
37              byte[] inBuffer = new byte[2];                       //定义字节数组
38              //如果可以将虚拟键转换成ASCII字符
39              if (ToAscii(MyKeyboardHookStruct.vkCode, MyKeyboardHookStruct.scanCode, keyState,
    inBuffer, MyKeyboardHookStruct.flags) == 1)
40              {
41                  char key = (char)inBuffer[0];                    //获取ASCII字符
42                  if ((isDownCapslock ^ isDownShift) && Char.IsLetter(key)) //如果将其转换成大写
43                      key = Char.ToUpper(key);                     //获取大写的ASCII字符
44                  //创建KeyPressExEventArgs
45                  KeyPressExEventArgs e = new KeyPressExEventArgs(key, MyKeyboardHookStruct.flags);
46                  handlerKeyPress(this, e);                        //执行键盘单击事件
47                  handled = handled || e.Handled;                  //是否操作
48              }
49          }
50          //如果松开键盘
51          if (handlerKeyUp != null && ((int)wParam == WM_KEYUP || (int)wParam == WM_SYSKEYUP))
52          {
53              Keys keyData = (Keys)MyKeyboardHookStruct.vkCode;    //获取键值
54              //创建KeyExEventArgs类
55              KeyExEventArgs e = new KeyExEventArgs(keyData, MyKeyboardHookStruct.flags);
56              handlerKeyUp(this, e);                               //执行键盘的松开操作
57              handled = handled || e.Handled;                      //是否操作
58          }
59      }
60      if (handled)                                                 //如果不对当前进行操作
61          return (IntPtr)1;
62      else
63          return CallNextHookEx(hKeyboardHook, nCode, wParam, lParam);
64  }
```

在该类的析构函数中卸载鼠标和键盘的钩子，代码如下：

121-8

```
01  ~UserActivityHook()
02  {
03      Stop(true, true, false);
04  }
```

自定义方法 Stop 是一个重载方法，主要用于卸载鼠标和键盘的钩子，代码如下：

121-9

```
01  ///<summary>
02  ///卸载钩子（重载方法）
03  ///</summary>
04  ///<param installMouseHook="bool">卸载鼠标</param>
05  ///<param installKeyboardHook="bool">卸载键盘</param>
06  public void Stop(bool uninstallMouseHook, bool uninstallKeyboardHook, bool throwExceptions)
07  {
08      if (hMouseHook != IntPtr.Zero && uninstallMouseHook)           //如果鼠标钩子已安装
09      {
10          bool retMouse = UnhookWindowsHookEx(hMouseHook);           //卸载钩子
11          hMouseHook = IntPtr.Zero;                                  //清空
12          if (retMouse == false && throwExceptions)                  //如果卸载失败
13          {
14              int errorCode = Marshal.GetLastWin32Error();           //返回错误代码
15              throw new Win32Exception(errorCode);                   //初始化Win32Exception类
16          }
17      }
18      if (hKeyboardHook != IntPtr.Zero && uninstallKeyboardHook)     //如果键盘钩子已安装
19      {
20          bool retKeyboard = UnhookWindowsHookEx(hKeyboardHook);     //卸载钩子
21          hKeyboardHook = IntPtr.Zero;                               //清空
22          if (retKeyboard == false && throwExceptions)               //如果卸载失败
23          {
24              int errorCode = Marshal.GetLastWin32Error();           //返回错误代码
25              throw new Win32Exception(errorCode);                   //初始化Win32Exception类
26          }
27      }
28  }
```

扩展学习

使用 OpenRead 方法打开现有文件并读取

使用 OpenRead 方法打开现有文件并读取时，首先生成 FileStream 类的一个对象，用来记录要打开的文件路径及名称，当调用 FileStream 对象的 Read 方法读取文件内容时，使用 Default 编码方式的 GetString 方法对文件内容进行解码，并将结果显示在 TextBox 文本框中。

实例 122　实现注销、关闭和重启计算机

源码位置：Code\04\122

实例说明

安装应用程序时，有时需要实现注销、关闭或重启计算机的功能，本实例将介绍这些功能的实现过程。运行本实例，通过单击窗体中的相应按钮，即可实现注销、关闭和重启计算机功能。实例

运行效果如图 4.9 所示。

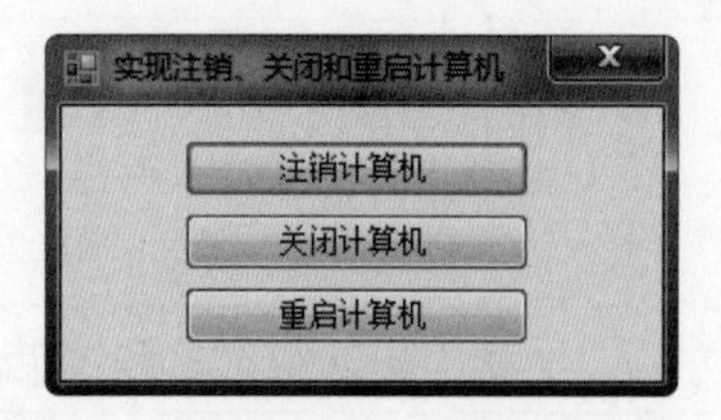

图 4.9　实现注销、关闭和重启计算机

关键技术

本实例在实现注销计算机时，使用了 API 函数 ExitWindowsEx，而实现关闭和重启计算机时，分别使用了 DOS 命令“shutdown -s -t 0”和“shutdown -r -t 0”。

实现过程

（1）打开 Visual Studio 2022 开发环境，新建一个名为 LCRComputer 的 Windows 窗体应用程序。

（2）更改默认窗体 Form1 的 Name 属性为 Frm_Main，在该窗体中添加 3 个 Button 控件，分别用来实现计算机的注销、关闭和重启功能。

（3）注销计算机的实现代码如下：

122-1

```
01  [DllImport("user32.dll", EntryPoint = "ExitWindowsEx", CharSet = CharSet.Ansi)]
02  private static extern int ExitWindowsEx(int uFlags, int dwReserved);
03  private void button1_Click(object sender, EventArgs e)
04  {
05      ExitWindowsEx(0, 0);                                 //注销计算机
06  }
```

关闭计算机的实现代码如下：

122-2

```
01  private void button2_Click(object sender, EventArgs e)
02  {
03      System.Diagnostics.Process myProcess = new System.Diagnostics.Process();
04      myProcess.StartInfo.FileName = "cmd.exe";            //启动cmd命令
05      myProcess.StartInfo.UseShellExecute = false;         //是否使用系统外壳程序启动进程
06      myProcess.StartInfo.RedirectStandardInput = true;    //是否从流中读取
07      myProcess.StartInfo.RedirectStandardOutput = true;   //是否写入流
08      myProcess.StartInfo.RedirectStandardError = true;    //是否将错误信息写入流
09      myProcess.StartInfo.CreateNoWindow = true;           //是否在新窗口中启动进程
10      myProcess.Start();                                   //启动进程
11      myProcess.StandardInput.WriteLine("shutdown -s -t 0");//执行关机命令
12  }
```

重启计算机的实现代码如下：

122-3

```
01  private void button3_Click(object sender, EventArgs e)
02  {
03      System.Diagnostics.Process myProcess = new System.Diagnostics.Process();
```

```
04      myProcess.StartInfo.FileName = "cmd.exe";                //启动cmd命令
05      myProcess.StartInfo.UseShellExecute = false;             //是否使用系统外壳程序启动进程
06      myProcess.StartInfo.RedirectStandardInput = true;        //是否从流中读取
07      myProcess.StartInfo.RedirectStandardOutput = true;       //是否写入流
08      myProcess.StartInfo.RedirectStandardError = true;        //是否将错误信息写入流
09      myProcess.StartInfo.CreateNoWindow = true;               //是否在新窗口中启动进程
10      myProcess.Start();                                       //启动进程
11      myProcess.StandardInput.WriteLine("shutdown -r -t 0");//执行重启计算机命令
12  }
```

扩展学习

如何获取指定年份的天数信息

获取指定年份中的天数信息时，首先使用 DateTime 结构的 Year 属性来获取年份，然后根据 DateTime 结构的 IsLeapYear 方法来判断获取的年份是否为闰年，如果为闰年，则显示“366 天”；否则显示“365 天”。

实例 123　图表显示磁盘容量

源码位置：Code\04\123

实例说明

磁盘是一种计算机存储数据的主要介质，软件本身和一些需要使用的外部文件都存放在磁盘中。磁盘的容量表示磁盘能够容纳信息的数量，容量越大，存储的数据也就越多。当磁盘中已经存满数据时，再向磁盘中写入数据，将会发生错误。本实例通过饼形图来显示磁盘的使用情况，实例运行效果如图 4.10 所示。

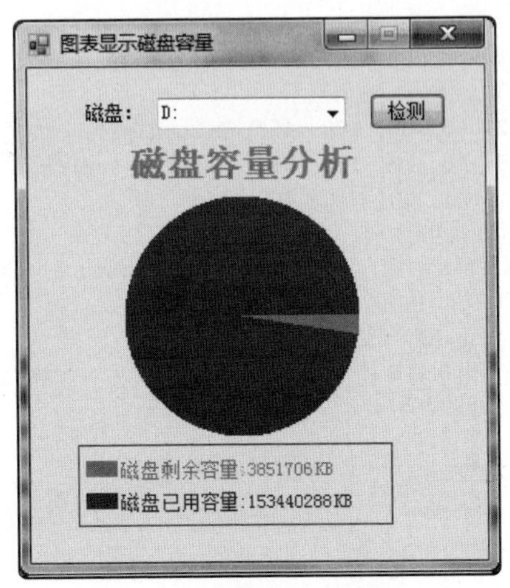

图 4.10　图表显示磁盘容量

关键技术

本实例中，首先使用 WMI 管理类中的 ManagementObjectSearcher 类和 ManagementObject 类获

取系统的所有磁盘盘符，并显示在 ComboBox 控件中；然后分别使用 DriveInfo 类的 TotalSize 属性和 TotalFreeSpace 属性来获取磁盘的总容量和剩余容量，并根据这两个值计算出磁盘已经使用的容量；最后调用 Graphics 类中的 FillPie 方法，根据磁盘剩余容量和已用容量的比例绘制饼形图。

实现过程

（1）打开 Visual Studio 2022 开发环境，新建一个名为 ShowDiskSizeByPic 的 Windows 窗体应用程序。

（2）更改默认窗体 Form1 的 Name 属性为 Frm_Main，在该窗体中添加一个 ComboBox 控件，用来显示系统磁盘列表；添加一个 Button 控件，用来获取所选磁盘的使用情况，并根据已获取的内容绘制饼形图。

（3）程序主要代码如下：

```
123-1
01  private void button1_Click(object sender, EventArgs e)
02  {
03      DriveInfo dinfo = new DriveInfo(comboBox1.Text);                    //创建DriveInfo
04      float tsize = dinfo.TotalSize;                                     //获取磁盘的总容量
05      float fsize = dinfo.TotalFreeSpace;                                //获取剩余容量
06      Graphics graphics = this.CreateGraphics();                         //创建Graphics绘图对象
07      Pen pen1 = new Pen(Color.Red);                                     //创建画笔对象
08      Brush brush1 = new SolidBrush(Color.WhiteSmoke);                   //创建笔刷
09      Brush brush2 = new SolidBrush(Color.LimeGreen);                    //创建笔刷
10      Brush brush3 = new SolidBrush(Color.RoyalBlue);                    //创建笔刷
11      Font font1 = new Font("Courier New", 16, FontStyle.Bold);          //设置字体
12      Font font2 = new Font("宋体", 9);                                   //设置字体
13      graphics.DrawString("磁盘容量分析", font1, brush2, new Point(60, 50)); //绘制文本
14      //计算绿色饼形图的范围
15      float angle1 = Convert.ToSingle((360 * (Convert.ToSingle(fsize / 100000000000) /
    Convert.ToSingle(tsize / 100000000000))));
16      //计算蓝色饼形图的范围
17      float angle2 = Convert.ToSingle((360 * (Convert.ToSingle((tsize - fsize) / 100000000000) /
    Convert.ToSingle(tsize / 100000000000))));
18      //调用Graphics对象的FillPie方法绘制饼形图
19      graphics.FillPie(brush2, 60, 80, 150, 150, 0, angle1);
20      graphics.FillPie(brush3, 60, 80, 150, 150, angle1, angle2);
21      graphics.DrawRectangle(pen1, 30, 235, 200, 50);
22      graphics.FillRectangle(brush2, 35, 245, 20, 10);
23      graphics.DrawString("磁盘剩余容量:" + dinfo.TotalFreeSpace / 1000 + "KB", font2,
    brush2, 55, 245);
24      graphics.FillRectangle(brush3, 35, 265, 20, 10);
25      graphics.DrawString("磁盘已用容量:" + (dinfo.TotalSize - dinfo.TotalFreeSpace) /
    1000 + "KB", font2, brush3, 55, 265);
26  }
```

扩展学习

如何比较时间

在实际开发程序中，经常会遇到比较时间的问题，下面介绍两种比较时间的方法。

方法一：时间与时间之间直接比较，代码如下：

```
string strTime1 = DateTime.Now.ToString();
string strTime2 = DateTime.Now.AddDays(-1).ToString();
DateTime dt1 = Convert.ToDateTime(strTime1);
DateTime dt2 = Convert.ToDateTime(strTime2);
if (dt1 > dt2)
{
    ……其他操作
}
```

方法二：使用 CompareTo 方法实现时间与时间之间的比较，代码如下：

```
string strTime1 = DateTime.Now.ToString();
string strTime2 = DateTime.Now.AddDays(-1).ToString();
DateTime dt1 = Convert.ToDateTime(strTime1);
DateTime dt2 = Convert.ToDateTime(strTime2);
int n = dt1.CompareTo(dt2);
if (n > 0)
{
    ……其他操作
}
```

实例 124　内存使用状态监控

源码位置：Code\04\124

实例说明

内存是计算机的主要部件，内存不足可能会使计算机死机，如果对计算机的内存使用状态进行监控，能有效避免死机现象的发生。本实例通过在 TextBox 控件中显示内存使用量来实现内存使用状态监控功能，实例运行效果如图 4.11 所示。

图 4.11　内存使用状态监控

关键技术

本实例通过使用 ComputerInfo 类的相关属性来对内存的使用状态进行监控，ComputerInfo 类提供了用于获取与计算机的内存、已加载程序集、名称和操作系统有关信息的属性。

实现过程

（1）打开 Visual Studio 2022 开发环境，新建一个名为 WatchMemory 的 Windows 窗体应用程序。

（2）更改默认窗体 Form1 的 Name 属性为 Frm_Main，在该窗体中添加一个 Timer 组件，用来实时监控内存使用状态；添加 4 个 TextBox 控件，分别用来显示系统的物理内存总量、可用物理内存、虚拟内存总量和可用虚拟内存。

（3）程序主要代码如下：

```
124-1
01  private void timer1_Tick(object sender, EventArgs e)
02  {
03      Computer myComputer = new Computer();
04      //获取系统的物理内存总量
05      textBox1.Text = Convert.ToString(myComputer.Info.TotalPhysicalMemory / 1024 / 1024);
06      //获取系统的可用物理内存
07      textBox2.Text = Convert.ToString(myComputer.Info.AvailablePhysicalMemory / 1024 / 1024);
08      //获取系统的虚拟内存总量
09      textBox3.Text = Convert.ToString(myComputer.Info.TotalVirtualMemory / 1024 / 1024);
10      //获取系统的可用虚拟内存
11      textBox4.Text = Convert.ToString(myComputer.Info.AvailableVirtualMemory / 1024 / 1024);
12  }
```

扩展学习

如何制作图形窗体

制作图形窗体时，首先设置窗体的背景色透明，然后通过重写窗体的 OnPaint 方法来加载要在窗体中显示的图片，OnPaint 方法用来重新绘制窗体图像。

实例 125　CPU 使用率

源码位置：Code\04\125

实例说明

每运行一个程序，系统都会开启一个进程。每个进程都会占用 CPU 资源，运行的程序越多，CPU 的使用率就越高。通过本实例可以获取计算机物理内存、虚拟内存和进程数等信息，并时刻监视 CPU 的使用率。实例运行效果如图 4.12 所示。

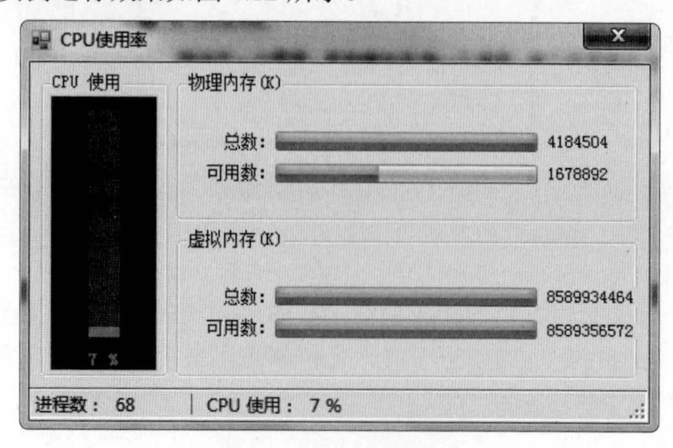

图 4.12　CPU 使用率

关键技术

本实例主要通过“select * from Win32_Processor”语句创建一个 ManagementObjectSearcher 对象，用以获取计算机的 CPU 信息，并通过 LoadPercentage 索引查找 CPU 当前使用百分比。ManagementObjectSearcher 对象主要用于调用有关管理信息的指定查询。

实现过程

（1）打开 Visual Studio 2022 开发环境，新建一个名为 CPU_Detect 的 Windows 窗体应用程序。

（2）更改默认窗体 Form1 的 Name 属性为 Frm_Main，在该窗体中添加一个 Timer 组件，用来时刻监视系统内存使用状态；添加 4 个 ProgressBar 控件，分别用来显示物理内存总数、物理内存可用数、虚拟内存总数和虚拟内存可用数；添加一个 Panel 控件，用来显示 CPU 占用率的柱形图。

（3）Memory 方法通过 Computer 类的相关属性获取物理内存总量、可用物理内存总量、虚拟内存总量和可用虚拟内存总量信息，代码如下：

125-1

```
01  private void Memory()
02  {
03      Microsoft.VisualBasic.Devices.Computer myInfo = new Microsoft.VisualBasic.
    Devices.Computer();
04      //获取物理内存总量
05      pbMemorySum.Maximum = Convert.ToInt32(myInfo.Info.TotalPhysicalMemory / 1024 / 1024);
06      pbMemorySum.Value = Convert.ToInt32(myInfo.Info.TotalPhysicalMemory / 1024 / 1024);
07      lblSum.Text = (myInfo.Info.TotalPhysicalMemory / 1024).ToString();
08      //获取可用物理内存总量
09      pbMemoryUse.Maximum = Convert.ToInt32(myInfo.Info.TotalPhysicalMemory / 1024 / 1024);
10      pbMemoryUse.Value = Convert.ToInt32(myInfo.Info.AvailablePhysicalMemory / 1024 / 1024);
11      lblMuse.Text = (myInfo.Info.AvailablePhysicalMemory / 1024).ToString();
12      //获取虚拟内存总量
13      pbVmemorysum.Maximum = Convert.ToInt32(myInfo.Info.TotalVirtualMemory / 1024 / 1024);
14      pbVmemorysum.Value = Convert.ToInt32(myInfo.Info.TotalVirtualMemory / 1024 / 1024);
15      lblVinfo.Text = (myInfo.Info.TotalVirtualMemory / 1024).ToString();
16      //获取可用虚拟内存总量
17      pbVmemoryuse.Maximum = Convert.ToInt32(myInfo.Info.TotalVirtualMemory / 1024 / 1024);
18      pbVmemoryuse.Value = Convert.ToInt32(myInfo.Info.AvailableVirtualMemory / 1024 / 1024);
19      lblVuse.Text = (myInfo.Info.AvailableVirtualMemory / 1024).ToString();
20  }
```

CreateImage 方法用于根据 CPU 使用率绘制柱形图，这样便可以很直观地了解 CPU 的使用情况，该方法中主要通过 Graphics 类的 FillRectangle 方法绘制柱形图，代码如下：

125-2

```
01  private void CreateImage()                                  //绘制柱形图
02  {
03      int i = panel3.Height / 100;                            //获取绘制柱形图时增长的比例
04      Bitmap image = new Bitmap(panel3.Width, panel3.Height); //创建Bitmap实例
05      Graphics g = Graphics.FromImage(image);                 //创建Graphics对象
06      g.Clear(Color.Green);                                   //设置背景色
07      SolidBrush mybrush = new SolidBrush(Color.Lime);        //创建笔刷
08      g.FillRectangle(mybrush, 0, panel3.Height - mheight * i, 26, mheight * i); //绘制柱形图
09      panel3.BackgroundImage = image;                         //显示柱形图
10  }
```

扩展学习

如何通过拖动工作区来移动窗体

一般的窗体都是通过拖动标题栏来移动位置的，下面通过使用 Form 类的 MouseDown 和 MouseMove 事件实现通过拖动工作区来移动窗体的功能。通过拖动工作区移动窗体的实现代码如下：

```
Point myPoint;
private void Form1_MouseDown(object sender, MouseEventArgs e)
{
    myPoint = new Point(-e.X, -e.Y);
}
private void Form1_MouseMove(object sender, MouseEventArgs e)
{
    if (e.Button == MouseButtons.Left)
    {
        Point myPosition = Control.MousePosition;
        myPosition.Offset(myPoint.X, myPoint.Y);
        this.DesktopLocation = myPosition;
    }
}
```

实例 126　进程管理器

源码位置：Code\04\126

实例说明

用过 Windows 操作系统的人对“Windows 任务管理器”中的“进程”选项卡会比较熟悉。如图 4.13 所示，该选项卡中显示了本地计算机运行的所有进程，并且可以对选中的进程进行各种操作。本实例模仿“Windows 任务管理器”的“进程”选项卡制作了一个进程管理器，通过该进程管理器可以获取本地计算机上运行的所有进程名称、进程总数、每个进程的线程数、优先级、物理内存和虚拟内存等信息，并且可以执行结束指定进程、设置某个进程的优先级等操作，实例运行效果如图 4.14 所示。

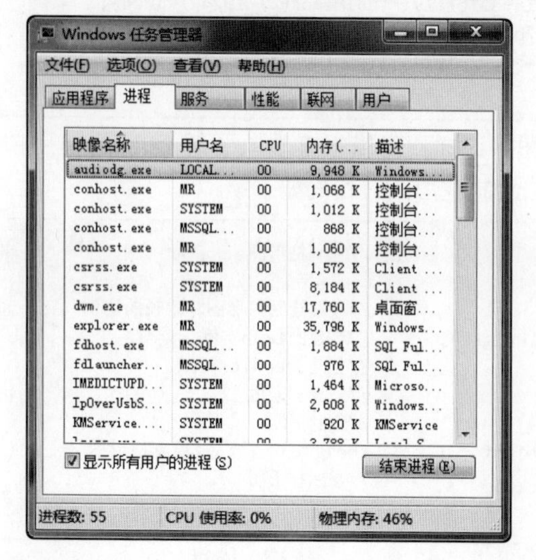

图 4.13　“Windows 任务管理器”的“进程”选项卡

图 4.14　进程管理器

关键技术

本实例实现时主要用到了 Process 类的 GetProcesses 方法、ProcessName 属性、Id 属性、Threads 属性、BasePriority 属性、WorkingSet 属性、VirtualMemorySize 属性、GetProcessesByName 方法、Kill 方法和 PriorityClass 属性。

实现过程

（1）打开 Visual Studio 2022 开发环境，新建一个名为 CourseManage 的 Windows 窗体应用程序。

（2）更改默认窗体 Form1 的 Name 属性为 Frm_Main，在该窗体中添加一个 TabControl 控件，用来作为“进程”选项卡；添加一个 ListView 控件，将其 View 属性设置为 Details，并为其添加“映像名称”“进程 ID”“线程数”“优先级”“物理内存”和“虚拟内存”6 列，该控件用来显示本地计算机上运行的所有进程及其详细信息；添加一个 ContextMenuStrip 控件，用来作为窗体的快捷菜单，该快捷菜单主要执行结束进程和设置进程优先级功能；添加一个 StatusStrip 控件，用来作为窗体的状态栏。

（3）在 Frm_Main 窗体的后台代码中，首先自定义一个 getProcessInfo 方法，该方法通过 Process 类的相关方法和属性获取系统进程总数以及每一个进程的相关信息，代码如下：

126-1

```
01  private void getProcessInfo()
02  {
03      try
04      {
05          listView1.Items.Clear();                                          //清空ListView控件
06          Process[] MyProcesses = Process.GetProcesses();                   //获取所有进程
07          tsslInfo.Text = "进程总数：" + MyProcesses.Length.ToString();     //显示进程总数
08          string[] Minfo = new string[6];                                   //用于存储进程信息
09          foreach (Process MyProcess in MyProcesses)                        //遍历所有进程
10          {
11              Minfo[0] = MyProcess.ProcessName;                             //进程名
12              Minfo[1] = MyProcess.MainModule.ModuleName;                   //进程模块
13              Minfo[2] = MyProcess.Threads.Count.ToString();                //进程线程数
14              Minfo[3] = MyProcess.BasePriority.ToString();                 //进程优先级
15              Minfo[4] = Convert.ToString(MyProcess.WorkingSet / 1024) + "K"; //物理内存
16              Minfo[5] = Convert.ToString(MyProcess.VirtualMemorySize / 1024) + "K"; //虚拟内存
17              ListViewItem lvi = new ListViewItem(Minfo, "process");      //创建ListViewItem对象
18              listView1.Items.Add(lvi);                                     //添加到ListView控件中
19          }
20      }
21      catch { }
22  }
```

运行程序，首先通过 getProcessInfo 方法获取所有进程信息并添加到 ListView 控件中，如果想结束某个进程，只需右击该进程，在弹出的快捷菜单中选择“结束进程”选项，调用 Process 类的 Kill 方法或 DOS 命令结束进程。代码如下：

126-2

```
01  private void 结束进程ToolStripMenuItem_Click(object sender, EventArgs e)
02  {
03      try
04      {
05          if (MessageBox.Show("警告：终止进程会导致不希望发生的结果，\r包括数据丢失和系统不稳定。
    在被终止前，\r进程将没有机会保存其状态和数据。确实\r想终止该进程吗?", "任务管理器警告",
    MessageBoxButtons.YesNo, MessageBoxIcon.Exclamation) == DialogResult.Yes)
06          {
07              string ProcessName = listView1.SelectedItems[0].Text;       //获取选择的进程名
08              Process[] MyProcess = Process.GetProcessesByName(ProcessName); //根据进程名构建进程数组
09              MyProcess[0].Kill();                                      //结束进程
10              getProcessInfo();                                         //重新获取所有进程
11          }
12          else
13          { }
14      }
15      catch
16      {
17          string ProcessName = listView1.SelectedItems[0].Text;            //获取选择的进程名
18          Process[] MyProcess1 = Process.GetProcessesByName(ProcessName);  //根据进程名构建进程数组
19          MyProcess.StartInfo.FileName = "cmd.exe";                        //设定程序名
20          MyProcess.StartInfo.UseShellExecute = false;                     //关闭Shell的使用
21          MyProcess.StartInfo.RedirectStandardInput = true;                //重定向标准输入
22          MyProcess.StartInfo.RedirectStandardOutput = true;               //重定向标准输出
23          MyProcess.StartInfo.RedirectStandardError = true;                //重定向错误输出
24          MyProcess.StartInfo.CreateNoWindow = true;                       //设置不显示窗口
25          //执行强制结束命令
26          MyProcess.Start();
27          MyProcess.StandardInput.WriteLine("ntsd -c q -p " + (MyProcess1[0].Id).ToString());
28          MyProcess.StandardInput.WriteLine("Exit");
29          getProcessInfo();
30      }
31  }
```

自定义一个 SetBasePriority 方法用于设置进程的优先级，主要是通过设置 PriorityClass 属性实现的，代码如下：

126-3

```
01  private void SetBasePriority(int i)
02  {
03      string ProcessName = listView1.SelectedItems[0].Text;          //获取进程名
04      Process[] MyProcess = Process.GetProcessesByName(ProcessName);  //根据进程名构建进程数组
05      switch (i)
06      {
07          case 0: MyProcess[0].PriorityClass = ProcessPriorityClass.Idle; break;      //低优先级
08          case 1: MyProcess[0].PriorityClass = ProcessPriorityClass.Normal; break;    //标准优先级
09          case 2: MyProcess[0].PriorityClass = ProcessPriorityClass.High; break;      //高优先级
10          case 3: MyProcess[0].PriorityClass = ProcessPriorityClass.RealTime; break; //实时优先级
11          //高于标准优先级
12          case 4: MyProcess[0].PriorityClass = ProcessPriorityClass.AboveNormal; break;
13          //低于标准优先级
14          case 5: MyProcess[0].PriorityClass = ProcessPriorityClass.BelowNormal; break;
15      }
16      getProcessInfo();
17  }
```

扩展学习

如何使用正则表达式验证小写字母

使用正则表达式验证小写字母时，主要是使用 Regex 类的 IsMatch 方法来判断输入的字母是否为小写字母。这里使用“^[a-z]+$”表达式来进行验证，代码如下：

```
public bool IsLowChar(string str_UpChar)
{
    return System.Text.RegularExpressions.Regex.IsMatch(str_UpChar, @"^[a-z]+$");
}
```

实例 127　修改计算机名称

源码位置：Code\04\127

实例说明

计算机名称可以显示一台计算机的基本标识，在 Windows 操作系统中，用户可以通过“系统属性”对话框对计算机名称进行修改，本实例设计了一个程序，运行本实例，首先在窗体中显示原来的计算机名称，输入要修改为的计算机名称，单击“修改”按钮，即可实现修改计算机名称的功能。实例运行效果如图 4.15 所示。

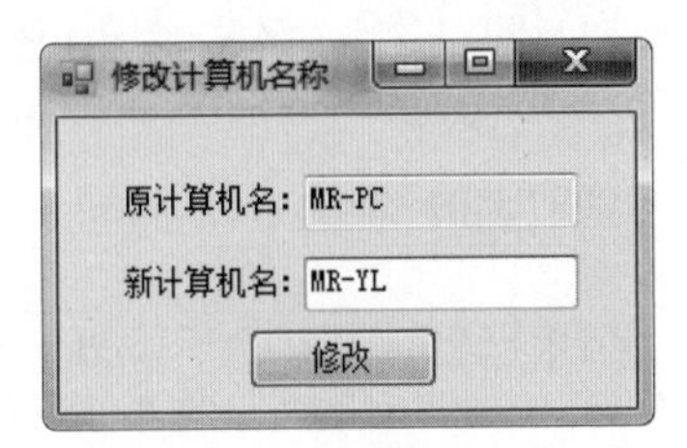

图 4.15　修改计算机名称

关键技术

本实例实现时主要用到了系统 API 函数 SetComputerName，SetComputerName 函数主要用来设置新的计算机名称。

实现过程

（1）打开 Visual Studio 2022 开发环境，新建一个名为 ModifyComputerName 的 Windows 窗体应用程序。

（2）更改默认窗体 Form1 的 Name 属性为 Frm_Main，在该窗体中添加两个 TextBox，分别用来显示原计算机名称和输入的新计算机名称；添加一个 Button 控件，用来执行修改计算机名称操作。

（3）程序主要代码如下：

127-1

```
01  [DllImport("kernel32.dll")]
02  private static extern int SetComputerName(string ipComputerName); //重写API函数
03  private void button1_Click(object sender, EventArgs e)
04  {
05      if (textBox2.Text == "")                                      //判断计算机名称是否为空
06      {
07          MessageBox.Show("计算机名称不能为空！");
08      }
09      else
```

```
10      {
11          SetComputerName(textBox2.Text);                          //修改计算机名称
12          MessageBox.Show("计算机名称修改成功，请重新启动计算机使之生效！");
13      }
14  }
```

扩展学习

如何根据控件大小自动显示滚动条

根据窗体中控件的大小，使窗体自动显示滚动条时，只需设置窗体的 AutoScroll 属性即可，该属性用来获取或设置一个值，该值指示窗体是否实现自动滚动。若要在窗体上启用自动滚动，则为 true；否则为 false，默认为 false。

实例 128　使桌面图标文字透明

源码位置：Code\04\128

实例说明

Windows 操作系统桌面可以随意地更换壁纸，但是更换壁纸后，快捷方式的图标文字将显得不协调，因为文字的背景色采用了桌面的背景色，与壁纸的颜色可能相差很大。调整一下背景颜色，使其与壁纸颜色相近，这样将会更加美观。本实例将使用 C# 实现使桌面图标文字透明的功能，实例运行效果如图 4.16 所示。

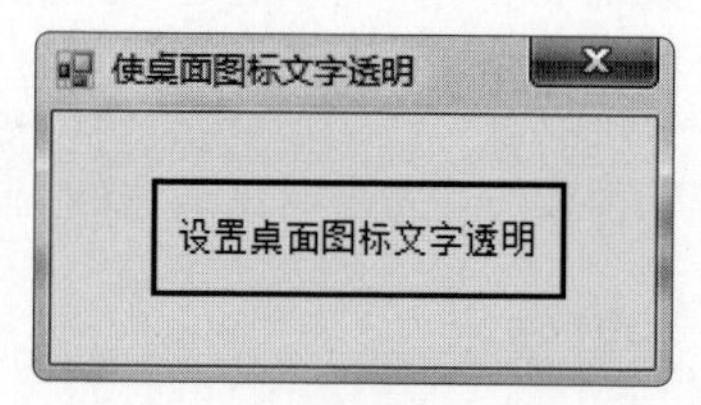

图 4.16　使桌面图标文字透明

关键技术

本实例实现使桌面图标文字透明功能时，主要用到了 4 个 API 函数，分别为 GetDesktopWindow、FindWindowEx、SendMessage 和 InvalidateRect。

实现过程

（1）打开 Visual Studio 2022 开发环境，新建一个名为 DesktopTxtTrans 的 Windows 窗体应用程序。

（2）更改默认窗体 Form1 的 Name 属性为 Frm_Main，在该窗体中添加一个 Button 控件，用来执行将桌面图标文字设置为透明的操作。

（3）程序主要代码如下：

128-1

```
01  [DllImport("user32.dll")]
02  public static extern int GetDesktopWindow(); //获取代表整个屏幕的一个窗口（桌面窗口）句柄
03  [DllImport("user32.dll")]                         //在窗口列表中寻找与指定条件相符的第一个子窗口
04  public static extern int FindWindowEx(int hWnd1, int hWnd2, string lpsz1, string lpsz2);
05  [DllImport("user32.dll")]                         //调用一个窗口的窗口函数，将一条消息发给那个窗口
06  public static extern int SendMessage(int hwnd, int wMsg, int wParam, uint lParam);
07  [DllImport("user32.dll")]                         //屏蔽一个窗口客户区的全部或部分区域
08  public static extern int InvalidateRect(int hwnd, ref Rectangle lpRect, bool bErase);
```

```
09  //声明常量
10  private const int wMsg1 = 0x1026;
11  private const int wMsg2 = 0x1024;
12  private const uint lParam1 = 0xffffffff;
13  private const uint lParam2 = 0x00ffffff;
14  Rectangle lpRect = new Rectangle(0, 0, 0, 0);
15  private void button1_Click(object sender, EventArgs e)
16  {
17      int hwnd;
18      //调用声明的API函数使桌面文字透明
19      hwnd = GetDesktopWindow();
20      hwnd = FindWindowEx(hwnd, 0, "Progman", null);
21      hwnd = FindWindowEx(hwnd, 0, "SHELLDLL_DefView", null);
22      hwnd = FindWindowEx(hwnd, 0, "SysListView32", null);
23      SendMessage(hwnd, wMsg1, 0, lParam1);
24      SendMessage(hwnd, wMsg2, 0, lParam2);
25      InvalidateRect(hwnd, ref lpRect, true);
26      MessageBox.Show("设置成功！", "提示", MessageBoxButtons.OK, MessageBoxIcon.Information);
27  }
```

扩展学习

如何去掉窗体的标题栏

去掉窗体的标题栏时，只需将窗体的 FormBorderStyle 属性设置为 None 即可。

实例 129　切换输入法

源码位置：Code\04\129

实例说明

在计算机中有多种输入法，如英文输入法、智能 ABC 输入法、搜狗拼音输入法等。使用者不同可能会选择不同的输入法进行文字编辑。通过本实例可以查看当前输入法、默认输入法以及语言区域等信息，也可以设置当前需要使用的输入法。实例运行效果如图 4.17 所示。

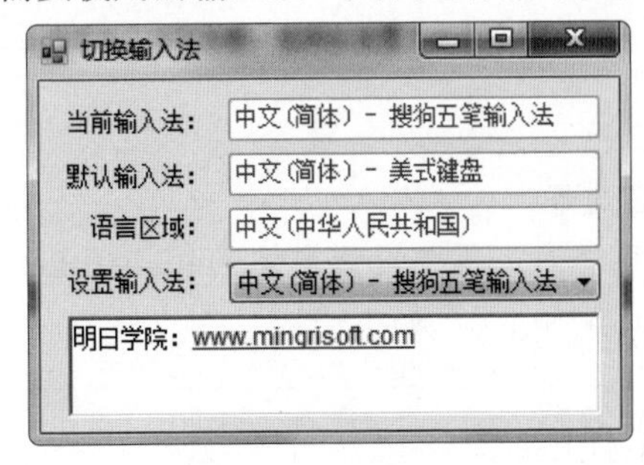

图 4.17　切换输入法

关键技术

本实例使用了 InputLanguage 类的 CurrentInputLanguage 属性和 InstalledInputLanguages 属性。

CurrentInputLanguage 属性用于获取或设置当前线程的输入语言，InstalledInputLanguages 属性用于获取所有已安装输入语言的列表。

实现过程

（1）打开 Visual Studio 2022 开发环境，新建一个名为 SwitchInput 的 Windows 窗体应用程序。

（2）更改默认窗体 Form1 的 Name 属性为 Frm_Main，在该窗体中添加 3 个 TextBox 控件，分别用来显示当前输入法、默认输入法和语言区域；添加一个 ComboBox 控件，用来选择当前输入法；添加一个 RichTextBox 控件，用来测试当前输入法。

（3）程序主要代码如下：

```
129-1
01  private void Form1_Load(object sender, EventArgs e)
02  {
03      //获取系统中已经安装的文字输入法
04      InputLanguageCollection mInputs = InputLanguage.InstalledInputLanguages;
05      foreach (InputLanguage mInput in mInputs)
06          this.comboBox1.Items.Add(mInput.LayoutName);
07      InputLanguage CurrentInput = InputLanguage.CurrentInputLanguage;      //获取当前输入法信息
08      this.textBox1.Text = CurrentInput.LayoutName;
09      this.textBox3.Text = CurrentInput.Culture.DisplayName;                //获取输入法的语言区域
10      InputLanguage dInput = InputLanguage.DefaultInputLanguage;            //获取默认的输入法信息
11      this.textBox2.Text = dInput.LayoutName;
12  }
13  private void comboBox1_SelectedIndexChanged(object sender, EventArgs e)
14  {
15      //获取选择的输入法
16      InputLanguage mInput = InputLanguage.InstalledInputLanguages[comboBox1.SelectedIndex];
17      InputLanguage.CurrentInputLanguage = mInput;                          //设置当前输入法
18      InputLanguage CurrentInput = InputLanguage.CurrentInputLanguage;      //获取当前输入法信息
19      this.textBox1.Text = CurrentInput.LayoutName;
20      this.textBox3.Text = CurrentInput.Culture.DisplayName;                //获取输入法的语言区域
21      InputLanguage dInput = InputLanguage.DefaultInputLanguage;            //获取默认的输入法信息
22      this.textBox2.Text = dInput.LayoutName;
23  }
```

扩展学习

如何设置窗体标题栏文字右对齐

制作标题栏文字右对齐的窗体时，需要设置窗体的 RightToLeft 属性为 Yes。RightToLeft 属性用来指定一个值，以指示文本是否从右至左显示。

实例 130　全角半角转换

源码位置：Code\04\130

实例说明

在写文章时，总会遇到这种情况，当处于半角状态下编辑时，多次移动光标位置，输入法总会自动由半角切换到全角，继续编辑将导致很多字母和数字与预期结果不一样。本实例将介绍全角半角转换的原理，当光标定位在“文字区域”时，输入法处于全角状态。单击“全角”按钮，输入法变换到半角，变换前及变换后运行效果分别如图 4.18 和图 4.19 所示。

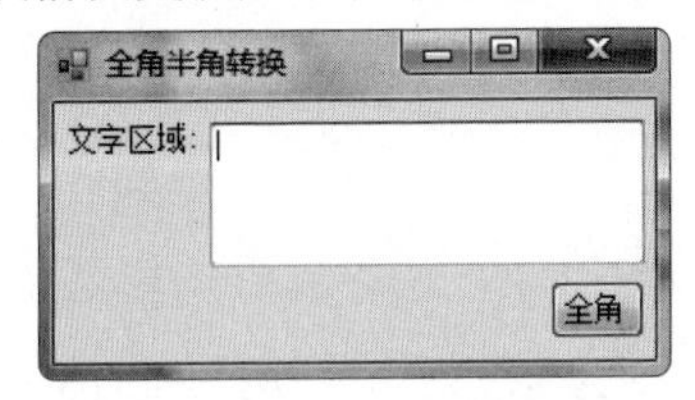

图 4.18　全角半角转换前

图 4.19　全角半角转换后

关键技术

本实例使用了 ImmGetContext、ImmGetOpenStatus、ImmSetOpenStatus、ImmGetConversionStatus、ImmSimulateHotKey 等 5 个 API 函数，下面分别对它们进行详细介绍。

ImmGetContext 函数用来定位到指定窗体输入文本框，并返回输入文本框的句柄；ImmGetOpenStatus 函数用来获取输入法的状态，当输入法处于打开状态时返回一个非零值，否则返回零；ImmSetOpenStatus 函数用来打开或者关闭输入法，当打开成功时返回一个非零值，否则返回零；ImmGetConversionStatus 函数用来获取当前输入法状态；ImmSimulateHotKey 函数用来虚拟一个输入法热键，使对它的操作和对实际输入法热键的操作等效。

实现过程

（1）打开 Visual Studio 2022 开发环境，新建一个名为 SBCorDBC 的 Windows 窗体应用程序。

（2）更改默认窗体 Form1 的 Name 属性为 Frm_Main，在该窗体中添加一个 TextBox 控件，用来输入文字；添加一个 Button 控件，用来执行输入法的全角和半角转换操作。

（3）在自定义的 controlIme 类中，首先声明程序中用到的 API 函数和常量，代码如下：

```
130-1
01  [DllImport("imm32.dll")]
02  public static extern IntPtr ImmGetContext(IntPtr Hwnd);          //定义返回指定文本框句柄的函数
03  [DllImport(“imm32.dll”)]
04  public static extern bool ImmGetOpenStatus(IntPtr Himc);         //定义获取输入法状态的函数
05  [DllImport(“imm32.dll”)]
06  //定义一个打开或者关闭输入法的函数
07  public static extern bool ImmSetOpenStatus(IntPtr Himc, bool b1);
08  [DllImport(“imm32.dll”)]
09  //定义一个获取当前输入法的函数
10  public static extern bool ImmGetConversionStatus(IntPtr Himc, ref int lp, ref int lp2);
11  [DllImport(“imm32.dll”)]
12  public static extern int ImmSimulateHotKey(IntPtr Hwnd, int lnHotkey); //定义一个虚拟输入法热键函数
13  //当输入法处于全角的状态下时对应的值
14  public const int IME_CMODE_FULLSHAPE = 0x8;
15  public const int IME_CHOTKEY_SHAPE_TOGGLE = 0x11;
```

controlIme 类中的 SetIme 和 ChangeControl 方法用于接收控件消息，ctl_Click 方法与控件的 Click 事件实现相同的功能，通过此方法可以改变输入法状态。代码如下：

130-2

```
01  public static void SetIme(Control ctl)
02  {
03      ChangeControl(ctl);                                             //调用ChangeControl方法
04  }
05  private static void ChangeControl(Control ctl)
06  {
07      //在控件的Click事件中触发来调整输入法状态
08      ctl.Click += new EventHandler(ctl_Click);
09  }
10  public static void ctl_Click(object sender, EventArgs e)            //控件的Click处理程序
11  {
12      ChangeControlIState(sender);                                    //调用改变输入法状态的函数
13  }
```

输入法全角半角转换是通过 ChangeControlIState 方法实现的，该方法依据实际情况改变输入法状态，其重载方法主要用于类型的转化。代码如下：

130-3

```
01  private static void ChangeControlIState(object sender)
02  {
03      Control ctl = (Control)sender;                                  //进行类型转换
04      ChangeControlIState(ctl.Handle);                                //改变输入法函数
05  }
06  public static void ChangeControlIState(IntPtr h)                    //检查输入法的全角半角状态
07  {
08      IntPtr HIme = ImmGetContext(h);
09      if (ImmGetOpenStatus(HIme))                                     //如果输入法处于打开状态
10      {
11          int iMode = 0;
12          int iSentence = 0;
13          bool bSuccess = ImmGetConversionStatus(HIme, ref iMode, ref iSentence); //检索输入法信息
14          if (bSuccess)                                               //如果输入法处于打开状态
15          {
16              if ((iMode & IME_CMODE_FULLSHAPE) > 0)                  //如果是全角
17              {
18                  iMode &= (~IME_CMODE_FULLSHAPE);
19                  ImmSimulateHotKey(h, IME_CHOTKEY_SHAPE_TOGGLE);     //转换成半角
20              }
21              else
22              {
23                  ImmSimulateHotKey(h, IME_CHOTKEY_SHAPE_TOGGLE);     //转换成全角
24              }
25          }
26      }
27  }
```

单击“全角”按钮时，触发其 Click 事件，在该事件中，调用 controlIme 类中的 SetIme 方法和 ctl_Click 方法改变输入法，同时，按钮的文本也随着输入法状态的改变而改变。代码如下：

130-4

```
01  private void button1_Click(object sender, EventArgs e)
02  {
03      bool flag = false;                                              //定义一个bool型的标识
```

```
04        textBox1.Focus();                                //使焦点默认处于textBox1上
05        controlIme.SetIme(textBox1);                     //调用SetIme方法，传递textBox1控件
06        controlIme.ctl_Click(textBox1, e);               //调用ctl_Click方法，传递textBox1控件
07        textBox1.Focus();                                //使焦点默认处于textBox1上
08        if (button1.Text == "半角")                      //当Button按钮的文本为“半角”时
09        {
10            button1.Text = "全角";                       //设置Button按钮的文本为“全角”
11            flag = true;                                 //标识的值为真
12        }
13        if (flag == false)                               //当标识的值为假时
14        {
15            if (button1.Text == "全角")                  //当Button按钮的文本为“全角”时
16            {
17                button1.Text = "半角";                   //设置Button按钮的文本为“半角”
18            }
19        }
20    }
```

扩展学习

如何显示窗体的属性信息

显示窗体的属性信息是通过使用 PropertyGrid 控件实现的，该控件表示可添加到 Microsoft Office Excel 工作表的 Windows 窗体 PropertyGrid，其 SelectedObject 属性用于获取或设置在网格中显示属性的对象。显示窗体属性信息的实现代码如下：

```
private void Form1_Load(object sender, EventArgs e)
{
    propertyGrid1.SelectedObject = this;
}
```

实例 131　系统挂机锁

源码位置：Code\04\131

实例说明

通过系统挂机锁可以设置锁机状态时显示的提示信息以及解锁密码。当运行系统挂机锁时，鼠标被限制在一个固定的区域，单击鼠标会弹出输入解锁密码的提示框。为了增强挂机锁的安全性，必须屏蔽系统的常用热键，以防止恶意关闭系统挂机锁程序，实例运行结果如图 4.20 所示。

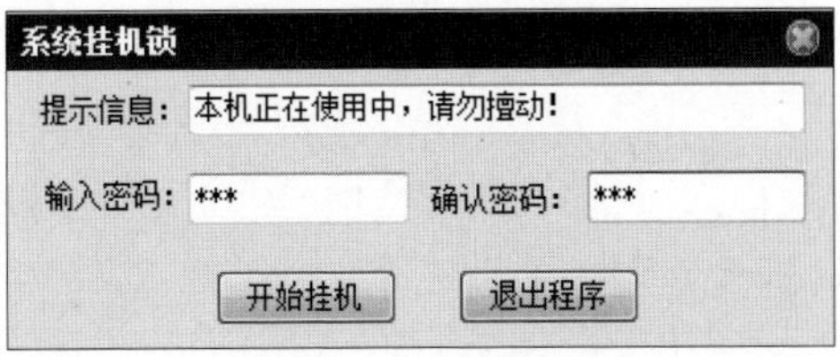

图 4.20　系统挂机锁

关键技术

本实例的设计思路是首先提供一个窗体以输入提示信息和密码，输入完毕后将这两个信息记录下来传递给第二个窗体，当打开第二个窗体时，使这个窗体最大化布满整个屏幕，实现锁机界面。单击鼠标时，弹出一个提示框用于输入解锁密码，当输入的密码与记录的原始密码一致时，则关闭锁机界面，解除挂机锁。

实现过程

（1）打开 Visual Studio 2022 开发环境，新建一个名为 SystemLock 的 Windows 窗体应用程序，默认窗体为 Form1。

（2）Form1 窗体主要用到的控件及说明如表 4.1 所示。

表 4.1　Form1 窗体主要用到的控件及说明

控件类型	控件名称	属性设置	说明
TextBox	txtInfo	无	输入提示信息
	txtPwd	无	输入密码
	txtPwd2	无	确认输入密码
Button	button1	Text 属性设为“开始挂机”	开始挂机
	button2	Text 属性设为“退出程序”	退出程序

（3）在 Form1 窗体的后台代码中，当输入锁机的提示信息及密码后，单击“开始挂机”按钮，将当前窗体的坐标、锁机提示信息和密码传递给 Form2 窗体的相应变量，同时，隐藏当前窗体并打开 Form2 窗体，代码如下：

```
131-1
01  private void button1_Click(object sender, EventArgs e)
02  {
03      if (txtPwd.Text.Trim() == "" || txtPwd2.Text.Trim() == "")     //判断是否输入密码
04      {
05          MessageBox.Show("请输入密码！", "提示", MessageBoxButtons.OK,
    MessageBoxIcon.Information);
06          return;
07      }
08      else
09      {
10          if (txtPwd2.Text.Trim() == txtPwd.Text.Trim())            //如果两次密码输入一致
11          {
12              Form2 frm2 = new Form2();                             //实例化Form2窗体
13              frm2.s = this.Size;                                   //传递窗体大小
14              frm2.x = this.Location.X;                             //传递窗体的x坐标
15              frm2.y = this.Location.Y;                             //传递窗体的y坐标
```

```
16              frm2.infos = txtInfo.Text.Trim();                         //传递挂机信息
17              frm2.pwd = txtPwd2.Text.Trim();                           //传递解锁密码
18              this.Hide();                                              //隐藏当前窗体
19              frm2.ShowDialog();                                        //打开Form2窗体
20          }
21          else
22          {
23              MessageBox.Show("两次密码不一致！", "提示", MessageBoxButtons.OK,
    MessageBoxIcon.Information);
24              return;
25          }
26      }
27  }
```

在 Form2 窗体中，首先声明程序中用到的公共变量，用于接收 Form1 窗体传递过来的值，然后在 Form2 窗体的 Load 事件中显示锁机提示信息、Form2 窗体透明度和安装钩子，代码如下：

131-2

```
01  public Size s;                                                    //获取鼠标活动的区域
02  public int x;                                                     //获取鼠标活动区域的x坐标
03  public int y;                                                     //获取鼠标活动区域的y坐标
04  public string infos;                                              //获取挂机信息
05  public string pwd;                                                //获取解锁密码
06  myHook h = new myHook();                                          //实例化公共类
07  private void Form2_Load(object sender, EventArgs e)
08  {
09      label1.Location = new Point(x, y - 50);                       //设置显示挂机信息的位置
10      label1.Text = infos;                                          //显示挂机信息
11      base.Opacity = 0.5;                                           //设置挂机界面透明度
12      h.InsertHook();                                               //安装钩子
13  }
```

如果不屏蔽任务管理器，当处于锁机状态时，通过任务管理器可以强行关闭系统挂机锁，所以在窗体中添加 Timer 控件，在其 Tick 事件中，获取打开的进程名是否为“taskmgr”，如果进程名是“taskmgr”，则说明任务管理器已经被激活，则调用 Kill 方法将任务管理器的进程关闭，代码如下：

131-3

```
01  private void timer1_Tick(object sender, EventArgs e)
02  {
03      Process[] p = Process.GetProcesses();                         //获取所有系统运行的进程
04      foreach (Process p1 in p)                                     //遍历进程
05      {
06          try
07          {
08              //如果进程中存在名为"taskmgr"，则说明任务管理器已经打开
09              if (p1.ProcessName.ToLower().Trim() == "taskmgr")
10              {
11                  p1.Kill();                                        //关掉任务管理器的进程
```

```
12                  Cursor.Clip = new Rectangle(x, y, s.Width, s.Height); //重新设置鼠标活动的区域
13                  return;
14              }
15          }
16          catch
17          {
18              return;
19          }
20      }
21  }
```

当处于锁机状态时，需要屏蔽系统的某些热键，例如：Alt+F4 和 Win+D 等。否则通过这些热键也可以绕过挂机锁进入电脑桌面，所以必须通过钩子函数屏蔽热键，首先声明程序用到的 API 函数、常量及处理键盘钩子的方法，代码如下：

131-4

```
01  private IntPtr pKeyboardHook = IntPtr.Zero;                 //键盘钩子句柄
02  public delegate int HookProc(int nCode, Int32 wParam, IntPtr lParam); //钩子委托声明
03  private HookProc KeyboardHookProcedure;                     //键盘钩子委托实例不能省略变量
04  public const int idHook = 13;                               //底层键盘钩子
05  [DllImport("user32.dll", CallingConvention = CallingConvention.StdCall)]
06  public static extern IntPtr SetWindowsHookEx(int idHook, HookProc lpfn,
07      IntPtr pInstance, int threadId);                                    //安装钩子
08  [DllImport("user32.dll", CallingConvention = CallingConvention.StdCall)]
09  public static extern bool UnhookWindowsHookEx(IntPtr pHookHandle);      //卸载钩子
10  private int KeyboardHookProc(int nCode, Int32 wParam, IntPtr lParam)    //键盘钩子处理函数
11  {
12      KeyMSG m = (KeyMSG)Marshal.PtrToStructure(lParam, typeof(KeyMSG));
13      if (pKeyboardHook != IntPtr.Zero)
14      {
15          switch (((Keys)m.vkCode))
16          {
17              case Keys.LWin:                                 //键盘左侧的Win键
18              case Keys.RWin:                                 //键盘右侧的Win键
19              case Keys.Delete:                               //Delete键
20              case Keys.Alt:                                  //Alt键
21              case Keys.Escape:                               //Esc键
22              case Keys.F4:                                   //F4键
23              case Keys.Control:                              //Ctrl键
24              case Keys.Tab:                                  //Tab键
25                  return 1;
26          }
27      }
28      return 0;
29  }
```

自定义一个 InsertHook 方法，用于安装钩子，只有安装钩子后才能屏蔽指定的系统热键，代码如下：

131-5

```
01  public bool InsertHook()
02  {
```

```
03        IntPtr pIn = (IntPtr)4194304;                              //将4194304转换为句柄
04        if (this.pKeyboardHook == IntPtr.Zero)                     //不存在钩子时
05        {
06            this.KeyboardHookProcedure = new HookProc(KeyboardHookProc); //创建钩子
07            //使用SetWindowsHookEx函数安装钩子
08            this.pKeyboardHook = SetWindowsHookEx(idHook, KeyboardHookProcedure, pIn, 0);
09            if (this.pKeyboardHook == IntPtr.Zero)                 //如果安装钩子失败
10            {
11                this.UnInsertHook();                               //卸载钩子
12                return false;
13            }
14        }
15        return true;
16    }
```

如果不及时卸载钩子，会非常占用系统资源，影响系统运行速度，所以自定义一个 UnInsertHook 方法，用于卸载钩子，代码如下：

131-6

```
01    public bool UnInsertHook()
02    {
03        bool result = true;
04        if (this.pKeyboardHook != IntPtr.Zero)              //如果存在钩子
05        {
06            //使用UnhookWindowsHookEx函数卸载钩子
07            result = (UnhookWindowsHookEx(this.pKeyboardHook) && result);
08            this.pKeyboardHook = IntPtr.Zero;               //清空指针
09        }
10        return result;
11    }
```

实例 132　开机启动项管理

源码位置：Code\04\132

实例说明

Windows 系统中，有些程序会随着系统的启动而运行，但是在系统允许的情况下，应该尽量减少开机自动运行的程序，因为如果开机自动运行的程序过多，计算机进入系统的时间将会变得很长。优化大师、超级兔子这些优化清理系统的软件中都有管理启动项的功能。通过本实例可以很好地管理系统启动项目，实例运行结果如图 4.21 所示。

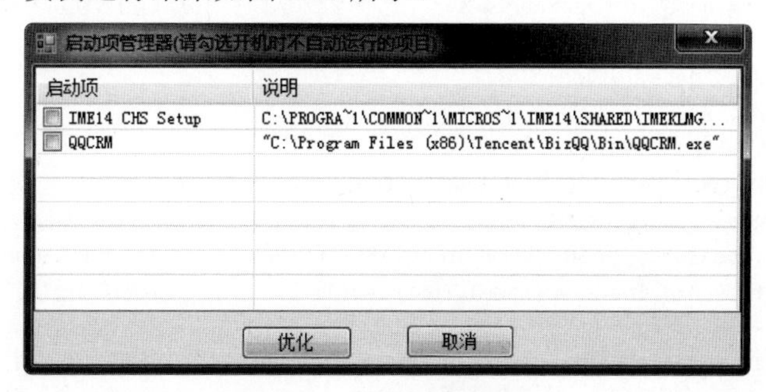

图 4.21　开机启动项管理

关键技术

系统开机启动的项目都被存储在注册表中，对应的分支是“HKEY_LOCAL_MACHINE\SOFTWARE\Microsoft\Windows\CurrentVersion\Run”和“HKEY_CURRENT_USER\Software\Microsoft\Windows\CurrentVersion\Run”。在这两个分支下的所有项目都是开机自动运行的，所以本实例首先检索这两个分支下的所有内容，然后通过 RegistryKey 类的 DeleteValue 方法删除指定的项，实现禁止开机启动。

实现过程

（1）打开 Visual Studio 2022 开发环境，新建一个名为 RunManage 的 Windows 窗体应用程序，默认窗体为 Form1。

（2）Form1 窗体主要用到的控件及说明如表 4.2 所示。

表 4.2 Form1 窗体主要用到的控件及说明

控 件 类 型	控 件 名 称	属 性 设 置	说 明
ListView	listView1	CheckBoxes 属性设为 True	显示开机启动项
Button	button1	无	开始优化
	button2	无	取消操作

（3）Form1 窗体的后台代码中，首先声明程序中用到的两个数组，分别用于存储两个不同分支下的启动项内容，自定义一个 getMachineInfo 方法，用于获取 HKEY_LOCAL_MACHINE 分支下的启动项，并将启动项内容添加到 ListView 控件中，代码如下：

132-1

```
01  string[] Machine;
02  string[] User;
03  private void getMachineInfo()                          //读取HKEY_LOCAL_MACHINE分支下的启动项
04  {
05      string[] reginfo = new string[2];                  //用于存储启动项名称和说明信息
06      //打开HKEY_LOCAL_MACHINE\ SOFTWARE\Microsoft\Windows\CurrentVersion\Run分支
07      RegistryKey rk = Registry.LocalMachine;
08      RegistryKey rk2 = rk.OpenSubKey(@"SOFTWARE\Microsoft\Windows\CurrentVersion\Run", true);
09      string[] MachineFiles = rk2.GetValueNames();               //获取启动项名称
10      Machine = rk2.GetValueNames();
11      foreach (string name in MachineFiles)                      //遍历启动项名称数组
12      {
13          string registdata;
14          RegistryKey rk3;
15          RegistryKey rk4;
16          //打开HKEY_LOCAL_MACHINE\ SOFTWARE\Microsoft\Windows\CurrentVersion\Run分支
17          rk3 = Registry.LocalMachine;
18          rk4 = rk.OpenSubKey(@"SOFTWARE\Microsoft\Windows\CurrentVersion\Run", true);
19          registdata = rk4.GetValue(name).ToString();              //根据启动项名称获取相应的路径
20          reginfo[0] = name;                                       //启动项名称
21          reginfo[1] = registdata;                                 //启动项说明信息
```

```
22            ListViewItem lvi = new ListViewItem(reginfo);         //创建ListViewItem对象
23            listView1.Items.Add(lvi);                             //将数组添加到ListView控件中
24        }
25    }
```

自定义一个 getUserInfo 方法用于获取 HKEY_CURRENT_USER 分支下的启动项内容，并将启动项内容添加到 ListView 控件中，代码如下：

```
132-2
01  private void getUserInfo()
02  {
03      string[] reginfo = new string[2];                         //用于存储启动项名称和说明信息
04      //打开HKEY_CURRENT_USER\ SOFTWARE\Microsoft\Windows\CurrentVersion\Run分支
05      RegistryKey rk = Registry.CurrentUser;
06      RegistryKey rk2 = rk.OpenSubKey(@"SOFTWARE\Microsoft\Windows\CurrentVersion\Run", true);
07      string[] UserFiles = rk2.GetValueNames();                 //获取启动项名称
08      User = rk2.GetValueNames();
09      foreach (string name in UserFiles)                        //遍历启动项名称数组
10      {
11          string registdata;
12          RegistryKey rk3;
13          RegistryKey rk4;
14          //打开HKEY_CURRENT_USER\ SOFTWARE\Microsoft\Windows\CurrentVersion\Run分支
15          rk3 = Registry.CurrentUser;
16          rk4 = rk.OpenSubKey(@"SOFTWARE\Microsoft\Windows\CurrentVersion\Run", true);
17          registdata = rk4.GetValue(name).ToString();               //根据启动项名称获取相应的路径
18          reginfo[0] = name;                                        //启动项名称
19          reginfo[1] = registdata;                                  //启动项说明信息
20          ListViewItem lvi = new ListViewItem(reginfo);             //创建ListViewItem对象
21          listView1.Items.Add(lvi);                                 //将数组添加到ListView控件中
22      }
23  }
```

当窗体加载时，调用 getMachineInfo 方法和 getUserInfo 方法获取两个分支下的所有启动项内容，并添加到 ListView 控件中，代码如下：

```
132-3
01  private void Form1_Load(object sender, EventArgs e)
02  {
03      getMachineInfo();                                     //调用getMachineInfo方法获取启动项
04      getUserInfo();                                        //调用getUserInfo方法获取启动项
05  }
```

自定义一个 IsMachine 方法用于判断指定的启动项是否在 HKEY_LOCAL_MACHINE 分支下，代码如下：

```
132-4
01  private bool IsMachine(string name)
02  {
03      bool flag = false;                                    //标记指定的启动项是否在MACHINE分支下
04      for (int i = 0; i < Machine.Length; i++)              //遍历所有该分支下的启动项
```

```
05      {
06          if (Machine[i] == name)                              //如果指定的启动项存在
07          {
08              flag = true;                                     //则返回true
09          }
10      }
11      return flag;
12  }
```

自定义一个 IsUser 方法用于判断指定的启动项是否在 HKEY_CURRENT_USER 分支下，代码如下：

132-5

```
01  private bool IsUser(string name)
02  {
03      bool flag = false;                               //标记指定的启动项是否在USER分支下
04      for (int i = 0; i < User.Length; i++)            //遍历所有该分支下的启动项
05      {
06          if (User[i] == name)                         //如果指定的启动项存在
07          {
08              flag = true;                             //则返回true
09          }
10      }
11      return flag;
12  }
```

选择开机不需要启动的项目后，单击“优化”按钮，首先判断选择的启动项目属于哪个分支，然后将其从分支下删除，代码如下：

132-6

```
01  private void button1_Click(object sender, EventArgs e)
02  {
03      if (listView1.Items.Count > 0)                              //如果ListView控件中有数据
04      {
05          for (int i = 0; i < listView1.Items.Count; i++)         //循环读取每一项
06          {
07              if (listView1.Items[i].Checked == true)             //判断该启动项是否被选中
08              {
09                  string name = listView1.Items[i].SubItems[0].Text; //获取启动项名称
10                  if (IsMachine(name))                            //判断是否存在启动项
11                  {
12                      RegistryKey rk0;
13                      RegistryKey rk00;
14                      //打开HKEY_LOCAL_MACHINE\ SOFTWARE\Microsoft\Windows\CurrentVersion\Run分支
15                      rk0 = Registry.LocalMachine;
16                      rk00 = rk0.OpenSubKey(@"SOFTWARE\Microsoft\Windows\CurrentVersion\Run", true);
17                      rk00.DeleteValue(name);                     //删除指定的启动项
18                  }
19                  if (IsUser(name))                               //如果存在启动项
20                  {
```

```
21                    RegistryKey rk0;
22                    RegistryKey rk00;
23                    //打开HKEY_CURRENT_USER\ SOFTWARE\Microsoft\Windows\CurrentVersion\Run分支
24                    rk0 = Registry.CurrentUser;
25                    rk00 = rk0.OpenSubKey(@"SOFTWARE\Microsoft\Windows\CurrentVersion\Run", true);
26                    rk00.DeleteValue(name);                      //删除制定启动项
27                }
28            }
29        }
30        listView1.Items.Clear();                                 //清空ListView控件
31        getMachineInfo();                                        //重新读取启动项
32        getUserInfo();                                           //重新读取启动项
33    }
34 }
```

说明： 由于开机启动项被放置在注册表中，本实例要操作注册表，在开发之前，必须先引入命名空间Microsoft.Win32。

实例 133　向注册表中写入信息

源码位置：Code\04\133

实例说明

Windows 注册表支持向其写入信息的功能，这样就可以向注册表中写入一些比较重要的信息，如软件的注册码信息等。本实例主要实现在 HKEY_LOCAL_MACHINE\HARDWARE 子项下添加一个 ZHD 新子项，并创建该子项的一个键值对。实例运行效果如图 4.22 所示。

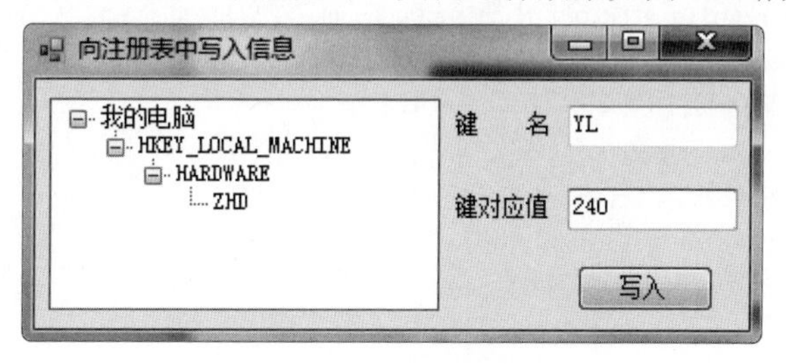

图 4.22　向注册表中写入信息

关键技术

本实例实现时主要用到了 Registry 类的 LocalMachine 字段和 RegistryKey 类的 OpenSubKey 方法、CreateSubKey 方法和 SetValue 方法。

实现过程

（1）打开 Visual Studio 2022 开发环境，新建一个名为 WriteRegedit 的 Windows 窗体应用程序。

（2）更改默认窗体 Form1 的 Name 属性为 Frm_Main，在该窗体上添加一个 TreeView 控件，用来显示子项 HKEY_LOCAL_MACHINE\HARDWARE 及其新添加的子项；添加两个 TextBox 控件，用来设置新添加子项的键名称和对应值；添加一个 Button 控件，用来实现向新添加的子项写入键 / 值对。

（3）程序主要代码如下：

133-1

```
01  private void Form1_Load(object sender, EventArgs e)
02  {
03      RegistryKey rkLocalMachine = Registry.LocalMachine; //获取HKEY_LOCAL_MACHINE基项
04      //使用OpenSubKey方法打开HARDWARE子项
05      RegistryKey rkHardware = rkLocalMachine.OpenSubKey("HARDWARE", true);
06      rkHardware.CreateSubKey("ZHD");                   //使用CreateSubKey方法创建名为ZHD的子项
07      TreeNode tn1 = new TreeNode("我的电脑");           //创建TreeView控件的根节点
08      TreeNode tn2 = new TreeNode("HKEY_LOCAL_MACHINE"); //创建TreeView控件的二级节点
09      TreeNode tn3 = new TreeNode("HARDWARE");           //创建TreeView控件的三级节点
10      TreeNode tn4 = new TreeNode("ZHD");                //创建TreeView控件的四级节点
11      tn3.Nodes.Add(tn4);                               //把四级节点填入三级节点
12      tn2.Nodes.Add(tn3);                               //把三级节点填入二级节点
13      tn1.Nodes.Add(tn2);                               //把二级节点填入一级节点
14      treeView1.Nodes.Add(tn1);                         //向树形控件添加一级节点
15      treeView1.ExpandAll();                            //展开树形控件
16  }
17  private void button1_Click(object sender, EventArgs e)  //向新子项ZHD添加一个键/值对
18  {
19      try
20      {
21          RegistryKey rkLocalMachine = Registry.LocalMachine; //获取HKEY_LOCAL_MACHINE基项
22          RegistryKey rkChild = rkLocalMachine.OpenSubKey("HARDWARE\\ZHD", true); //检索新添加的子项
23          rkChild.SetValue(txtKey.Text.Trim(), txtValue.Text.Trim()); //给ZHD子项添加一个新的键/值对
24          MessageBox.Show("向注册表中写入信息成功");
25      }
26      catch (Exception ex)
27      {
28          MessageBox.Show(ex.Message);
29      }
30  }
```

扩展学习

如何调试程序中的语法错误

语法错误是一种程序错误，会影响编译器完成工作，它也是最简单的错误，几乎所有的语法错误都能被编译器或解释器发现，并将错误消息显示出来提醒程序开发人员。在 Visual Studio 2022 中遇到语法错误时，错误消息将显示在“错误列表”窗口中。这些消息将会告诉程序开发人员语法错误的位置（行、列和文件），并给出错误的简要说明。

实例 134　使应用程序开机自动运行

源码位置：Code\04\134

实例说明

使用 Windows 操作系统时，有很多软件都是开机自动运行的，如安装腾讯 QQ 后，它会提示是否开机自动运行，那么该功能是如何实现的呢？本实例使用 C# 实现了使应用程序开机自动运行的功能。运行本实例，单击“浏览”按钮，选择要开机自动运行的程序，然后单击“开机自动运行”按钮，即可将选中的程序设置为开机自动运行。实例运行效果如图 4.23 所示。

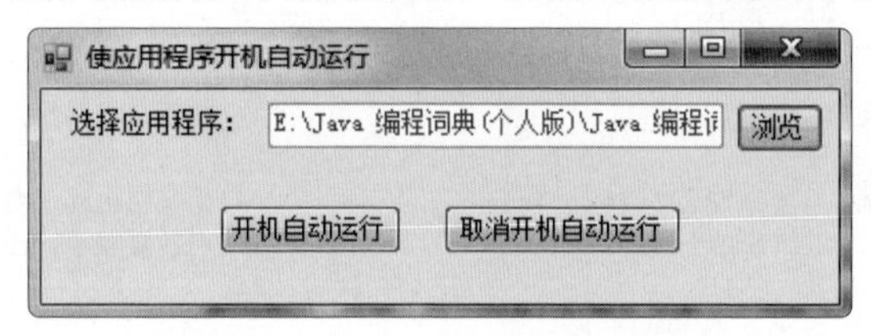

图 4.23　使应用程序开机自动运行

关键技术

本实例在设置程序开机自动运行时，首先将注册表项定位到 HKEY_LOCAL_MACHINE\SOFTWARE\Microsoft\Windows\CurrentVersion\Run，如果该注册表项不存在，则使用 RegistryKey 类的 CreateSubKey 方法创建该项；然后使用 RegistryKey 类的 SetValue 方法对该注册表项进行设置，从而实现使程序开机自动运行的功能；如果要取消程序的开机自动运行，则需要使用 RegistryKey 类的 DeleteValue 方法删除 HKEY_LOCAL_MACHINE\SOFTWARE\Microsoft\Windows\CurrentVersion\Run 注册表项的相应键 / 值对。

实现过程

（1）打开 Visual Studio 2022 开发环境，新建一个名为 AutoRunPro 的 Windows 窗体应用程序。

（2）更改默认窗体 Form1 的 Name 属性为 Frm_Main，向窗体中添加一个 TextBox 控件，用来显示选择的程序路径；添加 3 个 Button 控件，分别用来执行选择路径、设置和取消程序开机自动运行的操作。

（3）程序主要代码如下：

134-1

```
01  private void button2_Click(object sender, EventArgs e)
02  {
03      if (textBox1.Text != "")
04      {
05          string strName = textBox1.Text.Trim(); //获取要自动运行的应用程序名
06          if (!System.IO.File.Exists(strName))    //判断要自动运行的应用程序文件是否存在
07              return;
08          //获取应用程序文件名，不包括路径
09          string strnewName = strName.Substring(strName.LastIndexOf("\\") + 1);
10          //检索指定的子项
```

```
11          RegistryKey RKey = Registry.LocalMachine.OpenSubKey("SOFTWARE\\Microsoft\\Windows\\
    CurrentVersion\\Run", true);
12          if (RKey == null)                                    //若指定的子项不存在，则创建指定的子项
13              RKey = Registry.LocalMachine.CreateSubKey("SOFTWARE\\Microsoft\\Windows\\
    CurrentVersion\\Run");
14          RKey.SetValue(strnewName, strName);                  //设置该子项的新的键/值对
15          if (MessageBox.Show("设置完毕") == DialogResult.OK)
16          {
17              RefreshSystem();                                 //刷新系统
18          }
19      }
20  }
21  private void button3_Click(object sender, EventArgs e)
22  {
23      if (textBox1.Text != "")                                 //判断是否已输入要取消的应用程序名
24      {
25          string strName = textBox1.Text.Trim();               //获取应用程序名
26          if (!System.IO.File.Exists(strName))                 //判断要取消的应用程序文件是否存在
27              return;
28          //获取应用程序文件名，不包括路径
29          string strnewName = strName.Substring(strName.LastIndexOf("\\") + 1);
30          RegistryKey RKey = Registry.LocalMachine.OpenSubKey("SOFTWARE\\Microsoft\\Windows\\
    CurrentVersion\\Run", true); //读取指定的子项
31          if (RKey == null)                                    //若指定的子项不存在，则创建指定的子项
32              RKey = Registry.LocalMachine.CreateSubKey("SOFTWARE\\Microsoft\\Windows\\
    CurrentVersion\\Run");
33          RKey.DeleteValue(strnewName, false);                 //删除指定"键名称"的键/值对
34          if (MessageBox.Show("设置完毕") == DialogResult.OK)
35          {
36              RefreshSystem();
37          }
38      }
39  }
```

扩展学习

隐藏我的电脑

为了让用户更方便地设计系统桌面，可以通过编程的方式来控制“我的电脑”图标的隐藏，它的效果等同于通过“显示属性”→“桌面”→“自定义桌面”去除对“我的电脑”的选取。代码如下：

```
RegistryKey rgK = Registry.CurrentUser.CreateSubKey(@"Software\Microsoft\Windows\CurrentVersion\
Explorer\HideDesktopIcons\NewStartPanel");
rgK.SetValue("{20D04FE0-3AEA-1069-A2D8-08002B30309D}", 1);
```

实例 135 使用互斥量禁止程序运行多次

源码位置：Code\04\135

实例说明

Windows 是一个多任务、多用户的操作系统，允许多个程序同时运行。在这样的系统中设计程序需要考虑资源占用问题，例如，一个网络程序需要占用一个端口，如果用户没有关闭当前运行程

序，同时又启动了一个同样的程序，由于两个程序占用同一个端口，这时就会产生错误，那么如何才能避免该问题发生呢？如果在这个程序关闭之前，不允许用户再次执行该程序，那么该问题就能够得到解决。本实例通过使用 C# 中提供的互斥量来实现禁止程序运行多次的功能，实例运行效果如图 4.24 所示。

图 4.24　使用互斥量禁止程序运行多次

关键技术

本实例实现时主要用到了 Mutex 类的 ReleaseMutex 方法，Mutex 类表示一个同步基元，也可用于进程间同步，该类的构造函数有多种。

实现过程

（1）打开 Visual Studio 2022 开发环境，新建一个名为 RunOnceByMutex 的 Windows 窗体应用程序。

（2）更改默认窗体 Form1 的 Name 属性为 Frm_Main，通过设置 BackgroundImage 属性为其设置背景图片，在该窗体中添加一个 MenuStrip 控件，用来作为窗体的菜单栏。

（3）程序主要代码如下：

```
135-1
01  private void Frm_Main_Load(object sender, EventArgs e)
02  {
03      bool Exist;                                   //定义一个bool变量，用来表示是否已经运行
04      //创建Mutex互斥对象
05      System.Threading.Mutex newMutex = new System.Threading.Mutex(true, "仅一次", out Exist);
06      if (Exist)                                    //如果没有运行
07      {
08          newMutex.ReleaseMutex();                  //运行新窗体
09      }
10      else
11      {
12          MessageBox.Show("本程序一次只能运行一个实例！", "提示", MessageBoxButtons.OK,
    MessageBoxIcon.Information);
13          this.Close();                             //关闭当前窗体
14      }
15  }
```

扩展学习

如何使用正则表达式验证邮政编号

使用正则表达式验证邮政编号格式时，主要是使用 Regex 类的 IsMatch 方法来判断指定的邮政

编号格式是否合法。中华人民共和国境内邮政编号由 6 位数字构成，这里使用“^\d{6}$”表达式来验证邮政编号的合法性，代码如下：

```
public bool IsPostalcode(string str_postalcode)
{
    return System.Text.RegularExpressions.Regex.IsMatch(str_postalcode, @"^\d{6}$");
}
```

实例 136 优化开关机速度

源码位置：Code\04\136

实例说明

人们使用计算机时，常常因为缓慢的开机速度或者关机速度烦恼，那么如何来解决这个问题呢？本实例使用 C# 通过操作注册表实现了优化计算机的开关机速度的功能。实例运行效果如图 4.25 所示。

图 4.25 优化开关机速度

关键技术

本实例中，主要通过使用 RegistryKey 类的 SetValue 方法设置注册表项中的 HungAppTimeout 键值和 WaitToKillServiceTimeout 键值来实现优化开关机速度的功能，其中，HungAppTimeout 键值用来设置开机速度，WaitToKillServiceTimeout 键值用来设置关机速度。

实现过程

（1）打开 Visual Studio 2022 开发环境，新建一个名为 QuickStartup 的 Windows 窗体应用程序。

（2）更改默认窗体 Form1 的 Name 属性为 Frm_Main，向窗体中添加一个 Button 控件，用来优化开关机速度。

（3）程序主要代码如下：

```
136-1
01  private void button1_Click(object sender, EventArgs e)
02  {
03      try
04      {
05          //定位注册表位置
06          RegistryKey rgK = Registry.CurrentUser.CreateSubKey(@"Control Panel\Desktop");
07          rgK.SetValue("HungAppTimeout", 400);                          //设置开机速度
08          rgK.SetValue("WaitToKillAppTimeout", 1000);                   //设置关机速度
09          Registry.SetValue(@"HKEY_LOCAL_MACHINE\System\CurrentControlSet\Control",
    "HungAppTimeout", 400);                                               //设置开机速度
10          Registry.SetValue(@"HKEY_LOCAL_MACHINE\System\CurrentControlSet\Control",
    "WaitToKillServiceTimeout", 1000);                                    //设置关机速度
11          MessageBox.Show("修改成功--请重新启动计算机");
12      }
13      catch (Exception ey)
```

```
14        {
15            MessageBox.Show("该程序可能不适合您的操作系统");
16        }
17    }
```

扩展学习

隐藏网上邻居

为了让用户更方便地设计系统桌面，这里通过编程的方式来控制“网上邻居”图标的隐藏，它的效果等同于通过“显示属性”→“桌面”→“自定义桌面”去除对“网上邻居”的选取。代码如下：

```
RegistryKey rgK = Registry.CurrentUser.CreateSubKey(@"Software\Microsoft\Windows\CurrentVersion\
Explorer\HideDesktopIcons\NewStartPanel");
rgK.SetValue("{208D2C60-3AEA-1069-A2D7-08002B30309D}", 1);
```

实例 137　设置任务栏时间样式

源码位置：Code\04\137

实例说明

系统任务栏时间的样式有很多种，如果想改变任务栏时间样式，可以通过本实例选择想要设置的样式，然后单击“设置任务栏时间样式”按钮，即可将任务栏时间的样式设置为选择的样式。实例运行效果如图 4.26 所示。

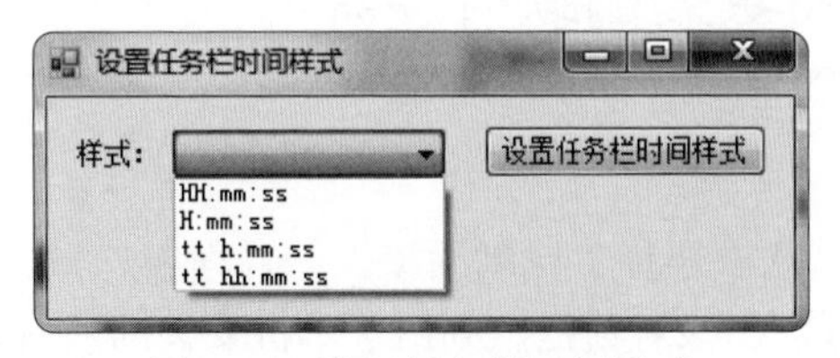

图 4.26　设置任务栏时间样式

关键技术

本实例实现时，首先将注册表项定位到 HKEY_CURRENT_USER\Control Panel\International，如果该注册表项不存在，则使用 RegistryKey 类的 CreateSubKey 方法创建该项；然后使用 RegistryKey 类的 SetValue 方法对该注册表项中的 sTimeFormat 键进行设置，从而实现设置任务栏时间样式的功能。

实现过程

（1）打开 Visual Studio 2022 开发环境，新建一个名为 SetTimeFormat 的 Windows 窗体应用程序。

（2）更改默认窗体 Form1 的 Name 属性为 Frm_Main，在该窗体中添加一个 ComboBox 控件，用来选择时间样式；添加一个 Button 控件，用来执行设置任务栏时间样式的操作。

（3）程序主要代码如下：

137-1

```
01  private void button1_Click(object sender, EventArgs e)
02  {
03      if (comboBox1.Text != "")
04      {
05          RegistryKey mreg;                                              //声明注册表对象
06          mreg = Registry.CurrentUser;                                   //定位到CurrentUser子项
07          mreg = mreg.CreateSubKey(@"Control Panel\International"); //创建注册表项
08          mreg.SetValue("sTimeFormat", comboBox1.Text.Trim());          //将时间样式写入注册表中
09          mreg.Close();                                                  //关闭注册表对象
10          if (MessageBox.Show("设置完毕") == DialogResult.OK)
11          {
12              RefreshSystem();                                           //刷新窗体进程
13          }
14      }
15  }
```

扩展学习

启用“开始”菜单中的“运行”功能

用户可以通过删除 HKEY_CURRNET_USR\Software\Microsoft\Windows\Current Version\Policies\System 子键启用“开始”菜单中的“运行”功能，代码如下：

```
RegistryKey rgK = Registry.CurrentUser;
rgK.DeleteSubKey(@"Software\Microsoft\Windows\CurrentVersion\Policies\System");
```

实例 138　获取本机安装的软件清单

源码位置：Code\04\138

实例说明

在 Windows 操作系统中，依次选择“控制面板”→“程序”→“程序和功能”选项，可以打开“卸载或更改程序”对话框，在该对话框中列出了本机安装的所有软件清单，那么如何通过 C# 实现类似的功能呢？本实例在 C# 中通过操作注册表实现了获取本机安装的软件清单的功能，实例运行效果如图 4.27 所示。

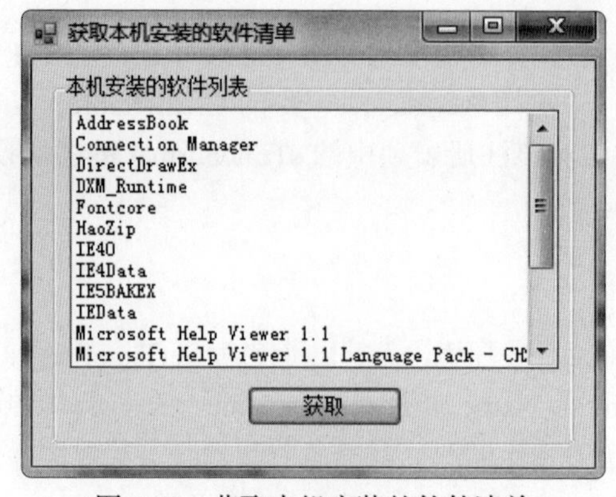

图 4.27　获取本机安装的软件清单

关键技术

本实例实现时主要用到了 RegistryKey 类的 GetSubKeyNames 方法，用来检索包含所有子项名称的字符串数组。

实现过程

（1）打开 Visual Studio 2022 开发环境，新建一个名为 LocalSoftWare 的 Windows 窗体应用程序。

（2）更改默认窗体 Form1 的 Name 属性为 Frm_Main，向窗体中添加一个 ListBox 控件，用来显示安装的软件列表；添加一个 Button 控件，用来获取本机安装的软件清单。

（3）程序主要代码如下：

138-1

```
01  private void button1_Click(object sender, EventArgs e)
02  {
03      try
04      {
05          RegistryKey rkMain = Registry.LocalMachine;               //定义注册表位置
06          RegistryKey rkChild = rkMain.OpenSubKey(@"SOFTWARE\Microsoft\Windows\CurrentVersion\
    Uninstall");                                                      //打开注册表项
07          string[] strSubKeyNames = rkChild.GetSubKeyNames();       //获取所有子项
08          foreach (string strItem in strSubKeyNames)               //遍历所有子项
09          {
10              if (strItem.Substring(0, 1) != "{")                   //去掉系统自动生成的信息
11          {
12              listBox1.Items.Add(strItem);                          //将子项添加到ListBox控件中
13          }
14      }
15      }
16      catch (Exception ex)
17      {
18          MessageBox.Show(ex.Message);
19      }
20  }
```

扩展学习

如何实现 IE 表单的自动完成功能

用户在 IE 地址栏中输入曾经输入过的地址时，系统便会自动完成输入，省去了反复输入的麻烦，尤其是地址很长或很难记时。操作子键 HKEY_CURRNET_USER-software-Microsoft-Windows-currentVersion-Explorer- AutoComplete（AutoSuggest 字符串值（yes/no））要求 ID 版本至少要在 5.0 以上。代码如下：

```
RegistryKey rgK  = Registry.CurrentUser.CreateSubKey(@"Software\Microsoft\Windows\CurrentVersion\
Explorer\AutoComplete");
rgK.SetValue("AutoSuggest", "yes", RegistryValueKind.String);
```

实例 139　使用 C# 打开 Windows 注册表

源码位置：Code\04\139

实例说明

通常在“开始”菜单的“运行”窗口中输入 regedit 命令，单击“确定”按钮可以打开注册表，而本实例主要演示如何通过编写 C# 程序打开 Windows 注册表。实例运行效果如图 4.28 所示。

图 4.28　使用 C# 打开 Windows 注册表

关键技术

本实例实现时主要用到了 Process 类的 Start 方法，下面对其进行详细讲解。

Process 类的 Start 方法用来启动进程资源并将其与 Process 组件关联，该方法有多种重载形式，其中，本实例中用到的它的重载形式如下：

```
public static Process Start(string fileName)
```

参数说明：

① fileName：要在进程中运行的文档或应用程序文件的名称。

② 返回值：与进程资源关联的新的 Process 组件，或者如果没有启动进程资源（例如，如果重用了现有进程），则为 NULL。

实现过程

（1）打开 Visual Studio 2022 开发环境，新建一个名为 OpenRegedit 的 Windows 窗体应用程序。

（2）更改默认窗体 Form1 的 Name 属性为 Frm_Main，向窗体中添加一个 Button 控件，用来执行打开注册表操作。

（3）程序主要代码如下：

```
139-1
01  private void button1_Click(object sender, EventArgs e)
02  {
03      string regeditstr = Environment.GetEnvironmentVariable("WinDir");  //WinDir系统环境变量的名称
04      System.Diagnostics.Process.Start(regeditstr + "\\regedit.exe");  //打开注册表
05  }
```

扩展学习

如何防止 SQL 注入式攻击？

要防范 SQL 注入式攻击，应该注意以下两点：

（1）检查输入的 SQL 语句的内容，如果包含敏感字符，则删除敏感字符，敏感字符包括 '、>、<=、!、-、+、*、/、()、| 和空格等。

（2）不要在用户输入过程中构造 WHERE 子句，应该利用参数来使用存储过程。

实例 140　设置 IE 浏览器的默认主页

源码位置：Code\04\140

实例说明

在 Windows 系统中，当用户打开 IE 浏览器时，浏览器会自动链接并显示一个网页，该网页就是 IE 浏览器的默认主页，该功能为用户带来了许多方便。例如，用户经常会访问一个网页，但是又不想在地址栏中输入链接地址，这时就可以将这个地址设置为 IE 浏览器的默认主页，这样每当用户打开 IE 浏览器时，就能够直接浏览该地址的网页。本实例使用 C# 实现了设置 IE 浏览器默认主页的功能，运行本实例，首先显示当前的 IE 浏览器主页，然后输入要修改的主页，单击“使用新主页”按钮，即可将输入的地址设置为 IE 浏览器的默认主页。实例运行效果如图 4.29 所示。

图 4.29　设置 IE 浏览器的默认主页

关键技术

本实例实现时，首先将注册表项定位到 HKEY_CURRENT_USER\SoftWare\Microsoft\Internet-Explorer\Main，如果该注册表项不存在，则使用 RegistryKey 类的 CreateSubKey 方法创建该项；然后使用 RegistryKey 类的 GetValue 方法从该注册表项中的 Start Page 键获取 IE 浏览器的当前主页；最后使用 RegistryKey 类的 SetValue 方法对该注册表项中的 Start Page 键进行设置，从而实现修改 IE 浏览器默认主页的功能。

实现过程

（1）打开 Visual Studio 2022 开发环境，新建一个名为 SetDefaultHomePage 的 Windows 窗体应用程序。

（2）更改默认窗体 Form1 的 Name 属性为 Frm_Main，在该窗体中添加两个 TextBox 控件，分别用来显示 IE 当前主页和输入新的主页地址；添加两个 Button 控件，分别用来执行使用新主页和使用空白页的操作。

（3）程序主要代码如下：

140-1

```
01  private void Form1_Load(object sender, EventArgs e)
02  {
03      //定位注册表项位置
04      RegistryKey reg = Registry.CurrentUser.CreateSubKey(@"SoftWare\Microsoft\Internet Explorer\Main");
05      object strInfo = reg.GetValue("Start Page", "没有值");//获取当前IE主页
06      this.textBox1.Text = (string)strInfo;                         //显示主页
07  }
08  private void button2_Click(object sender, EventArgs e)
09  {
10      //定位注册表项位置
11      RegistryKey reg = Registry.CurrentUser.CreateSubKey(@"SoftWare\Microsoft\Internet Explorer\Main");
12      //设置新主页
13      reg.SetValue("Start Page", this.textBox2.Text, RegistryValueKind.String);
14      MessageBox.Show("IE 当前的默认页为\r\n" + this.textBox2.Text);
15  }
16  private void button1_Click(object sender, EventArgs e)
17  {
18      //定位注册表项位置
19      RegistryKey reg = Registry.CurrentUser.CreateSubKey(@"SoftWare\Microsoft\Internet Explorer\Main");
20      //设置空白页
21      reg.SetValue("Start Page", "about:blank", RegistryValueKind.String);
22      MessageBox.Show("IE 当前的默认页为\r\n" + "空白页");
23  }
```

扩展学习

如何向可执行文件的尾部写入字节

向可执行文件的尾部添加“我是谁？ 111 ？ ”的代码如下：

```
byte[] byData = new byte[100];                              //建立一个FileStream要用的字节组
char[] charData = new char[100];                            //建立一个字符组
try
{
    //创建FileStream对象，用来操作data.txt文件
    FileStream aFile = new FileStream(textBox1.Text, FileMode.Open);
    string pp = "我是谁？111？";
    charData = pp.ToCharArray();                            //将字符串内的字符复制到字符组中
    aFile.Seek(0, SeekOrigin.End);
    Encoder el = Encoding.UTF8.GetEncoder();                //编码器
    el.GetBytes(charData, 0, charData.Length, byData, 0, true);
    aFile.Write(byData, 0, byData.Length);
}
catch { }
```

第 5 章

数据库操作应用

通用数据库连接

防止 SQL 注入式攻击

获取某类商品最后一次销售单价

统计每个单词在文章中出现的次数

关联查询多表数据

……

实例 141　通用数据库连接

源码位置：Code\05\141

实例说明

开发数据库软件，指定数据源是必不可少的，然而不同类型的数据库所使用的连接字符串是不同的，为了实现多类型数据库的数据源连接方法，本实例使用 C# 制作了一个通用数据库连接器。运行本实例，如图 5.1 所示，选择“Access 或 Excel 数据库连接”单选按钮，则该区域全部控件可用，这时选择要连接的 Access 或 Excel 数据库，并输入用户名和密码后，单击“确定”按钮，即可将连接 Access 或 Excel 数据库的字符串及连接状态显示到最下方的文本框中；如果选择“SQL 数据库连接”单选按钮，则该区域全部控件可用，这时单击“…”按钮，弹出“选择服务器”对话框，如图 5.2 所示，选择 SQL 服务器后，单击“确定”按钮返回主窗体，选择身份验证方式，单击“确定”按钮，即可将连接 SQL 数据库的字符串及连接状态显示到最下方的文本框中。

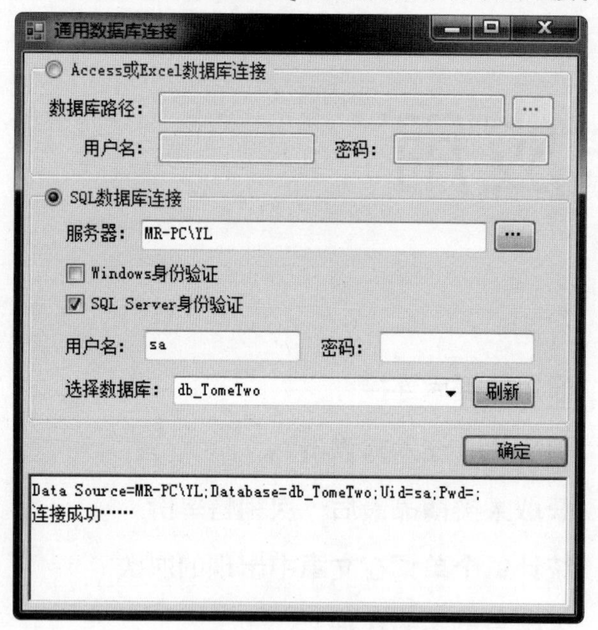

图 5.1　通用数据库连接

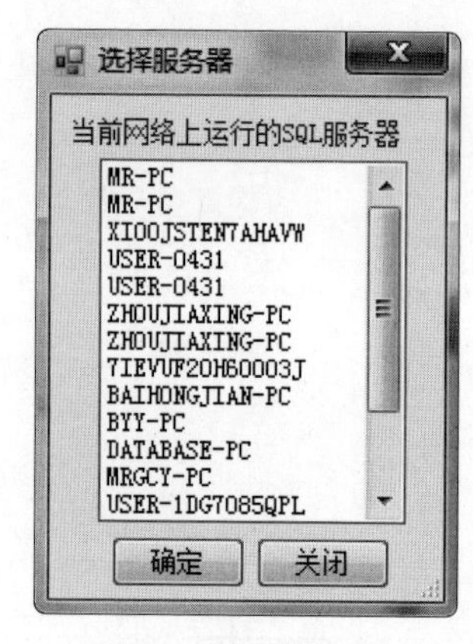

图 5.2　选择服务器

关键技术

本实例主要对 Access、Excel 和 SQL Server 3 种数据库的连接方法进行讲解，在连接 Access 和 Excel 数据库时需要用到 OleDbConnection 类，连接 SQL Server 数据库时需要用到 SqlConnection 类。

实现过程

（1）打开 Visual Studio 2022 开发环境，新建一个名为 DatabaseCon 的 Windows 窗体应用程序，默认窗体为 Form1。

（2）Form1 窗体主要用到的控件及说明如表 5.1 所示。

表 5.1　Form1 窗体主要用到的控件及说明

控件类型	控件名称	属性设置	说明
RadioButton	radioButton1	Checked 属性设置为 True	选择 Access 或 Excel 数据库连接
	radioButton2	无	选择 SQL 连接
TextBox	textBox1	无	输入 Access 或 Excel 数据库路径
	textBox2	无	输入连接 Access 或 Excel 数据库的用户名
TextBox	textBox3	PasswordChar 属性设置为 *	输入连接 Access 或 Excel 数据库的用户密码
	textBox6	无	输入 SQL 服务器
	textBox5	无	输入 SQL 登录用户
	textBox4	PasswordChar 属性设置为 *	输入 SQL 登录密码
Button	button1	Text 属性设置为…	选择 Access 或 Excel 数据库文件
	button2	Text 属性设置为…	选择 SQL 服务器
	button4	Text 属性设置为“刷新”	刷新选定服务器中所有数据库
	button3	Text 属性设置为“确定”	根据选择连接数据库
CheckBox	checkBox1	Enabled 属性设置为 False	使用 Windows 身份验证连接 SQL 数据库
	checkBox2	Enabled 属性设置为 False	使用 SQL Server 身份验证连接 SQL 数据库
ComboBox	comboBox1	Enabled 属性设置为 False	选择要连接的 SQL 数据库
RichTextBox	richTextBox1	无	显示连接语句及连接状态
OpenFileDialog	openFileDialog1	无	“打开”对话框

（3）在 DatabaseCon 项目中添加一个 Windows 窗体，命名为 Form2，用来选择 SQL 服务器。Form2 窗体主要用到的控件及说明如表 5.2 所示。

表 5.2　Form2 窗体主要用到的控件及说明

控件类型	控件名称	属性设置	说明
ListBox	listBox1	无	显示局域网中所有 SQL 服务器
Button	button1	Text 属性设置为“确定”	选择 SQL 服务器
	button2	Text 属性设置为“关闭”	关闭当前窗体

（4）“选择服务器”对话框是使用 Form2 窗体实现的，该窗体加载时，获取局域网中的所有

SQL 服务器，并显示在 ListBox 控件中。Form2 窗体的 Load 事件代码如下：

141-1

```
01 private void Form2_Load(object sender, EventArgs e)
02 {
03     listBox1.Items.Clear();                                    //清空列表
04     //枚举本地网络中的SQL Server所有可用实例
05     SqlDataSourceEnumerator instance = SqlDataSourceEnumerator.Instance;
06     //获取所有数据源，并存储到DataTable中
07     DataTable table = instance.GetDataSources();
08     foreach (DataRow row in table.Rows)                        //遍历获取的数据源
09     {
10         listBox1.Items.Add(row["ServerName"]);                 //向列表中添加遍历到的服务器名
11     }
12 }
```

单击 Form2 窗体中的“确定”按钮，程序判断是否选择 SQL 服务器，如果没有选择，弹出信息提示，否则关闭当前窗体，回到程序主窗体。Form2 窗体中“确定”按钮的 Click 事件代码如下：

141-2

```
01 private void button1_Click(object sender, EventArgs e)
02 {
03     if (listBox1.SelectedIndices.Count == 0)
04         MessageBox.Show("请选择要连接的服务器！", "提示", MessageBoxButtons.OK,
MessageBoxIcon.Information);
05     else
06     {
07         this.Close();                                          //关闭当前窗体
08     }
09 }
```

在 Form1 窗体中，当用户选择“Windows 身份验证”复选框时，将相应的控件状态设置为不可用，同时在“选择数据库”下拉列表中显示指定服务器的所有数据库，实现代码如下：

141-3

```
01 private void checkBox1_CheckedChanged(object sender, EventArgs e)
02 {
03     if (checkBox1.Checked)
04     {
05         checkBox2.Checked = false;
06         textBox4.Enabled = textBox5.Enabled = false;
07         string str = "server=" + textBox6.Text + ";database=master;Integrated Security=SSPI;";
08         comboBox1.DataSource = getTable(str);
09         comboBox1.DisplayMember = "name";                      //显示数据库列表
10         comboBox1.ValueMember = "name";
11     }
12 }
```

上面的代码中用到 getTable 方法，该方法为自定义的返回值类型为 DataTable 的方法，它主要用来根据选择的 SQL 服务器，获取其所包含的所有数据库，该方法有一个参数，用来表示数据库连接字符串。getTable 方法实现代码如下：

```
141-4
01  private DataTable getTable(string str)
02  {
03      try
04      {
05          SqlConnection sqlcon = new SqlConnection(str);          //实例化数据库连接对象
06          SqlDataAdapter da = new SqlDataAdapter("select name from sysdatabases ", sqlcon);
07          DataTable dt = new DataTable("sysdatabases");           //实例化DataTable对象
08          da.Fill(dt);                                            //填充DataTable数据表
09          return dt;
10      }
11      catch
12      {
13          return null;
14      }
15  }
```

在 Form1 窗体中，单击“确定”按钮，根据用户选择的数据库连接方式和输入的数据库连接信息，连接指定数据库，同时将数据库连接状态显示在窗体下方的文本框中。“确定”按钮的 Click 事件代码如下：

```
141-5
01  private void button3_Click(object sender, EventArgs e)
02  {
03      if (radioButton1.Checked == true)
04      {
05          if (textBox1.Text != "")
06          {
07              FileInfo FInfo = new FileInfo(textBox1.Text);          //实例化FileInfo类对象
08              string strExtention = FInfo.Extension;                  //获取文件扩展名
09              if (strExtention.ToLower() == ".mdb")                   //判断是不是Access数据库文件
10              {
11                  if (textBox2.Text != "")
12                  {
13                      strCon = "Provider=Microsoft.Jet.OLEDB.4.0;Data Source=" + textBox1.Text +
    ";UID=" + textBox2.Text + ";PWD=" + textBox3.Text + ";";              //组合Access数据库连接字符串
14                  }
15                  else
16                  {
17                      strCon = "Provider=Microsoft.Jet.OLEDB.4.0;Data Source=" + textBox1.Text + ";";
18                  }
19              }
20              else if (strExtention.ToLower() == ".xls")              //判断是不是Excel数据库文件
21              {
22                  strCon = "Provider=Microsoft.Jet.OLEDB.4.0;Data Source=" + textBox1.Text +
    ";Extended Properties=Excel 8.0;";                                     //组合Excel数据库连接字符串
23              }
24          }
25          OleDbConnection oledbcon = new OleDbConnection(strCon);  //使用OLEDB连接对象连接数据库
26          try
27          {
28              oledbcon.Open();                                      //打开数据库连接
```

```
29              richTextBox1.Clear();
30              richTextBox1.Text = strCon + "\n连接成功……";
31          }
32          catch
33          {
34              richTextBox1.Text = "连接失败";
35          }
36      }
37      else if (radioButton2.Checked == true)
38      {
39          if (checkBox1.Checked == true)
40          {
41              //使用Windows身份验证连接SQL数据库
42              strCon = "Data Source=" + textBox6.Text + ";Initial Catalog =" + comboBox1.
Text + ";Integrated Security=SSPI;";
43          }
44          else if (checkBox2.Checked == true)
45          {
46              strCon = "Data Source=" + textBox6.Text + ";Database=" + comboBox1.Text +
";Uid=" + textBox5.Text + ";Pwd=" + textBox4.Text + ";";      //使用SQL Server身份验证连接SQL数据库
47          }
48          SqlConnection sqlcon = new SqlConnection(strCon);  //使用SqlConnection连接数据库
49          try
50          {
51              sqlcon.Open();                                //打开数据库连接
52              richTextBox1.Clear();
53              richTextBox1.Text = strCon + "\n连接成功……";
54          }
55          catch
56          {
57              richTextBox1.Text = "连接失败";
58          }
59      }
60  }
```

实例 142　防止 SQL 注入式攻击

源码位置：Code\05\142

实例说明

SQL 注入式攻击是指利用软件设计上的漏洞，在目标服务器上运行 SQL 命令以进行其他方式的攻击，动态生成 SQL 命令时没有对用户输入的数据进行验证，本实例为了使程序更加安全，使用 C# 实现防止 SQL 注入式攻击功能。运行本实例，用户只有输入数据库中存在的用户名及对应密码后，才可以通过单击“登录”按钮正常登录程序。实例运行效果如图 5.3 和图 5.4 所示。

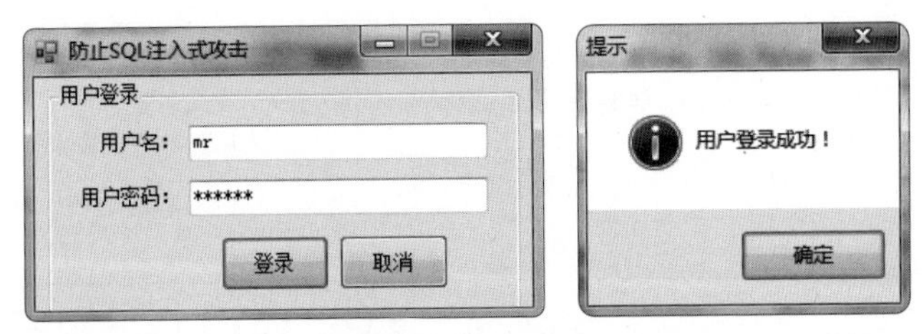

图 5.3　登录成功

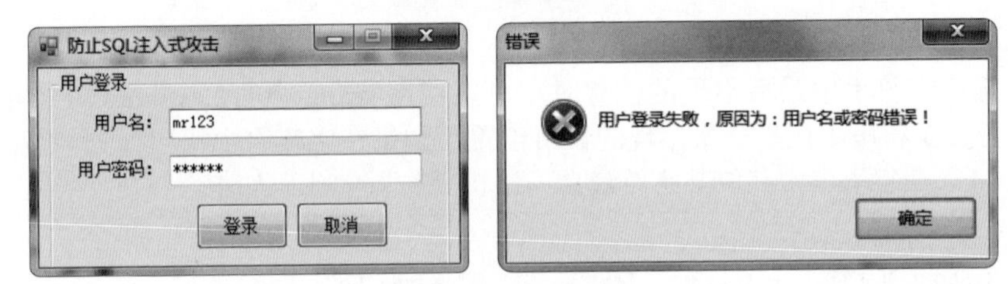

图 5.4　登录失败

关键技术

要防止 SQL 注入式攻击，首先需要了解 SQL 注入式攻击的主要方式。

有些人利用软件设计上的漏洞对软件进行恶意攻击，而不对用户输入的数据进行验证是 SQL 注入攻击得逞的主要方式。

实现过程

（1）打开 Visual Studio 2022 开发环境，新建一个名为 SQLInner 的 Windows 窗体应用程序。

（2）更改默认窗体 Form1 的 Name 属性为 Frm_Main，在该窗体中添加两个 TextBox 控件，分别用来输入用户名和用户密码；添加两个 Button 控件，分别用来执行用户登录和清空文本框操作。

（3）程序主要代码如下：

142-1

```
01  private void button1_Click(object sender, EventArgs e)
02  {
03      //创建数据库连接对象
04      SqlConnection sqlcon = new SqlConnection("Data Source=MRWXK\\WANGXIAOKE;Database=db_
    TomeTwo;Uid=sa;Pwd=;");
05      //创建数据库桥接器对象
06      SqlDataAdapter sqlda = new SqlDataAdapter("select Name,Pwd from tb_Login where Name=@name
    and Pwd=@pwd", sqlcon);
07      //为SQL语句中的参数赋值
08      sqlda.SelectCommand.Parameters.Add("@name", SqlDbType.NChar, 10).Value = textBox1.Text;
09      sqlda.SelectCommand.Parameters.Add("@pwd", SqlDbType.NChar, 10).Value = textBox2.Text;
10      DataSet myds = new DataSet();                          //创建DataSet数据集对象
11      sqlda.Fill(myds);                                      //填充数据集
12      if (myds.Tables[0].Rows.Count > 0)                     //判断数据集中的表中是否有行
13          MessageBox.Show("用户登录成功！", "提示", MessageBoxButtons.OK, MessageBoxIcon.Information);
14      else
15      {
16          MessageBox.Show("用户登录失败，原因为：用户名或密码错误！", "错误",
```

```
    MessageBoxButtons.OK, MessageBoxIcon.Error);
17          textBox1.Text = textBox2.Text = "";                   //清空文本框
18          textBox1.Focus();                                      //为用户姓名文本框设置输入焦点
19      }
20  }
```

扩展学习

如何获取某字符在字符串中最后出现的位置

获取某字符在字符串中最后出现的位置时，可以使用 string 类的 LastIndexOf 方法，该方法用来确定指定字符在字符串中最后一次出现的索引位置，如果在字符串中找到指定字符，则返回其索引，否则返回 -1。在字符串中获取某字符最后一次出现位置的代码如下：

```
if (textBox1.Text.LastIndexOf(textBox2.Text) == -1)
    MessageBox.Show("在字符串" + textBox1.Text + "中没有" + textBox2.Text
        + "字符", "信息", MessageBoxButtons.OK, MessageBoxIcon.Information);
else
    MessageBox.Show("字符" + textBox2.Text + "在字符串" + textBox1.Text + "中的位置为"
        + (textBox1.Text.LastIndexOf(textBox2.Text) + 1), "信息", MessageBoxButtons.OK,
    MessageBoxIcon.Information);
```

实例 143　获取某类商品最后一次销售单价　源码位置：Code\05\143

实例说明

在销售管理系统中，销售某一货品时，经常需要查看该类货品的最后一次销售单价，作为本次销售价格的参考。本实例主要演示从销售列表中获取洗衣机的最后一次销售单价，实例运行效果如图 5.5 所示。

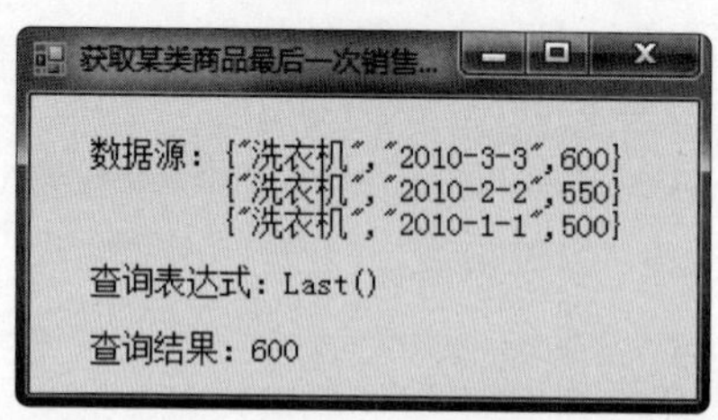

图 5.5　获取某类商品最后一次销售单价

关键技术

本实例主要应用了 Enumerable 类的 Last 方法，Last 方法主要用来返回源序列的最后一个元素。

实现过程

（1）打开 Visual Studio 2022 开发环境，新建一个名为 Last 的 Windows 窗体应用程序。

（2）更改默认窗体 Form1 的 Name 属性为 Frm_Main，在该窗体中添加 3 个 Label 控件，分别用来显示数据源、查询表达式和查询结果。

（3）程序主要代码如下：

143-1

```
01  class Sale
02  {
03      public Sale(string productName, DateTime saleDate, double salePrice)
04      {
05          this.ProductName = productName;
06          this.SaleDate = saleDate;
07          this.SalePrice = salePrice;
08      }
09      public string ProductName { get; set; }              //货品名称
10      public DateTime SaleDate { get; set; }               //销售日期
11      public double SalePrice { get; set; }                //销售单价
12  }
13  private void Frm_Main_Load(object sender, EventArgs e)
14  {
15      List<Sale> SaleList = new List<Sale>                 //创建销售列表
16      {
17          new Sale("洗衣机",Convert.ToDateTime("2010-3-3"),600),
18          new Sale("冰箱",Convert.ToDateTime("2010-12-12"),1900),
19          new Sale("洗衣机",Convert.ToDateTime("2010-2-2"),550),
20          new Sale("洗衣机",Convert.ToDateTime("2010-1-1"),500)
21      };
22      Sale sa = SaleList.Where(itm => itm.ProductName == "洗衣机").OrderBy(itm => itm.
    SaleDate).Last();                                        //获取洗衣机最后一次销售单价
23      //输出查询结果
24      label1.Text = "数据源：{\"洗衣机\",\"2010-3-3\",600}" + Environment.NewLine +
    " {\"洗衣机\",\"2010-2-2\",550}" + Environment.NewLine + " {\"洗衣机\",\"2010-1-1\",500}"; //数据源
25      label2.Text = "查询表达式：Last()";                    //查询表达式操作
26      label3.Text = "查询结果：" + sa.SalePrice.ToString(); //查询结果
27  }
```

扩展学习

获取某类商品最后一次销售单价的其他实现方式

应用 OrderByDescending 和 First 操作符可以实现与本实例相同的功能，代码如下：

```
Sale sa2 = SaleList.Where(itm => itm.ProductName == "洗衣机").OrderByDescending(itm =>
itm.SaleDate).First();                                   //获取洗衣机最后一次的销售单价
```

实例 144　统计每个单词在文章中出现的次数

源码位置：Code\05\144

实例说明

开发文档管理系统时，词频统计是需要实现的一项基本的功能，本实例主要演示使用 LINQ 统

计每个单词在文章中出现的次数。实例运行效果如图 5.6 所示。

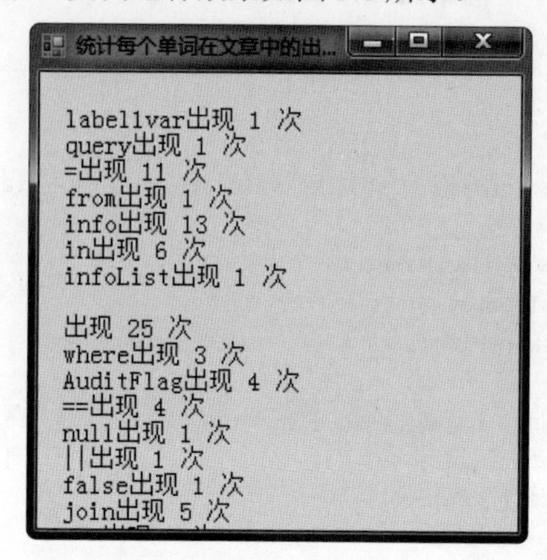

图 5.6　统计每个单词在文章中出现的次数

关键技术

本实例中，去掉单词数组中的重复单词时应用了 Distinct 方法，Distinct 方法用来去掉源序列中的重复元素。

实现过程

（1）打开 Visual Studio 2022 开发环境，新建一个名为 WordTime 的 Windows 窗体应用程序。

（2）更改默认窗体 Form1 的 Name 属性为 Frm_Main，在该窗体中添加一个 Label 控件，用来显示文章中各个单词出现的次数。

（3）程序主要代码如下：

144-1

```
01  private void Frm_Main_Load(object sender, EventArgs e)
02  {
03      //声明字符串
04      string text = @"var query = from info in infoList
05      where info.AuditFlag == null || info.AuditFlag == false
06      join emp in empList
07         on info.SaleMan equals emp.EmployeeCode
08      join house in houseList
09         on info.WareHouse equals house.WareHouseCode
10      join client in clientList
11         on info.ClientCode equals client.ClientCode
12      join dictPayMode in dictList
13         on info.PayMode equals dictPayMode.ValueCode
14      where dictPayMode.TypeCode == 'PayMode\'
15      join dictInvoiceType in dictList
16         on info.InvoiceType equals dictInvoiceType.ValueCode
17      where dictInvoiceType.TypeCode == 'InvoiceType'
18      select new
```

```
19      {
20         id = info.ID,
21         SaleBillCode = info.SaleBillCode,
22         SaleMan = emp.Name,
23         SaleDate = info.SaleDate,
24         Provider = client.ShortName,
25         WareHouse = house.ShortName,
26         PayMode = dictPayMode.ValueName,
27         InvoiceType = dictInvoiceType.ValueName,
28         InvoiceCode = info.InvoiceCode,
29         AuditFlag = info.AuditFlag
30      };";
31      //按单词转换为数组
32      string[] allWords = text.Split(new char[] { '.', '?', '!', ' ', ';', ':', ',' },
    StringSplitOptions.RemoveEmptyEntries);
33      //去掉单词数组中重复的单词
34      string[] distinctWords = allWords.Distinct().ToArray<string>();
35      int[] counts = new int[distinctWords.Length];              //创建一个存放词频统计信息的数组
36      for (int i = 0; i < distinctWords.Length; i++)             //遍历每个单词
37      {
38          string tempWord = distinctWords[i];
39          //计算每个单词出现的次数
40          var query = from item in allWords
41                      where item.ToLower() == tempWord.ToLower()
42                      select item;
43          counts[i] = query.Count();
44      }
45      //输出词频统计结果
46      for (int i = 0; i < counts.Count(); i++)
47      {
48          label1.Text += distinctWords[i] + "出现 " + counts[i].ToString() + " 次\n";
49      }
50  }
```

扩展学习

获取字符串中汉字的个数

字符串中可以包括数字、字母、汉字或者其他字符，开发人员可以使用正则表达式判断指定的字符是否为汉字，代码如下：

```
string str = "my name is 王小科";
int cnt = 0;                                          //定义数值类型变量并赋值为0
Regex rgx = new Regex("^[\u4E00-\u9FA5]{0,}$");       //创建正则表达式对象，用于判断字符是否为汉字
for (int i = 0; i<str.Length; i++)                    //遍历字符串中的每一个字符
{
    cnt = rgx.IsMatch(str[i].ToString()) ? ++cnt : cnt;  //如果检查的字符是汉字则计数器加1
}
```

实例 145　关联查询多表数据

源码位置：Code\05\145

实例说明

开发销售管理系统时，与销售相关的信息需要从多个数据表中读取。例如，从销售主表读取销售单据号和销售日期，从销售明细表读取销售数量、单价和金额，从商品信息表读取商品名称，从员工信息表读取销售员名称，从仓库基本信息表读取出货仓库名称，从客户信息表读取购买单位或个人的名称等。本实例通过使用 LINQ to SQL 关联查询上述列举的各个表实现销售相关信息的显示，实例运行效果如图 5.7 所示。

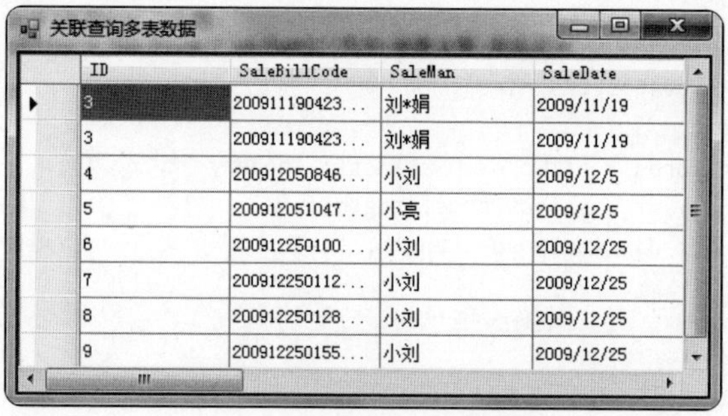

关联查询多表数据

ID	SaleBillCode	SaleMan	SaleDate
3	200911190423...	刘*娟	2009/11/19
3	200911190423...	刘*娟	2009/11/19
4	200912050846...	小刘	2009/12/5
5	200912051047...	小亮	2009/12/5
6	200912250100...	小刘	2009/12/25
7	200912250112...	小刘	2009/12/25
8	200912250128...	小刘	2009/12/25
9	200912250155...	小刘	2009/12/25

图 5.7　关联查询多表数据

关键技术

本实例主要通过在 LINQ 查询表达式中应用 join 子句实现多表连接查询。join 子句接收两个源序列作为输入，每个序列中的元素都必须是可以与另一个序列中的相应属性进行比较的属性，或者包含一个这样的属性。join 子句使用特殊的 equals 关键字比较指定的键是否相等。

实现过程

（1）打开 Visual Studio 2022 开发环境，新建一个名为 MultiTableJoin 的 Windows 窗体应用程序。

（2）更改默认窗体 Form1 的 Name 属性为 Frm_Main，在该窗体中添加一个 DataGridView 控件，用来显示查询结果。

（3）创建 LINQ to SQL 的 dbml 文件，并将 SaleContent 表、SaleDetail 表、ProductInfo 表、ClientInfo 表、WarehouseInfo 表和 EmployeeInfo 表添加到 dbml 文件。

（4）程序主要代码如下：

145-1

```
01  private void Frm_Main_Load(object sender, EventArgs e)
02  {
03      DataClassesDataContext dc = new DataClassesDataContext();     //创建LINQ对象
04      var query = from sc in dc.SaleContent                         //销售主表
05      join sd in dc.SaleDetail on sc.SaleBillCode equals sd.SaleBillCode //按销售单据号关联销售主、从表
06      join pi in dc.ProductInfo on sd.ProductCode equals pi.ProductCode //按商品代码关联商品信息表
07      //按人员代码关联员工表
08      join ei in dc.EmployeeInfo on sc.SaleMan equals ei.EmployeeCode
```

```
09      //按仓库代码关联仓库信息表
10      join wi in dc.WarehouseInfo on sc.WareHouse equals wi.WareHouseCode
11      join ci in dc.ClientInfo on sc.ClientCode equals ci.ClientCode //按客户代码关联客户信息表
12      select new
13          {
14              ID = sc.ID,
15              SaleBillCode = sc.SaleBillCode,             //销售单据号
16              SaleMan = ei.Name,                          //从员工表获取销售员名称
17              SaleDate = sc.SaleDate,                     //销售日期
18              Provider = ci.ShortName,                    //从客户表获取购买单位名称
19              WareHouse = wi.ShortName,                   //从仓库表获取仓库名称
20              ProductCode = pi.ProductCode,               //从商品信息表获取商品代码
21              ProductName = pi.ShortName,                 //商品名称
22              Quantity = sd.Quantity,                     //数量
23              Price = sd.Price,                           //单价
24              Amount = sd.Quantity * sd.Price,            //金额
25              //毛利=销售金额-商品成本
26              GrossProfit = sd.Quantity * (sd.Price - sd.Cost)
27          };
28      dataGridView1.DataSource = query;                   //将查询的结果集绑定到dataGridView1
29  }
```

扩展学习

LINQ to SQL 内连接的效率

在 LINQ to SQL 中使用多表连接查询时，基本都会被解释为内连接 SQL 查询语句。内连接查询效率比自然连接查询效率要高得多，所以在使用多表连接查询时尽量使用选择列选择数据。

实例 146　按照多个条件分组

源码位置：Code\05\146

实例说明

开发进销存管理系统中的库存商品统计模块时，需要统计每个仓库中每种商品的总数量，该功能可以通过 LINQ to SQL 实现，本实例主要演示使用 LINQ 按仓库和商品名分组汇总库存数量。实例运行效果如图 5.8 所示。

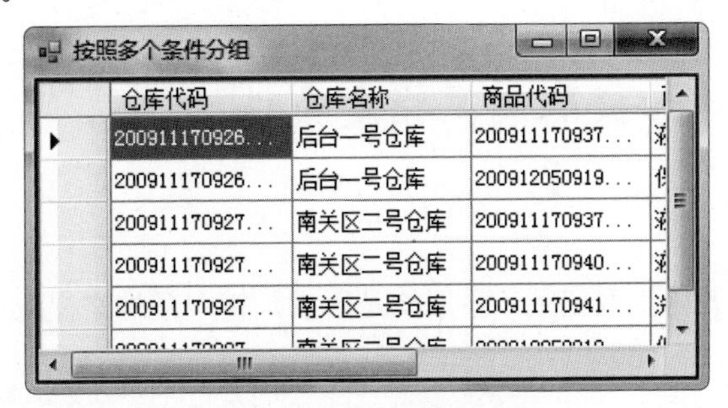

图 5.8　按照多个条件分组

关键技术

使用 LINQ 可轻松实现分组功能，在查询表达式中仅仅能通过一个属性对结果进行分组，LINQ 查询表达式的语法既不能接收 group 子句中的多个条件，也不允许一个查询中包含多个 group 子句。

实现过程

（1）打开 Visual Studio 2022 开发环境，新建一个名为 MultiGroupBy 的 Windows 窗体应用程序。

（2）更改默认窗体 Form1 的 Name 属性为 Frm_Main，在该窗体中添加一个 DataGridView 控件，用来显示分组查询结果。

（3）创建 LINQ to SQL 的 dbml 文件，并将 V_StoreInfo 视图添加到 dbml 文件中。

（4）程序主要代码如下：

```
146-1
01  private void Frm_Main_Load(object sender, EventArgs e)
02  {
03      DataClassesDataContext dc = new DataClassesDataContext();    //创建数据上下文类的对象
04      var query = from sto in dc.V_StoreInfo                        //查询库存表
05      //按仓库代码、商品代码分组
06      group sto by new { sto.WarehouseCode, sto.ProductCode } into g
07                  select new
08                  {
09                      仓库代码 = g.Key.WarehouseCode,
10                      仓库名称 = g.Max(itm => itm.WareHouseName),
11                      商品代码 = g.Key.ProductCode,
12                      商品名称 = g.Max(itm => itm.ProductName),
13                      库存数量 = g.Sum(itm => itm.Quantity)
14                  };
15      dataGridView1.DataSource = query;                     //将分组的结果集绑定到dataGridView1
16  }
```

扩展学习

分组的效率损失问题

使用 LINQ to SQL 进行数据分组查询时，会带来一定的效率缺失。因为 LINQ 语句最终会被解释为 SQL 语句执行，但是 LINQ 语句解释为 SQL 时会有一定的效率缺失。可以使用视图等数据库对象构建高效的数据查询。

实例 147　从头开始提取满足指定条件的记录

源码位置：Code\05\147

实例说明

本实例实现的是从头开始提取记录，主要按是否满足指定条件来提取记录。实例运行效果如图 5.9 所示。

图 5.9　从头开始提取满足指定条件的记录

关键技术

本实例实现时主要用到了 Enumerable 类的 TakeWhile 方法，TakeWhile 方法用来从源序列的开头开始提取满足指定条件的元素，然后返回由这些元素组成的序列。

实现过程

（1）打开 Visual Studio 2022 开发环境，新建一个名为 TakeWhile 的 Windows 窗体应用程序。

（2）更改默认窗体 Form1 的 Name 属性为 Frm_Main，在该窗体中添加一个 DataGridView 控件，用来显示满足指定条件的所有记录。

（3）程序主要代码如下：

```
147-1
01  private void Frm_Main_Load(object sender, EventArgs e)
02  {
03      //定义连接字符串
04      string conStr = "Data Source=MRWXK\\WANGXIAOKE;Database=db_TomeTwo;UID=sa;Pwd=;";
05      string sql = "select * from EmployeeInfo";                     //构造SQL语句
06      DataSet ds = new DataSet();                                    //创建数据集对象
07      using (SqlConnection con = new SqlConnection(conStr))          //创建数据连接
08      {
09          SqlCommand cmd = new SqlCommand(sql, con);                 //创建Command对象
10          SqlDataAdapter sda = new SqlDataAdapter(cmd);              //创建DataAdapter对象
11          sda.Fill(ds, "EmployeeInfo");                              //填充数据集
12      }
13      //从头开始提取生日小于2009-7-1之前的员工信息
14      IEnumerable<DataRow> query = ds.Tables["EmployeeInfo"].AsEnumerable().TakeWhile
    (itm => itm.Field<DateTime>("Birthday") < Convert.ToDateTime("2009-7-1"));
15      dataGridView1.DataSource = query.CopyToDataTable();           //设置dataGridView1数据源
16  }
```

扩展学习

匿名类型与 LINQ 的关系

匿名类型在 LINQ 查询中特别有用，当 select 子句需要输出一种新的表现形式的结果时，可以使用匿名类型创建一个新的对象，而并不需要定义该对象的相关的类。

开发人员只需临时使用一个类型表达一些信息，这个类只保存一些只读的信息，如状态信息

等，并不需要关联任何方法、事件等，这时可以不用显式地定义一个类，可以考虑使用匿名类型。

实例 148　查询第 10 到第 20 名的数据

源码位置：Code\05\148

实例说明

在数据查询过程中，有时会遇到一种情况，需要查询某个区间内的记录信息，如查询第 10 到第 20 名的数据要如何实现呢？本实例使用 TOP 关键字和 ORDER BY 子句来实现查询成绩表中总分排名第 10 到第 20 名的学生信息，实例运行效果如图 5.10 所示。

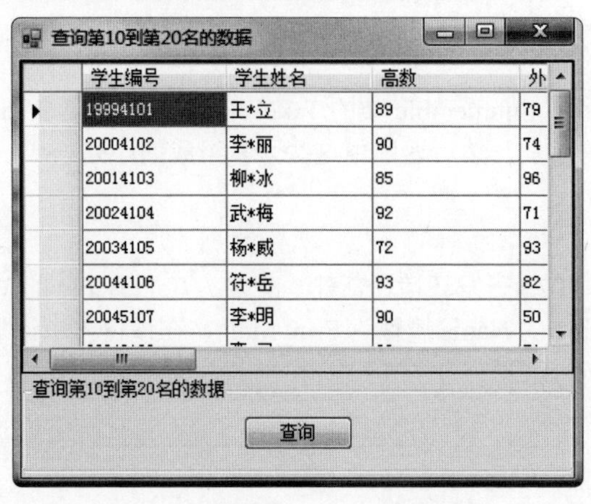

图 5.10　查询第 10 ~ 20 名的数据

关键技术

本实例使用 TOP 关键字查询第 10 ～ 20 名的数据记录。在数据查询过程中，有时需要获取查询到的记录集中指定区间的记录信息，使用 TOP 关键字和 ORDER BY 子句可以实现此功能。

实现过程

（1）打开 Visual Studio 2022 开发环境，新建一个名为 TenToTwenty 的 Windows 窗体应用程序。

（2）更改默认窗体 Form1 的 Name 属性为 Frm_Main，向窗体中添加一个 Button 按钮，用于查询成绩表中排名第 10 ～ 20 名的记录；添加一个 DataGridView 控件，用于显示查询到的记录。

（3）当用户在窗体中单击“查询”按钮后，将会查询成绩表中总分排名第 10 ～ 20 名的记录，代码如下：

148-1

```
01  private DataTable GetStudent()
02  {
03      string P_Str_ConnectionStr = string.Format(                    //创建数据库连接字符串
04              @"server=.\EXPRESS;database=db_TomeTwo;uid=sa;pwd=");
05      string P_Str_SqlStr = string.Format(                           //创建SQL查询字符串
06              @"SELECT TOP 10 * FROM (SELECT TOP 20 * FROM tb_Grade
```

```
07              ORDER BY 总分 DESC) AS st ORDER BY 总分 ASC");
08      SqlDataAdapter P_SqlDataAdapter = new SqlDataAdapter(                    //创建数据适配器
09              P_Str_SqlStr, P_Str_ConnectionStr);
10      DataTable P_dt = new DataTable();                                        //创建数据表
11      P_SqlDataAdapter.Fill(P_dt);                                             //填充数据表
12      return P_dt;                                                             //返回数据表
13  }
```

扩展学习

查询成绩表中总分排名第 15 ～ 20 名的数据记录

TOP 关键字可以限制返回到结果集中的记录个数，ORDER BY 子句用于按指定的数据列升序或降序排序。TOP 关键字和 ORDER BY 关键字可以配合使用，查询成绩表中总分排名第 15 ～ 20 名的数据记录，代码如下：

```
SELECT
TOP （20 - 15）
*
FROM
(SELECT
TOP 20
*
FROM
tb_Grade
ORDER BY 总分 DESC
) AS st
ORDER BY 总分 ASC
```

实例 149 查询销售量占前 50% 的图书信息

源码位置：Code\05\149

实例说明

数据库查询中，不仅可以使用 TOP 关键字查询前若干条记录，也可以使用 TOP n PERCENT 查询所有记录中前百分比条记录。本实例将演示使用 TOP n PERCENT 查询图书总销量排名中前 50% 的图书信息，实例运行效果如图 5.11 所示。

图 5.11 查询销售量占前 50% 的图书信息

关键技术

本实例实现的关键是如何在查询语句中使用 TOP n PERCENT 查询图书销售排名中前 50% 的记录。

实现过程

（1）打开 Visual Studio 2022 开发环境，新建一个名为 Percent50 的 Windows 窗体应用程序。

（2）更改默认窗体 Form1 的 Name 属性为 Frm_Main，向窗体中添加一个 Button 按钮，用于查询图书表中合计销售数量排名中前 50% 的图书信息；添加一个 DataGridView 控件，用于显示查询到的记录。

（3）当用户在窗体中单击“查询”按钮后，将会查询图书销售排名中前 50% 的记录，代码如下：

149-1

```
01  private DataTable GetBook()
02  {
03      string P_Str_ConnectionStr = string.Format(              //创建数据库连接字符串
04              @"server=.\EXPRESS;database=db_TomeTwo;uid=sa;pwd=");
05      string P_Str_SqlStr = string.Format(                     //创建SQL查询字符串
06              @"SELECT TOP 50 PERCENT 书号,书名,sum(销售数量)as 合计销售数量
07              FROM tb_Book group by 书号,书名,作者 order by 3 desc");
08      SqlDataAdapter P_SqlDataAdapter = new SqlDataAdapter(    //创建数据适配器
09              P_Str_SqlStr, P_Str_ConnectionStr);
10      DataTable P_dt = new DataTable();                        //创建数据表
11      P_SqlDataAdapter.Fill(P_dt);                             //填充数据表
12      return P_dt;                                             //返回数据表
13  }
```

扩展学习

查询销售量占前 30% 的图书信息

使用 TOP n PERCENT 可以轻松地查询销售量占前 30% 的图书信息，代码如下：

```
SELECT
TOP 30 PERCENT
书号, 书名,
SUM(销售数量) AS 合计销售数量
FROM
tb_Book
GROUP BY
书号,书名,作者
ORDER BY 3 DESC
```

实例 150 查询指定时间段的数据

源码位置：Code\05\150

实例说明

在程序设计过程中，经常需要查询某个时间段的信息。本实例在 SELECT 语句中使用了 BETWEEN 关键字查询指定时间段的数据。首先，用户在窗体中选择相应的时间段，当用户单击“查询”按钮时，将在数据库中查询指定时间段内的销售信息。实例运行效果如图 5.12 所示。

图 5.12　查询指定时间段的数据

关键技术

本实例使用 BETWEEN 关键字查询指定时间段的数据。

实现过程

（1）打开 Visual Studio 2022 开发环境，新建一个名为 TimeFind 的 Windows 窗体应用程序。

（2）更改默认窗体 Form1 的 Name 属性为 Frm_Main，向窗体中添加两个 DateTimePicker 控件，用于选择时间段信息；添加一个 Button 按钮，用于根据用户选择的时间段来查询信息；添加一个 DataGridView 控件，用于显示查询到的信息。

（3）程序主要代码如下：

150-1

```
01  private DataTable GetBook(DateTime dt1, DateTime dt2)
02  {
03      string P_Str_ConnectionStr = string.Format(                  //创建数据库连接字符串
04              @"server=.\EXPRESS;database=db_TomeTwo;uid=sa;pwd=");
05      string P_Str_SqlStr = string.Format(                         //创建SQL查询字符串
06              "SELECT * FROM tb_Book WHERE 日期 BETWEEN '{0}' AND '{1}'", dt1, dt2);
07      SqlDataAdapter P_SqlDataAdapter = new SqlDataAdapter(        //创建数据适配器
08              P_Str_SqlStr, P_Str_ConnectionStr);
09      DataTable P_dt = new DataTable();                            //创建数据表
10      P_SqlDataAdapter.Fill(P_dt);                                 //填充数据表
11      return P_dt;                                                 //返回数据表
12  }
```

扩展学习

查询年龄在 19 ～ 25 岁之间的学生的信息

本实例使用了 BETWEEN 关键字查询指定时间段的数据记录，也可以通过 BETWEEN 关键字查询指定数值范围的数据记录。例如，查询年龄在 19 ～ 25 岁之间的学生的信息，代码如下：

```
SELECT
*
```

```
FROM
tb_Student
WHERE
年龄 BETWEEN 19 AND 25
```

实例 151　列出数据中的重复记录和记录条数　源码位置：Code\05\151

实例说明

查询数据，有时需要统计出重复数据记录的条数。本实例使用 GROUP BY 子句实现了此功能，当用户在窗体中单击“查询已销售图书情况”按钮后，数据查询将会按书号、书名及作者进行分组，并统计出重复记录的条数。实例运行效果如图 5.13 所示。

图 5.13　列出数据中的重复记录和记录条数

关键技术

在 SELECT 查询语句中可以使用 GROUP BY 子句去除重复记录，并显示重复记录的数量。

实现过程

（1）打开 Visual Studio 2022 开发环境，新建一个名为 FindCount 的 Windows 窗体应用程序。

（2）更改默认窗体 Form1 的 Name 属性为 Frm_Main，向窗体中添加一个 Button 按钮，用于查询图书表中重复记录和重复记录的数量；添加一个 DataGridView 控件，用于显示查询到的信息。

（3）程序主要代码如下：

151-1

```
01   private DataTable GetBook()
02   {
```

```
03        string P_Str_ConnectionStr = string.Format(                  //创建数据库连接字符串
04              @"server=.\EXPRESS;database=db_TomeTwo;uid=sa;pwd=");
05        string P_Str_SqlStr = string.Format(                         //创建SQL查询字符串
06              @"SELECT COUNT(书号)AS 记录条数, 书号,书名,作者 FROM
07              tb_Book GROUP BY 书号,书名,作者 HAVING COUNT(书号)>1");
08        SqlDataAdapter P_SqlDataAdapter = new SqlDataAdapter(        //创建数据适配器
09              P_Str_SqlStr, P_Str_ConnectionStr);
10        DataTable P_dt = new DataTable();                            //创建数据表
11        P_SqlDataAdapter.Fill(P_dt);                                 //填充数据表
12        return P_dt;                                                 //返回数据表
13    }
```

扩展学习

通过 HAVING 子句设置分组查询条件

在 SELECT 语句的 WHERE 子句中可以设置查询条件，如果查询语句中使用了 GROUP BY 子句对查询信息进行分组，那么可以使用 HAVING 子句对分组信息设置查询条件。

实例 152 跳过满足指定条件的记录

源码位置：Code\05\152

实例说明

本实例主要从 DataSet 数据集的开始跳过生日小于 2009-7-1 的记录，直到遇到生日大于或等于 2009-7-1 的员工信息才开始提取，并将提取的结果显示在 DataGridView 控件中。实例运行效果如图 5.14 所示。

图 5.14 跳过满足指定条件的记录

关键技术

本实例实现时主要用到了 Enumerable 类的 SkipWhile 方法，用来跳过源序列中满足指定条件的元素，然后返回由源序列剩余的元素组成的序列。

实现过程

（1）打开 Visual Studio 2022 开发环境，新建一个名为 SkipWhile 的 Windows 窗体应用程序。

（2）更改默认窗体 Form1 的 Name 属性为 Frm_Main，在该窗体中添加一个 DataGridView 控件，用来显示跳过生日小于 2009-7-1 后的员工的详细信息。

（3）程序主要代码如下：

152-1

```
01  private void Frm_Main_Load(object sender, EventArgs e)
02  {
03      string conStr = "Data Source=MRWXK\\WANGXIAOKE;Database=db_TomeTwo;UID=sa;Pwd=;"; //定义连接字符串
04      string sql = "select * from EmployeeInfo";                    //构造SQL语句
05      DataSet ds = new DataSet();                                   //创建数据集对象
06      using (SqlConnection con = new SqlConnection(conStr))         //创建数据连接
07      {
08          SqlCommand cmd = new SqlCommand(sql, con);                //创建Command对象
09          SqlDataAdapter sda = new SqlDataAdapter(cmd);             //创建DataAdapter对象
10          sda.Fill(ds, "EmployeeInfo");                             //填充数据集
11      }
12      //跳过生日小于2009-7-1后的员工信息
13      IEnumerable<DataRow> query = ds.Tables["EmployeeInfo"].AsEnumerable().SkipWhile
    (itm => itm.Field<DateTime>("Birthday") < Convert.ToDateTime("2009-7-1"));
14      dataGridView1.DataSource = query.CopyToDataTable();           //设置dataGridView1数据源
15  }
```

扩展学习

集合初始化器的优点

集合初始化器是以声明的方式初始化集合，具有更好的代码可读性，即代码所体现的层次结构与集合中实际的层次结构一致。

实例 153　使用 IN 引入子查询限定查询范围

源码位置：Code\05\153

实例说明

IN 运算符可以应用于 SQL 语句的 Where 表达式中，用于限定查询语句的范围。本实例将通过运算符 IN 限定查询学生总分在指定数值区间的学生的信息。在应用程序窗体中，用户可以手动填写分数范围，单击“查询”按钮后，会在 DataGridView 控件中显示查询到的信息。实例运行效果如图 5.15 所示。

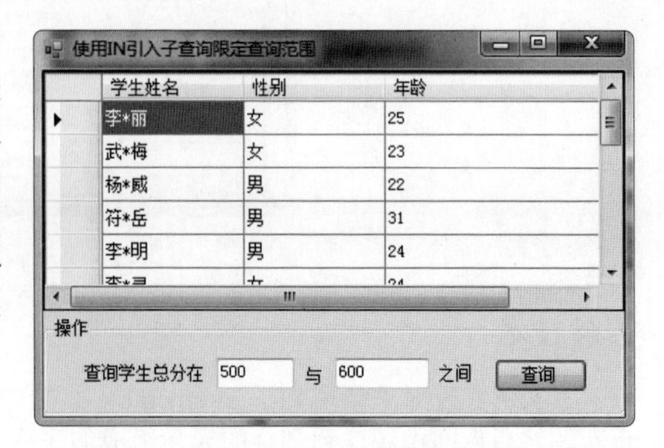

图 5.15　使用 IN 引入子查询限定查询范围

关键技术

本实例使用 IN 引入子查询限定查询范围。

实现过程

（1）打开 Visual Studio 2022 开发环境，新建一个名为 UseINRange 的 Windows 窗体应用程序。

（2）更改默认窗体 Form1 的 Name 属性为 Frm_Main，向窗体中添加两个 TextBox 控件，用于用户输入学生总分范围；添加一个 Button 按钮，用于从指定的总分范围查询学生表中学生的信息；添加一个 DataGridView 控件，用于显示查询到的学生信息。

（3）程序主要代码如下：

153-1

```
01  private DataTable GetStudent(string Begin, string end)
02  {
03      string P_Str_ConnectionStr = string.Format(                //创建数据库连接字符串
04              @"server=.\EXPRESS;database=db_TomeTwo;uid=sa;pwd=");
05      string P_Str_SqlStr = string.Format(                       //创建SQL查询字符串
06              @"SELECT 学生姓名,性别,年龄 FROM tb_Student WHERE 学生编号 IN
07              (SELECT 学生编号 FROM tb_Grade WHERE 总分>{0} AND 总分<{1})", Begin, end);
08      SqlDataAdapter P_SqlDataAdapter = new SqlDataAdapter(      //创建数据适配器
09              P_Str_SqlStr, P_Str_ConnectionStr);
10      DataTable P_dt = new DataTable();                          //创建数据表
11      P_SqlDataAdapter.Fill(P_dt);                               //填充数据表
12      return P_dt;                                               //返回数据表
13  }
```

扩展学习

查询成绩表中女学生的成绩信息

IN 运算符的格式是：IN(数据 1, 数据 2,…)，列表中的数据之间必须使用逗号分隔，并且所有数据都在小括号中。在下面的查询语句中，使用 IN 运算符引入子查询，查询成绩表中女学生的成绩信息，代码如下：

```
SELECT*
FROM tb_Grade
WHERE 学生编号 IN
(
SELECT 学生编号 FROM tb_Student WHERE 性别 = '女'
)
```

实例 154　使用二进制存取用户头像

源码位置：Code\05\154

实例说明

对于一个完善的客户管理系统而言，图像数据的存取是必不可少的，如用户头像等信息，本实例使用 C# 实现了使用二进制存取用户头像的功能。运行本实例，输入用户名称，单击“选择”按钮，将选择的用户头像显示在窗体中，单击“添加”按钮，添加用户信息；如果在窗体右侧的数据表格中选择用户名称，程序会自动将该用户的名称及头像信息显示出来。实例运行结果如图 5.16 所示。

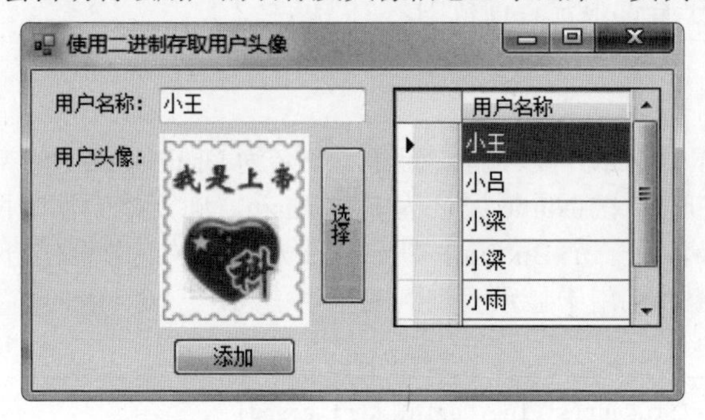

图 5.16　使用二进制存取用户头像

关键技术

本实例主要实现如何在 SQL Server 数据库中以二进制形式存取图片，在 SQL Server 数据库中，对于小于 8000 个字节的图像数据可以用二进制型（binary、varbinary）来表示，但对于要保存的图片大于 8000 个字节时，SQL Server 提供一种机制，能存储每行大到 2GB 的二进制对象（BLOB），这类对象可包括 image、text 和 ntext 3 种数据类型。其中 image 数据类型存储的是二进制数据，最大长度是 $2^{31}-1$（2 147 483 647）。

实现过程

（1）打开 Visual Studio 2022 开发环境，新建一个名为 ByteImage 的 Windows 窗体应用程序，默认窗体为 Form1。

（2）Form1 窗体主要用到的控件及说明如表 5.3 所示。

表 5.3　Form1 窗体主要用到的控件及说明

控件类型	控件名称	属性设置	说明
TextBox	textBox1	无	用户名称
PictureBox	pictureBox1	SizeMode 属性设置为 StretchImage	显示用户头像
Button	button1	Text 属性设置为“选择”	选择用户头像
	button2	Text 属性设置为“添加”	添加用户信息
DataGridView	dataGridView1	无	显示用户信息
OpenFileDialog	openFileDialog1	无	显示“选择头像”对话框

（3）AddInfo 方法为自定义的返回值类型为 bool 类型的方法，主要用来添加用户信息，它有两个参数，分别表示用户名称和选择的头像名称。AddInfo 方法实现代码如下：

```
154-1
01    #region 添加用户信息
02    ///<summary>
03    ///添加用户信息
```

```
04  ///</summary>
05  ///<param name="strName">用户名称</param>
06  ///<param name="strImage">选择的头像名称</param>
07  ///<returns>执行成功，返回true</returns>
08  private bool AddInfo(string strName, string strImage)
09  {
10      sqlcon = new SqlConnection(strCon);
11      //实例化数据桥接器对象
12      sqlda = new SqlDataAdapter("select * from tb_Image where name='" + strName + "'", sqlcon);
13      myds = new DataSet();                                          //实例化数据集对象
14      sqlda.Fill(myds);                                              //填充数据集
15      if (myds.Tables[0].Rows.Count <= 0)
16      {
17          FileStream FStream = new FileStream(strImage, FileMode.Open, FileAccess.Read);
18          BinaryReader BReader = new BinaryReader(FStream);
19          byte[] byteImage = BReader.ReadBytes((int)FStream.Length);
20          SqlCommand sqlcmd = new SqlCommand("insert into tb_Image(name,photo)
values(@name,@photo)", sqlcon);
21          sqlcmd.Parameters.Add("@name", SqlDbType.VarChar, 50).Value = strName;
22          sqlcmd.Parameters.Add("@photo", SqlDbType.Image).Value = byteImage;
23          sqlcon.Open();
24          sqlcmd.ExecuteNonQuery();
25          sqlcon.Close();
26          return true;
27      }
28      else
29      {
30          return false;
31      }
32  }
33  #endregion
```

ShowInfo 方法为自定义的无返回值类型方法，主要用来在 DataGridView 控件中显示用户名称。ShowInfo 方法实现代码如下：

154-2

```
01  #region 在DataGridView中显示用户名称
02  ///<summary>
03  ///在DataGridView中显示用户名称
04  ///</summary>
05  private void ShowInfo()
06  {
07      sqlcon = new SqlConnection(strCon);                            //实例化数据库连接类对象
08      //实例化数据库桥接器对象
09      sqlda = new SqlDataAdapter("select name as 用户名称 from tb_Image", sqlcon);
10      myds = new DataSet();                                          //实例化数据集对象
11      sqlda.Fill(myds);                                              //填充数据集
12      dataGridView1.DataSource = myds.Tables[0];                     //为DataGridView设置数据源
13  }
14  #endregion
```

当在 DataGridView 控件中选择某用户名称时，程序会自动从数据库中查找该用户的详细信息，并将用户名称显示在窗体左侧的“用户名称”文本框中，将用户头像显示在窗体左侧的 PictureBox 控件中。实现代码如下：

154-3

```
01  private void dataGridView1_CellClick(object sender, DataGridViewCellEventArgs e)
02  {
03      //记录选择的用户名
04      string strName = dataGridView1.Rows[e.RowIndex].Cells[0].Value.ToString();
05      if (strName != "")
06      {
07          sqlcon = new SqlConnection(strCon);                    //实例化数据库连接对象
08          //实例化数据桥接器对象
09          sqlda = new SqlDataAdapter("select * from tb_Image where name='" + strName + "'", sqlcon);
10          myds = new DataSet();                                  //实例化数据集对象
11          sqlda.Fill(myds);                                      //填充数据集
12          textBox1.Text = myds.Tables[0].Rows[0][1].ToString();  //显示用户名称
13          //使用数据库中存储的二进制头像实例化内存数据流
14          MemoryStream MStream = new MemoryStream((byte[])myds.Tables[0].Rows[0][2]);
15          pictureBox1.Image = Image.FromStream(MStream);         //显示用户头像
16      }
17  }
```

实例 155　读取数据库中的数据表结构

源码位置：Code\05\155

实例说明

为了更方便用户提取数据库中的数据表结构，本实例使用 C# 制作了一个读取数据库中数据表结构的实例。运行本实例，程序主界面如图 5.17 所示，首先选择服务器，输入登录名和密码，单击“登录”按钮，成功登录指定服务器，选择数据库和要读取的信息，单击“确定”按钮，即可将指定数据库中的信息显示到窗体左侧的列表中；选中表、视图或存储过程，在窗体右侧显示其结构信息；单击“导出结构”按钮，弹出“导出表结构”窗体，如图 5.18 所示，该窗体中可以将指定的表结构导出为 Word 或 Excel 格式；单击“导出数据”按钮，弹出“导出数据”窗体，如图 5.19 所示，该窗体中可以将指定的表信息导出为 Word 或 Excel 格式。

图 5.17　读取数据库中的数据表结构

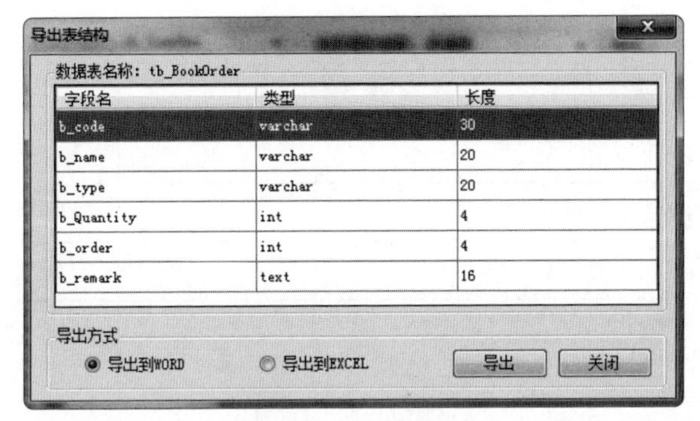

图 5.18　导出表结构

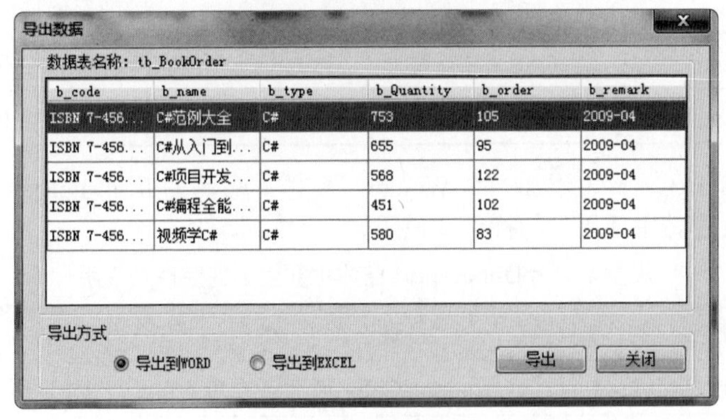

图 5.19　导出数据

关键技术

本实例首先使用 SqlDataSourceEnumerator 类获取局域网中的所有 SQL 服务器，然后从 syscolumns 和 systypes 两个系统表中获取指定的表结构信息，最后在导出表结构信息时用到了 Word 操作技术和 Excel 操作技术。

实现过程

（1）打开 Visual Studio 2022 开发环境，新建一个名为 GetDataStruct 的 Windows 窗体应用程序，默认窗体为 Form1。

（2）Form1 窗体主要用到的控件及说明如表 5.4 所示。

表 5.4　Form1 窗体主要用到的控件及说明

控 件 类 型	控 件 名 称	属 性 设 置	说　明
ToolStrip	toolStrip1	在 Items 属性中添加 toolStripTextBox1、toolStripTextBox2、toolStripTextBox3、toolStripButton1 和 toolStripButton2 集合	窗体工具栏

续表

控 件 类 型	控 件 名 称	属 性 设 置	说　明
ComboBox	comboBox1	无	选择数据库
	comboBox2	无	选择要提取的信息
ListBox	listBox1	无	显示表、视图或存储过程列表
DataGridView	dataGridView1	无	显示选中表、视图或存储过程的结构信息
Button	button3	Text 属性设置为“确定”	提取指定数据库中的表、视图或存储过程信息
	button1	Text 属性设置为“导出结构”	打开“导出表结构”对话框
	button2	Text 属性设置为“导出数据”	打开“导出数据”对话框

（3）在 GetDataStruct 项目中添加一个 Windows 窗体，命名为 frmDataExport，用来导出数据表结构。frmDataExport 窗体主要用到的控件及说明如表 5.5 所示。

表 5.5　frmDataExport 窗体主要用到的控件及说明

控 件 类 型	控 件 名 称	属 性 设 置	说　明
DataGridView	dataGridView1	BackgroundColor 属性设置为 White	显示要导出的数据表结构
RadioButton	radioButton1	Checked 属性设置为 True	导出到 Word
	radioButton2	无	导出到 Excel
Button	button1	Text 属性设置为“导出”	执行表结构导出操作
	button2	Text 属性设置为“关闭”	关闭当前窗体
SaveFileDialog	saveFileDialog1	无	显示“保存”对话框

（4）在 GetDataStruct 项目中再添加一个 Windows 窗体，命名为 frmOutData，用来导出数据表中的数据。frmOutData 窗体主要用到的控件及说明如表 5.6 所示。

表 5.6　frmOutData 窗体主要用到的控件及说明

控 件 类 型	控 件 名 称	属 性 设 置	说　明
DataGridView	dataGridView1	BackgroundColor 属性设置为 White	显示要导出的数据表中的数据
RadioButton	radioButton1	Checked 属性设置为 True	导出到 Word
	radioButton2	无	导出到 Excel
Button	button1	Text 属性设置为“导出”	执行数据导出操作
	button2	Text 属性设置为“关闭”	关闭当前窗体
SaveFileDialog	saveFileDialog1	无	显示“保存”对话框

（5）当用户在窗体左下侧的 ListBox 列表中选择项时，程序会自动将选中项的结构显示在窗体右下侧的数据表格中，实现代码如下：

155-1

```
01  private void listBox1_SelectedIndexChanged(object sender, EventArgs e)
02  {
03      try
04      {
05          string strTableName = listBox1.SelectedValue.ToString(); //记录选中项
06          string strCon = "Data Source=" + toolStripTextBox1.Text + ";DataBase=" + comboBox1.
    Text + ";uid=" + toolStripTextBox2.Text + ";pwd=" + toolStripTextBox3.Text;
07          using (SqlConnection con = new SqlConnection(strCon))    //实例化数据库连接对象
08          {
09              //从系统表中提取字段名和类型编号、长度
10              string strSql = "select  name 字段名, xusertype 类型编号, length 长度
    into hy_Linshibiao from  syscolumns  where id=object_id('" + listBox1.Text + "') ";
11              s trSql += "select name 类型,xusertype 类型编号 into angel_Linshibiao from
    systypes where xusertype in (select xusertype from syscolumns where
    id=object_id('" + listBox1.Text + "'))";                    //从系统表中提取类型和类型编号
12              con.Open();                                         //打开数据库连接
13              SqlCommand cmd = new SqlCommand(strSql, con);       //实例化SqlCommand类对象
14              cmd.ExecuteNonQuery();                              //执行SQL语句
15              SqlDataAdapter da = new SqlDataAdapter("select 字段名,类型,长度 from
    hy_Linshibiao t,angel_Linshibiao b where t.类型编号=b.类型编号", con); //实例化数据库桥接器
16              DataTable dt = new DataTable();                     //实例化DataTable对象
17              da.Fill(dt);                                        //填充DataTable数据表
18              dataGridView1.DataSource = dt.DefaultView;          //为DataGridView设置数据源
19              SqlCommand cmdnew = new SqlCommand("drop table hy_Linshibiao,angel_Linshibiao", con);
20              cmdnew.ExecuteNonQuery();                           //删除临时表
21              con.Close();                                        //关闭数据库连接
22          }
23      }
24      catch { }
25  }
```

自定义一个 ExportData 方法，主要用来将表结构导出到 Word 文档中，实现代码如下：

155-2

```
01  //导出数据，传入一个DataGridView和一个文件路径
02  public void ExportData(DataGridView srcDgv, string fileName)
03  {
04      string type = fileName.Substring(fileName.IndexOf(".") + 1); //获取数据类型
05      if (type.Equals("xls", StringComparison.CurrentCultureIgnoreCase)) //Excel文档
06      {
07          SaveAs();
08      }
09      //保存Word文件
10      if (type.Equals("doc", StringComparison.CurrentCultureIgnoreCase))
11      {
12          object path = fileName;
13          Object none = System.Reflection.Missing.Value;
14          Word.Application wordApp = new Word.Application();       //实例化Word对象
15          Word.Document document = wordApp.Documents.Add(ref none, ref none, ref none, ref none);
16          //建立表格
```

```
17          Word.Table table = document.Tables.Add(document.Paragraphs.Last.Range, srcDgv.Rows.Count
    + 1, srcDgv.Columns.Count, ref none, ref none);
18          try
19          {
20              for (int i = 0; i < srcDgv.Columns.Count; i++)            //设置标题
21              {
22                  table.Cell(1, i + 1).Range.Text = srcDgv.Columns[i].HeaderText;
23              }
24              for (int i = 0; i < srcDgv.Rows.Count; i++)               //填充数据
25              {
26                  for (int j = 0; j < srcDgv.Columns.Count; j++)
27                  {
28                      table.Cell(i + 2, j + 1).Range.Text = srcDgv[j, i].Value.ToString();
29                  }
30              }
31              document.SaveAs(ref path, ref none, ref none, ref none, ref none, ref none,
    ref none, ref none, ref none, ref none, ref none);                    //保存Word文档
32          }
33          finally
34          {
35              wordApp.Quit(ref none, ref none, ref none);               //退出Word文档
36          }
37      }
38  }
```

自定义一个 SaveAs 方法，用来将表结构导出成 Excel 报表，实现代码如下：

155-3

```
01  private void SaveAs()                                              //导出成Excel
02  {
03      SaveFileDialog saveFileDialog = new SaveFileDialog();          //实例化一个“保存”对话框对象
04      saveFileDialog.Filter = "Execl files (*.xls)|*.xls";
05      saveFileDialog.FilterIndex = 0;
06      saveFileDialog.RestoreDirectory = true;
07      saveFileDialog.CreatePrompt = true;
08      saveFileDialog.Title = "Export Excel File To";
09      saveFileDialog.ShowDialog();                                   //打开“保存”对话框
10      Stream myStream;
11      myStream = saveFileDialog.OpenFile();                          //打开Excel文件
12      StreamWriter sw = new StreamWriter(myStream, System.Text.Encoding.GetEncoding(-0));
13      string str = "";
14      try
15      {
16          for (int i = 0; i < dataGridView1.ColumnCount; i++)        //填充标题
17          {
18              if (i > 0)
19              {
20                  str += "\t";
21              }
```

```
22                 str += dataGridView1.Columns[i].HeaderText;
23             }
24             sw.WriteLine(str);
25             for (int j = 0; j < dataGridView1.Rows.Count; j++)       //填充内容
26             {
27                 string tempStr = "";
28                 for (int k = 0; k < dataGridView1.Columns.Count; k++)
29                 {
30                     if (k > 0)
31                     {
32                         tempStr += "\t";
33                     }
34                     tempStr += dataGridView1.Rows[j].Cells[k].Value.ToString();
35                 }
36                 sw.WriteLine(tempStr);
37             }
38             sw.Close();
39             myStream.Close();
40         }
41         catch (Exception e)
42         {
43             MessageBox.Show(e.ToString());
44         }
45         finally
46         {
47             sw.Close();
48             myStream.Close();
49         }
50     }
```

自定义一个 ExportData 方法，该方法为自定义的无返回值类型方法，主要用来将 DataGridView 控件中的数据导出到 Word 文档或 Excel 报表中。ExportData 方法实现代码如下：

155-4

```
01  //导出数据，传入一个DataGridView和一个文件路径
02  public void ExportData(DataGridView srcDgv, string fileName)
03  {
04      string type = fileName.Substring(fileName.IndexOf(".") + 1);          //获取数据类型
05      if (type.Equals("xls", StringComparison.CurrentCultureIgnoreCase))    //Excel文档
06      {
07          Excel.Application excel = new Excel.Application();
08          try
09          {
10              excel.DisplayAlerts = false;
11              excel.Workbooks.Add(true);
12              excel.Visible = false;
13              for (int i = 0; i < srcDgv.Columns.Count; i++)                //设置标题
```

```
14              {
15                  excel.Cells[2, i + 1] = srcDgv.Columns[i].HeaderText;
16              }
17              for (int i = 0; i < srcDgv.Rows.Count; i++)                     //填充数据
18              {
19                  for (int j = 0; j < srcDgv.Columns.Count; j++)
20                  {
21                      if (srcDgv[j, i].ValueType.ToString() == "System.Byte[]")
22                      {
23                          excel.Cells[i + 3, j + 1] = "System.Byte[]";
24                      }
25                      else
26                      {
27                          excel.Cells[i + 3, j + 1] = srcDgv[j, i].Value;
28                      }
29                  }
30              }
31              excel.Workbooks[1].SaveCopyAs(fileName);                        //保存Excel
32          }
33          finally
34          {
35              excel.Quit();                                                   //退出Excel
36          }
37          return;
38      }
39      if (type.Equals("doc", StringComparison.CurrentCultureIgnoreCase))     //保存Word文件
40      {
41          object path = fileName;
42          Object none = System.Reflection.Missing.Value;
43          Word.Application wordApp = new Word.Application();
44          Word.Document document = wordApp.Documents.Add(ref none, ref none, ref none, ref none);
45          Word.Table table = document.Tables.Add(document.Paragraphs.Last.Range, srcDgv.Rows.
    Count + 1, srcDgv.Columns.Count, ref none, ref none);                      //建立表格
46          try
47          {
48              for (int i = 0; i < srcDgv.Columns.Count; i++)                  //设置标题
49              {
50                  table.Cell(1, i + 1).Range.Text = srcDgv.Columns[i].HeaderText;
51              }
52              for (int i = 0; i < srcDgv.Rows.Count; i++)                     //填充数据
53              {
54                  for (int j = 0; j < srcDgv.Columns.Count; j++)
55                  {
56                      string a = srcDgv[j, i].ValueType.ToString();
57                      if (a == "System.Byte[]")
```

```
58                      {
59                          PictureBox pp = new PictureBox();
60                          //将数据库中的图片转换成二进制流
61                          byte[] pic = (byte[])(srcDgv[j, i].Value);
62                          //将字节数组存入到二进制流中
63                          MemoryStream ms = new MemoryStream(pic);
64                          pp.Image = Image.FromStream(ms);        //在二进制流Image控件中显示
65                          pp.Image.Save(@"C:\wxk.bmp");           //将图片存入到指定的路径
66                          object aaa = table.Cell(i + 2, j + 1).Range;
67                          wordApp.Selection.ParagraphFormat.Alignment = Word.WdParagraphAlignment.
    wdAlignParagraphCenter;
68                          wordApp.Selection.InlineShapes.AddPicture(@"C:\wxk.bmp",
    ref none, ref none, ref aaa);
69                          pp.Dispose();
70                      }
71                      else
72                      {
73                          table.Cell(i + 2, j + 1).Range.Text = srcDgv[j, i].Value.ToString();
74                      }
75                  }
76              }
77              document.SaveAs(ref path, ref none, ref none, ref none, ref none, ref none,
    ref none, ref none, ref none, ref none, ref none);                  //保存Word文档
78              document.Close(ref none, ref none, ref none);       //关闭Word文档
79              if (File.Exists(@"C:\wxk.bmp"))
80              {
81                  File.Delete(@"C:\wxk.bmp");                     //删除临时图片
82              }
83          }
84          finally
85          {
86              wordApp.Quit(ref none, ref none, ref none);         //退出Word文档
87          }
88      }
89  }
```

扩展学习

根据本实例，读者可以实现以下功能：

☑ 获取指定数据库的视图结构。

☑ 获取指定数据库的存储过程结构。

实例 156　使用交叉表实现商品销售统计

源码位置：Code\05\156

实例说明

在进行数据分析时，使用交叉表可以清晰、直观地反映数据之间的关系，本实例使用交叉表实现统计商品销售信息功能。运行本实例，首先设置表头字段和分组字段，然后单击“统计”按钮，按指定的条件统计商品销售信息，并显示在窗体下方的数据表格中。实例运行结果如图 5.20 所示。

图 5.20　使用交叉表实现商品销售统计

关键技术

使用交叉表统计商品销售信息时，首先需要指定如何生成交叉表，生成交叉表的 SQL 语句由软件开发人员编写的存储过程动态生成，在编写生成动态交叉表的存储过程之前，需要先确定如何生成动态交叉表存储过程。

实现过程

（1）打开 Visual Studio 2022 开发环境，新建一个名为 CrossAnalyse 的 Windows 窗体应用程序，默认窗体为 Form1。

（2）Form1 窗体主要用到的控件及说明如表 5.7 所示。

表 5.7　Form1 窗体主要用到的控件及说明

控件类型	控件名称	属性设置	说明
ComboBox	comboBox1	DropDownStyle 属性设置为 DropDownList，Items 属性中添加“订单号”和“商品名”	设置表头字段
	comboBox2	DropDownStyle 属性设置为 DropDownList，在 Items 属性中添加“商品名”和“订单号”	设置分组字段

续表

控件类型	控件名称	属性设置	说明
Button	button1	Text 属性设置为“统计”	使用交叉表统计商品销售信息
DataGripView	dataGridView1	无	显示商品销售统计信息

（3）自定义一个 bindInfo 方法，该方法为自定义的无返回值类型方法，它没有参数，主要用来根据用户设置的表头字段和分组字段，使用交叉表统计商品销售信息。bindInfo 方法实现代码如下：

156-1

```
01  #region 按指定的条件使用交叉表查询数据
02  ///<summary>
03  ///按指定的条件使用交叉表查询数据
04  ///</summary>
05  protected void bindInfo()
06  {
07      SqlConnection sqlcon = new SqlConnection("Data Source=(local);Database=db_09;
    Uid=sa;Pwd=");                                                    //实例化数据库连接对象
08      SqlCommand sqlcom = new SqlCommand("proc_across_table", sqlcon); //实例化SqlCommand对象
09      sqlcom.CommandType = CommandType.StoredProcedure;    //指定执行存储过程
10      //为存储过程添加参数
11      sqlcom.Parameters.Add("@TableName", SqlDbType.VarChar, 50).Value = "商品销售表";
12      if (comboBox1.Text == comboBox2.Text)
13      {
14          MessageBox.Show("表头字段和分组字段不能相同！", "警告", MessageBoxButtons.OK,
    MessageBoxIcon.Warning);
15          return;
16      }
17      sqlcom.Parameters.Add("@NewColumn", SqlDbType.VarChar, 50).Value = comboBox1.Text;
18      sqlcom.Parameters.Add("@GroupColumn", SqlDbType.VarChar, 50).Value = comboBox2.Text;
19      sqlcom.Parameters.Add("@StatColumn", SqlDbType.VarChar, 50).Value = "订货数量";
20      sqlcom.Parameters.Add("@Operator", SqlDbType.VarChar, 10).Value = "SUM";
21      SqlDataAdapter myda = new SqlDataAdapter();          //实例化SqlDataAdapter对象
22      myda.SelectCommand = sqlcom;
23      DataSet myds = new DataSet();                        //实例化数据集对象
24      myda.Fill(myds);                                     //填充数据集
25      dataGridView1.DataSource = myds.Tables[0];           //为DataGridView设置数据源
26      dataGridView1.Columns[1].Width = 120;                //设置列宽
27  }
28  #endregion
```

扩展学习

根据本实例，读者可以实现以下功能：

☑ 使用静态交叉表分析销售业绩。

☑ 使用动态交叉表实现公司员工出生月份统计。

实例 157　读取 XML 文件并更新到数据库　　源码位置：Code\05\157

实例说明

XML 是一种类似于 HTML 的标记语言，它以简易而标准的方式保存各种信息，适用于不同应用程序间的数据交换。本实例通过 LINQ 技术实现将 XML 文件中的数据更新到 SQL Server 数据库的功能。运行本实例，首先将 XML 文件中的数据显示在 DataGridView 控件中，如图 5.21 所示，然后单击“更新”按钮，即可将 DataGridView 控件中显示的 XML 数据更新到 SQL Server 数据库的 tb_XML 表中。tb_XML 表中数据更新前和更新后的效果如图 5.22 所示。

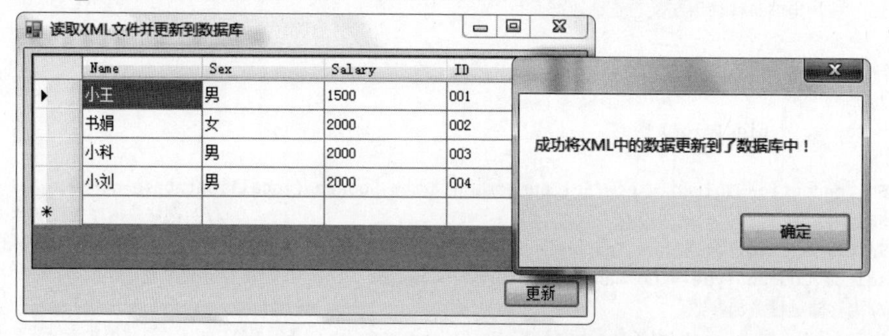

Name	Sex	Salary	ID
小王	男	1500	001
书娟	女	2000	002
小科	男	2000	003
小刘	男	2000	004

图 5.21　读取 XML 文件并更新到数据库

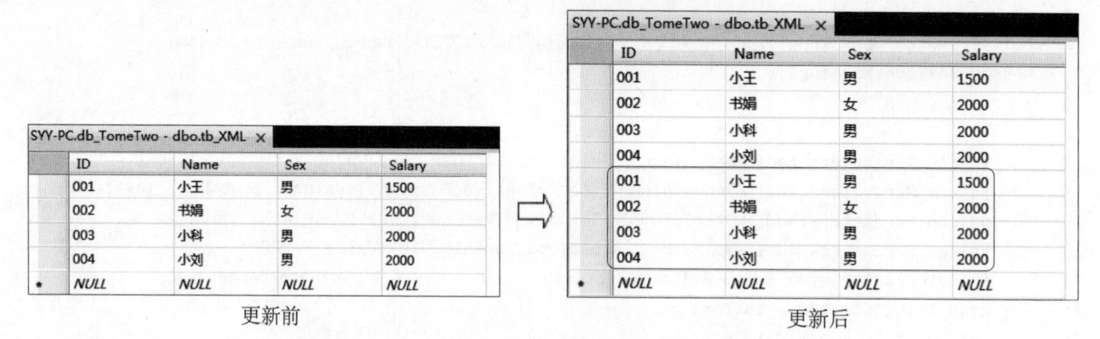

更新前

ID	Name	Sex	Salary
001	小王	男	1500
002	书娟	女	2000
003	小科	男	2000
004	小刘	男	2000
NULL	NULL	NULL	NULL

更新后

ID	Name	Sex	Salary
001	小王	男	1500
002	书娟	女	2000
003	小科	男	2000
004	小刘	男	2000
001	小王	男	1500
002	书娟	女	2000
003	小科	男	2000
004	小刘	男	2000
NULL	NULL	NULL	NULL

图 5.22　tb_XML 表中数据更新前和更新后的效果

关键技术

本实例实现时，首先通过 LINQ to SQL 技术中的 InsertOnSubmit 方法将 XML 文件中的数据添加到数据库中，然后通过 SubmitChanges 方法提交对数据库的更改。

实现过程

（1）打开 Visual Studio 2022 开发环境，新建一个名为 XmlToDatabase 的 Windows 窗体应用程序。

（2）更改默认窗体 Form1 的 Name 属性为 Frm_Main，在该窗体中添加一个 DataGridView 控件，用来显示 XML 文件中的内容；添加一个 Button 控件，用来执行将 XML 文件中的数据更新到 SQL Server 数据库的操作。

（3）创建 LINQ to SQL 的 dbml 文件，并将 tb_XML 数据表添加到 dbml 文件中。

（4）程序主要代码如下：

157-1

```
01  private void btn_Edit_Click(object sender, EventArgs e)
02  {
03      for (int i = 0; i < dataGridView1.Rows.Count - 1; i++)                //遍历所有行
04      {
05          linq = new linqtosqlDataContext(strCon);                          //创建linq连接对象
06          tb_XML xml = new tb_XML();                                        //创建tb_XML对象
07          xml.ID = dataGridView1.Rows[i].Cells[3].Value.ToString();         //为ID赋值
08          xml.Name = dataGridView1.Rows[i].Cells[0].Value.ToString();       //为Name赋值
09          xml.Sex = dataGridView1.Rows[i].Cells[1].Value.ToString();        //为Sex赋值
10          xml.Salary = Convert.ToInt32(dataGridView1.Rows[i].Cells[2].Value); //为Salary赋值
11          linq.tb_XML.InsertOnSubmit(xml);                                  //提交数据
12          linq.SubmitChanges();                                             //执行对数据库的修改
13          linq.Dispose();                                                   //释放linq对象
14      }
15      MessageBox.Show("成功将XML中的数据更新到了数据库中！");                     //弹出提示
16  }
```

扩展学习

子查询与聚合函数的应用

聚合函数 SUM、COUNT、MAX、MIN 和 AVG 都返回单个值。例如，要实现查询班级平均人数高于平均班级人数的班级，在子查询中利用了聚合函数 AVG 来求平均班级人数，并将其结果作为 WHERE 子句的查询条件。代码如下：

```
select tb_CClase, tb_CNum from t_Class
where tb_CNum >= (select avg(tb_CNum) from t_Class)
```

实例 158　连接加密的 Access 数据库

源码位置：Code\05\158

实例说明

开发中小型软件时，通常采用 Access 数据库。因为 Access 数据库体积小、比较方便。但该数据库的安全性比较低，为了防止非法用户的入侵，通常需要为该数据库设置密码，以确保数据库中数据的安全。本实例将对如何使用 C# 连接加密的 Access 数据库进行详细讲解。实例运行效果如图 5.23 所示。

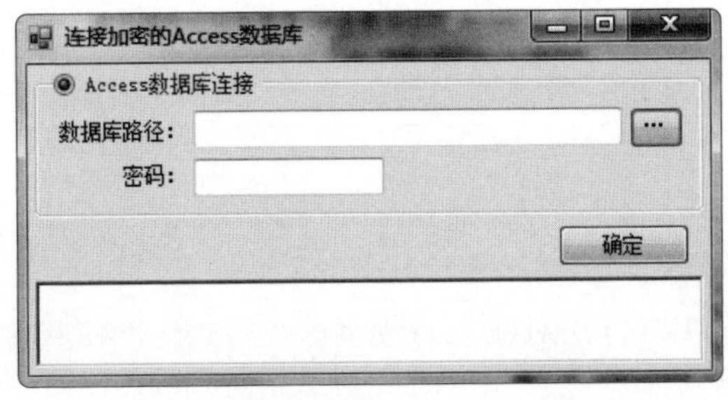

图 5.23　连接加密的 Access 数据库

关键技术

本实例在连接 Access 数据库时需要用到 OleDbConnection 类，OleDbConnection 类主要用来连接 OLEDB 数据源，其 Open 方法用来使用 ConnectionString 所指定的属性设置打开数据库连接。

实现过程

（1）打开 Visual Studio 2022 开发环境，新建一个名为 ConProAccess 的 Windows 窗体应用程序。

（2）更改默认窗体 Form1 的 Name 属性为 Frm_Main，在该窗体中添加两个 TextBox 控件，分别用来显示选择的 Access 数据库和输入密码；添加两个 Button 控件，分别用来执行选择 Access 数据库和连接 Access 数据库操作；添加一个 RichTextBox 控件，用来显示连接 Access 数据库的字符串和连接状态。

（3）程序主要代码如下：

158-1

```
01  private void button3_Click(object sender, EventArgs e)
02  {
03      if (textBox1.Text != "")                                    //判断是否选择了数据库
04      {
05          if (textBox2.Text != "")                                //判断是否输入了密码
06          {
07              //组合Access数据库连接字符串
08              strCon = "Provider=Microsoft.Jet.OLEDB.4.0;Data Source=" + textBox1.Text +
";JET OLEDB:Database Password=" + textBox2.Text + ";";
09          }
10          else
11          {
12              //连接无密码的数据库
13              strCon = "Provider=Microsoft.Jet.OLEDB.4.0;Data Source=" + textBox1.Text + ";";
14          }
15      }
16      OleDbConnection oledbcon = new OleDbConnection(strCon); //使用OLEDB连接对象连接数据库
17      try
18      {
19          oledbcon.Open();                                        //打开数据库连接
20          richTextBox1.Clear();                                   //清空文本框
21          richTextBox1.Text = strCon + "\n连接成功……";            //显示数据库连接字符串
22      }
23      catch
24      {
25          richTextBox1.Text = "连接失败";
26      }
27  }
```

扩展学习

如何将数字转换为货币格式

可以通过调用 ToString("C") 方法对输入的数字进行格式化，使其转换为货币格式。将数字转换为货币格式的代码如下：

```
textBox2.Text = Convert.ToInt32(textBox1.Text).ToString("C");
```

实例 159 复杂的模糊查询

源码位置：Code\05\159

实例说明

在数据库查询过程中，可以通过多个条件对查询的数据进行过滤。本实例使用多个 LIKE 运算符与通配符进行模糊查询，在查询窗体中用户可以输入学生姓名、年龄及家庭住址信息，根据用户输入的条件模糊查询符合条件的记录，实例运行效果如图 5.24 所示。

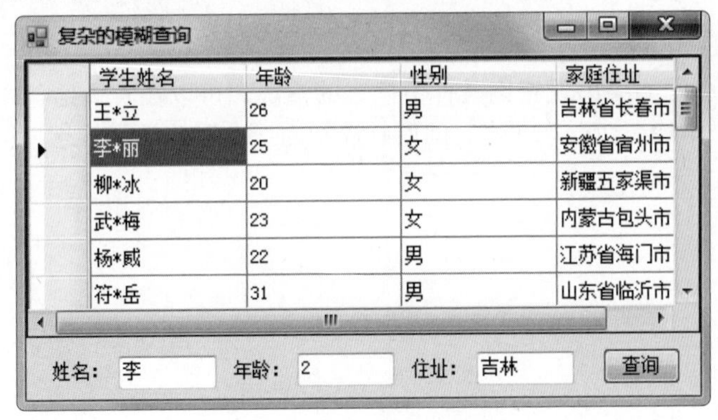

图 5.24 复杂的模糊查询

关键技术

在数据查询过程中，经常会遇到对要查询的数据不确定的情况，在这种情况下可以对数据进行模糊查询，在查询语句的 WHERE 子句中，可以使用多个 LIKE 运算符实现复杂的模糊查询，LIKE 与 LIKE 之间使用 AND 或 OR 逻辑运算符连接。

实现过程

（1）打开 Visual Studio 2022 开发环境，新建一个名为 SelectComplex 的 Windows 窗体应用程序。

（2）更改默认窗体 Form1 的 Name 属性为 Frm_Main，向窗体中添加 3 个 TextBox 控件，分别用于输入学生姓氏、年龄、家庭住址信息；添加一个 Button 按钮，用于根据用户输入的信息查询学生信息；添加一个 DataGridView 控件，用于显示查询信息。

（3）当用户在 TextBox 控件中输入学生姓氏、年龄及住址信息后，单击“查询”按钮，会根据用户输入的信息查询学生记录。查询学生信息的代码如下：

159-1

```
01  private DataTable GetStudent(string Name, int Age, string Address)
02  {
03      string P_Str_ConnectionStr = string.Format(                //创建数据库连接字符串
04              @"server=.\EXPRESS;database=db_TomeTwo;uid=sa;pwd=");
```

```
05        string P_Str_SqlStr = string.Format(                          //创建SQL查询字符串
06                @"SELECT 学生姓名,年龄,性别,家庭住址 FROM tb_Student
07                WHERE 学生姓名 LIKE '{0}%' and 年龄 LIKE '{1}%' and 家庭住址 LIKE '{2}%'",
08                Name, Age, Address);
09        SqlDataAdapter P_SqlDataAdapter = new SqlDataAdapter(         //创建数据适配器
10                P_Str_SqlStr, P_Str_ConnectionStr);
11        DataTable P_dt = new DataTable();                             //创建数据表
12        P_SqlDataAdapter.Fill(P_dt);                                  //填充数据表
13        return P_dt;                                                  //返回数据表
14    }
```

扩展学习

复杂模糊查询的应用

在数据查询过程中，如果出现查询条件不确定的情况，可以在查询语句中使用多个模糊查询，如查询姓氏为“李”，年龄在 20 ～ 25 岁之间而且性别为“女”的学生信息，代码如下：

```
SELECT
*
FROM
tb_Student
WHERE
学生姓名 LIKE '李%'
AND 年龄 LIKE '2[0-5]'
AND 性别 = '女'
```

实例 160　综合查询职工详细信息

源码位置：Code\05\160

实例说明

数据查询是数据库管理系统中不可或缺的功能，如按单一条件的精确查询、模糊匹配查询和两个或两个以上固定条件的“与”“或”组合查询等。本实例使用综合条件查询来查询职工的详细信息，在应用程序窗体中，用户可以在 TextBox 控件中设置查询条件，当单击“查询”按钮后，即可按照用户设置的条件查询职工信息，并将查询到的信息显示在 DataGridView 控件中。实例运行效果如图 5.25 所示。

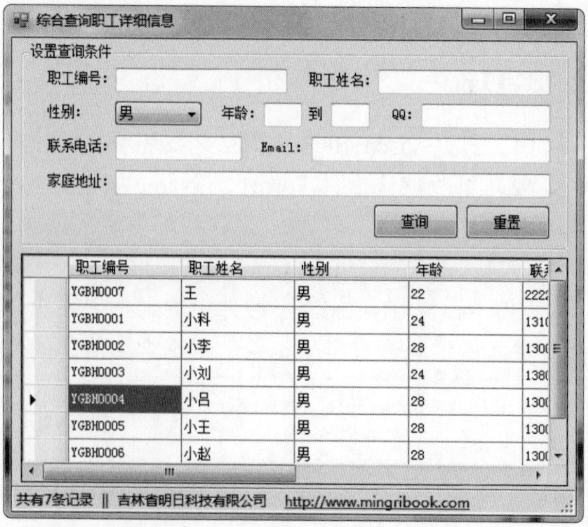

图 5.25　综合查询职工详细信息

关键技术

本实例在综合查询职工详细信息时主要用到 SQL 中的 SELECT 语句，SELECT 语句是 SQL 的核心，在 SQL 中用得最多的就是 SELECT 语句，它用于查询数据库并检索匹配已指定条件的数据。

实现过程

（1）打开 Visual Studio 2022 开发环境，新建一个名为 UseSelect 的 Windows 窗体应用程序。

（2）更改默认窗体 Form1 的 Name 属性为 Frm_Main，向窗体中添加 8 个 TextBox 控件，用于用户输入查询信息；添加两个 Button 按钮，分别用于查询职工信息和重置用户输入信息；添加一个 DataGridView 控件，用于显示职工信息。

（3）程序主要代码如下：

160-1

```
01  private void btnQuery_Click(object sender, EventArgs e)
02  {
03      FindValue = "";                                              //得到空字符串对象
04      string Find_SQL = strSql;                                    //得到SQL字符串对象
05      if (FindValue.Length > 0)
06          FindValue = FindValue + "and";                           //组合SQL字符串
07      if (txt_id.Text != "")
08          FindValue += "(ID='" + txt_id.Text + "') and";           //组合SQL字符串
09      if (txt_Name.Text != "")
10          FindValue += "(Name='" + txt_Name.Text + "') and";       //组合SQL字符串
11      if (cbox_Sex.Text != "")
12          FindValue += "(Sex='" + cbox_Sex.Text + "') and";        //组合SQL字符串
13      if (txt_Age.Text != "" && txt_Age2.Text != "")
14      {
15          if (validateNum(txt_Age.Text) && validateNum(txt_Age2.Text))
16              FindValue += "(Age between " + Convert.ToInt32(txt_Age.Text) + //组合SQL字符串
17                  " and " + Convert.ToInt32(txt_Age2.Text) + ") and";
18          else
19          {
20              MessageBox.Show("年龄必须为数字！");                      //弹出消息对话框
21              txt_Age.Text = txt_Age2.Text = "";                   //引用空字符串
22              txt_Age.Focus();                                     //得到焦点
23          }
24      }
25      else
26      {
27          if (txt_Age.Text != "")
28          {
29              if (validateNum(txt_Age.Text))
30              FindValue += "(Age = " + Convert.ToInt32(txt_Age.Text) + ") and";  //组合SQL字符串
31              else
32              {
33                  MessageBox.Show("年龄必须为数字！");                  //弹出消息对话框
```

```
34                  txt_Age.Text = "";                                    //引用空字符串
35                  txt_Age.Focus();                                      //得到焦点
36              }
37          }
38          else if (txt_Age2.Text != "")
39          {
40              if (validateNum(txt_Age2.Text))
41              FindValue += "(Age = " + Convert.ToInt32(txt_Age2.Text) + ") and"; //组合SQL字符串
42              else
43              {
44                  MessageBox.Show("年龄必须为数字！");                    //弹出消息对话框
45                  txt_Age2.Text = "";                                   //引用空字符串
46                  txt_Age2.Focus();                                     //得到焦点
47              }
48          }
49      }
50      if (txt_QQ.Text != "")
51      {
52          if (validateNum(txt_QQ.Text) && txt_QQ.Text.Length >= 4 && txt_QQ.Text.Length <= 9)
53              FindValue += "(QQ =" + Convert.ToInt32(txt_QQ.Text) + ") and"; //组合SQL字符串
54          else
55          {
56              MessageBox.Show("QQ号码必须为4到9位以内的数字！");              //弹出消息对话框
57              txt_QQ.Text = "";                                         //引用空字符串
58              txt_QQ.Focus();                                           //得到焦点
59          }
60      }
61      if (txt_Phone.Text != "")
62      {
63          if (validatePhone(txt_Phone.Text))
64              FindValue += "(Tel='" + txt_Phone.Text + "') and";          //组合SQL字符串
65          else
66          {
67              MessageBox.Show("请输入正确的电话号码！");                    //弹出消息对话框
68              txt_Phone.Text = "";                                      //引用空字符串
69              txt_Phone.Focus();                                        //得到焦点
70          }
71      }
72      if (txt_Email.Text != "")
73      {
74          if (validateEmail(txt_Email.Text))
75              FindValue += "(Email='" + txt_Email.Text + "') and";        //组合SQL字符串
76          else
77          {
78              MessageBox.Show("请输入正确的Email地址！");                   //弹出消息对话框
79              txt_Email.Text = "";                                      //引用空字符串
80              txt_Email.Focus();                                        //得到焦点
81          }
82      }
83      if (txt_Address.Text != "")
```

```
84            FindValue += "(Address='" + txt_Address.Text + "') and";            //组合SQL字符串
85        if (FindValue.Length > 0)
86        {
87            if (FindValue.IndexOf("and") > -1)
88                FindValue = FindValue.Substring(0, FindValue.Length - 4);     //删除AND运算符
89        }
90        else
91            FindValue = "";
92        if (FindValue != "")
93            Find_SQL = Find_SQL + " where " + FindValue;                      //组合SQL字符串
94        GetAllInfo(Find_SQL);                                                 //按照SQL字符串进行查询
95    }
```

扩展学习

字符串对象的 Length 属性

字符串对象的 Length 属性用于获取当前字符串对象中的字符数，本实例使用了 Length 属性判断字符串中的字符数量是否大于零，如果大于零则执行相关操作。

实例 161　制作 SQL Server 提取器

源码位置：Code\05\161

实例说明

在查看数据库中某个表的结构时，通常的做法是用 SQL 企业管理器查找或者用查询分析器来查找，这样比较麻烦。本实例制作了一个 SQL Server 提取器，用来提取数据库中表的结构，只要用户知道表名和其所属的数据库，就能将指定表的结果提取出来。运行本程序，连接服务器，选择好数据库和要提取表的名称，单击“提取”按钮，即可将表的结构提取出来。实例运行结果如图 5.26 所示。

图 5.26　制作 SQL Server 提取器

关键技术

本实例主要是通过 SQL Server 中系统数据库 Master 中的系统表 SysdataBases、Sysobjects 以及系统存储过程 sp_mshelpcolumns 来实现的。

实现过程

（1）打开 Visual Studio 2022 开发环境，新建一个名为 SQLServerDistill 的 Windows 窗体应用程序，默认窗体为 Form1。

（2）在 Form1 窗体中，主要添加两个 TextBox 控件，用于输入登录名和密码；添加 3 个 Button 控件，用于执行刷新服务器名称、连接服务器和提取数据表操作；添加 3 个 ComboBox 控件，用于选择服务器名称、数据库和数据表；添加两个 RadioButton 控件，用于选择以何种方式连接数据库。

（3）“提取”按钮的 Click 事件主要通过存储过程 sp_mshelpcolumns 提取表结构。代码如下：

161-1

```
01  private void button3_Click(object sender, EventArgs e)
02  {
03      if (comboBox2.Text == "" && comboBox3.Text == "")              //如果没有选择数据库名和表名
04      {
05          MessageBox.Show("请选择提取的表");
06      }
07      else
08      {
09          if (comboBox3.Text != "")                                  //选择要提取的表
10          {
11              SqlConnection con = getCon(comboBox2.Text);             //连接数据库
12              SqlCommand com = new SqlCommand();                      //实例化SqlCommand类
13              com.CommandText = "sp_mshelpcolumns";                   //存储过程名
14              com.CommandType = CommandType.StoredProcedure;          //设置类型为存储过程
15              com.Connection = con;
16              com.Parameters.Add("@tablename", SqlDbType.NVarChar, 517); //添加参数
17              com.Parameters["@tablename"].Value = comboBox3.Text;  //设置参数值
18              SqlDataReader dr = com.ExecuteReader();                 //执行SQL语句
19              Form2 frm2 = new Form2(comboBox3.Text);                 //实例化Form2窗体
20              frm2.listView1.Items.Clear();                           //清空
21              while (dr.Read())                                       //读取表结构
22              {
23                  //添加表结构
24                  ListViewItem lt = new ListViewItem(dr[0].ToString());
25                  lt.SubItems.Add(dr[2].ToString());
26                  lt.SubItems.Add(dr[3].ToString());
27                  frm2.listView1.Items.Add(lt);
28              }
29              dr.Close();
30              con.Close();
31              frm2.Show();
32          }
33      }
34  }
```

自定义方法 getCon 主要是以 Windows 集成方式或 SQL Server 方式登录，参数 strDatabase 表示

数据库名。代码如下：

161-2

```
01  public SqlConnection getCon(string strDatabase)
02  {
03      SqlConnection con = null; ;
04      if (radioButton1.Checked == true)                //以Windows集成方式登录
05      {
06          string strCOn = "Integrated Security=SSPI;Persist Security Info=False;Initial Catalog=
    '" + strDatabase + "';Data Source = '" + comboBox1.Text + "'"; //设置连接数据库的字符串
07          con = new SqlConnection(strCOn);             //连接数据库
08          con.Open();                                  //打开连接数据库
09      }
10      if (radioButton2.Checked == true)                //以SQL Server方式登录
11      {
12          //设置连接数据库的字符串
13          string strcon = "server='" + comboBox1.Text + "';uid='" + textBox1.Text.Trim() +
14                  "';pwd='" + textBox2.Text + "';database='" + strDatabase + "'";
15          con = new SqlConnection(strcon);             //连接数据库
16          con.Open();                                  //打开连接数据库
17      }
18      return con;
19  }
```

扩展学习

根据本实例，读者可以实现以下功能：

☑ 提取 SQL Server 中存储过程、视图、触发器等各种对象信息。

☑ 提取 SQL Server 中操作日志信息。

实例 162　通过存储过程对职工信息进行管理　　源码位置：Code\05\162

实例说明

实际开发项目时，通常都采用存储过程操作数据库，因为这样不仅可以过滤 SQL 语句中的非法字符，而且由于存储过程在 SQL 服务器上运行，所以执行速度比单个的 SQL 语句更快，本实例通过使用存储过程对职工信息进行管理。运行本实例，用户输入或选择信息后，可通过单击“添加”“修改”“删除”“查询”按钮对职工信息进行管理。实例运行结果如图 5.27 所示。

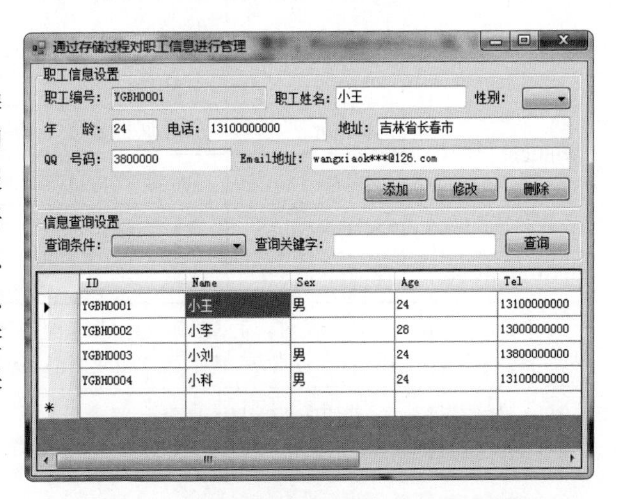

图 5.27　通过存储过程对职工信息进行管理

关键技术

本实例使用存储过程对职工信息进行管理时，首先需要知道如何创建存储过程，然后需要知道如何在 C# 应用程序中调用存储过程。

实现过程

（1）打开 Visual Studio 2022 开发环境，新建一个名为 EManageByProc 的 Windows 窗体应用程序，默认窗体为 Form1。

（2）Form1 窗体主要用到的控件及说明如表 5.8 所示。

表 5.8　Form1 窗体主要用到的控件及说明

控件类型	控件名称	属性设置	说明
TextBox	txtID	ReadOnly 属性设置为 True	员工编号
	txtName	无	员工姓名
	txtAge	无	年龄
	txtTel	无	联系电话
	txtQQ	无	QQ 号码
	txtAddress	无	家庭地址
	txtEmail	无	Email 地址
	txtKeyWord	无	查询关键字
ComboBox	cboxSex	DropDownStyle 属性设置为 DropDownList，在 Items 属性中添加“男”和“女”	选择员工性别
	cboxCondition	DropDownStyle 属性设置为 DropDownList，在 Items 属性中添加“职工编号”“职工姓名”和“性别”	选择查询条件
Button	btnAdd	Text 属性设置为“添加”	添加员工信息
	btnEdit	Text 属性设置为“修改”	修改员工信息
	btnDel	Text 属性设置为“删除”	删除员工信息
	btnQuery	Text 属性设置为“查询”	查询员工信息
DataGridView	dgvInfo	无	显示员工信息

（3）Form1 窗体加载时，首先调用存储过程生成自动编号，并显示在“职工编号”文本框中，然后将数据库中的所有职工信息显示在 DataGridView 控件中。Form1 窗体的 Load 事件代码如下：

```
162-1
01  //自动生成编号，并对DataGridView控件进行数据绑定
02  private void Form1_Load(object sender, EventArgs e)
03  {
```

```
04      sqlcon = getCon();                                          //实例化数据库连接类对象
05      SqlCommand sqlcmd = new SqlCommand("proc_AutoID", sqlcon);  //实例化SqlCommand对象
06      sqlcmd.CommandType = CommandType.StoredProcedure;           //指定执行存储过程
07      //为存储过程添加参数
08      SqlParameter outValue = sqlcmd.Parameters.Add("@newID", SqlDbType.VarChar, 20);
09      outValue.Direction = ParameterDirection.Output;             //定义存储过程输出参数
10      sqlcmd.ExecuteNonQuery();                                   //执行存储过程
11      sqlcon.Close();                                             //关闭数据库连接
12      txtID.Text = outValue.Value.ToString();                     //显示生成的编号
13      dgvInfo.DataSource = SelectEInfo("", "").Tables[0];         //显示所有职工信息
14  }
```

上面的代码用到了 SelectEInfo 方法，该方法为自定义的返回值类型为 DataSet 的方法，主要用来根据指定条件查询职工信息，并返回 DataSet 数据集对象，它有两个 string 类型的参数，分别用来表示查询条件和查询关键字。SelectEInfo 方法实现代码如下：

162-2

```
01  #region 查询职工信息
02  ///<summary>
03  ///查询职工信息
04  ///</summary>
05  ///<param name="str">查询条件</param>
06  ///<param name="str">查询关键字</param>
07  ///<returns>DataSet数据集对象</returns>
08  private DataSet SelectEInfo(string str, string strKeyWord)
09  {
10      sqlcon = getCon();                                          //实例化数据库连接类对象
11      sqlda = new SqlDataAdapter();                               //实例化数据库桥接器对象
12      sqlcmd = new SqlCommand("proc_SelectEInfo", sqlcon);        //实例化SqlCommand对象
13      sqlcmd.CommandType = CommandType.StoredProcedure;           //指定执行存储过程
14      switch (str)
15      {
16          case "职工编号":                                        //根据职工编号查询职工信息
17              sqlcmd.Parameters.Add("@id", SqlDbType.VarChar, 20).Value = strKeyWord;
18              sqlcmd.Parameters.Add("@name", SqlDbType.VarChar, 30).Value = "";
19              sqlcmd.Parameters.Add("@sex", SqlDbType.Char, 4).Value = "";
20              break;
21          case "职工姓名":                                        //根据职工姓名查询职工信息
22              sqlcmd.Parameters.Add("@id", SqlDbType.VarChar, 20).Value = "";
23              sqlcmd.Parameters.Add("@name", SqlDbType.VarChar, 30).Value = strKeyWord;
24              sqlcmd.Parameters.Add("@sex", SqlDbType.Char, 4).Value = "";
25              break;
26          case "性别":                                            //根据性别查询职工信息
27              sqlcmd.Parameters.Add("@id", SqlDbType.VarChar, 20).Value = "";
28              sqlcmd.Parameters.Add("@name", SqlDbType.VarChar, 30).Value = "";
29              sqlcmd.Parameters.Add("@sex", SqlDbType.Char, 4).Value = strKeyWord;
30              break;
31          default:                                    //查询所有职工信息
32              sqlcmd.Parameters.Add("@id", SqlDbType.VarChar, 20).Value = "";
33              sqlcmd.Parameters.Add("@name", SqlDbType.VarChar, 30).Value = "";
34              sqlcmd.Parameters.Add("@sex", SqlDbType.Char, 4).Value = "";
```

```
31          default:                                          //查询所有职工信息
32              sqlcmd.Parameters.Add("@id", SqlDbType.VarChar, 20).Value = "";
33              sqlcmd.Parameters.Add("@name", SqlDbType.VarChar, 30).Value = "";
34              sqlcmd.Parameters.Add("@sex", SqlDbType.Char, 4).Value = "";
35              break;
36      }
37      sqlda.SelectCommand = sqlcmd;                         //指定数据桥接器对象的SelectCommand属性
38      myds = new DataSet();                                 //实例化数据集对象
39      sqlda.Fill(myds);                                     //填充数据集
40      sqlcon.Close();                                       //关闭数据库连接
41      return myds;
42  }
43  #endregion
```

SelectEInfo 方法中用到 proc_SelectEInfo 存储过程，该存储过程主要用来根据指定条件查询职工信息，其实现代码如下：

```
162-3
01  CREATE proc proc_SelectEInfo
02  (
03  @id varchar (20),
04  @name varchar(30),
05  @sex char (4)
06  )
07  as
08  if(@id='' and @name = '' and @sex = '')
09      select* from tb_Employee
10  else
11  begin
12  if(@id<>'')
13      select* from tb_Employee where ID=@id
14  else if(@name<>'')
15      select* from tb_Employee where Name like @name
16  else
17      select* from tb_Employee where Sex=@sex
18  end
19  GO
```

单击“添加”按钮，程序调用 proc_InsertEInfo 存储过程实现职工信息添加功能，添加过程中，首先判断添加的职工编号是否存在，如果存在，弹出提示信息，否则执行添加操作。“添加”按钮的 Click 事件代码如下：

```
162-4
01  private void btnAdd_Click(object sender, EventArgs e)
02  {
03      sqlcon = getCon();                                        //实例化数据库连接类对象
04      sqlcmd = new SqlCommand("proc_InsertEInfo", sqlcon);      //实例化SqlCommand对象
05      sqlcmd.CommandType = CommandType.StoredProcedure;         //指定执行存储过程
06      //为存储过程添加参数
07      sqlcmd.Parameters.Add("@id", SqlDbType.VarChar, 20).Value = txtID.Text;
08      sqlcmd.Parameters.Add("@name", SqlDbType.VarChar, 30).Value = txtName.Text;
09      sqlcmd.Parameters.Add("@sex", SqlDbType.Char, 4).Value = cboxSex.Text;
```

```
10      sqlcmd.Parameters.Add("@age", SqlDbType.Int).Value = Convert.ToInt32(txtAge.Text);
11      sqlcmd.Parameters.Add("@tel", SqlDbType.VarChar, 20).Value = txtTel.Text;
12      sqlcmd.Parameters.Add("@address", SqlDbType.VarChar, 100).Value = txtAddress.Text;
13      sqlcmd.Parameters.Add("@qq", SqlDbType.BigInt).Value = Convert.ToInt32(txtQQ.Text);
14      sqlcmd.Parameters.Add("@email", SqlDbType.VarChar, 50).Value = txtEmail.Text;
15      //定义存储过程的返回参数
16      SqlParameter returnValue = sqlcmd.Parameters.Add("@returnValue", SqlDbType.Int);
17      returnValue.Direction = ParameterDirection.ReturnValue;
18      sqlcmd.ExecuteNonQuery();                                    //执行存储过程
19      sqlcon.Close();                                              //关闭数据库连接
20      int int_returnValue = (int)returnValue.Value;                        //获取存储过程的返回值
21      if (int_returnValue == 0)
22          MessageBox.Show("已经存在该职工编号！", "警告", MessageBoxButtons.OK, MessageBoxIcon.Warning);
23      else
24          MessageBox.Show("职工信息——添加成功！", "提示", MessageBoxButtons.OK,
    MessageBoxIcon.Information);
25      dgvInfo.DataSource = SelectEInfo("", "").Tables[0];
26  }
```

上面的代码中用到 proc_InsertEInfo 存储过程，该存储过程主要实现添加职工信息功能，实现代码如下：

162-5

```
01  create proc proc_InsertEInfo
02  (
03  @id varchar (20),
04  @name varchar(30),
05  @sex char (4),
06  @age int,
07  @tel varchar(20),
08  @address varchar(100),
09  @qq bigint,
10  @email varchar(50)
11  )
12  as
13  if exists(select* from tb_Employee where ID= @id)
14     return 0
15  else
16  begin
17     insert into tb_Employee(ID, Name, Sex, Age, Tel, Address, QQ, Email)
18              values(@id, @name, @sex, @age, @tel, @address, @qq, @email)
19     return 1
20  end
21  GO
```

单击“修改”按钮，程序调用 proc_UpdateEInfo 存储过程修改指定编号的职工信息，并弹出修改成功提示信息。“修改”按钮的 Click 事件代码如下：

162-6

```
01  //修改职工信息
02  private void btnEdit_Click(object sender, EventArgs e)
03  {
```

```
04        try
05        {
06            sqlcon = getCon();                                       //实例化数据库连接类对象
07            sqlcmd = new SqlCommand("proc_UpdateEInfo", sqlcon);     //实例化SqlCommand对象
08            sqlcmd.CommandType = CommandType.StoredProcedure;        //指定执行存储过程
09            //为存储过程添加参数
10            sqlcmd.Parameters.Add("@id", SqlDbType.VarChar, 20).Value = txtID.Text;
11            sqlcmd.Parameters.Add("@name", SqlDbType.VarChar, 30).Value = txtName.Text;
12            sqlcmd.Parameters.Add("@sex", SqlDbType.Char, 4).Value = cboxSex.Text;
13            sqlcmd.Parameters.Add("@age", SqlDbType.Int).Value = Convert.ToInt32(txtAge.Text);
14            sqlcmd.Parameters.Add("@tel", SqlDbType.VarChar, 20).Value = txtTel.Text;
15            sqlcmd.Parameters.Add("@address", SqlDbType.VarChar, 100).Value = txtAddress.Text;
16            sqlcmd.Parameters.Add("@qq", SqlDbType.BigInt).Value = Convert.ToInt32(txtQQ.Text);
17            sqlcmd.Parameters.Add("@email", SqlDbType.VarChar, 50).Value = txtEmail.Text;
18            sqlcmd.ExecuteNonQuery();                                //执行存储过程
19            sqlcon.Close();                                          //关闭数据库连接
20            MessageBox.Show("职工信息—修改成功！", "提示", MessageBoxButtons.OK, MessageBoxIcon.Information);
21            dgvInfo.DataSource = SelectEInfo("", "").Tables[0];
22        }
23        catch { }
24    }
```

上面的代码中用到 proc_UpdateEInfo 存储过程，该存储过程主要实现修改职工信息功能，实现代码如下：

```
162-7
01    create proc proc_UpdateEInfo
02    (
03    @id varchar (20),
04    @name varchar(30),
05    @sex char (4),
06    @age int,
07    @tel varchar(20),
08    @address varchar(100),
09    @qq bigint,
10    @email varchar(50)
11    )
12    as
13    if(@id<>'')
14    update tb_Employee set Name = @name, Sex = @sex, Age = @age, Tel = @tel,
      Address = @address, QQ = @qq, Email = @email where ID = @id
15    GO
```

单击“删除”按钮，程序调用 proc_DeleteEInfo 存储过程删除指定编号的职工信息，并弹出删除成功提示信息。“删除”按钮的 Click 事件代码如下：

```
162-8
01    //删除职工信息
02    private void btnDel_Click(object sender, EventArgs e)
03    {
04        try
05        {
```

```
06          sqlcon = getCon();                                     //实例化数据库连接类对象
07          sqlcmd = new SqlCommand("proc_DeleteEInfo", sqlcon);   //实例化SqlCommand对象
08          sqlcmd.CommandType = CommandType.StoredProcedure;      //指定执行存储过程
09          //为存储过程添加参数
10          sqlcmd.Parameters.Add("@id", SqlDbType.VarChar, 20).Value = txtID.Text;
11          sqlcmd.ExecuteNonQuery();                              //执行存储过程
12          sqlcon.Close();                                        //关闭数据库连接
13          MessageBox.Show("职工信息——删除成功！", "提示", MessageBoxButtons.OK,
    MessageBoxIcon.Information);
14          dgvInfo.DataSource = SelectEInfo("", "").Tables[0];
15      }
16      catch { }
17  }
```

上面的代码中用到 proc_DeleteEInfo 存储过程，该存储过程主要实现删除职工信息功能，实现代码如下：

162-9

```
01  create proc proc_DeleteEInfo
02  (
03  @id varchar (20)
04  )
05  as
06  if(@id<>'')
07      delete from tb_Employee where ID=@id
08  GO
```

单击“查询”按钮，根据用户设置的查询条件和输入的查询关键字，调用 SelectEInfo 方法查询职工信息，并将查询结果显示在 DataGridView 控件中。“查询”按钮的 Click 事件代码如下：

162-10

```
01  //查询职工信息
02  private void btnQuery_Click(object sender, EventArgs e)
03  {
04      //根据指定条件查询职工信息
05      dgvInfo.DataSource = SelectEInfo(cboxCondition.Text, txtKeyWord.Text).Tables[0];
06  }
```

扩展学习

根据本实例，读者可以实现以下功能：

☑ 使用存储过程添加职工信息。

☑ 使用存储过程修改职工信息。

实例 163　在存储过程中使用事务

源码位置：Code\05\163

实例说明

本实例在存储过程中使用事务，利用事务创建存储过程 proc_TransInProc，实现在存储过程中声明

一个整型的变量 @truc，并且通过 if 条件判断语句判断变量的值，如果变量等于 2，则回滚事务，并且返回一个值为 25；如果变量等于 0，则提交事务，并且返回一个值为 0。实例运行效果如图 5.28 所示。

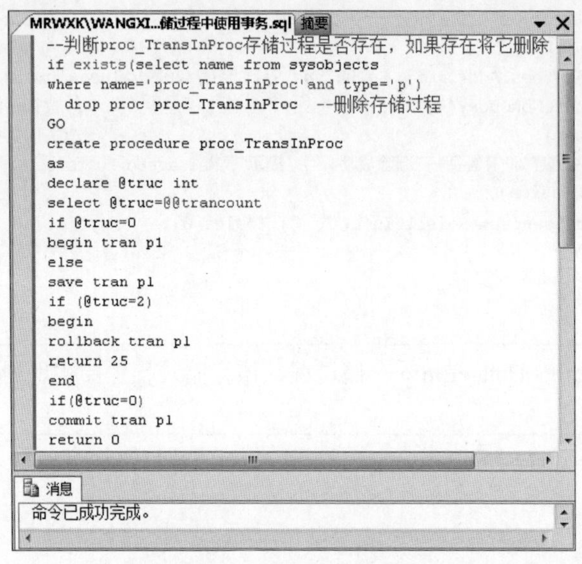

图 5.28　在存储过程中使用事务

关键技术

在存储过程中，可以使用所有面向事务的语句，如 COMMIT、ROLLBACK 和 START TRANSACTION 等，但是事务不能开始于一个存储过程的开始，也不能在存储过程的结尾停止。

实现过程

（1）打开 SQL Server 的 SQL Server Management Studio 窗体，新建一个查询。

（2）选择要操作的数据库为 db_TomeTwo。

（3）在代码编辑区中输入如下的 SQL 语句：

163-1

```
01  --判断proc_TransInProc存储过程是否存在，如果存在将它删除
02  if exists(select name from sysobjects
03  where name='proc_TransInProc'and type='p')
04  drop proc proc_TransInProc  --删除存储过程
05  GO
06  create procedure proc_TransInProc
07  as
08  declare @truc int
09  select @truc=@@trancount
10  if @truc=0
11  begin tran p1
12  else
13  save tran p1
14  if (@truc=2)
15  begin
```

```
16  rollback tran pl
17  return 25
18  end
19  if(@truc=0)
20  commit tran pl
21  return 0
```

（4）单击 ! 执行(X) 按钮即可。

扩展学习

如何获取主板编号

使用 System.Management 命名空间下的 ManagementObjectSearcher 类可以获取主板编号信息，代码如下：

```
SelectQuery Query = new SelectQuery("SELECT * FROM Win32_BaseBoard");
ManagementObjectSearcher driveID = new ManagementObjectSearcher(Query);
ManagementObjectCollection.ManagementObjectEnumerator data = driveID.Get().GetEnumerator();
data.MoveNext();
ManagementBaseObject board = data.Current;
textBox1.Text = board.GetPropertyValue("SerialNumber").ToString();
```

实例 164　使用事务批量删除生产单信息

源码位置：Code\05\164

实例说明

在开发与数据库相关的应用程序过程中，经常遇到同时提交多个数据表的情况，应用程序要求数据的完整性和业务逻辑的一致性，通俗地讲，只有多个数据表全部更新成功（包括添加、修改和删除等）才会提交数据，否则即使只有一个数据表更新失败，也要全部回滚到原来的数据状态，而这正是数据库事务所具有的优越性。本实例将使用事务来批量删除指定的生产单信息，即首先删除生产单主表中的某一条记录，然后批量删除其对应子表中的多条记录。实例运行效果如图 5.29 所示。

使用事务批量删除生产单信息

删除　退出

单据编号	单据日期	操作员	主计划号	生产车间	产品名
20100410-0001	2010/4/10	mr	20091022-0001	02	02-1
20100410-0002	2010/4/10	mr	20100410-0001	02	02-1

图 5.29　使用事务批量删除生产单信息

例如，删除单据编号为 20090927-0001 的记录，其实现过程如图 5.30 所示。

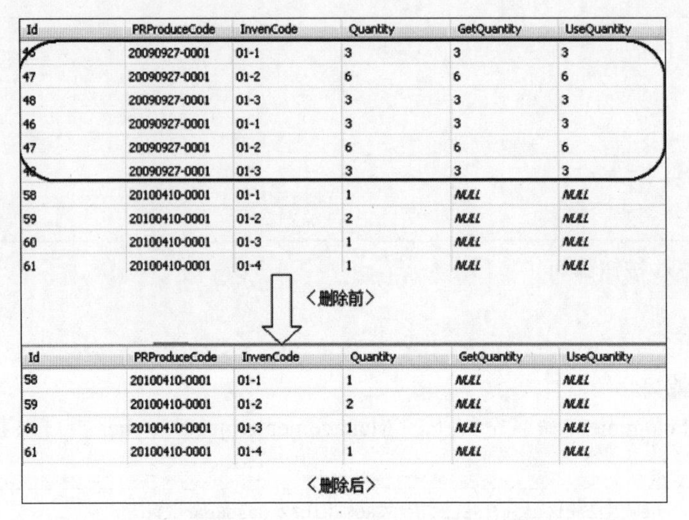

图 5.30　删除单据编号为 20090927-0001 的记录的实现过程

关键技术

在 C# 中使用 SqlTransaction 类表示事务，该类表示要在 SQL Server 数据库中处理的 Transact-SQL 事务。实际使用时，通常都通过在 SqlConnection 对象上调用 BeginTransaction 来创建 SqlTransaction 对象。

实现过程

（1）打开 Visual Studio 2022 开发环境，新建一个名为 BatchOperByTrans 的 Windows 窗体应用程序。

（2）更改默认窗体 Form1 的 Name 属性为 Frm_Main，在该窗体中添加一个 DataGridView 控件，用来显示数据库中的数据；添加一个 ToolStrip 控件，用来作为工具栏，在工具栏中添加“删除”和“退出”两个按钮，分别用来执行删除数据和退出系统操作。

（3）在删除生产单主表和子表中的相应信息时主要用到了 ExecDataBySqls 方法，该方法是返回值类型为 bool 的自定义方法，它主要用来使用事务批量执行 SQL 命令，如果执行成功，则提交数据库；否则，进行事务回滚，恢复到数据原来的状态。代码如下：

164-1

```
01  public bool ExecDataBySqls(List<string> strSqls)
02  {
03      bool booIsSucceed;                                    //标识是否成功
04      if (m_Conn.State == ConnectionState.Closed)          //判断数据库连接状态是否关闭
05      {
06          m_Conn.Open();                                    //打开数据库连接
07      }
08      SqlTransaction sqlTran = m_Conn.BeginTransaction(); //实例化事务对象
09      try
10      {
11          m_Cmd.Connection = m_Conn;                        //指定SqlCommand对象的连接对象
12          m_Cmd.Transaction = sqlTran;                      //指定SqlCommand对象的事务对象
```

```
13          foreach (string item in strSqls)                //遍历List泛型集合中的所有SQL命令
14          {
15              m_Cmd.CommandType = CommandType.Text;       //指定SqlCommand对象的执行命令方式
16              m_Cmd.CommandText = item;                   //指定SqlCommand对象要执行的SQL命令
17              m_Cmd.ExecuteNonQuery();                    //执行SQL命令
18          }
19          sqlTran.Commit();                               //提交数据库
20          booIsSucceed = true;                            //表示提交数据库成功
21      }
22      catch
23      {
24          sqlTran.Rollback();                             //事务回滚
25          booIsSucceed = false;                           //表示提交数据库失败
26      }
27      finally
28      {
29          m_Conn.Close();                                 //关闭数据库连接
30          strSqls.Clear();                                //清空List泛型集合
31      }
32      return booIsSucceed;                                //返回结果，判断是否执行成功
33  }
```

扩展学习

不知其二——事件和委托的差别很大

在 C# 中，事件和委托从字面上看差别很大，应该分属于不同的类型，事实上事件本身就是一个委托类型。如常见的控件的单击事件，其定义如下：

```
//该事件在单击控件时发生
public event EventHandler Click;
```

上面的代码中，EventHandler 这个类型本身就是一个委托类型，该委托的声明代码如下：

```
//表示将处理不包含事件数据的事件的方法
[Serializable]
[ComVisible(true)]
public delegate void EventHandler(object sender, EventArgs e);
```

实例 165　向 SQL Server 数据库中批量写入海量数据

源码位置：Code\05\165

实例说明

通过 INSERT 语句可以向数据库中写入数据记录，但是每执行一次 INSERT INTO 语句只可以写入一条数据记录，那么怎样可以实现批量写入数据呢？本实例在 INSERT INTO 语句中嵌入了

SELECT 语句，将 SELECT 语句的查询结果写入指定的数据表。实例运行效果如图 5.31 所示。

图 5.31　向 SQL Server 数据库中批量写入海量数据

关键技术

本实例实现的关键是通过向 INSERT INTO 语句中嵌入 SELECT 语句，可以实现向数据库中批量写入数据。

实现过程

（1）打开 Visual Studio 2022 开发环境，新建一个名为 UseInsertSelect 的 Windows 窗体应用程序。

（2）更改默认窗体 Form1 的 Name 属性为 Frm_Main，向窗体中添加一个 Button 按钮，用于向数据库中批量写入数据；添加一个 DataGridView 控件，用于显示数据表中的信息。

（3）程序主要代码如下：

165-1

```
01  private void InsertData()
02  {
03      string P_Str_ConnectionStr = string.Format(                    //创建数据库连接字符串
04              @"server=.\EXPRESS;database=db_TomeTwo;uid=sa;pwd=");
05      string P_Str_SqlStr = string.Format(                           //创建SQL查询字符串
06              @"INSERT INTO tb_Student_Copy(学生姓名,学生年龄,性别,家庭住址)
07              SELECT 学生姓名,年龄,性别,家庭住址 FROM tb_Student");
08      SqlConnection P_con = new SqlConnection(                       //创建SQL连接对象
09              P_Str_ConnectionStr);
10      try
11      {
12          P_con.Open();                                              //打开数据库连接
13          SqlCommand P_cmd = new SqlCommand(                         //创建命令对象
14                  P_Str_SqlStr, P_con);
15          if (P_cmd.ExecuteNonQuery() != 0)                          //写入数据并判断是否成功
16          {
17              MessageBox.Show("成功写入数据", "提示！");
18          }
```

```
19        }
20        catch (Exception ex)
21        {
22            MessageBox.Show(ex.Message, "提示！");
23        }
24        finally
25        {
26            P_con.Close();                                  //关闭数据库连接
27        }
28    }
```

扩展学习

SqlCommand 对象的 ExecuteNonQuery 方法

本实例使用了 SqlConnection 对象的 Open 方法打开数据库连接，并根据此连接和 INSERT 语句创建了 SqlCommand 对象，最后调用其 ExecuteNonQuery 方法向数据库中批量插入数据记录，该方法会返回一个整型数值，此数值表示执行 SQL 语句所受影响的行数。

实例 166　使用断开式连接批量更新数据库中的数据

源码位置：Code\05\166

实例说明

在数据库应用程序开发中，可以使用断开式查询数据库中的信息，在进行断开式查询时，首先使用 SqlDataAdapter 对象的 Fill 方法，将数据查询信息填充到数据集中，然后将数据集绑定到指定的控件，本实例实现了更有趣的功能，使用断开式连接批量更新数据库中的数据。实例运行效果如图 5.32 所示。

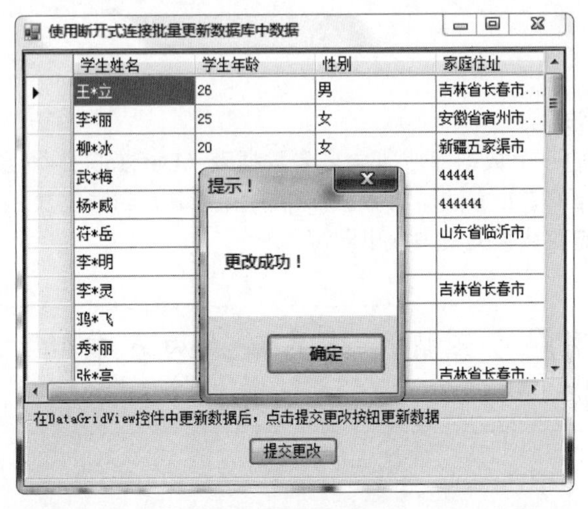

图 5.32　使用断开式连接批量更新数据库中的数据

关键技术

本实例实现的关键是如何使用断开式连接批量更新数据库中的数据。

实现过程

（1）打开 Visual Studio 2022 开发环境，新建一个名为 UseUpdate 的 Windows 窗体应用程序。

（2）更改默认窗体 Form1 的 Name 属性为 Frm_Main，向窗体中添加一个 DataGridView 控件，用于显示数据库中的数据记录和修改数据信息；添加一个 Button 按钮，用于提交用户在 DataGrid-View 控件中对数据所做的修改。

（3）程序主要代码如下：

166-1

```
01  private void btn_Submit_Click(object sender, EventArgs e)
02  {
03      SqlDataAdapter P_SqlDataAdapter = new SqlDataAdapter();          //创建数据适配器
04      SqlCommand P_cmd = new SqlCommand(                               //创建命令对象
05              @"UPDATE tb_Student_Copy SET 学生姓名=@name,学生年龄=@age,性别=@sex,
06              家庭住址=@address WHERE id=@id",
07              new SqlConnection(@"server=.\EXPRESS;database=db_TomeTwo;uid=sa;pwd="));
08      P_cmd.Parameters.Add("@id", SqlDbType.Int, 10, "id");                 //设置参数
09      P_cmd.Parameters.Add("@name", SqlDbType.VarChar, 10, "学生姓名");     //设置参数
10      P_cmd.Parameters.Add("@age", SqlDbType.Int, 10, "学生年龄");          //设置参数
11      P_cmd.Parameters.Add("@sex", SqlDbType.NChar, 2, "性别");             //设置参数
12      P_cmd.Parameters.Add("address", SqlDbType.VarChar, 50, "家庭住址"); //设置参数
13      P_SqlDataAdapter.UpdateCommand = P_cmd;                          //设置UpdateCommand属性
14      P_SqlDataAdapter.Update(G_st.Tables[0]);                         //更新数据库中的数据
15      G_st.AcceptChanges();                                            //提交修改
16      MessageBox.Show("更改成功！", "提示！");                         //弹出消息对话框
17      GetMessage();                                                    //填充表
18      dgv_Message.DataSource = G_st.Tables[0];                         //设置数据源
19      dgv_Message.Columns[0].Visible = false;                          //隐藏主键列
20  }
```

扩展学习

了解数据集（DataSet）

数据集就像内存中的一个数据库，包含多个数据表（DataTable）对象，在查询数据时，可以使用 SqlDataAdapter 对象的 Fill 方法，将数据库中的信息填充到数据集的 DataTable 对象中，如果此时用户需要数据，只需要从数据集中取出即可。

实例 167 使用触发器删除相关联的两表中的数据

源码位置：Code\05\167

实例说明

通过触发器可以删除相关联的两张表或多张表中的数据。本实例实现的是在员工表中创建 Delete 触发器 tri_delete_laborage，当员工表中执行删除离职员工数据信息时，将触发 tri_delete_laborage 触发器，从而删除该员工在薪水表中的记录。实例运行效果如图 5.33 所示。

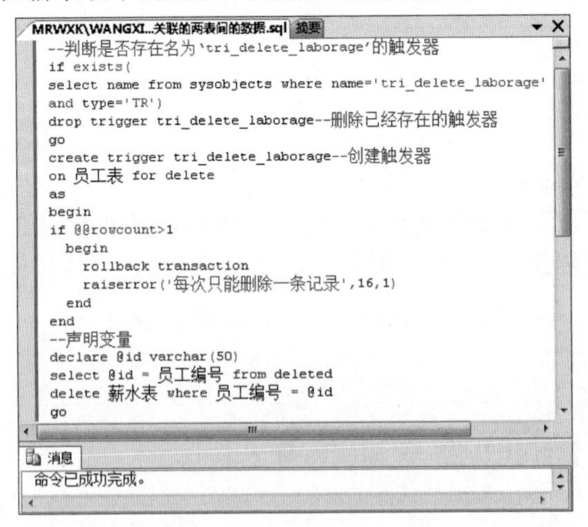

图 5.33　使用触发器删除相关联的两表中的数据

关键技术

本实例主要使用 Delete 触发器删除相关联的员工表和薪水表中的数据。

实现过程

（1）打开 SQL Server 的 SQL Server Management Studio 窗体，新建一个查询。

（2）选择要操作的数据库为 db_TomeTwo。

（3）在代码编辑区中输入如下 SQL 语句：

167-1

```
01  --判断是否存在名为“tri_delete_laborage”的触发器
02  if exists(
03  select name from sysobjects where name='tri_delete_laborage'
04  and type='TR')
05  drop trigger tri_delete_laborage--删除已经存在的触发器
06  go
07  create trigger tri_delete_laborage--创建触发器
08  on 员工表 for delete
09  as
10  begin
11  if @@rowcount>1
12      begin
13          rollback transaction
14          raiserror('每次只能删除一条记录',16,1)
15      end
16  end
17  --声明变量
18  declare @id varchar(50)
19  select @id = 员工编号 from deleted
```

```
20   delete 薪水表 where 员工编号 = @id
21   go
```

（4）单击 ! 执行(X) 按钮即可。

扩展学习

如何获取 Internet 历史记录文件夹全路径

在软件开发中需要获取一些特殊文件夹的路径，如 Program Files。在 C# 中使用 System.Environment.GetFolderPath 方法可以获取 Internet 历史记录文件夹全路径，代码如下：

```
string dir = Environment.GetFolderPath(Environment.SpecialFolder.History);
```

实例 168　使用 LINQ 生成随机序列

源码位置：Code\05\168

实例说明

在程序开发中，经常会用到随机数。例如，开发一个雪花随风飘落的程序，由于雪花随风飘落的位置是无规律可循的，所以处理雪花的飘落位置就会用到随机数。本实例使用 LINQ 技术实现了生成随机序列的功能，实例运行效果如图 5.34 所示。

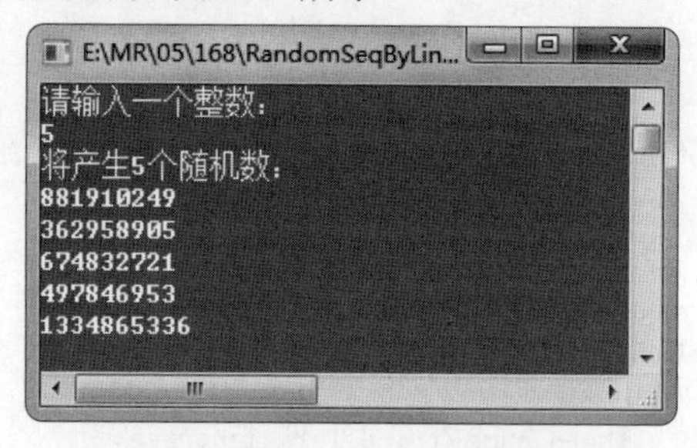

图 5.34　使用 LINQ 生成随机序列

关键技术

本实例实现时主要用到了 Random 类的 Next 方法和 Enumerable 类的 Repeat 方法，Next 方法用来返回随机数，Repeat 方法用来生成包含一个重复值的序列。

实现过程

（1）打开 Visual Studio 2022 开发环境，新建一个名为 RandomSeqByLinq 的 Windows 窗体应用程序。

（2）程序主要代码如下：

168-1

```
01   static void Main(string[] args)
02   {
```

```
03        Random rand = new Random();                                    //创建一个随机数生成器
04        Console.WriteLine("请输入一个整数：");
05        try
06        {
07            int intCount = Convert.ToInt32(Console.ReadLine());        //输入要生成随机数的组数
08            //生成一个包含指定个数的重复元素值的序列
09            //由于LINQ的延迟性，所以此时并不产生随机数，而是在枚举randomSeq时生成随机数
10            IEnumerable<int> randomSeq = Enumerable.Repeat<int>(1, intCount).Select(i => rand.Next());
11            Console.WriteLine("将产生" + intCount.ToString() + "个随机数：");
12            foreach (int item in randomSeq)                            //通过枚举序列生成随机数
13            {
14                Console.WriteLine(item.ToString());                    //输出若干组随机数
15            }
16        }
17        catch (Exception ex)
18        {
19            Console.WriteLine(ex.Message);
20        }
21        Console.Read();
22    }
```

扩展学习

如何使用 BETWEEN 进行范围查询

使用 BETWEEN 关键字可以限制查询数据的范围。使用 BETWEEN…AND…来指定查询范围“大于或等于第一个值，并且小于或等于第二个值”，即查询范围包含边缘值。使用 BETWEEN 关键字进行查询的效果等同于查询条件中使用了 >= 和 <= 运算符。

实例 169 使用 LINQ 实现销售单查询

源码位置：Code\05\169

实例说明

开发进销存管理系统中的销售单查询模块时，销售单信息和销售商品信息分别位于两个不同的数据表中，它们之间是一对多的关系，要查看完整的销售信息，需要将这两个表按销售单据号关联起来。本实例主要演示将内存中的销售单据列表和销售商品列表关联起来，在 DataGridView 控件中显示完整的销售单信息。实例运行效果如图 5.35 所示。

图 5.35 使用 LINQ 实现销售单查询

关键技术

本实例主要使用了 Enumerable 类的 Join 方法，Join 方法用来基于匹配键对两个序列的元素进行关联，使用默认的相等比较器对键进行比较。

实现过程

（1）打开 Visual Studio 2022 开发环境，新建一个名为 LINQJoin 的 Windows 窗体应用程序。

（2）更改默认窗体 Form1 的 Name 属性为 Frm_Main，在该窗体中添加一个 DataGridView 控件，用来显示销售单查询结果。

（3）程序主要代码如下：

169-1

```
01  class SaleBill                                                  //销售单据类
02  {
03      public SaleBill(string saleBillCode, string saleMan, DateTime saleDate)
04      {
05          this.SaleBillCode = saleBillCode;
06          this.SaleMan = saleMan;
07          this.SaleDate = saleDate;
08      }
09      public string SaleBillCode { get; set; }                    //销售单号
10      public string SaleMan { get; set; }                         //销售员
11      public DateTime SaleDate { get; set; }                      //销售日期
12  }
13  class SaleProduct                                               //销售商品类
14  {
15      public SaleProduct(string saleBillCode, string productName, int quantity, double price)
16      {
17          this.SaleBillCode = saleBillCode;
18          this.ProductName = productName;
19          this.Quantity = quantity;
20          this.Price = price;
21      }
22      public string SaleBillCode { get; set; }                    //销售单号
23      public string ProductName { get; set; }                     //商品名称
24      public int Quantity { get; set; }                           //数量
25      public double Price { get; set; }                           //单价
26  }
27  private void Frm_Main_Load(object sender, EventArgs e)
28  {
29      List<SaleBill> bills = new List<SaleBill>{                  //创建销售单列表
30      new SaleBill("XS001","王小科",Convert.ToDateTime("2010-1-1")),
31      new SaleBill("XS002","王军",Convert.ToDateTime("2010-2-1")),
32      new SaleBill("XS003","赵会东",Convert.ToDateTime("2010-3-1"))};
33      List<SaleProduct> products = new List<SaleProduct>{ //创建销售商品列表
34      new SaleProduct("XS001","冰箱",1,2000),
35      new SaleProduct("XS001","洗衣机",2,600),
36      new SaleProduct("XS002","电暖风",3,50),
```

```
37        new SaleProduct("XS002","吸尘器",4,200),
38        new SaleProduct("XS003","手机",1,990)};
39        //关联销售单列表和销售商品列表
40        var query = bills.Join(products,
41                        b => b.SaleBillCode,
42                        p => p.SaleBillCode,
43                        (b, p) => new
44                        {
45                            销售单号 = b.SaleBillCode,
46                            销售日期 = b.SaleDate,
47                            销售员 = b.SaleMan,
48                            商品名称 = p.ProductName,
49                            数量 = p.Quantity,
50                            单价 = p.Price,
51                            金额 = p.Quantity * p.Price
52                        });
53        dataGridView1.DataSource = query.ToList();          //数据绑定
54    }
```

扩展学习

应用 join 子句实现销售单查询

本实例中应用 Join 操作符实现销售单的查询，在 LINQ 查询表达式中使用 join 子句也可以实现相同的功能，代码如下：

```
var query = from b in bills
            join p in products
            on b.SaleBillCode equals p.SaleBillCode
            select new
            {
                销售单号 = b.SaleBillCode,
                销售日期 = b.SaleDate,
                销售员 = b.SaleMan,
                商品名称 = p.ProductName,
                数量 = p.Quantity,
                单价 = p.Price,
                金额 = p.Quantity * p.Price
            };
```

实例 170 使用 LINQ 技术获取文件详细信息

源码位置：Code\05\170

实例说明

LINQ to Objects 是一种新的处理集合的方法，如果采用旧方法，程序开发人员必须编写指定如何从集合检索数据复杂的 foreach 循环，而采用 LINQ to Objects 技术，只需编写描述要检索的内容的声明性代码。本实例使用 LINQ to Objects 技术对数组及集合进行操作，运行本实例，单击“…”按钮选择文件夹，将选中文件夹中所包含的所有文件显示在窗体列表中，此时选择窗体列表中的文件，即可将选中文件的详细信息显示在窗体下方“详细信息”栏的相应文本框中。实例运行效果如图 5.36 所示。

图 5.36　使用 LINQ 技术获取文件详细信息

关键技术

本实例在获取文件的详细信息时用到 LINQ to Objects 技术，LINQ to Objects 能够直接使用 LINQ 查询 IEnumerable 或 IEnumerable<T> 集合，而不需要使用 LINQ 提供程序或 API，可以说，使用 LINQ 能够查询任何可枚举的集合，如数组、泛型列表等。

实现过程

（1）打开 Visual Studio 2022 开发环境，新建一个名为 GetFInfoByLINQ 的 Windows 窗体应用程序。

（2）更改默认窗体 Form1 的 Name 属性为 Frm_Main，在该窗体中添加一个 Button 控件，用来选择文件夹；添加一个 FolderBrowserDialog 控件，用来显示“浏览文件夹”对话框；添加一个 ListView 控件，用来显示指定文件夹下的所有文件；添加 7 个 TextBox 控件，分别用来显示文件夹路径、文件名、扩展名、文件大小、创建时间、是否只读和最后修改时间。

（3）程序主要代码如下：

170-1

```
01  private void button1_Click(object sender, EventArgs e)
02  {
03      if (folderBrowserDialog1.ShowDialog() == DialogResult.OK)
04      {
05          listView1.Items.Clear();
```

```
06          textBox1.Text = folderBrowserDialog1.SelectedPath;
07          List<FileInfo> myFiles = new List<FileInfo>();  //创建List泛型对象
08          //遍历选择文件夹中的所有文件
09          foreach (string strFile in Directory.GetFiles(textBox1.Text))
10          {
11              myFiles.Add(new FileInfo(strFile));         //将遍历的所有文件添加到List对象中
12          }
13          var values = from strFile in myFiles            //使用LINQ从List对象中查找文件
14                       group strFile by strFile.Extension into FExten
15                       orderby FExten.Key
16                       select FExten;
17          foreach (var vFiles in values)
18          {
19              foreach (var f in vFiles)
20                  listView1.Items.Add(f.FullName);
21          }
22      }
23  }
24  private void listView1_SelectedIndexChanged(object sender, EventArgs e)
25  {
26      if (listView1.SelectedItems.Count != 0)
27      {
28          FileInfo myFile = new FileInfo(listView1.SelectedItems[0].Text); //创建FileInfo对象
29          //定义一个字符串数组，用来存储文件的相关属性
30          string[] strAttribute = new string[] { myFile.Name, Convert.ToDouble(myFile.Length /
    1024).ToString(), myFile.Extension, myFile.CreationTime.ToString(), myFile.IsReadOnly.
    ToString(), myFile.LastWriteTime.ToString() };
31          var values = from str in strAttribute           //使用LINQ为文件属性赋值
32                       select new
33                       {
34                           Name = strAttribute[0].ToString(),
35                           Size = strAttribute[1].ToString(),
36                           Exten = strAttribute[2].ToString(),
37                           CTime = strAttribute[3].ToString(),
38                           ReadOnly = strAttribute[4].ToString(),
39                           WTime = strAttribute[5].ToString()
40                       };
41          foreach (var v in values)
42          {
43              textBox2.Text = v.Name.ToString();          //显示文件名
44              textBox9.Text = v.Size.ToString();          //显示文件大小
45              textBox3.Text = v.Exten.ToString();         //显示文件扩展名
46              textBox5.Text = v.CTime.ToString();         //显示文件创建时间
47              textBox6.Text = v.WTime.ToString();         //显示文件最后修改时间
48              textBox7.Text = v.ReadOnly.ToString();      //显示文件是否只读
49          }
50      }
51  }
```

扩展学习

如何显示数据表中任意列名称

为了更灵活地操作数据表，本实例通过 COL_NAME 方法获取数据表对应列的列名。代码如下：

```
USE Northwind
SELECT COL_NAME(OBJECT_ID('Employees'), 1)
```

实例 171 使用 LINQ 技术查询 SQL 数据库中的数据

源码位置：Code\05\171

实例说明

本实例通过 LINQ to SQL 技术查询数据，可以根据输入的关键字，在数据表中的姓名、性别、年龄和职位字段中检索数据，并将检索出来的数据绑定到控件中显示出来。实例运行效果如图 5.37 所示。

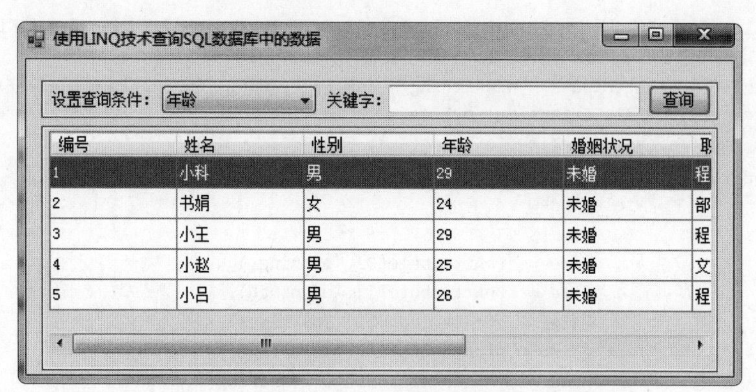

图 5.37 使用 LINQ 技术查询 SQL 数据库中的数据

关键技术

本实例实现时，首先需要创建 LINQ to SQL 对象模型，然后使用 LINQ 技术查询单表中的数据。

实现过程

（1）打开 Visual Studio 2022 开发环境，新建一个名为 FindDataByLINQ 的 Windows 窗体应用程序。

（2）更改默认窗体 Form1 的 Name 属性为 Frm_Main，在该窗体中添加一个 ComboBox 控件，用来设置查询条件；添加一个 TextBox 控件，用来输入查询关键字；添加一个 Button 控件，用来执行查询操作；添加一个 DataGridView 控件，用来显示查询结果。

（3）创建 LINQ to SQL 的 dbml 文件，并将 tb_User 表添加到 dbml 文件中。

（4）程序主要代码如下：

171-1

```
01  private void SearchInfo()
02  {
03      linq = new linqtosqlDataContextDataContext(strCon);         //初始化linq连接对象
04      if (txtKey.Text == "")                                      //如果没有输入查询的关键字
05      {
06          var result = from info in linq.tb_User                  //查找数据库中所有员工的信息
07                       select new
08                       {
09                           编号 = info.ID,                          //显示编号
10                           姓名 = info.User_Name.Trim(),            //姓名
11                           性别 = info.User_Sex.Trim(),             //性别
12                           年龄 = info.User_Age.Trim(),             //年龄
13                           婚姻状况 = info.User_Marriage.Trim(),    //婚姻状况
14                           职位 = info.User_Duty.Trim(),            //职位
15                           联系电话 = info.User_Phone.Trim(),       //联系电话
16                           联系地址 = info.User_Address.Trim()      //联系地址
17                       };
18          dataGridView1.DataSource = result;              //将检索的数据绑定到dataGridView1控件
19      }
20      else                                                //如果输入了关键字
21      {
22          int i = comboBox1.SelectedIndex;                //获取查询的范围
23          switch (i)
24          {
25              case 0:                                     //如果根据姓名查找
26                  var resultName = from info in linq.tb_User
27                                   where info.User_Name.IndexOf(txtKey.Text) >= 0    //模糊查询
28                                   select new
29                                   {
30                                       编号 = info.ID,
31                                       姓名 = info.User_Name,
32                                       性别 = info.User_Sex,
33                                       年龄 = info.User_Age,
34                                       婚姻状况 = info.User_Marriage,
35                                       职位 = info.User_Duty,
36                                       联系电话 = info.User_Phone,
37                                       联系地址 = info.User_Address
38                                   };
39                  dataGridView1.DataSource = resultName;  //将检索的数据绑定到dataGridView1控件
40                  break;
41              case 1:                                     //如果根据性别查找
42                  var resultSex = from info in linq.tb_User
43  //判断员工性别是否等于输入的性别
44  where info.User_Sex == txtKey.Text.Trim()
45                                  select new
46                                  {
47                                      编号 = info.ID,
48                                      姓名 = info.User_Name,
```

```
49                                  性别 = info.User_Sex,
50                                  年龄 = info.User_Age,
51                                  婚姻状况 = info.User_Marriage,
52                                  职位 = info.User_Duty,
53                                  联系电话 = info.User_Phone,
54                                  联系地址 = info.User_Address
55                              };
56                  dataGridView1.DataSource = resultSex;  //将检索的数据绑定到dataGridView1控件中
57                  break;
58              case 2:                                     //如果根据年龄查找
59                  //判断数据库中的员工年龄是否以输入的关键字开头
60                  var resultAge = from info in linq.tb_User
61                              where info.User_Age.StartsWith(txtKey.Text)
62                              select new
63                              {
64                                  编号 = info.ID,
65                                  姓名 = info.User_Name,
66                                  性别 = info.User_Sex,
67                                  年龄 = info.User_Age,
68                                  婚姻状况 = info.User_Marriage,
69                                  职位 = info.User_Duty,
70                                  联系电话 = info.User_Phone,
71                                  联系地址 = info.User_Address
72                              };
73                  dataGridView1.DataSource = resultAge;  //将检索的数据绑定到dataGridView1控件中
74                  break;
75              case 3:                                     //如果根据职位查找
76                  var resultDuty = from info in linq.tb_User
77  //判断员工职位是否等于输入的关键字
78  where info.User_Duty == txtKey.Text.Trim()
79                               select new
80                               {
81                                   编号 = info.ID,
82                                   姓名 = info.User_Name,
83                                   性别 = info.User_Sex,
84                                   年龄 = info.User_Age,
85                                   婚姻状况 = info.User_Marriage,
86                                   职位 = info.User_Duty,
87                                   联系电话 = info.User_Phone,
88                                   联系地址 = info.User_Address
89                               };
90                  dataGridView1.DataSource = resultDuty; //将检索的数据绑定到dataGridView1控件中
91                  break;
92          }
93      }
94  }
```

扩展学习

执行查询但是显示列信息

SQL 中的查询语句（SELECT 语句）将显示结果以行的形式表现出来，但是有时并不想获取查询结果的行信息，而是要求获取查询语句中的列信息。使用 FMTONLY 方法便可以实现，将 FMTONLY 设置更改为 ON 并执行 SELECT 语句。该设置使语句只返回列信息，而不返回数据行。代码如下：

```
SET FMTONLY ON
GO
SELECT*
FROM authors
```

实例 172　使用 LINQ 技术实现数据分页

源码位置：Code\05\172

实例说明

数据的分页查看功能在 Windows 应用程序中很常见，但是 Visual Studio 2022 开发环境自带的数据控件 DataGridView 却没有这一项功能，那么需要开发人员自己编写代码来实现数据分页功能，本实例将演示如何使用 LINQ 技术来方便地实现数据分页功能。实例运行效果如图 5.38 所示。

图 5.38　使用 LINQ 技术实现数据分页

关键技术

本实例实现时主要用到了 LINQ 中的 Count 方法、Skip 方法和 Take 方法。

实现过程

（1）打开 Visual Studio 2022 开发环境，新建一个名为 LinqPages 的 Windows 窗体应用程序。

（2）更改默认窗体 Form1 的 Name 属性为 Frm_Main，在该窗体中添加一个 DataGridView 控件，显示数据库中的数据；添加 4 个 Button 控件，分别用来执行首页、上一页、下一页和尾页操作。

（3）创建 LINQ to SQL 的 dbml 文件，并将 Address 表添加到 dbml 文件中。

（4）程序主要代码如下：

172-1

```
01  LinqClassDataContext linqDataContext = new LinqClassDataContext(); //创建LINQ对象
02  int pageSize = 7;                                          //设置每页显示7条记录
03  int page = 0;                                              //记录当前页面
04  private void Form1_Load(object sender, EventArgs e)
05  {
06      page = 0;                                              //设置当前页面
07      bindGrid();                                            //调用自定义bindGrid方法绑定DataGridView控件
08  }
09  private void btnFirst_Click(object sender, EventArgs e)
10  {
11      page = 0;                                              //设置当前页面为首页
12      bindGrid();                                            //调用自定义bindGrid方法绑定DataGridView控件
13  }
14  private void btnBack_Click(object sender, EventArgs e)
15  {
16      page = page - 1;                                       //设置当前页数为当前页数减1
17      bindGrid();                                            //调用自定义bindGrid方法绑定DataGridView控件
18  }
19  private void btnNext_Click(object sender, EventArgs e)
20  {
21      page = page + 1;                                       //设置当前页数为当前页数加1
22      bindGrid();                                            //调用自定义bindGrid方法绑定DataGridView控件
23  }
24  private void btnEnd_Click(object sender, EventArgs e)
25  {
26      page = getCount() - 1;                                 //设置当前页数为总页面减1
27      bindGrid();                                            //调用自定义bindGrid方法绑定DataGridView控件
28  }
29  ///<summary>
30  ///对DataGridView控件进行数据绑定
31  ///</summary>
32  protected void bindGrid()
33  {
34      int pageIndex = Convert.ToInt32(page);                 //获取当前页数
35      //使用LINQ查询，并对查询的数据进行分页
36      var result = (from v in linqDataContext.Address
37                    select new
38                    {
39                        地址编号 = v.AddressID,
40                        城市 = v.City,
41                        邮政编码 = v.PostalCode,
42                        省份编号 = v.StateProvinceID
43                    }).Skip(pageSize * pageIndex).Take(pageSize);
44      dgvInfo.DataSource = result;                           //设置DataGridView控件的数据源
45      btnEnd.Enabled = btnFirst.Enabled = btnBack.Enabled = btnNext.Enabled = true;
46      if (page == 0)                  //判断是否为第一页，如果为第一页，禁用“首页”按钮和“上一页”按钮
47      {
48          btnFirst.Enabled = btnBack.Enabled = false;
49      }
```

```
50  //判断是否为最后一页，如果为最后一页，禁用“尾页”按钮和“下一页”按钮
51  if (page == getCount() - 1)
52      {
53          btnEnd.Enabled = btnNext.Enabled = false;
54      }
55  }
56  ///<summary>
57  ///获取总页数
58  ///</summary>
59  ///<returns>返回得到的总页数</returns>
60  protected int getCount()
61  {
62      int sum = linqDataContext.Address.Count();          //设置总数据行数
63      int s1 = sum / pageSize;                            //获取可以分的页面
64      //当总行数对页数求余后是否大于0，如果大于0获取1，否则获取0
65      int s2 = sum % pageSize > 0 ? 1 : 0;
66      int count = s1 + s2;                                //计算出总页数
67      return count;
68  }
```

扩展学习

如何正确理解 SQL 中的 NULL 值

在 SQL 语句中，NULL 值与字符列中的空格、数字列中的零和字符列中的 NULL ASCII 字符都不同。当 DBMS 在一列中发现一个 NULL 值时，就将其翻译为未定义或不可用的。DBMS 不能在一列中作出有关 NULL 的假设，也不能假设 NULL 值等于 NULL。造成某一列成为 NULL 的因素可能是值不存在、值未知或者列对表行不可用。所以，应将 NULL 值当作一个指示符，而不是一个值。当 DBMS 在表中的某一行的某一列中找到 NULL 值时，DBMS 就知道该数据已丢失或者不可用。

实例 173　使用 LINQ 技术统计员工的工资总额　　源码位置：Code\05\173

实例说明

本实例主要通过 LINQ to DataSet 技术获取 DataSet 数据集中存储的员工的工资总额，运行本实例，首先将数据库中的数据检索出来显示在 DataGridView 控件中，然后单击“公司每月总薪水”按钮，即可汇总公司员工每月的总薪水，并将汇总数据显示在 DataGridView 控件中。实例运行效果如图 5.39 所示。

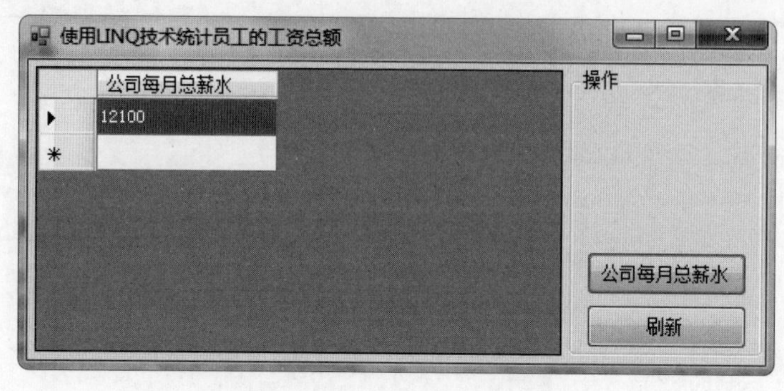

图 5.39　使用 LINQ 技术统计员工的工资总额

关键技术

本实例在对 DataSet 数据集中的数据进行汇总查询时，主要用到 LINQ to DataSet 技术中的 AsEnumerable 方法和 Sum 方法。

实现过程

（1）打开 Visual Studio 2022 开发环境，新建一个名为 SumSalary 的 Windows 窗体应用程序。

（2）更改默认窗体 Form1 的 Name 属性为 Frm_Main，在该窗体中添加一个 DataGridView 控件，用来显示数据库中的所有数据和公司每月的总薪水；添加两个 Button 控件，分别用来获取数据库中的所有数据和汇总公司每月的总薪水。

（3）程序主要代码如下：

173-1

```
01  private void button4_Click(object sender, EventArgs e)
02  {
03      sqlcon = new SqlConnection(strCon);                        //创建数据库连接对象
04      sqlda = new SqlDataAdapter("select * from tb_Salary", sqlcon); //创建数据库桥接器对象
05      myds = new DataSet();                                      //创建数据集对象
06      sqlda.Fill(myds, "tb_Salary");                             //填充DataSet数据集
07      //查询DataSet数据集中所有薪水
08      var query = from salary in myds.Tables["tb_Salary"].AsEnumerable()
09                  where salary.Field<int>("Salary") > 0
10                  select salary;
11      int intSum = query.Sum(salary => salary.Field<int>("Salary")); //汇总薪水
12      DataTable myDTable = new DataTable();                      //创建DataTable对象
13      myDTable.Columns.Add("公司每月总薪水");                      //在数据表中添加列
14      DataRow myDRow = myDTable.NewRow();                        //创建DataRow对象
15      myDRow["公司每月总薪水"] = intSum;                           //为DataRow中的行赋值
16      myDTable.Rows.Add(myDRow);                                 //将DataRow添加到DataTable的行集合中
17      dataGridView1.DataSource = myDTable;                       //显示查询到的数据集中的信息
18      dataGridView1.Columns[0].Width = 120;                      //设置DataGridView控件的列宽
19  }
```

扩展学习

使用一个单行的子查询来更新列

可以在 UPDATE 语句中把 SELECT 语句的结果用作一个赋值，但子查询返回的行数一定不能多于一行，如果没有行被返回，则将 NULL 值赋给目标列，也可以在 UPDATE 语句中使用嵌入一个子查询或连接来实现更新数据。例如，将班级表中编号为 4 的记录中的系编号改为系表中系名为表演系的编号。SQL 语句如下：

```
UPDATE tb_Class SET deptID = (SELECT deptID FROM tb_Department WHERE(deptName = '表演系'))
WHERE(classID = '4')
```

实例 174　实现 LINQ 动态查询的方法

源码位置：Code\05\174

实例说明

实际的项目开发中，很多地方都用到动态生成的 SQL 语句，即根据实际条件以连接字符串形式拼接的 SQL 语句，它的优点是使用起来非常灵活，可以将包含任意 SQL 语句的字符串传入指定方法，实现数据库操作。LINQ 也可以实现类似的效果，如图 5.40 所示，选择某一仓库、输入指定的商品助记码后，单击“查询”按钮，即可查询到该仓库中指定商品助记码的商品信息。

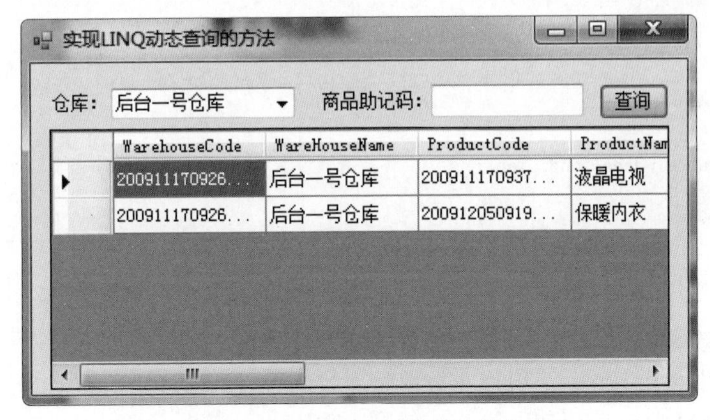

图 5.40　实现 LINQ 动态查询的方法

关键技术

Where 方法能够处理由逻辑运算符（如“&&”或“||”）组成的逻辑表达式，并从数据源中筛选数据。

实现过程

（1）打开 Visual Studio 2022 开发环境，新建一个名为 DynamicQuery 的 Windows 窗体应用程序。

（2）更改默认窗体 Form1 的 Name 属性为 Frm_Main，在该窗体中添加一个 ComboBox 控件，用来选择仓库；添加一个 TextBox 控件，用来输入商品助记码；添加一个 Button 控件，用来执行动态查询操作；添加一个 DataGridView 控件，用来显示查询结果。

（3）创建 LINQ to SQL 的 dbml 文件，并将 V_StoreInfo 视图和 WarehouseInfo 表添加到 dbml 文件中。

（4）程序主要代码如下：

174-1

```
01  private void button1_Click(object sender, EventArgs e)
02  {
03      if (comboBox1.SelectedIndex > -1)                        //"仓库"下拉列表框不为空
04      {
05          if (textBox1.Text.Trim() != "")                      //"商品助记码"文本框不为空
06          {
07              var query = ConditionQuery<V_StoreInfo>(dc.V_StoreInfo, itm => itm.WareHouseName ==
    comboBox1.Text && itm.HelpCode.StartsWith(textBox1.Text)); //调用通用查询方法
08              dataGridView1.DataSource = query.ToList();      //将查询结果绑定到dataGridView1
09          }
10          else                                                 //"商品助记码"文本框为空
11          {
12              var query = ConditionQuery<V_StoreInfo>(dc.V_StoreInfo, itm => itm.WareHouseName ==
    comboBox1.Text);
13              dataGridView1.DataSource = query.ToList();    //将查询结果绑定到dataGridView1
14          }
15      }
16  }
17  //通用查询方法
18  public IEnumerable<TSource> ConditionQuery<TSource>(IEnumerable<TSource> source, Func<TSource,
    bool> condition)
19  {
20      return source.Where(condition);
21  }
```

扩展学习

where 子句的效率

LINQ to SQL 中使用 where 子句筛选数据时，效率较高。基本上所有 LINQ to SQL 查询中的 where 子句都会被解释为 SQL 语句中的 where 子句部分。

第6章 网络安全及硬件控制

利用网卡序列号设计软件注册程序

限制软件的使用次数

远程控制计算机

局域网端口扫描

局域网 IP 地址扫描

……

实例 175　利用网卡序列号设计软件注册程序　源码位置：Code\06\175

实例说明

本实例实现了利用本机网卡序列号生成软件注册码的功能。运行本实例，程序将自动获取本机网卡序列号，单击“生成注册码”按钮，生成软件注册码，在下面的文本框中依次输入注册码，单击“注册”按钮即可实现软件注册功能。实例运行效果如图 6.1 所示。

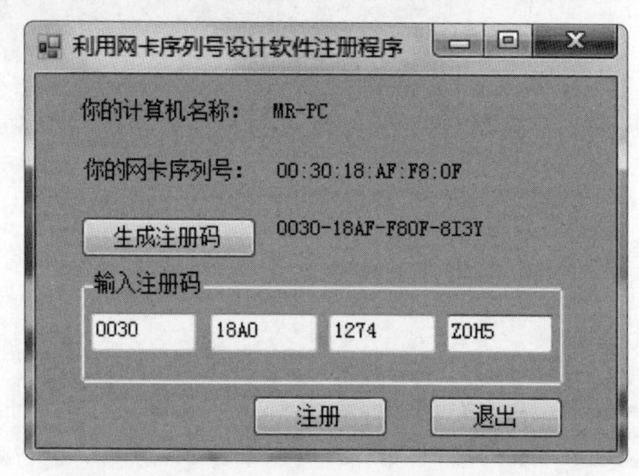

图 6.1　利用网卡序列号设计软件注册程序

关键技术

本实例主要用到了 RegistryKey 类的 OpenSubKey 方法、CreateSubKey 方法、GetSubKeyNames 方法、SetValue 方法和 ManagementClass 类的 GetInstances 方法、ManagementObjectCollection 类和 ManagementObject 类。

实现过程

（1）打开 Visual Studio 2022 开发环境，新建一个名为 RegSoftByNetwork Card 的 Windows 窗体应用程序。

（2）更改默认窗体 Form1 的 Name 属性为 Frm_Main，首先在该窗体中添加 3 个 Label 控件，分别用来显示计算机名称、网卡序列号和注册码；然后添加 4 个 TextBox 控件，用来输入注册码；最后添加 3 个 Button 控件，分别用来执行生成注册码、注册和退出操作。

（3）程序主要代码如下：

175-1

```
01  private void button1_Click(object sender, EventArgs e)
02  {
03      string strCode = GetNetCardMacAddress();     //调用自定义方法获取网卡信息
04      strCode = strCode.Substring(0, 2) + strCode.Substring(3, 2) + strCode.Substring(6, 2) +
    strCode.Substring(9, 2) + strCode.Substring(12, 2) + strCode.Substring(15, 2);
05      //网卡信息存储
06      string strb = strCode.Substring(0, 4) + strCode.Substring(4, 4) + strCode.Substring(8, 4);
```

```
07      for (int i = 0; i < strLanCode.Length; i++)                     //把网卡信息存入数组
08      {
09          strLanCode[i] = strb.Substring(i, 1);
10      }
11      Random ra = new Random();
12      switch (intRand)                                                //随机生成注册码的顺序
13      {
14          case 0:                                                     //当第一次生成随机注册码时执行
15              //生成随机注册码
16              label5.Text = strCode.Substring(0, 4) + "-" + strCode.Substring(4, 4) + "-" +
    strCode.Substring(8, 4) + "-" + strkey[ra.Next(0, 37)].ToString() + strkey[ra.Next(0, 37)].
    ToString() + strkey[ra.Next(0, 37)].ToString() + strkey[ra.Next(0, 37)].ToString();
17              intRand = 1;                                            //使变量intRand等于1
18              break;
19          case 1:                                                     //当第二次生成随机注册码时执行
20              label5.Text = strCode.Substring(0, 4) + "-" + strCode.Substring(4, 4) + "-" +
    strLanCode[ra.Next(0, 11)] + strLanCode[ra.Next(0, 11)] + strLanCode[ra.Next(0, 11)] +
    strLanCode[ra.Next(0, 11)] + "-" + strkey[ra.Next(0, 37)].ToString() + strkey[ra.Next(0, 37)].
    ToString() + strkey[ra.Next(0, 37)].ToString() + strkey[ra.Next(0, 37)].ToString();
21              intRand = 2;                                            //使变量intRand等于2
22              break;
23          case 2:                                                     //当第三次生成随机注册码时执行
24              //生成随机注册码
25              label5.Text = strCode.Substring(0, 4) + "-" + strLanCode[ra.Next(0, 11)] +
    strLanCode[ra.Next(0, 11)] + strLanCode[ra.Next(0, 11)] + strLanCode[ra.Next(0, 11)] +
    "-" + strLanCode[ra.Next(0, 11)] + strLanCode[ra.Next(0, 11)] + strLanCode[ra.Next(0, 11)] +
    strLanCode[ra.Next(0, 11)] + "-" + strkey[ra.Next(0, 37)].ToString() + strkey[ra.Next(0, 37)].
    ToString() + strkey[ra.Next(0, 37)].ToString() + strkey[ra.Next(0, 37)].ToString();
26              intRand = 3;                                            //使变量intRand等于3
27              break;
28          case 3:                                                     //当第四次生成随机注册码时执行
29          //生成随机注册码
30          label5.Text = strLanCode[ra.Next(0, 11)] + strLanCode[ra.Next(0, 11)] +
    strLanCode[ra.Next(0, 11)] + strLanCode[ra.Next(0, 11)] + "-" + strLanCode[ra.Next(0, 11)] +
    strLanCode[ra.Next(0, 11)] + strLanCode[ra.Next(0, 11)] + strLanCode[ra.Next(0, 11)] + "-" +
    strLanCode[ra.Next(0, 11)] + strLanCode[ra.Next(0, 11)] + strLanCode[ra.Next(0, 11)] +
    strLanCode[ra.Next(0, 11)] + "-" + strkey[ra.Next(0, 37)].ToString() + strkey[ra.Next(0, 37)].
    ToString() + strkey[ra.Next(0, 37)].ToString() + strkey[ra.Next(0, 37)].
    ToString(); intRand = 0;                                            //使变量intRand等于0
31              break;
32      }
33  }
34  public string GetNetCardMacAddress()
35  {
36      //创建ManagementClass对象
37      ManagementClass mc = new ManagementClass("Win32_NetworkAdapterConfiguration");
38      ManagementObjectCollection moc = mc.GetInstances(); //创建ManagementObjectCollection对象
39      string str = "";                                    //用于存储网卡序列号
40      foreach (ManagementObject mo in moc)                //遍历获取的集合
41      {
```

```
42            if ((bool)mo["IPEnabled"] == true)                    //判断IPEnabled属性是否为true
43                str = mo["MacAddress"].ToString();                //获取网卡序列号
44        }
45        return str;                                                //返回网卡序列号
46    }
```

扩展学习

得到本地机器的计算机名称

C# 中可以使用 Environment 类的 MachineName 属性来得到本地机器的计算机名称，代码如下：

```
label1.Text = Environment.MachineName;                            //获取计算机名称
```

实例 176　限制软件的使用次数

源码位置：Code\06\176

实例说明

为了使软件能被更广泛地推广，开发商希望有更多的用户使用软件，但他们又不想让用户长时间免费使用未经授权的软件，这时就推出试用版软件，限制用户的使用次数，如果用户感觉使用方便，就可以购买正式版软件。本实例使用 C# 实现了限制软件使用次数的功能，运行本实例，如果程序未注册，则提示用户已经使用过的次数，如图 6.2 所示，然后进入程序主窗体，单击主窗体中的“注册”按钮，弹出如图 6.3 所示的“软件注册”窗体，该窗体中自动获取机器码，在用户输入正确的注册码之后，单击“注册”按钮，即可成功注册程序，注册之后的程序将不再提示软件试用次数。

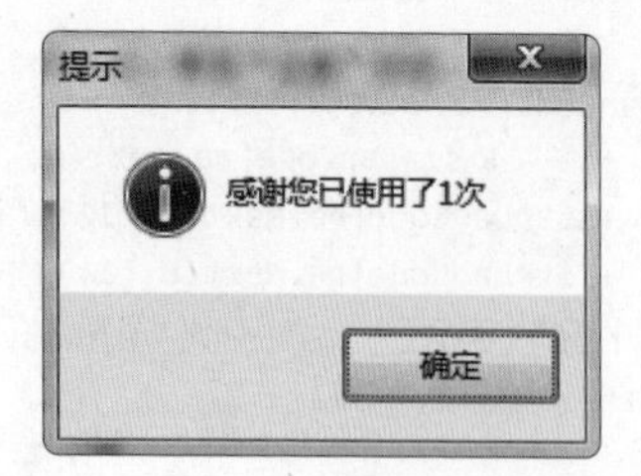

图 6.2　限制软件的使用次数

图 6.3　软件注册

关键技术

本实例在实现限制软件使用次数的功能时，首先需要判断软件是否已经注册，如果已经注册，则用户可以任意使用软件。如果软件未注册，则判断软件是否初次使用，如果是初次使用，则在系统注册表中新建一个子项，用来存储软件的使用次数，并且设置初始值为 1；如果不是初次使用，则从存储软件使用次数的注册表项中获取已经使用的次数，然后将获取的使用次数加 1，作为新的软件使用次数，存储到注册表中。具体实现时，获取软件使用次数时用到了 Registry 类的 GetValue

方法，向注册表中写入软件使用次数时用到了 Registry 类的 SetValue 方法。另外，在对软件进行注册时，需要根据硬盘序列号和 CPU 序列号生成机器码和注册码，此时用到了 WMI 管理对象中的 ManagementClass 类、ManagementObject 类和 ManagementObjectCollection 类。

实现过程

（1）打开 Visual Studio 2022 开发环境，新建一个名为 LimitSoftUseTimes 的 Windows 窗体应用程序。

（2）更改默认窗体 Form1 的 Name 属性为 Frm_Main，在该窗体中添加一个 Button 控件，用来调用“软件注册”窗体。

（3）在 LimitSoftUseTimes 项目中添加一个 Windows 窗体，并将其命名为 Frm_Register，用来实现软件注册功能，在该窗体中添加两个 TextBox 控件，分别用来显示机器码和输入注册码；添加两个 Button 控件，分别用来执行软件注册和关闭窗体操作。

（4）Frm_Main 窗体加载时，首先判断程序是否注册，如果已经注册，则将主窗体 Text 属性设置为“限制软件的使用次数（已注册）”，否则，将主窗体 Text 属性设置为“限制软件的使用次数（未注册）”，并且提示软件为试用版和其已经使用的次数，同时将注册表中记录的软件使用次数加 1。Frm_Main 窗体的 Load 事件代码如下：

176-1

```
01  private void frmMain_Load(object sender, EventArgs e)
02  {
03      //打开注册表项
04      RegistryKey retkey = Microsoft.Win32.Registry.LocalMachine.OpenSubKey("software", true).
    CreateSubKey("mrwxk").CreateSubKey("mrwxk.ini");
05      foreach (string strRNum in retkey.GetSubKeyNames())           //判断是否注册
06      {
07          if (strRNum == softreg.getRNum())                         //判断注册码是否相同
08          {
09              this.Text = "限制软件的使用次数（已注册）";
10              button1.Enabled = false;
11              return;
12          }
13      }
14      this.Text = "限制软件的使用次数（未注册）";
15      button1.Enabled = true;
16      MessageBox.Show("您现在使用的是试用版，该软件可以免费试用30次！", "提示", MessageBoxButtons.OK,
    MessageBoxIcon.Information);
17      Int32 tLong;
18      try
19      {
20          //获取软件已经使用的次数
21          tLong = (Int32)Registry.GetValue("HKEY_LOCAL_MACHINE\\SOFTWARE\\tryTimes",
    "UseTimes", 0);
22          MessageBox.Show("感谢您已使用了" + tLong + "次", "提示", MessageBoxButtons.OK,
    MessageBoxIcon.Information);
```

```
23        }
24        catch
25        {
26            //首次使用软件
27            Registry.SetValue("HKEY_LOCAL_MACHINE\\SOFTWARE\\tryTimes", "UseTimes", 0,
      RegistryValueKind.DWord);
28            MessageBox.Show("欢迎新用户使用本软件", "提示", MessageBoxButtons.OK,
      MessageBoxIcon.Information);
29        }
30        //获取软件已经使用的次数
31        tLong = (Int32)Registry.GetValue("HKEY_LOCAL_MACHINE\\SOFTWARE\\tryTimes", "UseTimes", 0);
32        if (tLong < 30)
33        {
34            int Times = tLong + 1;                                    //计算软件本次是第几次使用
35            //将软件使用次数写入注册表
36            Registry.SetValue("HKEY_LOCAL_MACHINE\\SOFTWARE\\tryTimes", "UseTimes", Times);    }
37        else
38        {
39            MessageBox.Show("试用次数已到", "警告", MessageBoxButtons.OK, MessageBoxIcon.Warning);
40            Application.Exit();                                       //退出应用程序
41        }
42    }
```

扩展学习

如何获取汉字的区位码

根据汉字获取其对应区位码时，需要使用 System.Text.Encoding 类中 Default 编码方式的 GetBytes 方法对给出的汉字进行编码。获取汉字区位码的关键代码如下：

```
byte[] array = new byte[2];
array = System.Text.Encoding.Default.GetBytes("" + textBox1.Text.Trim() + "");
int front = (short)(array[0] - '\0');
int back = (short)(array[1] - '\0');
textBox2.Text = Convert.ToString(front-160) + Convert.ToString(back-160);
```

实例 177　远程控制计算机

源码位置：Code\06\177

实例说明

网上的许多木马、黑客程序可能具有远程控制计算机的能力。例如，能够让计算机定时关机、窃取文件信息等。那么如何实现远程控制呢？本实例设计了远程控制计算机的程序，运行结果如图 6.4 所示。

图 6.4　远程控制计算机

关键技术

添加 System.Management 组件，步骤如下：

（1）选择“解决方案资源管理器”选项卡，右击“引用”按钮，在弹出的快捷菜单中选择“添加引用”选项。

（2）弹出“添加引用”对话框，选择“.NET”选项卡。

（3）在组件列表中，选择名称为“System.Management”的选项，添加 System.Management 组件成功，在程序中使用时通过关键字“using”引入，利用 ConnectionOptions 类实现远程控制计算机。

实现过程

（1）新建一个项目，将其命名为“远程控制计算机”，默认主窗体为 Form1。

（2）Form1 窗体设计时用到的控件及说明如表 6.1 所示。

表 6.1　Form1 窗体设计用到的控件及说明

控 件 类 型	控 件 名 称	用　途
Button	button 1	关闭远程计算机
	button 2	重新启动远程计算机
	button 3	退出项目
TextBox	textBox 1	输入远程计算机 IP 或计算机名
	textbox 2	输入远程计算机用户名
	textbox 3	输入远程计算机的密码

（3）自定义 CloseComputer 方法，用于控制远程计算机。代码如下：

177-1

```
01  private void CloseComputer(string strname, string strpwd, string ip, string doinfo)
02  {
03      ConnectionOptions op = new ConnectionOptions();          //实例化ConnectionOptions类
04      op.Username = strname;                                   //账号（注意要有管理员的权限）
```

```
05        op.Password = strpwd;                                        //密码
06        ManagementScope scope = new ManagementScope("\\\\" + ip + "\\root\\cimv2:Win32_Service", op);
07        try
08        {
09            scope.Connect();                                         //连接到实际的WMI范围
10            System.Management.ObjectQuery oq = new System.Management.ObjectQuery("SELECT *
    FROM Win32_OperatingS ystem");                                     //实例化ObjectQuery
11            ManagementObjectSearcher query1 = new ManagementObjectSearcher(scope, oq);
12            ManagementObjectCollection queryCollection1 = query1.Get(); //得到WMI控制
13            foreach (ManagementObject mobj in queryCollection1) //遍历所有得到的WMI信息
14            {
15                string[] str = { "" };                       //声明数组存储信息
16                mobj.InvokeMethod(doinfo, str);              //根据参数doinfo执行不同的操作（关机或重启）
17            }
18            MessageBox.Show("操作成功");                       //如果操作成功弹出提示
19        }
20        catch (Exception ey)                                 //如果发生异常
21        {
22            MessageBox.Show(ey.Message);                     //显示异常信息
23            this.button1.PerformClick();                     //生成按钮的Click事件
24        }
25    }
```

调用 CloseComputer 方法，重新启动远程计算机。代码如下：

177-2

```
01    private void button1_Click(object sender, EventArgs e)
02    {
03        //调用CloseComputer方法重新启动计算机，其指定的类型为“Reboot”
04        CloseComputer(this.textBox2.Text, this.textBox3.Text, this.textBox1.Text, "Reboot");
05    }
```

调用 CloseComputer 方法，关闭远程计算机。代码如下：

177-3

```
01    private void button3_Click(object sender, EventArgs e)
02    {
03        //调用CloseComputer方法关闭计算机，其指定的类型为“Shutdown”
04        CloseComputer(this.textBox2.Text, this.textBox3.Text, this.textBox1.Text, "Shutdown");
05    }
```

扩展学习

根据本实例，读者可以实现以下功能：

☑ 开发客户/服务器应用程序。

☑ 开发网络通信程序。

实例 178　局域网端口扫描

源码位置：Code\06\178

实例说明

用户在为计算机中的某些程序设置端口时，为了避免端口号冲突，通常需要快速找出本机已经使用的端口号，本实例通过 C# 实现局域网端口扫描功能。运行本实例，选择工作组，并指定要扫描端口的计算机，输入开始和结束扫描的端口号，单击“扫描”按钮，即可扫描选定计算机的指定范围内的已用端口号，并显示出来。实例运行结果如图 6.5 所示。

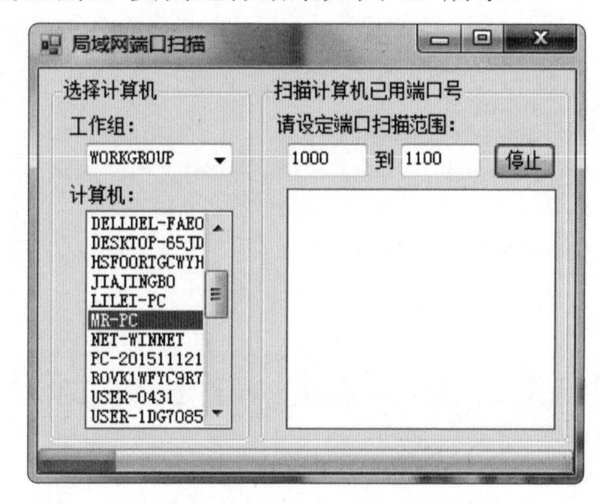

图 6.5　局域网端口扫描

关键技术

本实例在获取局域网工作组及指定工作组所包含的计算机时用到 DirectoryEntry 类，实现端口扫描时用到 TcpClient 类和多线程。

实现过程

（1）打开 Visual Studio 2022 开发环境，新建一个名为 ScanPort 的 Windows 窗体应用程序，默认窗体为 Form1。

（2）Form1 窗体主要用到的控件及说明如表 6.2 所示。

表 6.2　Form1 窗体主要用到的控件及说明

控件类型	控件名称	属性设置	说　明
ComboBox	comboBox1	无	显示局域网内的工作组
ListBox	listBox1	无	显示指定工作组中的计算机名称
TextBox	textBox1	无	输入开始扫描的端口号
	textBox2	无	输入结束扫描的端口号
Button	button1	Text 属性设置为“扫描”	执行局域网端口扫描操作

续表

控件类型	控件名称	属性设置	说明
ListView	listView1	View 属性设置为 SmallIcon	显示扫描到的已用端口号
ProgressBar	progressBar1	Dock 属性设置为 Bottom	显示扫描进度
Timer	timer1	Interval 属性设置为 1000	时刻更新显示扫描到的已用端口号

（3）Form1 窗体加载时，首先获取局域网中的所有工作组，并显示在 ComboBox 下拉列表中，实现代码如下：

178-1

```
01  private void Form1_Load(object sender, EventArgs e)
02  {
03      //遍历局域网中的工作组，并显示在下拉列表控件中
04      foreach (DirectoryEntry DEGroup in DEMain.Children)
05      {
06          comboBox1.Items.Add(DEGroup.Name);
07      }
08  }
```

在“工作组”下拉列表中选择工作组后，程序会根据选择的工作组获取其所包含的所有计算机名称，并显示在 ListBox 控件中，实现代码如下：

178-2

```
01  private void comboBox1_SelectedIndexChanged(object sender, EventArgs e)
02  {
03      listBox1.Items.Clear();
04      foreach (DirectoryEntry DEGroup in DEMain.Children)
05      {
06          //判断工作组名称
07          if (DEGroup.Name.ToLower() == comboBox1.Text.ToLower())
08          {
09              //遍历指定工作组中的所有计算机名称，并显示在ListBox控件中
10              foreach (DirectoryEntry DEComputer in DEGroup.Children)
11              {
12                  if (DEComputer.Name.ToLower() != "schema")
13                  {
14                      listBox1.Items.Add(DEComputer.Name);
15                  }
16              }
17          }
18      }
19  }
```

当用户在两个 TextBox 文本框中分别输入开始和结束的端口号后，单击“扫描”按钮，启动另一个线程执行扫描端口号操作，同时显示扫描进度条；这时再次单击该按钮，可以停止执行端口扫描操作。“扫描”按钮的 Click 事件代码如下：

178-3

```
01  private void button1_Click(object sender, EventArgs e)
02  {
03      listView1.Items.Clear();                                    //清空ListView控件中的项
04      try
05      {
06          if (button1.Text == "扫描")
07          {
08              intport = 0;                                        //初始化已用端口号
09              //指定进度条最大值
10              progressBar1.Minimum = Convert.ToInt32(textBox1.Text);
11              //指定进度条最小值
12              progressBar1.Maximum = Convert.ToInt32(textBox2.Text);
13              //指定进度条初始值
14              progressBar1.Value = progressBar1.Minimum;
15              timer1.Start();                                     //开始运行计时器
16              button1.Text = "停止";                              //设置按钮文本为“停止”
17              intstart = Convert.ToInt32(textBox1.Text);          //为开始扫描的端口号赋值
18              intend = Convert.ToInt32(textBox2.Text);            //为结束扫描的端口号赋值
19              //使用自定义方法StartScan实例化线程对象
20              myThread = new Thread(new ThreadStart(this.StartScan));
21              myThread.Start();                                   //开始运行扫描端口号的线程
22          }
23          else
24          {
25              button1.Text = "扫描";                              //设置按钮文本为“扫描”
26              timer1.Stop();                                      //停止运行计时器
27              //设置进度条的值为最大值
28              progressBar1.Value = Convert.ToInt32(textBox2.Text);
29              if (myThread != null)                               //判断线程对象是否为空
30              {
31                  //判断扫描端口号的线程是否正在运行
32                  if (myThread.ThreadState == ThreadState.Running)
33                  {
34                      myThread.Abort();                           //终止线程
35                  }
36              }
37          }
38      }
39      catch { }
40  }
```

上面的代码中用到了 StartScan 方法，该方法为自定义的无返回值类型方法，它没有参数，主要用来根据用户输入的开始端口号和结束端口号执行端口扫描操作。StartScan 方法实现代码如下：

178-4

```
01  #region 扫描端口号
02  ///<summary>
03  ///扫描端口号
04  ///</summary>
05  private void StartScan()
```

```
06  {
07      while (true)
08      {
09          for (int i = intstart; i <= intend; i++)
10          {
11              intflag = i;                                            //记录正在扫描的端口号
12              try
13              {
14                  //使用记录的计算机名称和端口号实例化侦听对象
15                  TClient = new TcpClient(strName, i);
16                  intport = i;                                        //记录已分配的端口号
17              }
18              catch { }
19          }
20      }
21  }
22  #endregion
```

由于用于输入开始和结束端口号的两个 TextBox 文本框是在主线程中创建的，因此 StartScan 方法中不能直接用这两个 TextBox 文本框的对象名称，而需要使用定义的公共变量进行传值。

执行端口扫描的过程中，需要启动 Timer 计时器，以便实时显示扫描到的已用端口号，而当扫描结束之后，则需要停止运行计时器，实现代码如下：

178-5

```
01  private void timer1_Tick(object sender, EventArgs e)
02  {
03      if (intport != 0)                                       //判断是否有可用端口号
04      {
05          if (listView1.Items.Count > 0)
06          {
07              for (int i = 0; i < listView1.Items.Count; i++)
08              {
09                  //判断扫描到的端口号是否与列表中的重复
10                  if (listView1.Items[i].Text != intport.ToString())
11                  {
12                      listView1.Items.Add(intport.ToString()); //向列表中添加扫描到的已用端口号
13                  }
14              }
15          }
16          else
17              listView1.Items.Add(intport.ToString());      //向列表汇总添加扫描到的已用端口号
18      }
19      if (progressBar1.Value < progressBar1.Maximum)        //判断进度条的当前值是否超出其最大值
20          progressBar1.Value += 1;                           //将进度条的值加1
21      if (intflag == Convert.ToInt32(textBox2.Text))        //判断正在扫描的端口号是否是结束端口号
22      {
23          timer1.Stop();                                     //停止运行计时器
24          button1.Text = "扫描";                             //设置按钮文本为“扫描”
25          MessageBox.Show("端口扫描结束！");
26      }
27  }
```

扩展学习

根据本实例，读者可以实现以下功能：

☑ 扫描局域网中的所有工作组。

☑ 获取局域网中的所有计算机名称。

实例 179　局域网 IP 地址扫描

源码位置：Code\06\179

实例说明

在局域网中，用户在设置 IP 地址时，为了避免 IP 地址发生冲突，通常需要快速找出局域网内已经使用的 IP 地址，本实例使用 C# 实现局域网 IP 扫描功能。运行本实例，输入开始地址和结束地址，单击“开始”按钮，即可扫描局域网中指定范围内的已用 IP 地址并显示，单击“停止”按钮，停止扫描。实例运行结果如图 6.6 所示。

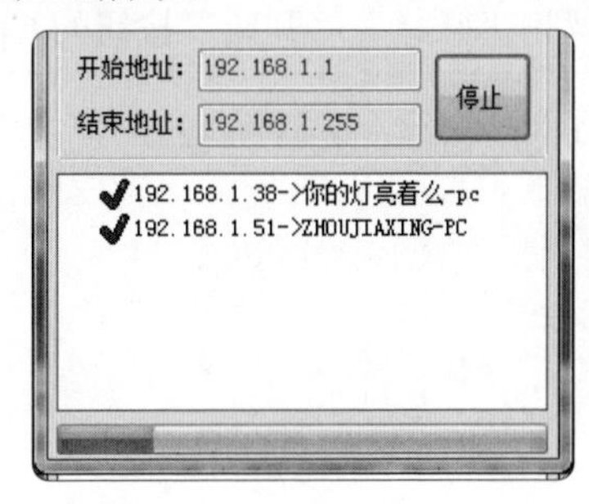

图 6.6　局域网 IP 地址扫描

关键技术

本实例在扫描局域网 IP 地址时主要用到 IPAddress 类和 IPHostEntry 类。IPAddress 类包含计算机在 IP 网络上的地址，它主要用来提供网际协议（IP）地址，该类位于 Using System.Net 命名空间下。IPHostEntry 类为 Internet 主机地址信息提供容器类，该类位于 System.Net 命名空间下。

实现过程

（1）打开 Visual Studio 2022 开发环境，新建一个名为 ScanIP 的 Windows 窗体应用程序，默认窗体为 Form1。

（2）Form1 窗体主要用到的控件及说明如表 6.3 所示。

表 6.3　Form1 窗体主要用到的控件及说明

控件类型	控件名称	属性设置	说明
TextBox	textBox1	无	输入开始扫描的 IP 地址
	textBox2	无	输入结束扫描的 IP 地址

续表

控件类型	控件名称	属性设置	说明
Button	button1	Text 属性设置为“开始”	执行局域网 IP 地址扫描操作
ListView	listView1	View 属性设置为 List， StateImageList 属性设置为 imageList1	显示扫描到的已用 IP 地址
ProgressBar	progressBar1	无	显示扫描进度
Timer	timer1	Interval 属性设置为 1000	时刻更新显示扫描到的已用 IP 地址
ImageList	imageList1	在 Images 属性中添加一个 ip.ico 图标	已用端口号的图标

（3）Form1 窗体中，输入开始和结束的 IP 地址后，单击“开始”按钮，扫描指定范围内已用 IP 地址，同时将 Button 控件的 Text 属性设置为“停止”，这时如果再次单击该按钮，则停止扫描，同时将 Button 控件的 Text 属性设置为“开始”。“开始”按钮的 Click 事件代码如下：

179-1

```
01  private void button1_Click(object sender, EventArgs e)
02  {
03      try
04      {
05          if (button1.Text == "开始")
06          {
07              listView1.Items.Clear();                                    //清空ListView控件中的项
08              textBox1.Enabled = textBox2.Enabled = false;
09              strIP = "";
10              strflag = textBox1.Text;
11              StartIPAddress = textBox1.Text;
12              EndIPAddress = textBox2.Text;
13              //开始扫描地址
14              intStrat = Int32.Parse(StartIPAddress.Substring(StartIPAddress.LastIndexOf(".") + 1));
15              //终止扫描地址
16              intEnd = Int32.Parse(EndIPAddress.Substring(EndIPAddress.LastIndexOf(".") + 1));
17              //指定进度条最大值
18              progressBar1.Minimum = intStrat;
19              //指定进度条最小值
20              progressBar1.Maximum = intEnd;
21              //指定进度条初始值
22              progressBar1.Value = progressBar1.Minimum;
23              timer1.Start();                                             //开始运行计时器
24              button1.Text = "停止";                                      //设置按钮文本为“停止”
25              //使用自定义方法StartScan实例化线程对象
26              myThread = new Thread(new ThreadStart(this.StartScan));
27              myThread.Start();                                           //开始运行扫描IP的线程
28          }
29          else
30          {
31              textBox1.Enabled = textBox2.Enabled = true;
```

```
32              button1.Text = "开始";                          //设置按钮文本为“开始”
33              timer1.Stop();                                  //停止运行计时器
34              progressBar1.Value = intEnd;                    //设置进度条的值为最大值
35              if (myThread != null)                           //判断线程对象是否为空
36              {
37                  //判断扫描IP地址的线程是否正在运行
38                  if (myThread.ThreadState == ThreadState.Running)
39                  {
40                      myThread.Abort();                       //终止线程
41                  }
42              }
43          }
44      }
45      catch { }
46  }
```

上面的代码中用到了 StartScan 方法，该方法为自定义的无返回值类型方法，它没有参数，主要用来根据用户输入的开始 IP 地址和结束 IP 地址执行局域网 IP 地址扫描操作。StartScan 方法实现代码如下：

179-2

```
01  #region 扫描局域网IP地址
02  ///<summary>
03  ///扫描局域网IP地址
04  ///</summary>
05  private void StartScan()
06  {
07      //扫描的操作
08      for (int i = intStrat; i <= intEnd; i++)
09      {
10          string strScanIP = StartIPAddress.Substring(0, StartIPAddress.LastIndexOf(".") + 1) +
    i.ToString();
11          IPAddress myScanIP = IPAddress.Parse(strScanIP);                    //转换成IP地址
12          strflag = strScanIP;
13          try
14          {
15              IPHostEntry myScanHost = Dns.GetHostByAddress(myScanIP);     //获取DNS主机信息
16              string strHostName = myScanHost.HostName.ToString();          //获取主机名
17              if (strIP == "")
18                  strIP += strScanIP + "->" + strHostName;
19              else
20                  strIP += "," + strScanIP + "->" + strHostName;
21          }
22          catch { }
23      }
24  }
25  #endregion
```

执行 IP 地址扫描的过程中，需要启动 Timer 计时器，以便实时显示扫描到的已用 IP 地址，而在扫描结束之后，则需要停止运行计时器，实现代码如下：

179-3

```
01  private void timer1_Tick(object sender, EventArgs e)
02  {
03      if (strIP != "")                                    //判断是否有可用IP地址
04      {
05          if (strIP.IndexOf(',') == -1)
06          {
07              if (listView1.Items.Count > 0)
08              {
09                  for (int i = 0; i < listView1.Items.Count; i++)
10                  {
11                      //判断扫描到的IP地址是否与列表中的重复
12                      if (listView1.Items[i].Text != strIP) {
13                          listView1.Items.Add(strIP);     //向列表中添加扫描到的已用IP地址
14                      }
15                  }
16              }
17              else
18                  listView1.Items.Add(strIP);             //向列表汇总添加扫描到的已用IP地址
19          }
20          else
21          {
22              string[] strIPS = strIP.Split(',');
23              for (int i = 0; i < strIPS.Length; i++)
24              {
25                  listView1.Items.Add(strIPS[i].ToString());
26              }
27          }
28          strIP = "";
29      }
30      for (int i = 0; i < listView1.Items.Count; i++)
31          listView1.Items[i].ImageIndex = 0;
32      if (progressBar1.Value < progressBar1.Maximum)      //判断进度条的当前值是否超出其最大值
33      //将进度条的值加1
34      progressBar1.Value = Int32.Parse(strflag.Substring(strflag.LastIndexOf(".") + 1));
35      if (strflag == textBox2.Text)                       //判断正在扫描的IP地址是否为结束的IP地址
36      {
37          timer1.Stop();                                  //停止运行计时器
38          textBox1.Enabled = textBox2.Enabled = true;
39          button1.Text = "开始";                          //设置按钮文本为“开始”
40          MessageBox.Show("IP地址扫描结束！");
41      }
42  }
```

实例 180　自动更换 IP 地址

源码位置：Code\06\180

实例说明

通常情况下，网络用户在配置本机 IP 地址时，需要先打开“网上邻居”选项卡，然后在其中找到“本地连接”，右击，在弹出的快捷菜单中选择“属性”选项，在弹出的对话框中配置IP地址，这样显得非常麻烦，本实例使用C#制作了一个自动更换IP地址软件。运行本实例，首先将本机已有的IP地址配置信息显示出来，用户对其修改之后，单击“设置”按钮，即可将用户输入配置为本机的IP地址及其附加信息。实例运行结果如图6.7所示。

图6.7 自动更换IP地址

关键技术

本实例在设置IP地址时主要用到WMI管理对象中的ManagementBaseObject类、ManagementClass类、ManagementObjectCollection类和ManagementObject类。

实现过程

（1）打开Visual Studio 2022开发环境，新建一个名为ChangeIP的Windows窗体应用程序，默认窗体为Form1。

（2）Form1窗体主要用到的控件及说明如表6.4所示。

表6.4 Form1窗体主要用到的控件及说明

控件类型	控件名称	属性设置	说明
TextBox	textBox1	无	输入IP地址
	textBox2	无	输入子网掩码
	textBox3	无	输入默认网关
	textBox4	无	输入DNS
	textBox5	无	输入备用DNS
Button	button1	Text属性设置为“设置”	执行IP地址更换操作
	button2	Text属性设置为“关闭”	退出应用程序

（3）自定义一个ShowInfo方法，该方法为自定义的无返回值类型方法，它主要用来使用WMI管理对象获取本地IP地址配置信息。ShowInfo方法实现代码如下：

180-1

```
01  #region 显示本地连接信息
02  ///<summary>
03  ///显示本地连接信息
04  ///</summary>
05  public void ShowInfo()
06  {
07      ManagementClass myMClass = new ManagementClass("Win32_NetworkAdapterConfiguration");
08      ManagementObjectCollection myMOCollection = myMClass.GetInstances();
09      foreach (ManagementObject MObject in myMOCollection)
10      {
11          if (!(bool)MObject["IPEnabled"])
12              continue;
13          string[] strIP = (string[])MObject["IPAddress"];                    //获取IP地址
14          string[] strSubnet = (string[])MObject["IPSubnet"];                 //获取子网掩码
15          string[] strGateway = (string[])MObject["DefaultIPGateway"];        //获取默认网关
16          string[] strDns = (string[])MObject["DNSServerSearchOrder"];        //获取DNS服务器
17          textBox1.Text = "";
18          //显示IP地址
19          foreach (string ip in strIP)
20          {
21              if (textBox1.Text.Trim() != "")
22              {
23                  textBox1.Text += "," + ip;
24              }
25              else
26              {
27                  textBox1.Text = ip;
28              }
29          }
30          textBox2.Text = "";
31          //显示子网掩码
32          foreach (string subnet in strSubnet)
33          {
34              if (textBox2.Text.Trim() != "")
35              {
36                  textBox2.Text += "," + subnet;
37              }
38              else
39              {
40                  textBox2.Text = subnet;
41              }
42          }
43          textBox3.Text = "";
44          //显示默认网关
45          foreach (string gateway in strGateway)
46          {
47              if (textBox3.Text.Trim() != "")
48              {
49                  textBox3.Text += "," + gateway;
50              }
```

```
51                  else
52                  {
53                      textBox3.Text = gateway;
54                  }
55              }
56              try
57              {
58                  //显示DNS服务器
59                  for (int i = 0; i < strDns.Length; i++)
60                  {
61                      if (i == 0)
62                          textBox4.Text = strDns[i];
63                      else
64                          textBox5.Text = strDns[i];
65                  }
66              }
67              catch { }
68          }
69      }
70      #endregion
```

当用户重新输入 IP 地址配置信息之后，单击“设置”按钮，使用 WMI 管理对象将用户输入设置成为本机新的 IP 地址配置。“设置”按钮的 Click 事件代码如下：

180-2

```
01  private void button1_Click(object sender, EventArgs e)
02  {
03      ManagementBaseObject myInMBO = null;
04      ManagementBaseObject myOutMBO = null;
05      ManagementClass myMClass = new ManagementClass("Win32_NetworkAdapterConfiguration");
06      ManagementObjectCollection myMOCollection = myMClass.GetInstances();
07      foreach (ManagementObject MObject in myMOCollection)
08      {
09          if (!(bool)MObject["IPEnabled"])                //判断网络连接是否可用
10              continue;
11          //设置IP地址和子网掩码
12          myInMBO = MObject.GetMethodParameters("EnableStatic");
13          myInMBO["IPAddress"] = new string[] { textBox1.Text };
14          myInMBO["SubnetMask"] = new string[] { textBox2.Text };
15          myOutMBO = MObject.InvokeMethod("EnableStatic", myInMBO, null);
16          //设置网关地址
17          myInMBO = MObject.GetMethodParameters("SetGateways");
18          myInMBO["DefaultIPGateway"] = new string[] { textBox3.Text };
19          myOutMBO = MObject.InvokeMethod("SetGateways", myInMBO, null);
20          //设置DNS
21          myInMBO = MObject.GetMethodParameters("SetDNSServerSearchOrder");
22          myInMBO["DNSServerSearchOrder"] = new string[] { textBox4.Text, textBox5.Text };
23          myOutMBO = MObject.InvokeMethod("SetDNSServerSearchOrder", myInMBO, null);
```

```
24            break;
25        }
26        ShowInfo();
27        MessageBox.Show("IP地址设置成功!");
28    }
```

扩展学习

根据本实例，读者可以实现以下功能：

☑ 自动更换本地 DNS 地址。

☑ 自动更换本地子网掩码。

实例 181　IP 地址及手机号码归属地查询

源码位置：Code\06\181

实例说明

现在通过网络可以轻松查找陌生的 IP 地址或者手机号码的归属地，但如何在 Windows 应用程序中实现这些功能呢？本实例使用 C# 制作了一个单机版的查询 IP 地址及手机号码归属地功能。运行本实例，在“IP 地址”和“手机号码”文本框中输入要查询的 IP 地址及手机号，单击“扫描”按钮，即可将查询结果显示在下面的文本框中。实例运行结果如图 6.8 所示。

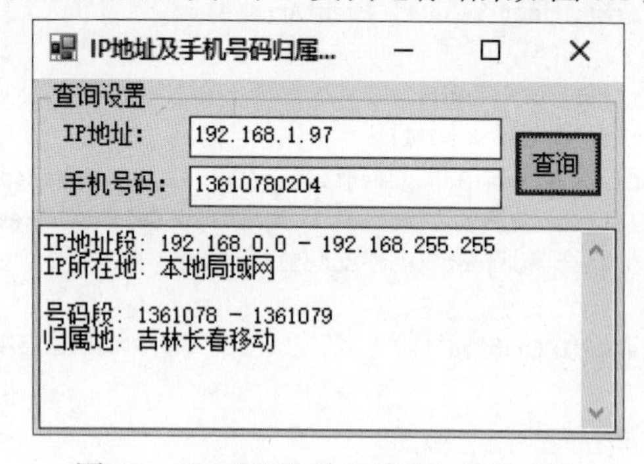

图 6.8　IP 地址及手机号码归属地查询

关键技术

查询 IP 地址及手机号码归属地时，主要用到 FileStream 类和 BinaryReader 类，从程序提供的“IPData.dat”和“MPhoneData.dat”两个文件中分别读取 IP 地址段和手机号码段。

实现过程

（1）打开 Visual Studio 2022 开发环境，新建一个名为 QueryIPAndMPhone 的 Windows 窗体应用程序，默认窗体为 Form1。

（2）Form1 窗体主要用到的控件及说明如表 6.5 所示。

表 6.5 Form1 窗体主要用到的控件及说明

控件类型	控件名称	属性设置	说明
TextBox	txtIP	无	输入 IP 地址
	txtMPhone	无	输入手机号码
	txtResult	Multiline 属性设置为 True，ScrollBars 属性设置为 Vertical	显示查询结果
Button	button1	Text 属性设置为“查询”	查询 IP 地址及手机号码归属地

（3）查询 IP 地址归属地时，主要用到 IPStruct 结构、SearchIP 方法和 IntToIP 方法，其中，IPStruct 结构为自定义结构，里面包括 IP 地址归属地的基本信息；SearchIP 方法用来查找 IP 地址归属地；IntToIP 方法用来将表示 IP 地址段的长整型数据转换为 IP 地址。实现代码如下：

181-1

```
01  //IP地址结构
02  public struct IPStruct
03  {
04      public uint IPStart;                                        //开始IP
05      public uint IPEnd;                                          //结束IP
06      public string Country;                                      //省份
07      public string City;                                         //城市
08  }
09  //查找IP
10  public static IPStruct SearchIP(string strPath, string strIPS)
11  {
12      if (!File.Exists(strPath))
13      {
14          throw new Exception("文件不存在!");
15      }
16      FileStream FStream = new FileStream(strPath, FileMode.Open, FileAccess.Read, FileShare.Read);
17      BinaryReader BReader = new BinaryReader(FStream);
18      //获取首末记录偏移量
19      int intFirst = BReader.ReadInt32();
20      int intLast = BReader.ReadInt32();
21      //IP值
22      uint uintIP = IPToInt(strIPS);
23      //获取IP索引记录偏移值
24      int intIndex = GetIPIndex(FStream, BReader, intFirst, intLast, uintIP);
25      IPStruct myIPStruct;
26      if (intIndex >= 0)
27      {
28          FStream.Seek(intIndex, SeekOrigin.Begin);
29          //读取开头IP值
30          myIPStruct.IPStart = BReader.ReadUInt32();
31          FStream.Seek(ReadInt(BReader), SeekOrigin.Begin);
32          //读取结尾IP值
33          myIPStruct.IPEnd = BReader.ReadUInt32();
```

```
34          myIPStruct.Country = GetIPPlace(FStream, BReader);
35          myIPStruct.City = GetIPPlace(FStream, BReader);
36      }
37      else
38      {
39          myIPStruct.IPStart = 0;
40          myIPStruct.IPEnd = 0;
41          myIPStruct.Country = "未知国家";
42          myIPStruct.City = "未知地址";
43      }
44      BReader.Close();
45      FStream.Close();
46      return myIPStruct;
47  }
48  //将长整型值转换为IP字符串
49  public static string IntToIP(uint uintIP)
50  {
51      string strIP = "";
52      strIP += (uintIP >> 24) + "." + ((uintIP & 0x00FF0000) >> 16) + "." +
    ((uintIP & 0x0000FF00) >> 8) + "." + (uintIP & 0x000000FF);
53      return strIP;
54  }
```

（4）查询手机号码归属地时，主要用到 MPhoneStruct 结构和 GetMPhonePlace 方法，其中，MPhoneStruct 结构为自定义结构，其中包括手机号码归属地的基本信息；GetMPhonePlace 方法用来查找手机号码归属地。它们的实现代码如下：

181-2

```
01  //手机归属地结构
02  public struct MPhoneStruct
03  {
04      public int MPhoneStart;                                   //开始号码
05      public int MPhoneEnd;                                     //结束号码
06      public string Place;                                      //归属地
07  }
08  //查询手机号码，返回号码段和归属地信息
09  public static MPhoneStruct GetMPhonePlace(string strPath, int intMPhone)
10  {
11      if (!File.Exists(strPath))
12      {
13          throw new Exception("文件不存在!");
14      }
15      FileStream FStream = new FileStream(strPath, FileMode.Open, FileAccess.Read, FileShare.Read);
16      BinaryReader BReader = new BinaryReader(FStream);
17      //获取首末记录偏移量
18      int intFirst = BReader.ReadInt32();
19      int intLast = BReader.ReadInt32();
20      int intIndex = GetMPhoneIndex(FStream, BReader, intFirst, intLast, intMPhone);
21      MPhoneStruct myMPhoneStruct;
22      if (intIndex >= 0)
```

```
23          {
24              FStream.Seek(intIndex, SeekOrigin.Begin);
25              //读取号码段起始地址和结束地址
26              myMPhoneStruct.MPhoneStart = BReader.ReadInt32();
27              myMPhoneStruct.MPhoneEnd = BReader.ReadInt32();
28              //如果查询的号码处于中间空段
29              if (intMPhone > myMPhoneStruct.MPhoneEnd)
30              {
31                  myMPhoneStruct.MPhoneStart = 0;
32                  myMPhoneStruct.MPhoneEnd = 0;
33                  myMPhoneStruct.Place = "未知地址";
34              }
35              else
36              {
37                  //读取字符串偏移量3字节
38                  int intIndex1 = IPClass.ReadInt(BReader);
39                  FStream.Seek(intIndex1, SeekOrigin.Begin);
40                  //读取归属地字符串
41                  myMPhoneStruct.Place = IPClass.ReadString(BReader);
42              }
43          }
44          else
45          {
46              myMPhoneStruct.MPhoneStart = 0;
47              myMPhoneStruct.MPhoneEnd = 0;
48              myMPhoneStruct.Place = "未知地址";
49          }
50          BReader.Close();
51          FStream.Close();
52          return myMPhoneStruct;
53      }
```

扩展学习

根据本实例，读者可以实现以下功能：

☑ 查询指定手机号码归属地。

☑ 查询指定 IP 地址归属地。

实例 182　获取网络信息及流量

源码位置：Code\06\182

实例说明

在网络日渐普及的今天，用户不仅关注有无网络，更关注网络的运行速度，为了让用户更加直观地了解自己计算机的网络运行速度，本实例制作了一个网络信息流量实时显示功能。运行本实例，可以在桌面右下角看到当前日期、时间及本地的网络信息流量。实例运行结果如图 6.9 所示。

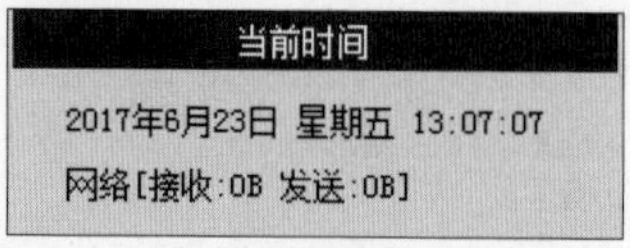

当前时间

2017年6月23日 星期五 13:07:07

网络[接收:0B 发送:0B]

图 6.9　获取网络信息及流量

关键技术

本实例获取网络信息流量时主要用到 PerformanceCounterCategory 类和 PerformanceCounter 类。

PerformanceCounterCategory 类表示性能对象，它定义性能计数器的类别，它的 GetInstanceNames 方法用来检索与此类别关联的性能对象实例列表。PerformanceCounter 类表示 Windows NT 性能计数器组件，它的 NextSample 方法用来获取计数器样本，并为其返回原始值（即未经过计算的值）。

实现过程

（1）打开 Visual Studio 2022 开发环境，新建一个名为 NetInfoAndFlux 的 Windows 窗体应用程序，默认窗体为 Form1。

（2）Form1 窗体主要用到的控件及说明如表 6.6 所示。

表 6.6　Form1 窗体主要用到的控件及说明

控件类型	控件名称	属性设置	说明
Label	label2	无	显示当前日期、时间
	label3	无	显示网络流量
ContextMenuStri	contextMenuStrip1	在 Items 属性中添加一个退出 ToolStripMenuItem 菜单项	“退出”快捷菜单
Timer	timer1	Interval 属性设置为 1000，Enabled 属性设置为 True	时刻更新当前时间和网络流量

（3）Form1 窗体的后台代码中，首先实例化公共类对象及变量，代码如下：

```
182-1
01  private static int intX = 0;
02  private static int intY = 0;
03  private NetStruct[] myNetStruct;
04  private NetInfo myNetInfo;
```

Form1 窗体加载时，设置窗体在桌面右下角显示，同时显示网络的初始信息流量。实现代码如下：

```
182-2
01  private void Form1_Load(object sender, EventArgs e)
02  {
03      this.TopMost = true;
```

```
04        int Swidth = Screen.PrimaryScreen.WorkingArea.Width;          //获取屏幕宽度
05        int SHeight = Screen.PrimaryScreen.WorkingArea.Height;        //获取屏幕高度
06    //设置窗体加载时位置
07    this.DesktopLocation = new Point(Swidth - this.Width, SHeight - this.Height);
08        myNetInfo = new NetInfo();
09        myNetStruct = myNetInfo.myNetStructs;
10        myNetInfo.GetInfo(myNetStruct[0]);
11    }
```

上面的代码中用到 GetInfo 方法，该方法用来初始化网络信息流量，并且启动计时器。GetInfo 方法实现代码如下：

```
182-3
01    public void GetInfo(NetStruct myNetStruct)
02    {
03        if (!listnets.Contains(myNetStruct))
04        {
05            listnets.Add(myNetStruct);
06            myNetStruct.BeInfo();                                     //初始化信息流量
07        }
08        timer.Enabled = true;
09    }
```

在 GetInfo 方法中用到 BeInfo 方法和 timer 计时器对象，其中 BeInfo 方法用来初始化网络信息流量，timer 计时器对象用来实时更新网络信息流量，实现代码如下：

```
182-4
01    ///<summary>
02    ///初始化流量
03    ///</summary>
04    internal void BeInfo()
05    {
06        receiveOldValue = receiveCounter.NextSample().RawValue;
07        sendOldValue = sendCounter.NextSample().RawValue;
08    }
09    private Timer timer;                                              //计时器
10    public NetInfo()
11    {
12        timer = new Timer(1000);
13        timer.Elapsed += new ElapsedEventHandler(timer_Elapsed);
14    }
15    private void timer_Elapsed(object sender, ElapsedEventArgs e)
16    {
17        foreach (NetStruct myNetStruct in listnets)
18            myNetStruct.ReInfo();                                     //刷新网络流量
19    }
```

timer 对象的 Elapsed 自定义事件中用到 ReInfo 方法，该方法为自定义的无返回值类型方法，主要用来刷新网络信息流量，其实现代码如下：

182-5

```
01  ///<summary>
02  ///刷新网络流量
03  ///</summary>
04  internal void ReInfo()
05  {
06      receiveValue = receiveCounter.NextSample().RawValue;        //接收的网络流量
07      sendValue = sendCounter.NextSample().RawValue;              //发送的网络流量
08      receive = receiveValue - receiveOldValue;                   //新收到的网络流量
09      send = sendValue - sendOldValue;                            //新发送的网络流量
10      receiveOldValue = receiveValue;                             //记录前一次的接收流量
11      sendOldValue = sendValue;                                   //记录前一次的发送流量
12  }
```

Form1 窗体中计时器启动时，将当前日期时间和网络信息流量显示在相应的 Label 控件中，实现代码如下：

182-6

```
01  private void timer1_Tick(object sender, EventArgs e)
02  {
03      label2.Text = DateTime.Now.ToLongDateString() + " " + getWeek() + " " + DateTime.Now.
    ToLongTimeString();
04      NetStruct NStruct = myNetStruct[0];
05      label3.Text = "网络[接收:" + NStruct.Receive + "B 发送:" + NStruct.Send + "B]";
06  }
```

扩展学习

根据本实例，读者可以实现以下功能：

☑ 获取当前日期时间。

☑ 在系统桌面右下角显示窗体。

实例 183　列举局域网 SQL 服务器

源码位置：Code\06\183

实例说明

本实例实现了列举局域网 SQL 服务器的功能，运行程序，单击“列举局域网 SQL 服务器”按钮，将局域网中可用的 SQL 服务器名称显示在 ListBox 控件中，运行效果如图 6.10 所示。

关键技术

本实例主要使用 SqlDataSourceEnumerator 类的 GetDataSources 方法，SqlDataSourceEnumerator 类提供枚举本地网络中 SQL Server 所有可用实例的机制，其中，GetDataSources 方法用来检索 DataTable，包含所有可见 SQL Server 实例有关的信息。

图 6.10　列举局域网 SQL 服务器

实现过程

（1）打开 Visual Studio 2022 开发环境，新建一个名为 LANSQLServer 的 Windows 窗体应用程序，默认窗体为 Form1。

（2）在窗体上添加一个 ListBox 控件和一个 Button 控件。其中，ListBox 控件用来显示局域网内服务器的名称，Button 控件用来执行提取服务器名称的操作。

（3）程序主要代码如下：

183-1

```
01  private void button1_Click(object sender, EventArgs e)
02  {
03      listBox1.Items.Clear();                                    //清空
04      SQLDMO.Application stb = new SQLDMO.ApplicationClass();    //实例化Application
05      SQLDMO.NameList ln = stb.ListAvailableSQLServers();        //实例化NameList
06      for (int i = 0; i < ln.Count; i++)                         //遍历服务器名
07      {
08          object srv = ln.Item(i + 1);                           //获取服务器名
09          if (srv != null)
10          {
11              listBox1.Items.Add(srv);                           //添加
12          }
13      }
14  }
```

扩展学习

根据本实例，读者可以实现以下功能：

☑ 动态配置数据库连接选项。

☑ 列举局域网内所有计算机名称。

实例 184　以断点续传方式下载文件

源码位置：Code\06\184

实例说明

下载网络文件，用户有可能需要临时关机。如果下载的文件特别大，需要先暂停下载的文件，等计算机重新启动后再接着下载，此时需要用到断点续传，本节通过一个实例讲解如何以断点续传方式下载文件。运行本实例，在 URL 文本框中输入下载地址，这时可以将要下载的文件名称自动显示到“名称”文本框中，然后选择下载文件的存放路径，单击“下载”按钮，即可以断点续传方式下载文件。实例运行结果如图 6.11 所示。

图 6.11　以断点续传方式下载文件

关键技术

要实现断点续传下载文件，首先要了解断点续传的原理。断点续传其实就是在上一次下载时断开的位置开始继续下载，HTTP 协议中，可以在请求报文头中加入 Range 段，表示客户机希望从何处继续下载。

实现过程

（1）打开 Visual Studio 2022 开发环境，新建一个名为 DownLoadFile 的 Windows 窗体应用程序，默认窗体为 Form1。

（2）Form1 窗体主要用到的控件及说明如表 6.7 所示。

表 6.7　Form1 窗体主要用到的控件及说明

控件类型	控件名称	属性设置	说明
TextBox	textBox1	无	输入下载文件地址
	textBox2	无	下载文件保存路径
	textBox3	无	下载文件名
Button	button4	无	选择下载文件的保存路径
	button1	Text 属性设置为“下载”	下载文件
	button3	Text 属性设置为“取消”	关闭当前窗体
FolderBrowserDialog	folderBrowserDialog1	无	选择下载文件的存放路径

（3）Form1 窗体的后台代码中，首先定义一个 string 类型的变量，用来记录要下载的文件名，代码如下：

```
01  string strName = "";                    //记录要下载的文件名                184-1
```

Form1 窗体加载时，首先判断系统剪贴板上是否有下载地址，如果有，则将其显示到 URL 文本框中，然后从系统配置文件中读取下载文件的默认保存位置，显示到“路径”文本框中。Form1 窗体的 Load 事件代码如下：

184-2

```
01  private void Form1_Load(object sender, EventArgs e)
02  {
03      try
04      {
05          string strPath = Clipboard.GetData(DataFormats.Text).ToString(); //监视剪贴板是否有数据
06          //验证网址格式
07          if (Regex.IsMatch(strPath, @"http(s)?://([\w-]+\.)+[\w-]+(/[\w- ./?%&=]*)?"))
08          {
09              textBox1.Text = strPath;
10              strName = strPath.Substring(strPath.LastIndexOf("/") + 1);
11          }
12          //读取文件存放的默认路径
13          textBox2.Text = ReadString("SysSet", "RootPath", "", Application.StartupPath +
    "\\SysSet.ini");
14          textBox3.Text = strName;
15      }
16      catch { }
17  }
```

当在 URL 文本框中输入文件下载地址时，程序会自动获取要下载的文件名，并将其显示在“名称”文本框中，实现代码如下：

184-3

```
01  //下载地址改变时，相应的下载文件发生改变
02  private void textBox1_TextChanged(object sender, EventArgs e)
03  {
04      if (textBox1.Text.Contains("/"))
05      {
06          //自动获取下载文件名
07          extBox3.Text = textBox1.Text.Substring(textBox1.Text.LastIndexOf("/") + 1);
08          strName = textBox3.Text;                    //记录要下载的文件名
09      }
10  }
```

单击“下载”按钮，从用户输入的 URL 下载地址下载文件，并保存到指定路径。“下载”按钮的 Click 事件代码如下：

184-4

```
01  //下载文件
02  private void button1_Click(object sender, EventArgs e)
03  {
04      if (textBox2.Text.EndsWith("\\"))
05          DownloadFile(textBox2.Text + strName, textBox1.Text);
06      else
07          DownloadFile(textBox2.Text + "\\" + strName, textBox1.Text);
08  }
```

上面的代码中用到 DownloadFile 方法，该方法为自定义的无返回值类型方法，主要用来实现以断点续传方式下载文件功能，它有两个参数，分别用来表示下载文件的保存路径和文件的下载地址。DownloadFile 方法实现代码如下：

184-5

```
01  #region 以断点续传方式下载文件
02  ///<summary>
03  ///以断点续传方式下载文件
04  ///</summary>
05  ///<param name="strFileName">下载文件的保存路径</param>
06  ///<param name="strUrl">文件下载地址</param>
07  public void DownloadFile(string strFileName, string strUrl)
08  {
09      long SPosition = 0;                                          //打开上次下载的文件或新建文件
10      FileStream FStream;                                          //实例化FileStream流对象
11      if (File.Exists(strFileName))                                //判断要下载的文件是否存在
12      {
13          FStream = File.OpenWrite(strFileName);                   //打开要下载的文件
14          SPosition = FStream.Length;                              //获取已经下载的长度
15          FStream.Seek(SPosition, SeekOrigin.Current);             //移动文件流中的当前指针
16      }
17      else
18      {
19          FStream = new FileStream(strFileName, FileMode.Create);  //创建一个新的文件
20          SPosition = 0;                                           //从开始位置下载文件
21      }
22
23      try
24      {
25          HttpWebRequest myRequest = (HttpWebRequest)HttpWebRequest.Create(strUrl); //打开网络连接
26          if (SPosition > 0)
27              myRequest.AddRange((int)SPosition);                  //设置Range值
28          //向服务器请求，获取服务器的回应数据流
29          Stream myStream = myRequest.GetResponse().GetResponseStream();
30          byte[] btContent = new byte[512];                        //定义一个字节数组
31          int intSize = 0;
32          intSize = myStream.Read(btContent, 0, 512);              //读取流对象
33          while (intSize > 0)
34          {
35              FStream.Write(btContent, 0, intSize);                //向流对象中写入内容
36              intSize = myStream.Read(btContent, 0, 512); //记录已经下载的文件大小
37          }
38          FStream.Close();                                         //关闭FileStream流
39          myStream.Close();                                        //关闭Stream流
40          MessageBox.Show("文件下载完成！", "提示", MessageBoxButtons.OK, MessageBoxIcon.Information);
41      }
42      catch
43      {
44          FStream.Close();
45      }
46  }
47  #endregion
```

扩展学习

根据本实例，读者可以实现以下功能：

☑ 以普通方式从网络下载文件。

☑ 从 FTP 下载文件。

实例 185　网络中的文件复制

源码位置：Code\06\185

实例说明

在网络程序设计中，不同计算机之间的通信是一个比较复杂的技术。两台计算机之间的通信过程需要进行多次对话才能完成，如果要在两台计算机之间传递较大的数据则更加复杂，例如复制一个文件到另一台计算机中，这是一个复杂的过程，本实例将设计一个在网络中复制文件的软件。运行结果如图 6.12 所示。

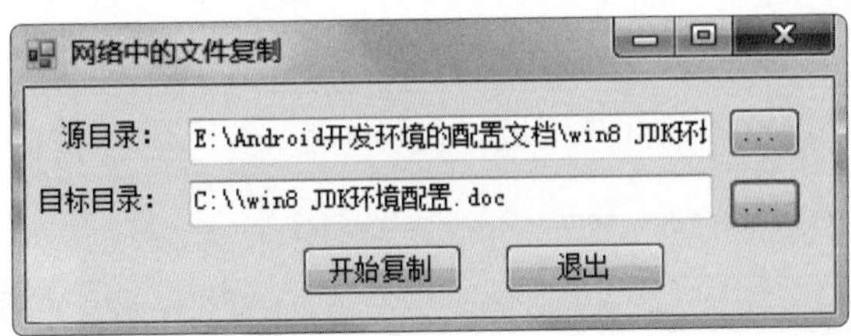

图 6.12　网络中的文件复制

关键技术

网络中信息传递是一个比较复杂的过程，复制文件是一个更加复杂的信息传递过程，如果通过编程实现则比较麻烦，然而应用程序是运行在系统上的，可以利用系统来完成一些复杂的过程，在 .NET 类库中包含 Microsoft.VisualBasic 程序集，可以实现网络中文件传输。

实现过程

（1）新建一个项目，将其命名为“网络中的文件复制”，默认主窗体为 Form1。

（2）Form1 窗体主要用到的控件及说明如表 6.8 所示。

表 6.8　Form1 窗体主要用到的控件及说明

控 件 类 型	控 件 名 称	用　途
OpenFileDialog	openFileDialog11	选择“文件”对话框
FolderBrowserDialog	folderBrowserDialog1	选择“文件夹”对话框
Button	button1	复制文件
	button2	退出项目

续表

控件类型	控件名称	用　途
Button	button3	选择源文件
	button4	选择目标文件夹
TextBox	textBox1	设置源文件路径
	textBox2	设置目标文件路径

（3）选择源文件，代码如下：

```
185-1
01  private void button3_Click(object sender, EventArgs e)
02  {
03      if (this.openFileDialog1.ShowDialog() == DialogResult.OK)       //判断是否选择了源文件
04      {
05          this.textBox1.Text = this.openFileDialog1.FileName;         //获取选择文件的路径
06      }
07  }
```

选择目标位置，可以是网络中的共享区域。代码如下：

```
185-2
01  private void button4_Click(object sender, EventArgs e)
02  {
03      if (this.folderBrowserDialog1.ShowDialog() == DialogResult.OK) //判断是否选择了新目录
04      {
05          this.textBox2.Text = this.folderBrowserDialog1.SelectedPath + this.textBox1.Text.
    Substring(this.textBox1.Text.LastIndexOf("\\"));                   //设置新目录下文件的路径
06      }
07  }
```

开始复制，代码如下：

```
185-3
01  private void button1_Click(object sender, EventArgs e)
02  {
03      try
04      {
05          FileSystem.CopyFile(this.textBox1.Text, this.textBox2.Text); //调用CopyFile方法复制文件
06          MessageBox.Show("传输成功！！！");                              //弹出提示信息
07      }
08      catch (Exception ey)                                           //如果有异常
09      {
10          MessageBox.Show(ey.Message);                               //显示异常信息
11      }
12  }
```

扩展学习

根据本实例，读者可以实现以下功能：

☑ 网络中的文件删除。
☑ 对网络中的文件进行比较。

实例 186　监测当前网络连接状态　　源码位置：Code\06\186

实例说明

本实例实现了监测当前网络连接状态的功能。运行程序，单击“检测”按钮，自动检测当前网络连接状态，并给出相应的提示。运行结果如图 6.13 所示。

图 6.13　监测当前网络连接状态

关键技术

现本实例主要使用 Windows API 函数 InternetGetConnectedState。InternetGetConnectedState 函数用来判断当前计算机的网络状态。

实现过程

（1）打开 Visual Studio 2022 开发环境，新建一个名为“监测当前网络连接状态”的 Windows 窗体应用程序，默认窗体为 Form1。

（2）在 Form1 窗体中，主要添加两个 Button 控件，分别用来检测网络状态和退出程序。

（3）自定义一个方法用来测试连接状态。代码如下：

186-1

```
01  [DllImport("wininet.dll", EntryPoint = "InternetGetConnectedState")]
02  //检测当前网络状态，返回值为bool类型
03  public extern static bool InternetGetConnectedState(out int conState, int reder);
04  public bool IsConnectedToInternet()                    //自定义一个方法判断网络连接状态
05  {
06      int Desc = 0;                                      //连接说明
07      return InternetGetConnectedState(out Desc, 0);     //判断网络连接状态并返回相应的值
08  }
```

判断网络状态的实现代码如下：

186-2

```
01  private void button2_Click(object sender, EventArgs e)
02  {
03      if (IsConnectedToInternet())                       //如果返回值为True
04          MessageBox.Show("已连接在网上!", "提示");         //说明网络已经连接
05      else                                               //否则
```

```
06          MessageBox.Show("未连接在网上!!", "提示");          //说明网络未连接
07  }
```

扩展学习

根据本实例，读者可以实现以下功能：

☑ 根据连接状态控制 IE 浏览器启动。

☑ 根据连接状态访问远程计算机。

实例 187　对数据报进行加密保障通信安全

源码位置：Code\06\187

实例说明

网络传输数据时，有时传输信息容易被不法分子截获而用作其他用途。这样，如果传输的数据中包含重要秘密，将会造成非常严重的后果。为了防止发生这种情况，可以对网络中传输的数据进行加密，用户接收到数据后再进行解密查看，这样可以更好地保障网络通信安全。运行本实例，首先设置端口号，然后在窗体左下方的文本框中输入聊天信息，单击“发送”按钮，向局域网中发送聊天信息，同时在右侧的“数据传输信息”栏中显示数据报的发送、接收及丢失情况。实例运行效果如图 6.14 所示。

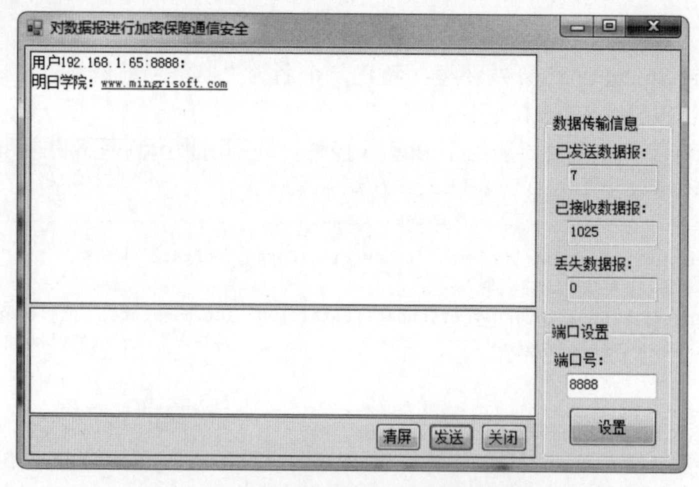

图 6.14　对数据报进行加密保障通信安全

关键技术

本实例获取数据报信息时主要用到 IPGlobalProperties 和 UdpStatistics 类，而在对数据报加密时用到 DESCrypto ServiceProvider 类和 CryptoStream 类，其中 DESCryptoServiceProvider 继承于 DES 类。

实现过程

（1）打开 Visual Studio 2022 开发环境，新建一个名为 EncryptDataReport 的 Windows 窗体应用程序。

（2）更改默认窗体 Form1 的 Name 属性为 Frm_Main，在该窗体中添加两个 RichTextBox 控件，分别用来输入聊天信息和显示聊天信息；添加 4 个 TextBox 控件，分别用来输入端口号和显示已发送数据报、已接收数据报、丢失数据报；添加 4 个 Button 控件，分别用来执行设置端口号、发送聊天信息、清空聊天信息和关闭应用程序操作。

（3）Frm_Main 窗体加载时，初始化已发送、已接收和丢失的数据报，并使用全局变量记录，实现代码如下：

187-1

```
01  //初始化已发送、已接收和丢失的数据报
02  private void Form1_Load(object sender, EventArgs e)
03  {
04      if (blFlag == true)
05      {
06          //创建一个IPGlobalProperties对象
07          IPGlobalProperties NetInfo = IPGlobalProperties.GetIPGlobalProperties();
08          UdpStatistics myUdpStat = null;                                    //声明UdpStatistics对象
09          myUdpStat = NetInfo.GetUdpIPv4Statistics();                        //创建UdpStatistics对象
10          SendNum1 = Int32.Parse(myUdpStat.DatagramsSent.ToString());             //记录发送的数据报
11          ReceiveNum1 = Int32.Parse(myUdpStat.DatagramsReceived.ToString());  //记录接收的数据报
12          DisNum1 = Int32.Parse(myUdpStat.IncomingDatagramsDiscarded.ToString()); //记录丢失的数据报
13      }
14  }
```

单击“设置”按钮，使用指定的端口号连接服务器端与客户端，并开始接收消息。“设置”按钮的 Click 事件的代码如下：

187-2

```
01  private void button4_Click(object sender, EventArgs e)       //设置端口号
02  {
03      try
04      {
05          port = Convert.ToInt32(textBox4.Text);                 //记录端口号
06          CheckForIllegalCrossThreadCalls = false;               //指定线程中可以调用窗体的控件对象
07          buffer = new byte[1024];
08          data = new byte[1024];
09          Server = new IPEndPoint(IPAddress.Any, port);          //创建服务器端
10          Client = new IPEndPoint(IPAddress.Broadcast, port); //创建客户端
11          ClientIP = (EndPoint)Server;                           //获取服务器端IP地址
12          //创建Socket对象
13          mySocket = new Socket(AddressFamily.InterNetwork, SocketType.Dgram, ProtocolType.Udp);
14          //设置Socket网络操作
15          mySocket.SetSocketOption(SocketOptionLevel.Socket, SocketOptionName.Broadcast, 1);
16          mySocket.Bind(Server);                                 //绑定服务器端
17          //开始接收消息
18          mySocket.BeginReceiveFrom(buffer, 0, buffer.Length, SocketFlags.None, ref ClientIP,
    new AsyncCallback(StartLister), null);
```

```
19            ISPort = true;                                    //打开指定端口号
20        }
21        catch { }
22    }
```

单击“发送”按钮，首先判断是否有打开的端口，如果没有，弹出提示信息，否则根据发送和接收的消息计算已发送、已接收和丢失的数据报，并显示在相应的文本框中，然后使用 DES 对要发送的消息进行加密发送。“发送”按钮的 Click 事件的代码如下：

187-3

```
01    //发送信息
02    private void button2_Click(object sender, EventArgs e)
03    {
04        if (ISPort == true)                                       //判断是否有打开的端口号
05        {
06            IPGlobalProperties NetInfo = IPGlobalProperties.GetIPGlobalProperties();
07            UdpStatistics myUdpStat = null;
08            myUdpStat = NetInfo.GetUdpIPv4Statistics();
09            try
10            {
11                if (blFlag == false)                                 //非第一次发送
12                {
13                    SendNum2 = Int32.Parse(myUdpStat.DatagramsSent.ToString());
14                    ReceiveNum2 = Int32.Parse(myUdpStat.DatagramsReceived.ToString());
15                    DisNum2 = Int32.Parse(myUdpStat.IncomingDatagramsDiscarded.ToString());
16                    textBox1.Text = Convert.ToString(SendNum2 - SendNum3);
17                    textBox2.Text = Convert.ToString(ReceiveNum2 - ReceiveNum3);
18                    textBox3.Text = Convert.ToString(DisNum2 - DisNum3);
19                }
20                SendNum2 = Int32.Parse(myUdpStat.DatagramsSent.ToString());
21                ReceiveNum2 = Int32.Parse(myUdpStat.DatagramsReceived.ToString());
22                DisNum2 = Int32.Parse(myUdpStat.IncomingDatagramsDiscarded.ToString());
23                SendNum3 = SendNum2;                                  //记录本次的发送数据报
24                ReceiveNum3 = ReceiveNum2;                            //记录本次的接收数据报
25                DisNum3 = DisNum2;                                    //记录本次的丢失数据报
26                if (blFlag == true)                                   //第一次发送
27                {
28                    textBox1.Text = Convert.ToString(SendNum2 - SendNum1);
29                    textBox2.Text = Convert.ToString(ReceiveNum2 - ReceiveNum1);
30                    textBox3.Text = Convert.ToString(DisNum2 - DisNum1);
31                    blFlag = false;
32                }
33            }
34            catch (Exception ex)
35            {
36                MessageBox.Show(ex.Message, "提示信息", MessageBoxButtons.OK, MessageBoxIcon.Information);
37            }
38            string str = EncryptDES(rtbSend.Text, "mrsoftxk");               //加密要发送的信息
39            data = Encoding.Unicode.GetBytes(str);
40            mySocket.SendTo(data, data.Length, SocketFlags.None, Client); //发送消息
```

```
41          rtbSend.Text = "";
42      }
43      else
44      {
45          MessageBox.Show("请首先打开端口！", "提示", MessageBoxButtons.OK, MessageBoxIcon.Information);
46          button4.Focus();
47      }
48  }
```

上面的代码中用到了 EncryptDES 方法，该方法为自定义的、返回值类型为 string 的方法，主要用来使用 DES 加密数据报，它有两个 string 类型的参数，分别用来表示待加密的字符串和加密密钥，返回值为加密后的字符串。EncryptDES 方法的实现代码如下：

187-4

```
01  #region DES加密字符串
02  ///<summary>
03  ///DES加密字符串
04  ///</summary>
05  ///<param name="str">待加密的字符串</param>
06  ///<param name="key">加密密钥，要求为8位</param>
07  ///<returns>加密成功返回加密后的字符串，加密失败返回源字符串</returns>
08  public string EncryptDES(string str, string key)
09  {
10      try
11      {
12          byte[] rgbKey = Encoding.UTF8.GetBytes(key.Substring(0, 8)); //将加密密钥转换为字节数组
13          byte[] rgbIV = Keys;                                         //记录原始密钥数组
14          byte[] inputByteArray = Encoding.UTF8.GetBytes(str);         //将加密字符串转换为字节数组
15          DESCryptoServiceProvider myDES = new DESCryptoServiceProvider(); //创建加密对象
16          MemoryStream MStream = new MemoryStream();                   //创建内存数据流
17          //创建加密流对象
18          CryptoStream CStream = new CryptoStream(MStream, myDES.CreateEncryptor
    (rgbKey, rgbIV), CryptoStreamMode.Write);
19          CStream.Write(inputByteArray, 0, inputByteArray.Length);     //向加密流中写入数据
20          CStream.FlushFinalBlock();                                   //释放加密流对象
21          return Convert.ToBase64String(MStream.ToArray());            //返回内存流中的数据
22      }
23      catch
24      {
25          return str;
26      }
27  }
28  #endregion
```

扩展学习

如何根据标点符号分行

根据标点符号分行时，首先要使用 string 类的 Split 方法分割字符串，然后再通过“\n”回车换

行符将分割的字符串换行显示。

实例 188 使用伪随机数加密技术加密用户登录密码

源码位置：Code\06\188

实例说明

为了保障用户登录密码的安全，本实例使用伪随机数技术对用户的登录密码进行加密，运行本实例，当用户在“登录密码”文本框中输入登录密码时，程序会自动将使用过伪随机数加密技术加密过的登录密码，显示在下面的“加密密码”文本框中，单击“登录”按钮，程序对“加密密码”文本框中的加密数据进行解密，然后再与用户输入的登录密码相比较，如果相同，则登录成功；否则登录失败。实例运行效果如图 6.15 所示。

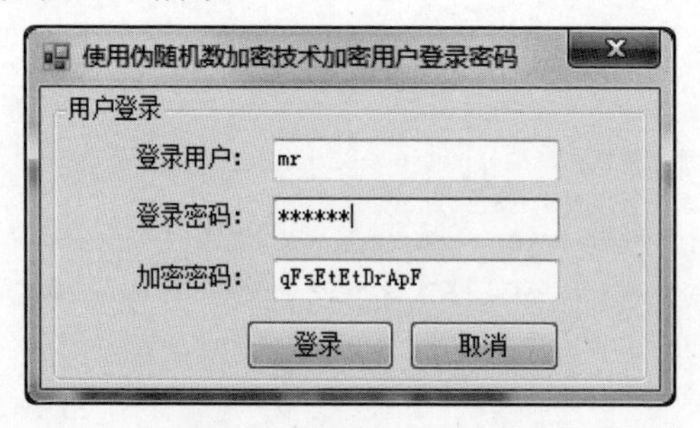

图 6.15　使用伪随机数加密技术加密用户登录密码

关键技术

本实例对用户登录密码加密时主要使用伪随机数加密技术，伪随机数加密技术实质上就是通过伪随机数序列使登录密码字符串的字节值发生变化而产生密文，由于相同的初值能得到相同的随机数序列，因此，可以采用同样的伪随机数序列来对密文进行解密。产生伪随机数时主要用到 Random 类，该类表示伪随机数生成器，它是一种能够产生满足某些随机性统计要求的数字序列的设备，其 Next 方法用来返回随机数。

实现过程

（1）打开 Visual Studio 2022 开发环境，新建一个名为 PRanDataEncrypt 的 Windows 窗体应用程序。

（2）更改默认窗体 Form1 的 Name 属性为 Frm_Main，在该窗体中添加 3 个 TextBox 控件，分别用来输入登录用户、登录密码和显示加密密码；添加两个 Button 控件，分别用来执行用户登录和清空文本框操作。

（3）自定义一个 EncryptPwd 方法，该方法为返回值类型为 string 的方法，主要用来使用伪随机数技术加密用户登录密码，它有一个参数，用来表示用户登录密码。EncryptPwd 方法的实现代码如下：

188-1

```
01  ///<summary>
02  ///使用伪随机数加密用户登录密码
03  ///</summary>
04  ///<param name="str">用户登录密码</param>
05  ///<returns>加密后的用户登录密码</returns>
06  private string EncryptPwd(string str)
07  {
08      byte[] btData = Encoding.Default.GetBytes(str);       //将登录密码转换为字节数组
09      int j, k, m;
10      int len = randStr.Length;                             //记录伪随机数长度
11      StringBuilder sb = new StringBuilder();               //创建StringBuilder对象
12      Random rand = new Random();                           //创建Random对象
13      for (int i = 0; i < btData.Length; i++)
14      {
15          j = (byte)rand.Next(6);                           //产生伪随机数
16          btData[i] = (byte)((int)btData[i] ^ j);           //使用伪随机数对密码字节数组进行移位
17          k = (int)btData[i] % len;
18          m = (int)btData[i] / len;
19          m = m * 8 + j;
20          sb.Append(randStr.Substring(k, 1) + randStr.Substring(m, 1)); //组合加密字符串
21      }
22      return sb.ToString();                                 //返回生成的加密字符串
23  }
```

单击“登录”按钮，判断“加密密码”文本框是否为空。如果不为空，调用 DecryptPwd 方法解密“加密密码”文本框中的字符串；然后使用解密后的字符串与“登录密码”文本框中的字符串相比较，如果相同，则用户登录成功；否则，弹出提示信息。“登录”按钮的 Click 事件代码如下：

188-2

```
01  private void button1_Click(object sender, EventArgs e)
02  {
03      if (textBox3.Text != "")
04      {
05          if (DecryptPwd(textBox3.Text) == textBox2.Text) //对加密过的登录密码进行解密
06              MessageBox.Show("用户登录成功！", "提示", MessageBoxButtons.OK, MessageBoxIcon.Information);
07          else
08              MessageBox.Show("用户密码错误！", "错误", MessageBoxButtons.OK, MessageBoxIcon.Error);
09      }
10  }
```

上面的代码中用到了 DecryptPwd 方法，该方法是返回值类型为 string 的方法，主要用来解密用户登录密码，它有一个参数，主要用来表示经过加密的用户登录密码。DecryptPwd 方法的实现代码如下：

188-3

```
01  ///<summary>
02  ///解密用户登录密码
03  ///</summary>
04  ///<param name="str">经过加密的用户登录密码</param>
05  ///<returns>解密后的用户登录密码</returns>
06  private string DecryptPwd(string str)
```

```
07  {
08      try
09      {
10          int j, k, m, n = 0;
11          int len = randStr.Length;                          //获取伪随机数长度
12          byte[] btData = new byte[str.Length / 2];          //定义一个字节数组，并指定长度
13          for (int i = 0; i < str.Length; i += 2)            //对登录密码进行解密
14          {
15              k = randStr.IndexOf(str[i]);
16              m = randStr.IndexOf(str[i + 1]);
17              j = m / 8;
18              m = m - j * 8;
19              btData[n] = (byte)(j * len + k);
20              btData[n] = (byte)((int)btData[n] ^ m);
21              n++;
22          }
23          return Encoding.Default.GetString(btData);         //返回解密后的登录密码
24      }
25      catch { return ""; }
26  }
```

扩展学习

如何将字符串颠倒输出

颠倒输出字符串时，可以先将要输出的字符串保存到一个 char 类型的数组中，然后使用 Array 类的 Reverse 方法。将字符串颠倒输出的代码如下：

```
string str1 = textBox1.Text.Trim();
char[] charstr = str1.ToCharArray();
Array.Reverse(charstr);
string str2 = new string(charstr);
textBox2.Text = str2;
```

实例 189　获取本机 MAC 地址

源码位置：Code\06\189

实例说明

MAC 地址是网络适配器的物理地址，而网络适配器又称网卡，它是计算机通信的主要设备，在出厂时 MAC 地址就写入了适配器中，由于出现两个相同 MAC 地址的网卡的概率为 0。因此 MAC 地址几乎能够标识网络中每一台计算机。运行结果如图 6.16 所示。

图 6.16　获取本机 MAC 地址

关键技术

添加 System.Management 组件，步骤如下：

（1）选择“解决方案资源管理器”选项卡，右击“引用”，在弹出的快捷菜单中选择“添加引用”选项。

（2）弹出“添加引用”对话框，选择“.NET”选项卡。

（3）在组件列表中，选择名称为 System.Management 的选项，添加 System.Management 组件，在程序中使用时通过关键字 using 引入（例如 using System.Management）。当引入完成后便可以使用 ManagementClass 类实现获取本机 MAC 地址。

实现过程

（1）新建一个项目，将其命名为“得到本机 MAC 地址”，默认主窗体为 Form1。

（2）在 Form1 窗体中添加两个 Label 控件，用来显示信息如 MAC 地址。

（3）程序主要代码如下：

189-1

```
01  private void Form1_Load(object sender, EventArgs e)
02  {
03      //实例化一个ManagementObjectSearcher类的对象
04      ManagementObjectSearcher nisc = new ManagementObjectSearcher("select * from
    Win32_NetworkAdapterConfiguration");
05      foreach (ManagementObject nic in nisc.Get())                    //遍历返回的结果集合
06      {
07          if (Convert.ToBoolean(nic["ipEnabled"]) == true)     //如果nic["ipEnabled"]值为true
08          {
09              this.label2.Text = Convert.ToString(nic["MACAddress"]); //获取MAC地址
10          }
11      }
12  }
```

扩展学习

根据本实例，读者可以实现以下功能：

☑ 利用网卡地址设计软件注册码。

☑ 根据日期随机修改本机 IP 地址和计算机名。

实例 190　获取系统打开的端口和状态

源码位置：Code\06\190

实例说明

每台计算机都需要开启一个端口，才能完成不同计算机之间的信息传递。该端口就是与另一台计算机通信的通道。木马或黑客程序都需要一个端口与远程的计算机进行通信，这些端口是不固定的，所以很难防范。但是只要将系统中所有的端口列出查看，就会知道系统是否正在与网络中的计算机进行通信。本实例列出当前系统中打开的端口和端口信息，运行结果如图 6.17 所示。

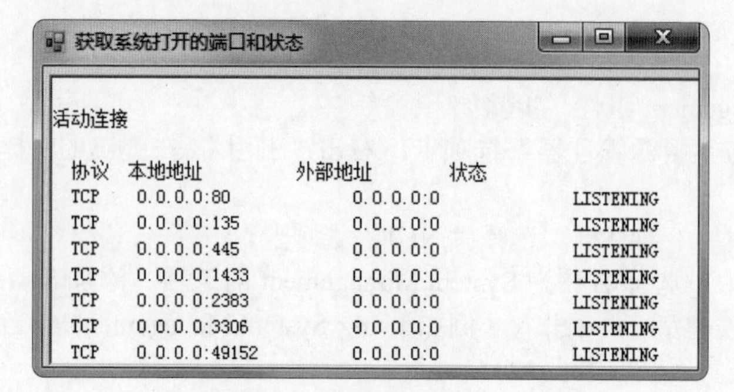

图 6.17 获取系统打开的端口和状态

关键技术

DOS SHELL 命令 netstat 是一个强大的网络命令，它能够获取系统中的端口信息，其命令参数 -a 表示列出所有的链接和侦听端口，在程序中通过 Process 类调用该命令。

实现过程

（1）新建一个项目，将其命名为“获取系统打开的端口和状态”，默认主窗体为 Form1。

（2）在 Form1 窗体中添加一个 Button 控件和一个 RichTextBox 控件，分别用来读取文本信息和显示信息。

（3）在窗体加载时通过 netstat 命令将信息重定向到指定的目录下（c:\port.txt）。代码如下：

```
190-1
01  private void Form1_Load(object sender, EventArgs e)
02  {
03      Process p = new Process();                                    //创建Process实例
04      p.StartInfo.FileName = "cmd.exe";                             //设置启动的应用程序
05      p.StartInfo.UseShellExecute = false;                          //禁止使用操作系统外壳程序启动进程
06      p.StartInfo.RedirectStandardInput = true;                     //应用程序的输入从流中读取
07      p.StartInfo.RedirectStandardOutput = true;                    //应用程序的输出写入流中
08      p.StartInfo.RedirectStandardError = true;                     //将错误信息写入流
09      p.StartInfo.CreateNoWindow = true;                            //是否在新窗口中启动进程
10      p.Start();                                                    //启动进程
11      p.StandardInput.WriteLine(@"netstat -a -n > c:\port.txt");  //将字符串写入文本流
12  }
```

通过 StreamReader 类将指定目录（c:\port.txt）中的信息添加到 richTextBox1 控件中，显示给用户。代码如下：

```
190-2
01  private void button1_Click(object sender, EventArgs e)
02  {
03      this.richTextBox1.Text = "";                                  //清空richTextBox1
04      try
05      {
06          string path = @"c:\port.txt";                             //设置文本路径
07          using (StreamReader sr = new StreamReader(path, Encoding.Default))
08          {
09              while (sr.Peek() >= 0)                                //循环读取信息
```

```
10              {
11                  //将读取的信息显示在richTextBox1中
12                  this.richTextBox1.Text += sr.ReadLine() + "\r\n";
13              }
14          }
15      }
16      catch (Exception hy)                                    //如果出现异常
17      {
18          MessageBox.Show(hy.Message);                        //显示异常信息
19      }
20  }
```

扩展学习

根据本实例，读者可以实现以下功能：

☑ 得到局域网中两台计算机的端口号。

☑ 实时监控计算机的端口信息。

实例 191　获取网络中工作组列表

源码位置：Code\06\191

实例说明

用户可以在局域网中设置不同的工作组，通过本实例的学习，读者可以掌握如何获取局域网内工作组列表。运行本实例，局域网内所有的工作组将显示在列表中。运行结果如图 6.18 所示。

图 6.18　获取网络中工作组列表

关键技术

添加 System.DirectoryServices 组件，步骤如下：

（1）选择“解决方案资源管理器”选项卡，右击“引用”，在弹出的快捷菜单中选择“添加引用”选项。

（2）弹出“添加引用”对话框，选择“.NET”选项卡。

（3）在组件列表中，选择 System.DirectoryServices 选项，添加 System.DirectoryServices 组件成功，然后通过 using System.DirectoryServices 语句将其引入当前项目。当引入完成后便可以使用 DirectoryEntry 类实现获取工作组名称。

实现过程

（1）新建一个项目，将其命名为“获取网络中所有工作组名称”，默认主窗体为 Form1。

（2）在 Form1 窗体中主要添加一个 Button 控件和一个 listBox1 控件，分别用来退出应用程序和显示工作组名称。

（3）程序主要代码如下：

191-1

```
01  private void Form1_Load(object sender, EventArgs e)
02  {
03      DirectoryEntry MainGroup = new DirectoryEntry("WinNT:");      //实例化DirectoryEntry类
04      foreach (DirectoryEntry domain in MainGroup.Children)        //遍历所有工作组
05      {
06          listBox1.Text = "";                                        //清空listBox1
07          listBox1.Items.Add(domain.Name);                          //将工作组名称添加到listBox1中
08      }
09  }
```

扩展学习

根据本实例，读者可以实现以下功能：

☑ 获取工作组和相关工作组内的计算机名称。

☑ 监控网络工作组信息。

☑ 局域网聊天程序。

实例 192　提取并保存网页源码

源码位置：Code\06\192

实例说明

本实例实现了提取并保存网页源码的功能。运行程序，在文本框中输入合法的网址并按下 Enter 键，即可提取当前网页的源码，并显示在 TextBox 文本框中，单击“保存”按钮，可以将这些信息保存到本地磁盘上。运行结果如图 6.19 所示。

图 6.19　提取并保存网页源码

关键技术

实现本实例功能主要用到 System.Net 命名空间下的 WebRequest 类的 Create 方法、GetResponse 方法、WebResponse 类的 GetResponseStream 方法、WebClient 类的 DownloadFile 方法和 System. Text. RegularExpressions 命名空间下的 Regex 类的 IsMatch 方法。

实现过程

（1）新建一个 Windows 应用程序，将其命名为“提取并保存网页源码”，默认窗体为 Form1。

（2）在 Form1 窗体中，主要添加两个 TextBox 控件，用于输入网址和显示网页源码信息；添加一个 Button 控件，用来执行保存网页源码操作。

（3）提取网页源码的实现代码如下：

```
192-1
01  public string GetSource(string webAddress)
02  {
03      StringBuilder strSource = new StringBuilder("");     //创建一个StringBuilder实例
04      try
05      {
06          WebRequest WReq = WebRequest.Create(webAddress); //对URL地址发出请求
07          WebResponse WResp = WReq.GetResponse();          //返回服务器的响应
08          //从数据流中读取数据
09          StreamReader sr = new StreamReader(WResp.GetResponseStream(), Encoding.ASCII);
10          string strTemp = "";
11          while ((strTemp = sr.ReadLine()) != null)        //循环读出数据
12          {
13              strSource.Append(strTemp + "\r\n");          //把数据添加到字符串中
14          }
15          sr.Close();                                      //关闭数据流
16      }
17      catch (WebException WebExcp)                         //如果出现异常
18      {
19          MessageBox.Show(WebExcp.Message, "error", MessageBoxButtons.OK); //显示异常信息
20      }
21      return strSource.ToString();                         //返回网页源码内容
22  }
```

验证网址是否正确的实现代码如下：

```
192-2
01  public bool ValidateDate1(string input)
02  {
03      //验证网址是否规范
04      return Regex.IsMatch(input, "http(s)?://([\\w-]+\\.)+[\\w-]+(//[\\w- .//?%&=]*)?");
05  }
```

自定义 SaveInfo 方法用来保存网页信息。代码如下：

```
192-3
01  private void SaveInfo(string strPath, string strDown)
02  {
```

```
03        WebClient wC = new WebClient();                       //实例化WebClient
04        wC.DownloadFile(strDown, strPath);                    //将指定的URL资源下载到本地文件中
05    }
```

保存网页源码的实现代码如下：

```
192-4
01  private void button1_Click(object sender, EventArgs e)
02  {
03      saveFileDialog1.Filter = "文本文件|*.txt";                  //设置选择文件的格式
04      if (this.saveFileDialog1.ShowDialog() == DialogResult.OK) //判断是否选择文件
05      {
06          textBox2.Text = saveFileDialog1.FileName;            //显示保存后文件路径
07          if (textBox1.Text.Trim().ToString() != "")           //判断是否输入网址
08          {                                                    //调用方法保存文件内容
09              saveInfo(this.textBox2.Text.Trim().ToString(), textBox1.Text.Trim().ToString());
10              MessageBox.Show("保存成功");                     //弹出提示信息
11          }
12          else                                                 //否则
13          {
14              MessageBox.Show("请写入目标页的URL");             //提示输入网址
15              this.textBox2.Text = string.Empty;
16          }
17      }
18  }
```

获取网页源码的实现代码如下：

```
192-5
01  public string strS;                                          //存取网页内容
02  public void GetPageSource()
03  {
04      string strAddress = textBox1.Text.Trim();                //输入网址
05      if (ValidateDate1(strAddress))                           //检查输入网址是否合法
06      {
07          strAddress = strAddress.ToLower();                   //获取网址
08          strS = GetSource(strAddress);                        //调用方法提取网页内容
09          if (strS.Length > 1)
10          {
11              showSource();                                    //设置窗体样式
12          }
13      }
14      else                                                     //如果网址不合法
15      {
16          MessageBox.Show("输入网址不正确请重新输入");           //提示重新输入合法的网址
17      }
18  }
```

扩展学习

根据本实例，读者可以实现以下功能：

☑ 定时获取指定网页内容。

☑ 获取网页中的指定内容。

实例 193　获取网络中某台计算机的磁盘信息　源码位置：Code\06\193

实例说明

地理位置不同的多台计算机通过连接设备连接，然后通过定制的协议达到能够相互通信的目的，这样就形成了网络。网络中的计算机能够实现资源和信息共享。在 Windows 系统中，最常见的一种资源共享方式是文件服务器，这种方式是将网络中一台计算机的磁盘共享，让所有网络中的其他计算机能够访问其中的资源。这台计算机中的资源空间是有限的，本实例将设计一个能够获取网络中某台计算机磁盘空间的程序。运行结果如图 6.20 和图 6.21 所示。

图 6.20　“浏览文件夹”对话框

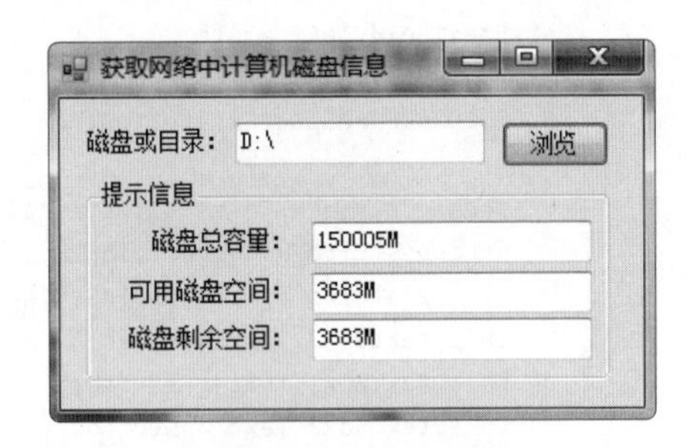

图 6.21　程序主窗体

关键技术

本实例使用了 WindowsAPI 函数的 GetDiskFreeSpaceEx 方法，用于获取指定磁盘的空间。

实现过程

（1）新建一个项目，将其命名为“获取网络中某台计算机的磁盘信息”，默认主窗体为 Form1。

（2）Form1 窗体设计时用到的控件及说明如表 6.9 所示。

表 6.9　Form1 窗体设计时用到的控件及说明

控件类型	控件名称	用　途
FolderBrowserDialog	folderBrowserDialog1	选择“文件夹”对话框
TextBox	textBox 1	显示磁盘总容量

续表

控件类型	控件名称	用途
TextBox	textBox 2	显示可用磁盘空间
	textBox 3	显示磁盘剩余空间
	textBox4	设置文件路径

（3）程序主要代码如下：

193-1

```
01  [DllImport("kernel32.dll", EntryPoint = "GetDiskFreeSpaceEx")]
02  public static extern int GetDiskFreeSpaceEx(string lpDirectoryName, out long lpFreeBytesAvailable,
    out long lpTotalNumber OfBytes, out long lpTotalNumberOfFreeBytes); //获取指定磁盘空间的API函数
03  private void button1_Click(object sender, EventArgs e)
04  {
05      if (this.folderBrowserDialog1.ShowDialog() == DialogResult.OK)  //判断是否选择磁盘或者目录
06      {
07          long fb, ftb, tfb;
08          string str = this.folderBrowserDialog1.SelectedPath;        //获取选择的磁盘或者目录的路径
09          this.textBox4.Text = str;                                   //显示路径
10          //如果返回值不等于0，说明读取成功
11          if (GetDiskFreeSpaceEx(str, out fb, out ftb, out tfb) != 0)
12          {
13              string strfb = Convert.ToString(fb / 1024 / 1024) + "M";     //总空间
14              string strftb = Convert.ToString(ftb / 1024 / 1024) + "M";   //可用空间
15              string strtfb = Convert.ToString(tfb / 1024 / 1024) + "M";   //总剩余空间
16              this.textBox2.Text = strfb;                                  //显示总空间
17              this.textBox1.Text = strftb;                                 //显示可用空间
18              this.textBox3.Text = strtfb;                                 //显示总剩余空间
19          }
20          else
21          {
22              MessageBox.Show("NO");
23          }
24      }
25  }
```

要先连接局域网才能实现本实例。

扩展学习

根据本实例，读者可以实现以下功能：

☑ 获取网络中某台计算机的名称。

☑ 获取网络中所有共享资源。

实例 194　将局域网聊天程序开发成 Windows 服务

源码位置：Code\06\194

实例说明

本实例开发了一个聊天程序，并将服务器端程序开发为 Windows 服务，从而实现服务器端开机自启动。程序运行效果如图 6.22 和图 6.23 所示。

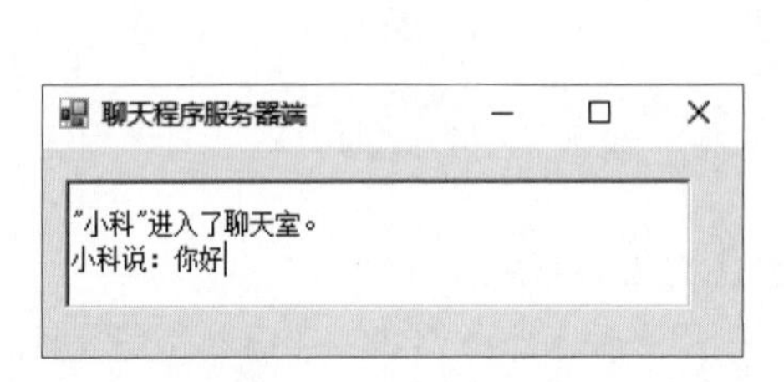

图 6.22　“蓝天”聊天窗口

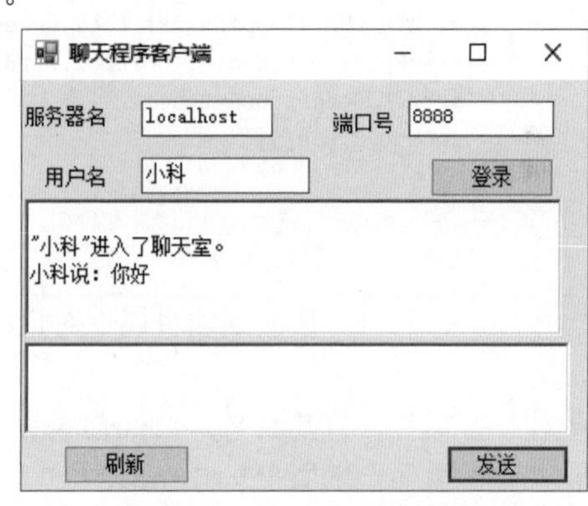

图 6.23　“白云”聊天窗口

关键技术

在本实例中用到了网络通信和 Windows 服务的开发功能。

实现过程

（1）本实例由服务器端、客户端和服务 3 个解决方案组成。下面按照前面的顺序写出实现过程。

（2）创建一个项目，将其命名为 ChatServer，默认窗体为 Form1。

（3）在 Form1 窗体上添加一个 TextBox 控件，用来存放客户端发送的信息。

（4）服务将要调用的开始方法的代码如下：

194-1

```
01  public void Start()
02  {
03      listenerThread = new Thread(new ThreadStart(ServerListener));      //实例化线程
04      listenerThread.Start();                                            //启动线程
05  }
```

使服务器开始侦听客户端连接的实现代码如下：

194-2

```
01  protected void ServerListener()
02  {
03      IPAddress ipAddress = Dns.Resolve("localhost").AddressList[0];     //获取IP地址
04      listener = new TcpListener(ipAddress, port);                       //侦听
```

```
05        listener.Start();                                      //开始侦听传入的连接请求
06        while (true)
07        {
08            Socket socket = listener.AcceptSocket();           //开始侦听客户端的连接
09            byte[] bytes = new byte[8192];                     //创建字节数组
10            byte[] sendBytes = new byte[8192];
11            if (socket.Receive(bytes) >= 0)                    //将数据库存入缓冲区
12            {
13                string receiveMessage = Encoding.Unicode.GetString(bytes); //将字节解码成字符串
14                richTextBox1.AppendText(receiveMessage+"\r\n");            //添加文本
15                sendBytes = Encoding.Unicode.GetBytes(richTextBox1.Text);  //将文本转换成字节
16                socket.Send(sendBytes);                                    //发送数据
17                socket.Close();
18            }
18        }
19    }
```

（5）选中项目，右击，切换到项目属性对话框，将“输出类型”改为类库。编译程序，服务器端开发完成。

（6）创建一个项目，将其命名为 ChatClient，默认窗体为 Form1。

（7）在 Form1 窗体上添加 3 个 TextBox 控件，分别用来输入服务器名、端口号和登录名；添加两个 RichTextBox 控件，用来接收和发送聊天信息；添加两个 Button 控件，用来登录和发送聊天信息。

（8）连接服务器并加入聊天室的主要代码如下：

```
194-3
01    private void button1_Click(object sender, EventArgs e)
02    {
03        //实例化TcpClient，连接指定主机上的端口
04        client = new TcpClient(textBox1.Text, Convert.ToInt32(textBox2.Text));
05        clientSocket = client.Client;                                   //获取套接字
06        byte[] bytes = new byte[819200];
07        byte[] Receivebytes = new byte[819200];
08        bytes = Encoding.Unicode.GetBytes("\r\n" + "\"" + textBox3.Text + "\"" + "进入了聊天室。");
09        clientSocket.Send(bytes);                                       //发送聊天数据
10        clientSocket.Receive(Receivebytes);                             //接收聊天数据
11        string serverMessage = Encoding.Unicode.GetString(Receivebytes);  //将字节序列解码成字符串
12        richTextBox1.Text = serverMessage + "\r\n";                     //获取文本
13        clientSocket.Close();
14    }
```

向服务器端发送数据，并从服务器端接收数据的主要代码如下：

```
194-4
01    private void button2_Click(object sender, EventArgs e)
02    {
03        //实例化TcpClient，连接指定主机上的端口
04        client = new TcpClient(textBox1.Text, Convert.ToInt32(textBox2.Text));
05        clientSocket = client.Client;                                   //获取套接字
06        byte[] bytes = new byte[8192];
07        byte[] receiveBytes = new byte[8192];
08        //将文本转换成字节
```

```
09        bytes = Encoding.Unicode.GetBytes("\r\n" + textBox3.Text + "说: " + richTextBox2.Text);
10        if (clientSocket.Connected)                                    //如果连接远程主机
11        {
12            clientSocket.Send(bytes);                                  //发送数据
13            richTextBox2.Clear();
14            clientSocket.Receive(receiveBytes);                        //接收数据
15            string serverMessage = Encoding.Unicode.GetString(receiveBytes);    //将序列字节转换成字符串
16            richTextBox1.Clear();
17            richTextBox1.Text = serverMessage + "\r\n";                //显示文本
18        }
19    }
```

（9）编译 ChatClient 客户端开发完成。

（10）创建一个新项目，模板选择 Windows 服务，如图 6.24 所示，并将其命名为 ChatService。

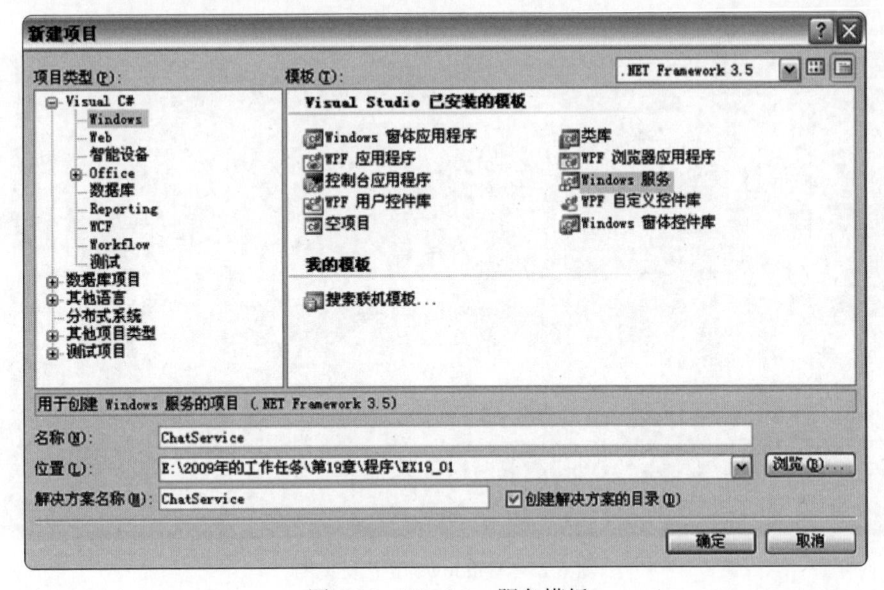

图 6.24　Windows 服务模板

（11）在 ChatService 项目中添加对步骤（5）生成类库的引用。

（12）切换到 ChatService 项目的设计模式，右击，在弹出的快捷菜单中添加安装程序。

（13）启动服务的实现代码如下：

```
194-5
01    protected override void OnStart(string[] args)
02    {
03        //TODO: 在此处添加代码以启动服务
04        server = new Form1();
05        server.Start();                              //启动服务
06    }
```

停止服务的实现代码如下：

194-6

```
01  protected override void OnStop()
02  {
03      //TODO: 在此处添加代码以执行停止服务所需的关闭操作
04      server.Stop();
05  }
```

（14）编译 ChatService 项目生成服务。

（15）选择“开始”→ Visual Studio 2022 → x64 Native Tools Command Prompt for VS 2022 选项。

（16）在弹出的“x64 Native Tools Command Prompt for VS 2022”窗口中使用 InstallUtil 命令行工具来安装服务。其命令行语句如下：

194-7

```
01  InstallUtil<Windows服务的可执行路径>
```

效果如图 6.25 所示。

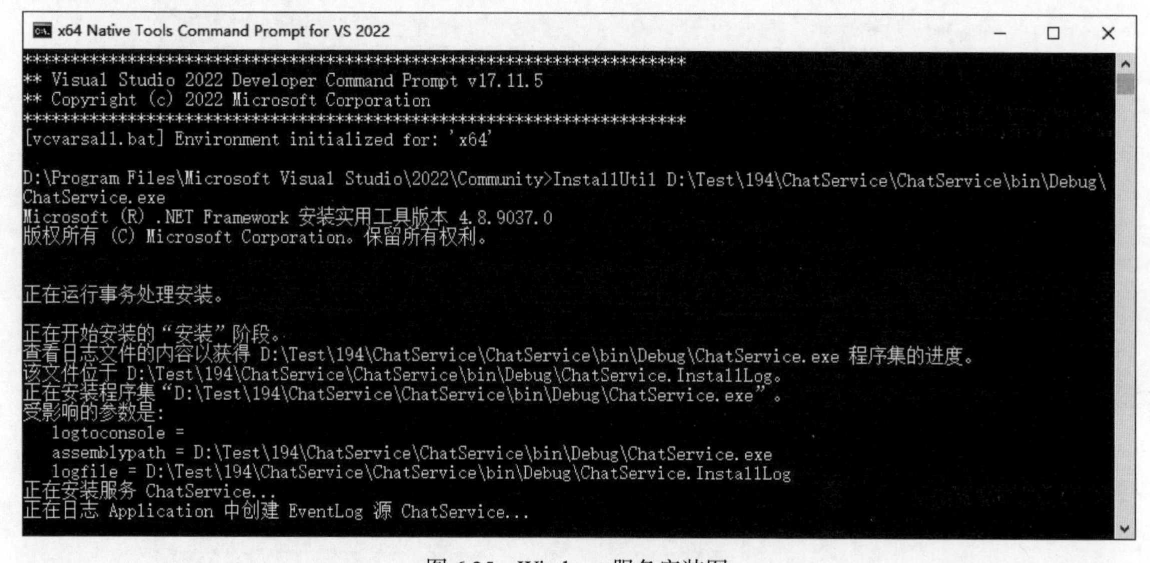

图 6.25 Windows 服务安装图

扩展学习

根据本实例，读者可以实现以下功能：

☑ 将 Remoting 服务端开发为服务。

☑ 将需要自启动的程序开发为服务。

实例 195 编程实现 Ping 操作

源码位置：Code\06\195

实例说明

Ping.exe 是 Windows 系统中一个测试网络连接和传输性能的工具，它能够返回当前计算机与目标计算机之间，并测试是否能够连通和传输速率等信息。由于应用简单和功能实用，所以 Ping 是一个比较常用的工具。但是 Ping.exe 是一个控制台命令，使用不是特别方便，本实例将在应用程序中实现 Ping 操作，并返回传输延时等信息。运行结果如图 6.26 所示。

图 6.26 编程实现 Ping 操作

关键技术

使用 Ping 类的 Send 方法检测远程计算机，在 .NET 中 Ping 类允许应用程序确定是否可以通过网络访问远程计算机。

实现过程

（1）新建一个项目，将其命名为“编程实现 Ping 操作”，默认主窗体为 Form1。

（2）Form1 窗体设计时用到的控件及说明如表 6.10 所示。

表 6.10 Form1 窗体设计时用到的控件及说明

控件类型	控件名称	用途
Button	button1	Ping 对方机器
TextBox	textBox1	输入 IP 地址
	textBox2	显示耗费时间
	textBox3	显示路由节点数
	textBox4	显示数据分段
	textBox5	显示缓冲区大小

（3）程序主要代码如下：

195-1

```
01  private void button1_Click(object sender, EventArgs e)
02  {
03      try
04      {
05          Ping PingInfo = new Ping();                                     //实例化Ping类
06          PingOptions PingOpt = new PingOptions();                        //实例化PingOptions类
07          PingOpt.DontFragment = true;                                    //是否设置数据分段
08          string myInfo = "hyworkhyworkhyworkhyworkhyworkhywork";         //定义测试数据
09          byte[] bufferInfo = Encoding.ASCII.GetBytes(myInfo);            //获取测试数据的字节
10          int TimeOut = 120;                                              //超时时间
11          //发送数据包
12          PingReply reply = PingInfo.Send(this.textBox1.Text, TimeOut, bufferInfo, PingOpt);
13          if (reply.Status == IPStatus.Success)                           //如果成功
14          {
15              this.textBox2.Text = reply.RoundtripTime.ToString(); //耗费时间
16              this.textBox3.Text = reply.Options.Ttl.ToString();   //路由节点数
17              //数据分段
18              this.textBox4.Text = (reply.Options.DontFragment ? "发生分段" : "没有发生分段");
19              this.textBox5.Text = reply.Buffer.Length.ToString(); //缓冲区大小
20          }
21          else                                                            //如果当前状态不成功
22          {
23              MessageBox.Show("无法Ping通");                               //弹出提示信息
24          }
25      }
26      catch (Exception ey)                                                //如果发生异常
27      {
28          MessageBox.Show(ey.Message);                                    //显示异常信息
29      }
30  }
```

扩展学习

根据本实例，读者可以实现以下功能：

☑ 通过 Ping 操作监控网络速度。

☑ 提取 Ping 操作到数据库。

实例 196　COM+ 服务实现银行转账系统

源码位置：Code\06\196

实例说明

在项目或产品的开发中，常常需要支持事务，即两个或多个操作都成功或都不成功，不能出现一个操作成功而其他操作不成功的情况。例如，在银行转账的过程中，如果出现已经从一个账户中减去金额，却没有在目标账户增加金额的情况，后果就非常严重。而 COM+ 服务能很好地支持事务，特别在异类系统开发中有很好的表现。本实例实现了用 COM+ 服务实现银行转账的功能。程序运行结果如图 6.27 所示。

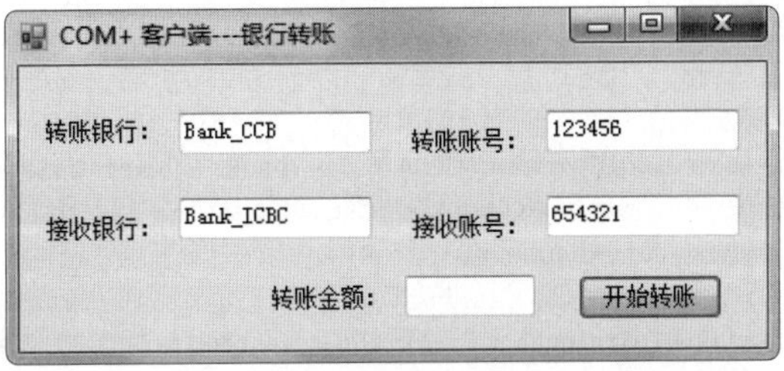

图 6.27　系统转账

关键技术

在 .NET 中使用 COM+ 服务的组件叫作 .NET 服务组件，在 .NET 中使用 COM+ 组件主要由 3 个部分组成，即 Enterprise Services、COM+ 组件和客户端。

实现过程

（1）创建一个类库，将其命名为 BankClass。

（2）引用 EnterpriseServices，选择“项目”→“添加引用”选项，弹出“添加引用”对话框，如图 6.28 所示，在列表中选择 System. EnterpriseServices，单击“确定”按钮。

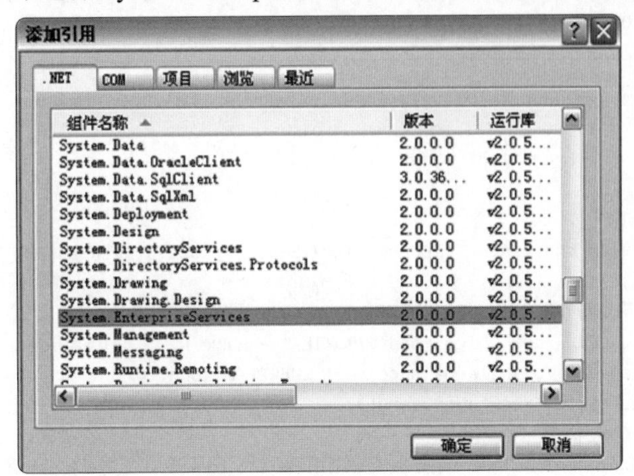

图 6.28　添加引用

（3）在“解决方案资源管理器”窗口中，将 Class1.cs 文件改名为 Account.cs 文件。

（4）在 Account 类中添加如下代码。

自定义方法 Saveing 用于银行转账业务中的存款，并且将存款日志写入 Windows 系统事件查看器中，实现代码如下：

```
196-1
01  public void Saveing(string bank, float balance, string account)
02  {
03      try
04      {
```

```
05            //连接数据库
06            SqlConnection con = new SqlConnection("Server=(local);DataBase=db_35;uid=sa;pwd=;");
07            con.Open();                                              //打开连接的数据库
08            //建立SQL语句与数据库的连接
09            SqlCommand cmd = new SqlCommand("UPDATE " + bank + " set balance = balance + " +
      Convert.ToSingle(balance) + " WHERE account = '" + account + "'", con);
10            int i = (int)cmd.ExecuteNonQuery();                      //执行SQL语句
11            con.Close();                                             //关闭
12            WriteInfo(DateTime.Now.ToString() + " 银行名称：" + bank + " 账号：" + account + "存入金额为：" +
13                    balance.ToString());                             //输出信息
14        }
15        catch (Exception ex)
16        {
17            WriteError(ex.Message);
18            throw new Exception(ex.Message);
19        }
20    }
```

自定义方法 Fetch 用于银行转账业务中的取款，并且将取款日志写入 Windows 系统事件查看器中，实现代码如下：

```
196-2
01    public void Fetch(string bank, float balance, string account)
02    {
03        try
04        {
05            if (balance > Convert.ToSingle(GetBalance(bank, balance, account))) //如果大于存款
06            {
07                throw new Exception("银行：" + bank + " 账号：" + account + "余额不足！");
08            }
09            //连接数据库
10            SqlConnection con = new SqlConnection("Server=(local);DataBase=db_35;uid=sa;pwd=;");
11            con.Open();                                              //打开连接的数据库
12            //建立SQL语句与数据库的连接
13            SqlCommand cmd = new SqlCommand("UPDATE " + bank + " SET balance = balance - " +
14                    Convert.ToSingle(balance) + " WHERE (account = '" + account + "')", con);
15            int i = (int)cmd.ExecuteNonQuery();                      //执行SQL语句
16            con.Close();                                             //关闭
17            WriteInfo(DateTime.Now.ToString() + " 银行名称：" + bank + " 账号：" + account + "提取金额为：" +
18                    balance.ToString());                             //输出信息
19        }
20        catch (Exception ex)
21        {
22            WriteError(ex.Message.ToString());
23            throw new Exception(ex.Message);
24        }
25    }
```

自定义方法 GetBalance 主要用于获取储蓄账号中的余额，并且在转账过程中判断余额是否充足，实现代码如下：

```
196-3
01 public Single GetBalance(string bank, float balance, string account)
02 {
03     //连接数据库
04     SqlConnection con = new SqlConnection("Server=(local);DataBase=db_35;uid=sa;pwd=;");
05     //建立SQL语句与数据库的连接
06     SqlDataAdapter dap = new SqlDataAdapter("select * from " + bank + " where account ='" +
account + "'", con);
07     DataSet ds = new DataSet();                                          //实例化DataSet类
08     dap.Fill(ds);                                                        //执行SQL语句
09     return Convert.ToSingle(ds.Tables[0].Rows[0]["balance"].ToString()); //返回指定的信息
10 }
```

自定义方法 WriteError 主要将转账失败信息写入 Windows 系统事件查看器中，实现代码如下：

```
196-4
01 public void WriteError(string error)
02 {
03     EventLog.WriteEntry("示例_01 COM+组件服务", error, EventLogEntryType.Error);
04 }
```

自定义方法 WriteInfo 主要将转账成功信息写入 Windows 系统事件查看器中，实现代码如下：

```
196-5
01 public void WriteInfo(string info)
02 {
03     EventLog.WriteEntry("示例_01 COM+组件服务", info, EventLogEntryType.Information);
04 }
```

（5）编写转账 Transfer 类，添加一个类文件，并设置名称为 Transfer.cs。

自定义方法 BankTransfer 主要实现银行转账业务，并且将转账业务日志写入 Windows 系统事件查看器中，实现代码如下：

```
196-6
01 public bool BankTransfer(string FromBank, string FromAccount, string ToBank,
02         string ToAccount, float balance)
03 {
04     Account fromAccount = new BankClass.Account();                //实例化Account
05     Account toAccount = new BankClass.Account();
06     try
07     {
08         toAccount.Saveing(ToBank, balance, ToAccount);            //存款操作
09         fromAccount.Fetch(FromBank, balance, FromAccount);        //取款操作
10         ContextUtil.SetComplete();                                //在COM+中设置done为true
11         toAccount.WriteInfo("【转账银行：" + FromBank + " 账号：" + FromAccount + "】→
【接收银行：" + ToBank + " 账号：" + ToAccount + "】---转账成功---");
12         return true;
13     }
14     catch (System.Exception ex)
15     {
16         toAccount.WriteError("【转账银行：" + FromBank + " 账号：" + FromAccount + "】→
【接收银行：" + ToBank + " 账号：" + ToAccount + "】---转账失败---" + ex.Message);
17         ContextUtil.SetAbort();
```

```
18              return false;
19          }
20  }
```

（6）依次选择“开始”→ Visual Studio 2022 → x64 Native Tools Command Prompt for VS 2022 选项，在弹出的命令行窗口中用 SN 命令产生一个密钥文件。其输入格式如下：

196-7

```
01  SN -K<BankClass.snk的放置路径>
```

（7）在“解决方案资源管理器”窗口中，选择 AssemblyInfo.cs 文件，在文件中加入如下代码：

196-8

```
01  [assembly: AssemblyKeyFile(@"E:\2009年的工作任务\第19章\程序\EX19_04\
    BankClass\BankClass\BankClass.snk ")]
02  [assembly: AssemblyKeyFile("BankClass.snk")]
03  [assembly: ApplicationName("ComBankBankClass")]
```

在使用 ApplicationName 时必须引用 using System.EnterpriseServices 命名空间，并将“[assembly: ComVisible(false)]”改为“[assembly: ComVisible(true)]”。

（8）编译 COM+ 类库。

（9）选择“开始”→ Visual Studio 2022 → x64 Native Tools Command Prompt for VS 2022 选项，在弹出的命令行窗口中用 RegSvcs 命令注册 COM+ 组件，注册时在 RegSvcs 命令后加 COM+ 类库的路径即可。注册成功后如图 6.29 所示。

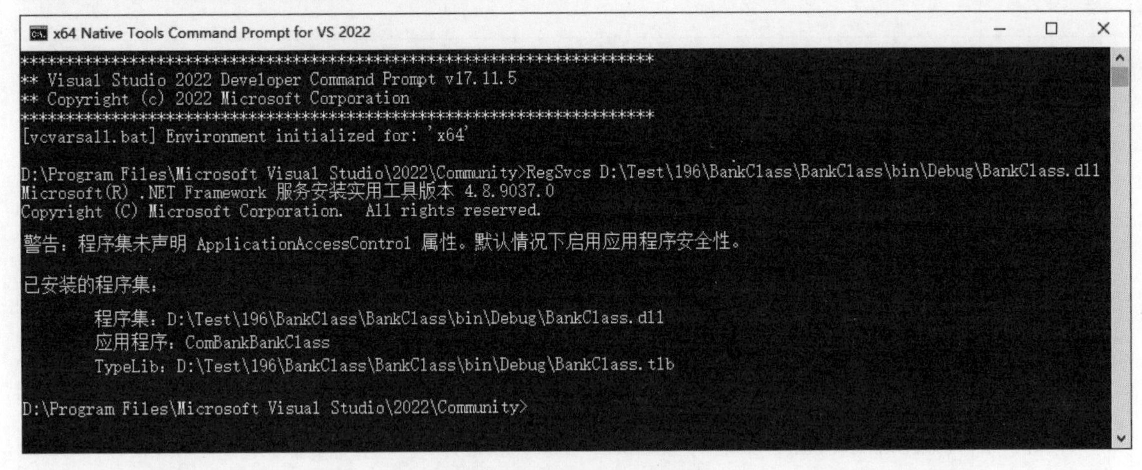

图 6.29　注册 COM+ 类库

（10）创建一个项目，将其命名为 BankClient，此项目用来在客户端调用 COM+ 组件。

（11）在窗体中主要添加 5 个 TextBox 控件和 1 个 Button 控件，分别用于输入银行转账信息和执行银行转账命令。

（12）添加对程序集 System. EnterpriseServices 和步骤（8）编译的 COM+ 类库的引用。

（13）程序主要代码如下：

196-9

```
01  private void button1_Click(object sender, EventArgs e)
02  {
03      Transfer tt = new Transfer();                                   //实例化Transfer类
04      bool bl = tt.BankTransfer(txtFromBank.Text, txtFromAccount.Text, txtToBank.Text,
    txtToAccount.Text, Single.Parse(txtBalance.Text));                  //实现银行转账业务
05      if (bl)                                                         //如果有记录
06          MessageBox.Show("银行转账成功！", "系统提示", MessageBoxButtons.OK,
    MessageBoxIcon.Information);
07      else
08          MessageBox.Show("银行转账失败！", "系统提示", MessageBoxButtons.OK,
    MessageBoxIcon.Error);
09  }
```

扩展学习

根据本实例，读者可以实现以下功能：

☑ 在其他需要事务的程序中使用 COM+。

☑ 用 COM+ 实现并发访问。

实例 197　COM+ 服务解决同时访问大量数据并发性

源码位置：Code\06\197

实例说明

当有两个或更多子系统需要对同一文件进行读写操作，并且客户端又有很大的并发性时，很容易出现读写冲突或错误，从而影响系统的性能。通过调用共同进程以外的组件来读写文件，而此共同的进程外组件只有在自身启动的时候把文件内容加载到内存，当文件有变化时更新内存，这样就大大提高了系统的性能。在数据库的应用中大量的并发性访问更是频繁发生。使用 COM+ 服务可以解决这样的问题，在由不同开发技术组成的系统中 COM+ 的表现更为出色。本实例实现了使用 COM+ 访问数据库的功能。运行效果如图 6.30 和图 6.31 所示。

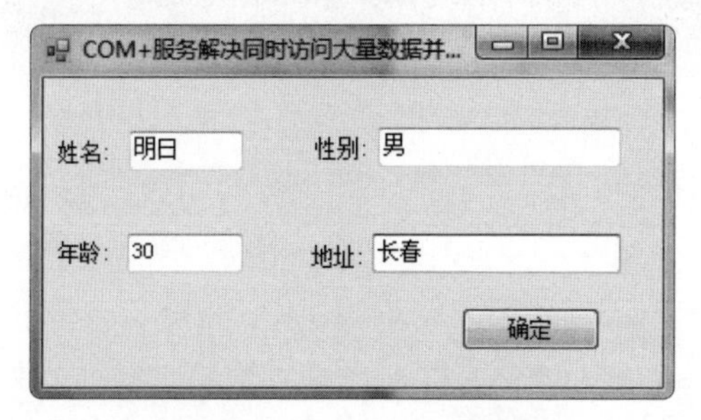

图 6.30　COM+ 访问数据库

图 6.31　COM+ 访问数据库成功

关键技术

在 .NET 中使用 COM+ 服务的组件叫作 .NET 服务组件，在 .NET 中使用 COM+ 组件主要由 3 个部分组成，即 Enterprise Services、COM+ 组件和客户端。

实现过程

（1）创建一个类库，将其命名为 CallClass。

（2）引用 EnterpriseServices，选择“项目”→“添加引用”选项，弹出“添加引用”对话框，在“.Net”选项卡中引用程序集 System. EnterpriseServices。

（3）在“解决方案资源管理器”窗口中，将 Class1.cs 文件改名为 DataBaseDAO.cs 文件。

（4）程序主要代码如下：

197-1

```
01  public void UserAccount_Inert(string name, string sex, string age, string address)
02  {
03      SqlConnection conn = new SqlConnection("Data Source=localhost;Initial Catalog=db_35;
    User ID=sa");                                              //数据库连接
04      conn.Open();                                           //打开数据库的连接
05      SqlCommand cmd = new SqlCommand("insert userAccount (name,sex,age,address)
    values (@name,@sex,@age,@address) ", conn);                //建立SQL语句与数据库的连接
06      //添加参数，以及参数值
07      cmd.Parameters.AddWithValue("@name", name);
08      cmd.Parameters.AddWithValue("@sex", sex);
09      cmd.Parameters.AddWithValue("@age", age);
10      cmd.Parameters.AddWithValue("@address", address);
11      cmd.ExecuteNonQuery();                                 //执行SQL语句
12      conn.Close();                                          //关闭连接
13  }
```

（5）编写 COM+ 组件类 ComDll，添加一个类文件，并设置名称为 ComDll.cs。代码如下：

197-2

```
01  public bool insert(string name, string sex, string age, string address)
02  {
03      try
04      {
05          DataBaseDAO dao = new DataBaseDAO();            //实例化DataBaseDAO类
06          dao.UserAccount_Inert(name, sex, age, address); //插入数据
07          return true;
08      }
09      catch (Exception e)
10      {
11          return false;
12      }
13  }
```

（6）依次选择“开始”→ Visual Studio 2022 → x64 Native Tools Command Prompt for VS 2022 选项，在弹出的命令行窗口中用 SN 命令产生一个密钥文件。

（7）在“解决方案资源管理器”窗口中选择 AssemblyInfo.cs 文件，在文件中加入如下代码：

197-3

```
01  [assembly: AssemblyKeyFile(@"..\..\..\CallClass.snk")]
02  [assembly: ApplicationName("ComBankCallClass")]
03  //将ComVisible设置为False使此程序集中的类型
04  //对COM组件不可见。如果需要从COM访问此程序集中的类型
05  //则将该类型上的ComVisible属性设置为True
06  [assembly: ComVisible(true)]
```

（8）编译 COM+ 类库。

（9）创建一个项目，将其命名为 CallClient，此项目用来在客户端调用 COM+ 组件。

（10）在 Windows 窗体中主要添加 4 个 TextBox 控件和一个 Button 控件，分别用于输入信息和保存结果。

（11）添加对程序集 System. EnterpriseServices 和步骤（8）编译的 COM+ 类库的引用。

（12）程序主要代码如下：

197-4

```
01  private void button1_Click(object sender, EventArgs e)
02  {
03      using (ComDLL com = new ComDLL())
04      {
05          //使用Using关键字及时释放COM+组件占用的资源
06          if (com.insert(textBox1.Text, textBox2.Text, textBox3.Text, textBox4.Text))
07          {
08              MessageBox.Show("执行成功");
09          }
10          else
11          {
12              MessageBox.Show("执行失败");
13          }
14      }
15  }
```

扩展学习

根据本实例，读者可以实现以下功能：

☑ 在由不同开发工具开发的系统中使用事务。

☑ 使用 COM+ 组件提高系统性能。

实例 198　企业员工 IC 卡考勤系统开发

源码位置：Code\06\198

实例说明

IC 卡也被称作智能卡，具有写入数据和存储数据的功能，由于其内部具有集成电路，因此不但可以存储大量信息，保密性强，而且还具有抗干扰、无磨损、寿命长等特性，在各个领域中得到广泛应用。本实例通过 IC 卡，实现企业员工考勤的功能，实例运行结果如图 6.32 所示。

图 6.32 企业员工 IC 卡考勤系统

关键技术

本实例使用的是深圳明华生产的明华 IC 卡读写器，用户将驱动程序安装完毕后，即可正常使用本实例。本实例通过调用 Mwic_32.dll 链接库，进行 IC 卡的读写工作。

实现过程

（1）新建一个 Windows 应用程序，将其命名为 CorporationEmployeeICCard，默认窗体为 Form1。

（2）Form1 窗体主要用到的控件及说明如表 6.11 所示。

表 6.11 Form1 窗体主要用到的控件及说明

控件类型	控件名称	属性设置	说明
MenuStrip	menuStrip1	无	菜单栏
StatusStrip	statusStrip1	无	状态栏
Timer	timer1	Interval 属性设为 1000	读取 IC 卡设备
	timer2	Interval 属性设为 1000	显示当前时间
	timer3	Interval 属性设为 1000	显示当前时间
TextBox	txtICCard	ReadOnly 属性设为 True	考勤人员的 IC 卡编号
	txtName	ReadOnly 属性设为 True	考勤人员的姓名
	txtSex	ReadOnly 属性设为 True	考勤人员的性别
TextBox	txtJob	ReadOnly 属性设为 True	考勤人员的职位
	txtFolk	ReadOnly 属性设为 True	考勤人员的民族
	txtDept	ReadOnly 属性设为 True	考勤人员所属部门

（3）创建一个 baseClass 公共类，用于封装程序中用到的方法，公共类中首先要声明操作 IC 卡

的函数，其中包括初始化设备、获取设备当前状态、关闭设备通讯端口、向 IC 卡写入数据和读取 IC 卡中数据等，代码如下：

198-1

```
01  [StructLayout(LayoutKind.Sequential)]
02  public unsafe class IC
03  {
04      [DllImport("Mwic_32.dll", EntryPoint = "auto_init", SetLastError = true,
    CharSet = CharSet.Ansi, ExactSpelling = true, CallingConvention = CallingConvention.StdCall)]
05      public static extern int auto_init(int port, int baud);         //对设备进行初始化
06      [DllImport("Mwic_32.dll", EntryPoint = "setsc_md", SetLastError = true,
    CharSet = CharSet.Ansi, ExactSpelling = true, CallingConvention = CallingConvention.StdCall)]
07      public static extern int setsc_md(int icdev, int mode);         //设备密码格式
08      [DllImport("Mwic_32.dll", EntryPoint = "get_status", SetLastError = true,
    CharSet = CharSet.Ansi, ExactSpelling = true, CallingConvention = CallingConvention.StdCall)]
09      public static extern Int16 get_status(int icdev, Int16* state); //获取设备当前状态
10      [DllImport("Mwic_32.dll", EntryPoint = "ic_exit", SetLastError = true, CharSet =
    CharSet.Ansi, ExactSpelling = true, CallingConvention = CallingConvention.StdCall)]
11      public static extern int ic_exit(int icdev);                    //关闭设备通讯端口
12      [DllImport("Mwic_32.dll", EntryPoint = "dv_beep", SetLastError = true, CharSet =
    CharSet.Ansi, ExactSpelling = true, CallingConvention = CallingConvention.StdCall)]
13      public static extern int dv_beep(int icdev, int time);          //使设备发出蜂鸣声
14      [DllImport("Mwic_32.dll", EntryPoint = "swr_4442", SetLastError = true,
    CharSet = CharSet.Ansi, ExactSpelling = true, CallingConvention = CallingConvention.StdCall)]
15      //向IC卡中写数据
16      public static extern int swr_4442(int icdev, int offset, int len, char* w_string);
17      [DllImport("Mwic_32.dll", EntryPoint = "srd_4442", SetLastError = true, CharSet =
    CharSet.Ansi, ExactSpelling = true, CallingConvention = CallingConvention.StdCall)]
18      //读取IC卡中数据
19      public static extern int srd_4442(int icdev, int offset, int len, char* r_string);
20      [DllImport("Mwic_32.dll", EntryPoint = "csc_4442", SetLastError = true, CharSet =
    CharSet.Auto, ExactSpelling = true, CallingConvention = CallingConvention.Winapi)] //核对卡密码
21      public static extern Int16 Csc_4442(int icdev, int len, [MarshalAs(UnmanagedType.LPArray)]
    byte[] p_string);
22  }
```

自定义一个 WriteIC 方法，用于将指定的数据写入 IC 卡中。此方法首先要初始化硬件设备，设置设备密码格式。然后通过 csc_4442 函数核对 IC 卡密码，最后调用 swr_4442 函数向 IC 卡中写入数据，代码如下：

198-2

```
01  public static int WriteIC(string id)                     //写入IC卡的方法
02  {
03      int flag = -1;
04      int icdev = IC.auto_init(0, 9600);                   //初始化设备
05      if (icdev < 0)                                       //小于0说明连接失败并弹出提示
06          MessageBox.Show("端口初始化失败,请检查接口线是否连接正确。", "错误提示",
    MessageBoxButtons.OK, MessageBoxIcon.Information);
07      int md = IC.setsc_md(icdev, 1);                      //设置设备密码格式
08      unsafe
09      {
10          Int16 status = 0;
```

```
11            Int16 result = 0;
12            result = IC.get_status(icdev, &status);                    //获取设备状态
13            if (result != 0)
14            {
15                MessageBox.Show("设备当前状态错误！");
16                int d1 = IC.ic_exit(icdev);                            //关闭设备
17            }
18            if (status != 1)
19            {
20                MessageBox.Show("请插入ＩＣ卡");
21                int d2 = IC.ic_exit(icdev);                            //关闭设备
22            }
23        }
24        unsafe
25        {
26            //卡的密码默认为6个F（密码为：FFFFFF），1个F的十六进制是15，2个F的十六进制是255
27            byte[] pwd = new byte[3] { 0xff, 0xff, 0xff };
28            Int16 checkIC_pwd = IC.Csc_4442(icdev, 3, pwd);            //核实密码
29            if (checkIC_pwd < 0)
30            {
31                MessageBox.Show("ＩＣ卡密码错误！");                   //弹出错误提示
32            }
33            char str = 'a';
34            int write = -1;                                            //标记操作是否成功
35            for (int j = 0; j < id.Length; j++)
36            {
37                str = Convert.ToChar(id.Substring(j, 1));              //获取数据
38                write = IC.swr_4442(icdev, 33 + j, id.Length, &str); //写入数据
39            }
40            if (write == 0)
41            {
42                flag = write;
43                int beep = IC.dv_beep(icdev, 20);                      //发出蜂鸣声
44            }
45            else
46                MessageBox.Show("数据写入ＩＣ卡失败！");
47        }
48        int d = IC.ic_exit(icdev);                                     //关闭设备
49        return flag;
50    }
```

自定义一个 ReadIC 方法，用于读取 IC 卡中的数据。此方法首先还是要初始化硬件设备，设置设备密码格式，然后调用 rd_4442 函数读取 IC 卡中的内容，代码如下：

198-3

```
01    public static int ff = -1;
02    public static int ReadIC(TextBox tb)                               //读取IC卡
03    {
04        int flag = -1;
05        int icdev = IC.auto_init(0, 9600);                             //初始化
```

```
06     if (icdev < 0)                                                    //小于0说明连接失败并弹出提示
07         MessageBox.Show("端口初始化失败,请检查接口线是否连接正确。", "错误提示",
   MessageBoxButtons.OK, MessageBoxIcon.Information);
08     sint md = IC.setsc_md(icdev, 1);                                  //设置设备密码格式
09     unsafe
10     {
11         Int16 status = 0;
12         Int16 result = 0;
13         result = IC.get_status(icdev, &status);                       //获取设备状态
14         if (result != 0)
15         {
16             MessageBox.Show("设备当前状态错误！");
17             int d1 = IC.ic_exit(icdev);                               //关闭设备
18         }
19         if (status != 1)
20         {
21             ff = -1;
22             int d2 = IC.ic_exit(icdev);                               //关闭设备
23         }
24     }
25     unsafe
26     {
27         char str;
28         int read = -1;                                                //判断是否成功读取数据
29         string ic = "";                                               //记录读取的数据
30         for (int j = 0; j < 6; j++)
31         {
32             read = IC.srd_4442(icdev, 33 + j, 1, &str);               //开始读取数据
33             ic = ic + Convert.ToString(str);
34         }
35         tb.Text = ic;                                                 //显示读取的数据
36         if (ff == -1)
37         {
38             int i = IC.dv_beep(icdev, 10);                            //发出蜂鸣声
39         }
40         if (read == 0)
41         {
42             ff = 0;
43             flag = read;
44         }
45     }
46     int d = IC.ic_exit(icdev);                                        //关闭设备
47     return flag;
48 }
```

扩展学习

根据本实例，读者可以实现以下功能：

☑ 将编号写入 IC 卡。

☑ 从 IC 卡中读取编号。

实例 199 通过加密狗实现软件注册

源码位置：Code\06\199

实例说明

一些商务管理软件，为了防止盗版，经常使用加密狗加密软件。通过加密狗加密的软件安全性非常高，有效防止了盗版的出现。本实例首先将合法的软件序列号写入加密狗中，如果用户想使用软件，必须插入加密狗，然后再输入正版软件的序列号，运行结果如图 6.33 所示。

图 6.33 通过加密狗实现软件注册

关键技术

本实例首先通过厂家提供的 DogWrite 函数向加密狗中写入正版软件的序列号，当程序运行时，不停判断用户是否输入序列号。如果通过 DogRead 函数从加密狗中读取的正版序列号与当前用户输入的序列号不一致，则说明此用户是非法用户。

在购买加密狗时，厂家通常会附带有开发手册和一张光盘。开发手册中介绍了加密狗的使用方法和开发资料。本实例使用赛孚耐信息技术有限公司的加密狗产品，通过提供的 .NET 中非托管的类库，来完成对加密狗的读写功能。

实现过程

（1）新建一个 Windows 应用程序，将其命名为 EncryptDog，默认窗体为 Form1。

（2）Form1 窗体主要用到的控件及说明如表 6.12 所示。

表 6.12 Form1 窗体主要用到的控件及说明

控 件 类 型	控 件 名 称	属 性 设 置	说 明
TextBox	textBox1	无	输入序列号

续表

控件类型	控件名称	属性设置	说明
Button	button1	Text 属性设为“确定”	开始注册
GroupBox	groupBox1	Text 属性设为“输入序列号”	控制布局

（3）Form1 窗体的后台代码中，首先要声明程序中用到的公共变量，代码如下：

```
199-1
01  string cn = "";                                    //记录用户输入的序列号
```

自定义一个 Dog 公共类，在此类中自定义了 ReadDog 方法和 WriteDog 方法，分别用于读写加密狗，代码如下：

```
199-2
01  public unsafe class Dog
02  {
03      public uint DogBytes, DogAddr;                          //设置加密狗起始地址
04      public byte[] DogData;                                  //设置数据的长度
05      public uint Retcode;
06      [DllImport("Win32dll.dll", CharSet = CharSet.Ansi)]     //声明读取加密狗的DogRead函数
07      public static unsafe extern uint DogRead(uint idogBytes, uint idogAddr, byte* pdogData);
08      [DllImport("Win32dll.dll", CharSet = CharSet.Ansi)]     //声明写入加密狗的DogWrite函数
09      public static unsafe extern uint DogWrite(uint idogBytes, uint idogAddr, byte* pdogData);
10      public unsafe Dog(ushort num)
11      {
12          DogBytes = num;
13          DogData = new byte[DogBytes];                       //设置数据的长度
14      }
15      public unsafe void ReadDog()                            //自定义读取加密狗的方法
16      {
17          fixed (byte* pDogData = &DogData[0])
18          {
19              Retcode = DogRead(DogBytes, DogAddr, pDogData);  //将数据读出加密狗
20          }
21      }
22      public unsafe void WriteDog()                            //自定义写入加密狗的方法
23      {
24          fixed (byte* pDogData = &DogData[0])
25          {
26              Retcode = DogWrite(DogBytes, DogAddr, pDogData); //将数据写入加密狗
27          }
28      }
29  }
```

当程序加载时，首先定义软件的合法序列号，然后通过 Dog 类中的 WriteDog 方法将软件的合法序列号写入加密狗，代码如下：

```
199-3
01  private void Form1_Load(object sender, EventArgs e)
02  {
```

```
03      Dog dog = new Dog(100);                            //实例化Dog，并设置数据长度为100
04      dog.DogAddr = 0;                                   //设置起始地址
05      dog.DogBytes = 10;                                 //设置长度
06      str = "19820112";                                  //设置程序的合法序列号
07      for (int i = 0; i < str.Length; i++)
08      {
09          dog.DogData[i] = (byte)str[i];
10      }
11      dog.WriteDog();                                    //调用WriteDog方法将数据写入加密狗
12      label1.Location = new Point(this.Width / 4, 30);   //设置提示字体的位置
13      label1.ForeColor = Color.White;                    //设置提示字体的颜色
14  }
```

在软件窗体中放置一个 Timer 组件，用于不停地读取软件合法序列号，然后将用户输入的序列号与合法序列号进行比较。如果相等，则说明是合法用户，并显示“当前版本为正式版本”的信息，代码如下：

199-4

```
01  private void timer1_Tick(object sender, EventArgs e)
02  {
03      string dogdata = "";                               //加密狗中的数据
04      Dog dog = new Dog(100);                            //设置数据大小
05      dog.DogAddr = 0;                                   //设置起始位置
06      dog.DogBytes = 10;                                 //设置读取数据大小
07      dog.ReadDog();                                     //调用ReadDog方法读取加密狗
08      if (dog.Retcode == 0)
09      {
10          char[] chTemp = new char[str.Length];          //声明字符数组用于存储数据
11          for (int i = 0; i < str.Length; i++)
12          {
13              chTemp[i] = (char)dog.DogData[i];          //获取数据
14          }
15          String strs = new String(chTemp);              //转换类型
16          dogdata = strs;
17      }
18      else
19      {
20          dogdata = "2:" + dog.Retcode;
21      }
22      if (dogdata == cn)                                 //如果读取的数据与输入的相同
23      {
24          label1.Text = "当前版本为正式版本";              //说明是合法用户
25          groupBox1.Visible = false;
26      }
27      else                                               //否则
28      {
29          label1.Text = "软件未注册！";                    //显示“软件未注册”
30      }
31  }
```

在使用这个函数之前，必须安装加密狗附带的安装程序，并将安装目录下的 Win32dll.dll 文件复制到系统目录下。例如，在 Windows 2003 系统下将安装目录下的“\SafeNet China\SoftDog SDK V3.1\Win32\Win32dll\HighDll\Win32dll.dll”文件复制到“C:\WINDOWS\system32\”文件夹中。

扩展学习

根据本实例，读者可以实现以下功能：

☑ 将数据写入加密狗。

☑ 从加密狗中读取数据。

实例 200　使用数据采集器实现库存盘点　　源码位置：Code\06\200

实例说明

在目前商品中条形码的使用是十分常见的，在书店中所有图书都有条形码。只要知道图书条形码就可以很快查出相应图书在数据库中的信息。本实例所使用的是条形码采集器，这种设备适用于工业产品，在仓库中产品检验员拿着条码采集器将每种图书的信息存储到采集器中，然后再通过计算机将采集器中的数据存储到数据文件中，应用程序再通过这个数据文件向程序中导入产品信息。本实例实现了普通商品数据导入功能，程序运行效果如图 6.34 所示。

图 6.34　使用数据采集器实现库存盘点

关键技术

PT-10 数据采集器将扫描数据自动存入了 AddData.dat 文件中，本实例主要是用 StreamReader 类读取该文件中的条形码，以及相应的个数。StreamReader 是专门用来读取文本文件的类，StreamReader 可以从底层 Stream 对象创建 StreamReader 对象的实例，而且也能指定编码规范参数。创建 StreamReader 对象后，它提供了许多用于读取和浏览字符数据的方法。

实现过程

（1）新建一个 Windows 应用程序，将其命名为 CollectionEnginery，其主窗体为 Form1。

（2）在 Form1 窗体中添加 GroupBox、DataGridView 控件，以及两个 Button 控件，将 DataGridView 控件的 SelectionMode 属性设为 FullRowSelect，RowHeadersVisible 属性设为 False。

（3）在窗体加载事件中，获取数据库中指定表的信息并显示。代码如下：

200-1
```
01  private void Form1_Load(object sender, EventArgs e)
02  {
03      DataSet dataSet = new DataSet();                                    //实例化DataSet类
04      dataSet = getDataSet("select * from tb_Collection", "tb_Collection"); //获取数据表的信息
05      dataGridView1.DataSource = dataSet.Tables[0];                       //显示数据表中的信息
06      dataGridView1.Columns[0].HeaderText = "编号";                       //设置字段名
07      dataGridView1.Columns[0].Width = 40;                                //设置字段的宽度
08      dataGridView1.Columns[1].HeaderText = "书名";
09      dataGridView1.Columns[1].Width = 140;
10      dataGridView1.Columns[2].HeaderText = "条形码";
11      dataGridView1.Columns[2].Width = 80;
12      dataGridView1.Columns[3].HeaderText = "累加值";
13      dataGridView1.Columns[3].Width = 80;
14      dataGridView1.Columns[4].HeaderText = "总计";
15      dataGridView1.Columns[4].Width = 40;
16  }
```

在窗体中单击“导入数据”按钮，弹出“打开对话框”选择存储条形码数据的文件，将文件中的条形码对应的商品数量写入窗体对应的商品数量。代码如下：

200-2
```
01  private void button1_Click(object sender, EventArgs e)
02  {
03      string tem_str = "";                                                //记录当前行
04      string tem_code = "";                                               //条形码号
05      string tem_mark = "";                                               //个数
06      string tem_s = " ";
07      //实例化StreamReader，并打开指定的文件
08      StreamReader var_SRead = new StreamReader(Application.StartupPath + "\\AddData.dat");
09      while (true)                                                        //读取dat文件中的所有行
10      {
11          tem_str = var_SRead.ReadLine();                                 //记录dat文件指定行的数据
12          //获取当前行的条形码
13          tem_code = tem_str.Substring(0, tem_str.IndexOf(Convert.ToChar(tem_s))).Trim();
14          tem_mark = tem_str.Substring(tem_str.IndexOf(Convert.ToChar(tem_s)), tem_str.Length - 
    tem_str.IndexOf(Convert.ToChar(tem_s)) - 1).Trim();       //获取当前条形码的个数
15          //在dataGridView1控件中查找相应的条形码
16          for (int i = 0; i < dataGridView1.RowCount - 1; i++)
17          {
18              if (dataGridView1.Rows[i].Cells[2].Value.ToString().Trim() == tem_code) //如查找到
19              {
20                  dataGridView1.Rows[i].Cells[3].Value = tem_mark.ToString(); //显示当前要添加的个数
21                  dataGridView1.Rows[i].Cells[4].Value = Convert.ToInt32(dataGridView1.Rows[i].
    Cells[4].Value) + Convert.ToInt32(tem_mark);                         //计算当前条形码的总数
22              }
23          }
24          if (var_SRead.EndOfStream)                                  //如果查询到文件尾
25              break;                                                  //退出循环
26      }
27      var_SRead.Close();                                              //释放所有资源
28  }
```

附录 A

AI 辅助高效编程

随着人工智能（AI）技术的迅猛发展，我们正步入一个全新的学习时代。在这个时代，AI 辅助技术正深刻改变着人们的学习模式和工作方式。在学习程序开发的征途中，我们可以将 AI 工具引入到编程工具中，让 AI 成为我们的编程助手。本附录将讲解如何借助 AI 来辅助我们高效学习 C# 语言相关知识点，并快速开发 C# 实例。

A.1 AI 编程入门

A.1.1 什么是 AI 编程

AI 编程是指利用人工智能技术，并借助 AI 编程工具来增强或自动化编程过程的方法。它结合了机器学习、自然语言处理等先进技术，旨在提高编程效率、减少错误，并帮助开发者更快地实现复杂功能。AI 编程的出现，标志着软件开发领域向更加智能化、自动化的方向迈进。

A.1.2 常用的 AI 编程工具

在 AI 编程领域，有多种工具可供选择，这些工具各具特色，适用于不同的编程场景，而且针对个人用户完全免费。以下是一些常用的 AI 编程工具。

1. DeepSeek

DeepSeek 是 AI 公司深度求索（DeepSeek）团队研发的开源免费推理模型。DeepSeek-R1 拥有卓越的性能，在数学、代码和推理任务上可与 OpenAI o1 媲美，其采用的大规模强化学习技术，仅需少量标注数据即可显著提升模型性能，该模型采用 MIT 许可协议完全开源，进一步降低了 AI 应用门槛。目前，多款 AI 代码编写工具都已接入 DeepSeek-R1 大模型，如腾讯的腾讯云 AI 代码助手、阿里云的通义灵码、豆包的 MarsCode 等。

2. CodeGeeX

CodeGeeX 是一款由清华和智谱 AI 联合打造的基于大模型的全能的智能编程助手，它可以实现代码的生成与补全、自动添加注释、代码翻译以及智能问答等功能，能够帮助开发者显著提高工作效率。CodeGeeX 支持主流的编程语言（Python、Java、C 语言、C# 等），并适配多种主流 IDE，如 Visual Studio、Visual Studio Code（VS Code） 及 IntelliJ IDEA、PyCharm、GoLand 等 JetBrains 系列 IDE。

3. MarsCode

MarsCode 是由字节跳动基于豆包大模型打造的一款集代码编写、调试、测试于一体的 AI 编程工具，其提供智能代码提示、错误检测与修复等功能，极大地提升了编程效率。另外，它还深度集成了 DeepSeek-R1 推理模型，使开发者能无缝切换并使用 DeepSeek-R1。MarsCode 适配 VS Code

及 JetBrains 系列 IDE。

4. 腾讯云 AI 代码助手

腾讯云 AI 代码助手是由腾讯云自行研发的一款开发编程提效辅助工具，开发者可以通过插件的方式将 AI 代码助手安装到编辑器中辅助编程工作（VS Code 或者 JetBrains 系列 IDE）；而 AI 代码助手插件将提供：自动补全代码、根据注释生成代码、代码解释、生成测试代码、转换代码语言、技术对话等功能。通过腾讯云 AI 代码助手，开发者可以更高效地解决实际编程问题，提高编程效率和代码质量。腾讯云 AI 代码助手适配 Visual Studio、Visual Studio Code 及 IntelliJ IDEA、PyCharm、GoLand 等 JetBrains 系列 IDE。

A.1.3 在 Visual Studio 中集成 AI 编程工具

要在开发程序时使用 AI 编程工具，首先需要将其安装到相应的开发工具中，这里以在 Visual Studio 开发工具中集成腾讯云 AI 代码助手为例，讲解如何在开发 C# 程序时能够更方便地使用 DeepSeek-R1 推理模型，具体步骤如下：

（1）打开 Visual Studio 开发工具，在菜单栏中选择“扩展”→“管理扩展”菜单，如图 A.1 所示。

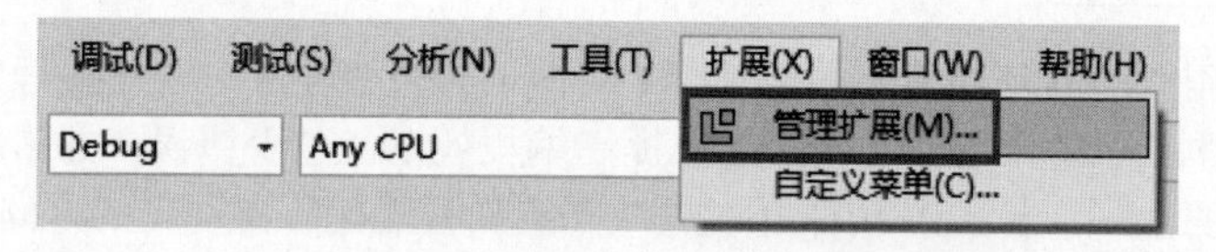

图 A.1 选择“扩展”→“管理扩展”菜单

（2）打开“扩展管理器”窗口，在顶部搜索框中输入要安装的 AI 编程工具名称，这里输入“腾讯云 AI 代码助手”，下面的列表中会实时显示匹配结果，单击选中相应插件，即可在 Visual Studio 的右侧窗口中查看相应插件的介绍及使用说明。单击插件对应的“安装”按钮，如图 A.2 所示。

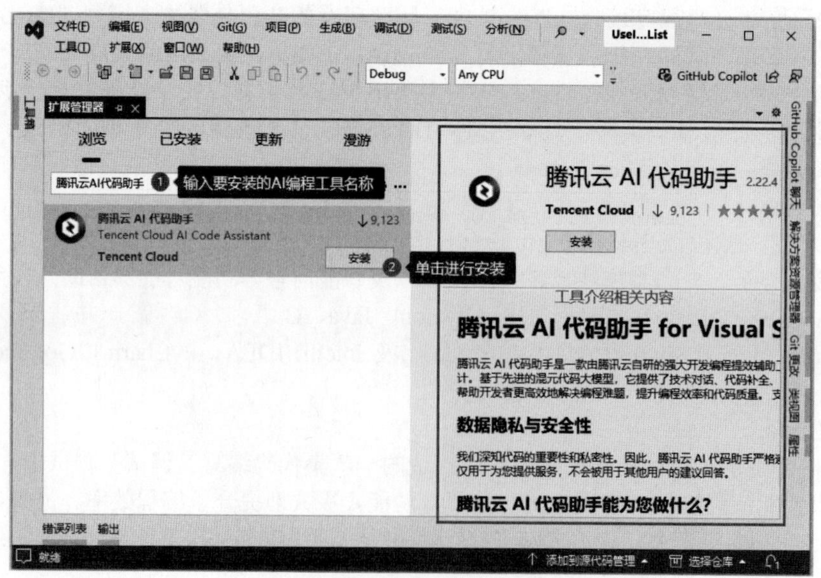

图 A.2 查找并安装插件

（3）在 Visual Studio 中会出现提示信息，如图 A.3 所示，即在关闭 Visual Studio 时会进行所选插件的安装操作。

图 A.3　安装插件时的提示信息

（4）关闭 Visual Studio，自动弹出 VSIX Installer 插件安装窗口，如图 A.4 所示，该窗口中会列出要安装的插件名称，单击 Modify 按钮，即可开始安装相应的插件，等待插件安装完成后，出现完成窗口，如图 A.5 所示，单击 Close 按钮关闭即可。

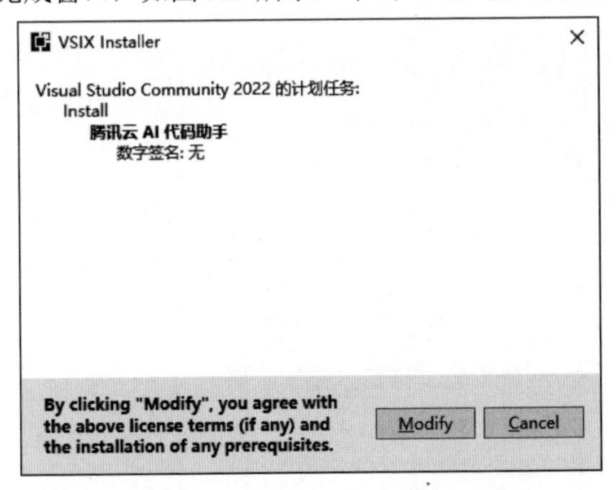

图 A.4　VSIX Installer 插件安装窗口

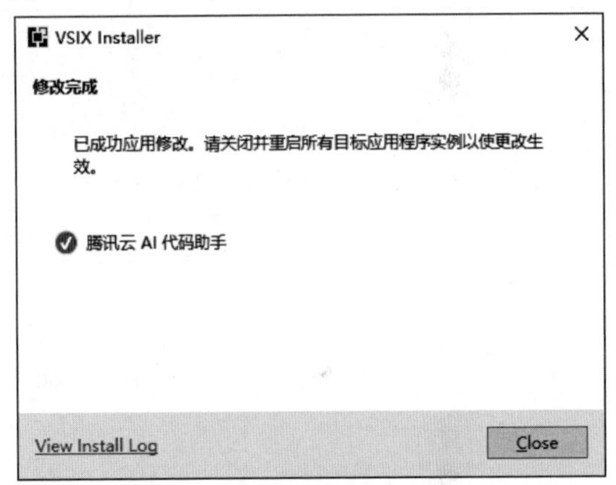

图 A.5　插件安装完成窗口

通过以上步骤即完成了在 Visual Studio 开发工具中安装 AI 编程工具的操作，接下来就可以使用了。但在使用之前，无论使用的是哪种 AI 编程工具，都要求用户在登录状态下使用，下面还是以腾讯云 AI 代码助手为例讲解具体的步骤。

（1）启动 Visual Studio，可以在主界面中看到登录提示，单击“登录”超链接，会在本地浏览器中打开一个登录页面，输入“手机号”登录即可。登录成功后关闭浏览器页面，并返回到 Visual Studio 开发工具中，在 Visual Studio 的“工具”菜单中即可看到“腾讯云 AI 代码助手”相应的菜单，如图 A.6 所示。

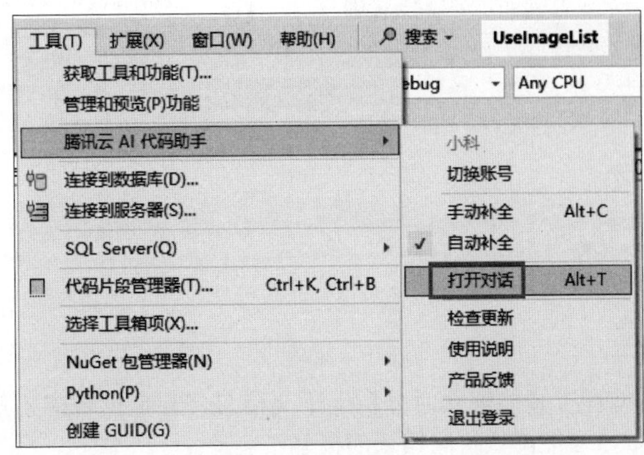

图 A.6　“腾讯云 AI 代码助手”相应的菜单

（2）在图 A.6 中选择“打开对话”菜单，可以打开腾讯云 AI 代码助手的对话框窗口，在该窗口中可以根据自己的需求更改要使用的大数据模型。它主要支持腾讯的 hunyuan 混元大模型、DeepSeek 的 V3 快速模型和 R1 推理模型。另外，用户还可以手动配置本地的 ollama 模型库，或者通过配置 API 接口的形式使用 DeepSeek 大模型，如图 A.7 所示。

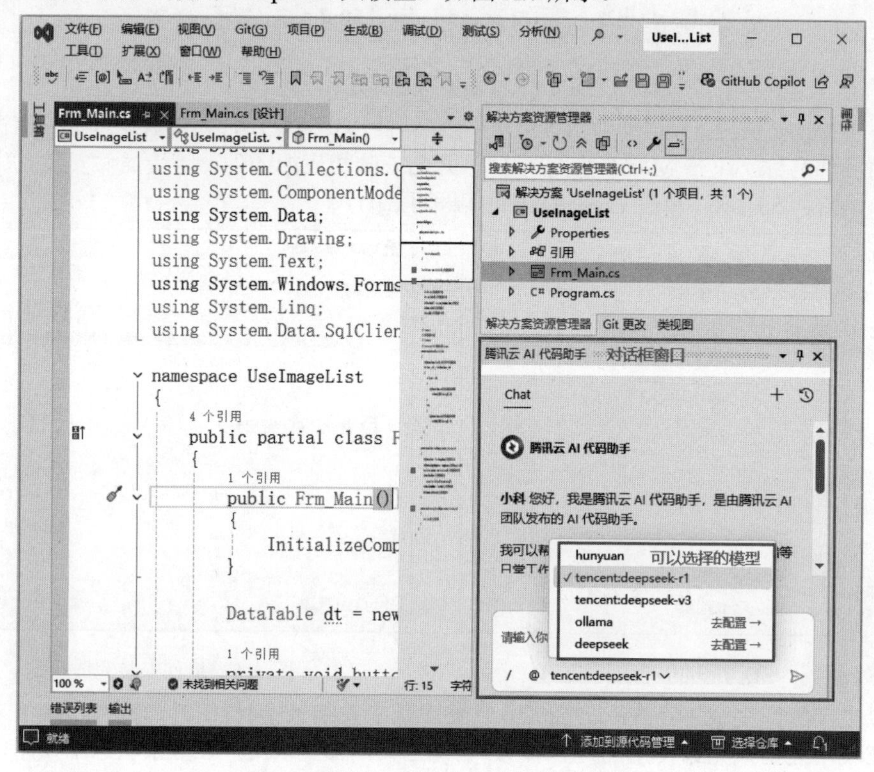

图 A.7　腾讯云 AI 代码助手的对话框窗口

完成以上操作后，就可以在 Visual Studio 开发工具中结合腾讯云 AI 代码助手帮助我们做代码建议、单元测试生成、代码纠错等日常工作来提升开发效率了。我们可以在图 A.7 所示的问答窗口，直接输入需求，也可以直接选中一段代码，右键询问腾讯云 AI 代码助手，快速调用常用智能指令，进行解释代码、补全注释、优化代码等操作。

> **说明：** 其他AI编程工具的使用方法与腾讯云AI代码助手类似，这里不再一一介绍。另外，一个开发工具中可以集成多个AI编程工具，用户可以根据自己的需求选择不同的工具进行使用。

A.2 代码生成及优化

A.2.1 代码自动补全

在编写代码时，AI 编程工具能够实时分析上下文信息，并提供智能的代码补全建议，这不仅有助于减少键盘敲击次数，还能降低拼写错误的概率。

例如，开发本书中的“实例 007　将汉字转换为拼音”程序时，在 Visual Studio 的代码编辑区中，首先进行正常的代码编写工作，与此同时，已经安装的腾讯云 AI 代码助手会根据程序中代码的上下文，提供光标当前位置合适的代码建议、变量名称等，并以灰色的内容提示显示在光标后，效果如图 A.8 所示。

```
public string GetABC(string str)
{
    Regex reg = new Regex("^[\u4e00-\u9fa5]$");//验证输入是否为汉字
    byte[] arr = new byte[2];//定义字节数组
    string py = "";
    for (int i = 0; i < str.Length; i++)
    {
        if (reg.IsMatch(str[i].ToString()))
}
```

图 A.8　代码补全建议

如果您接受 AI 编程工具给出的代码或代码补全建议，直接按 Tab 键即可使生成的代码内容高亮显示在项目中；如果想忽略 AI 编程工具给出的建议，则继续输入或按 Esc 键即可。

通过 AI 编程工具的代码补全功能，开发人员只需要按 Tab 键，即可完成整个函数、方法或代码片段的编写，可节省开发时间，提高编程效率。

另外，还可以在 Visual Studio 开发工具中写一条中文的注释，按下回车键，AI 编程工具会根据注释自动生成相应的代码提示内容，效果如图 A.9 所示。

```
//用C#编写一个将汉字转换为拼音的方法
public static string GetPinYin(string str)
{
    string tempStr = "";
    int[] arr = new int[str.Length];
    for (int i = 0; i < str.Length; i++)
    {
        arr[i] = (int)str[i];
    }
    for (int j = 0; j < arr.Length; j++)
    {
        if (arr[j] > 128)
        {
            tempStr += GetCharPinYin(str[j]);
        }
        else
        {
            tempStr += str[j];
        }
    }
    return tempStr;
}
```

图 A.9　根据中文注释生成代码

说明： 在编写新的方法或类时，通过AI编程工具可以生成初始的代码块，节省逐行编写的时间，使开发人员能够更专注于编写程序的核心逻辑。

A.2.2 代码自动生成

使用 AI 编程工具，开发人员可以仅通过描述需求来自动生成代码。

例如，要开发本书中“实例 015 身份证号码验证工具”程序时，该实例实现的关键是如何对用户输入的身份证号码进行验证，因此我们可以编写一个方法来验证身份证号码是否合法，在 AI 编程工具中使用如下对话。

提问：
用C#编写一个方法，用来验证身份证号码是否合法。

AI回答：
1．分析身份证号码规则：
长度必须为18位（新身份证）
前17位必须是数字
第18位可能是数字或X（大小写均可）
校验位计算：根据GB11643-1999标准
2．实现步骤：
检查长度
检查前17位是否为数字
检查最后一位是否合法
计算校验位并验证
3．编写代码：

```
using System;
using System.Text.RegularExpressions;
public class IDCardValidator
{
    public static bool ValidateIDCard(string idCard)
    {
        // 基本格式检查
        if (string.IsNullOrEmpty(idCard) || idCard.Length != 18)
            return false;
        // 前17位必须是数字，最后一位可以是数字或X
        if (!Regex.IsMatch(idCard.Substring(0, 17), @"^\d+$"))
            return false;
        char lastChar = idCard[17];
        if (!(char.IsDigit(lastChar) || char.ToUpper(lastChar) == 'X'))
            return false;
        // 校验位计算
        int[] weights = { 7, 9, 10, 5, 8, 4, 2, 1, 6, 3, 7, 9, 10, 5, 8, 4, 2 };
        char[] checkCodes = { '1', '0', 'X', '9', '8', '7', '6', '5', '4', '3', '2' };
        int sum = 0;
        for (int i = 0; i < 17; i++)
        {
            sum += (idCard[i] - '0') * weights[i];
        }
        int mod = sum % 11;
        char correctCheckCode = checkCodes[mod];
        return char.ToUpper(lastChar) == correctCheckCode;
    }
}
```

效果如图 A.10 所示。

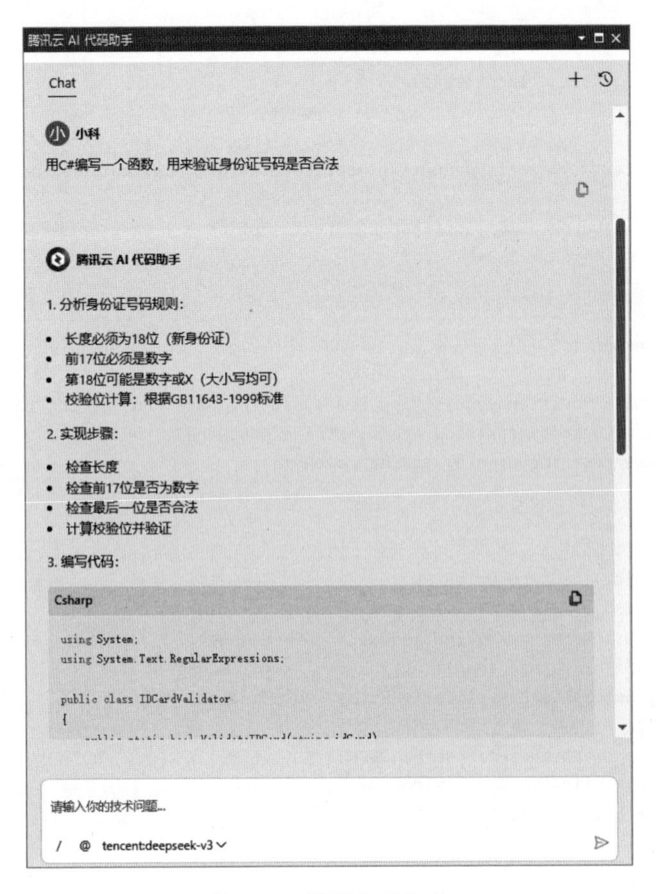

图 A.10　代码自动生成

有了基本的身份证号码验证方法之后，再去开发本实例就非常简单了，只需要根据自己的实际需求设计窗体，然后调用 AI 生成的验证身份证号码方法即可。

A.2.3　模块化代码生成

在开发大型项目时，模块化设计是必不可少的。AI 编程工具能够根据需求描述智能生成模块化的代码结构，包括类、接口、方法等，从而帮助开发者更好地组织和管理代码。

例如，要使用 C# 开发一个用户管理模块，则可以在 Visual Studio 开发工具中打开已安装的“腾讯云 AI 代码助手”Chat 智能问答窗口，并在其中进行如下对话。

提问：
生成一个C#用户管理模块，包含身份验证、角色管理和数据库操作，使用依赖注入。

AI建议：
```
// 1. 模型定义
public class ApplicationUser : IdentityUser
{
    public string FullName { get; set; }
```

```
}
public class ApplicationRole : IdentityRole { }

// 2. 数据库上下文
public class AppDbContext : IdentityDbContext<ApplicationUser, ApplicationRole, string>
{
    public AppDbContext(DbContextOptions<AppDbContext> options) : base(options) { }
}

// 3. 服务接口
public interface IUserService
{
    Task<IdentityResult> RegisterAsync(string email, string password, string fullName);
    Task<SignInResult> LoginAsync(string email, string password);
    Task AssignRoleAsync(string userId, string roleName);
}

// 4. 服务实现
public class UserService : IUserService
{
    private readonly UserManager<ApplicationUser> _userManager;
    private readonly SignInManager<ApplicationUser> _signInManager;
    private readonly RoleManager<ApplicationRole> _roleManager;
    public UserService(
        UserManager<ApplicationUser> userManager,
        SignInManager<ApplicationUser> signInManager,
        RoleManager<ApplicationRole> roleManager)
    {
        _userManager = userManager;
        _signInManager = signInManager;
        _roleManager = roleManager;
    }
    public async Task<IdentityResult> RegisterAsync(string email, string password, string fullName)
    {
        var user = new ApplicationUser
        {
            UserName = email,
            Email = email,
            FullName = fullName
        };
        return await _userManager.CreateAsync(user, password);
    }
    public async Task<SignInResult> LoginAsync(string email, string password)
    {
        return await _signInManager.PasswordSignInAsync(email, password, false, false);
    }
    public async Task AssignRoleAsync(string userId, string roleName)
    {
        if (!await _roleManager.RoleExistsAsync(roleName))
        {
            await _roleManager.CreateAsync(new ApplicationRole(roleName));
```

```
        }
        var user = await _userManager.FindByIdAsync(userId);
        await _userManager.AddToRoleAsync(user, roleName);
    }
}

// 5. 依赖注入配置 (Program.cs)
var builder = WebApplication.CreateBuilder(args);
builder.Services.AddDbContext<AppDbContext>(options =>
    options.UseSqlServer(builder.Configuration.GetConnectionString("DefaultConnection")));
builder.Services.AddIdentity<ApplicationUser, ApplicationRole>()
    .AddEntityFrameworkStores<AppDbContext>()
    .AddDefaultTokenProviders();
builder.Services.AddScoped<IUserService, UserService>();

// 6. 控制器示例
[ApiController]
[Route("api/[controller]")]
public class AuthController : ControllerBase
{
    private readonly IUserService _userService;
    public AuthController(IUserService userService)
    {
        _userService = userService;
    }
    [HttpPost("register")]
    public async Task<IActionResult> Register([FromBody] RegisterRequest request)
    {
          var result = await _userService.RegisterAsync(request.Email, request.Password, request.
FullName);
        return result.Succeeded ? Ok() : BadRequest(result.Errors);
    }
    [HttpPost("login")]
    public async Task<IActionResult> Login([FromBody] LoginRequest request)
    {
        var result = await _userService.LoginAsync(request.Email, request.Password);
        return result.Succeeded ? Ok() : Unauthorized();
    }
}
// 7. 使用示例
var userService = serviceProvider.GetRequiredService<IUserService>();
// 8. 注册用户
await userService.RegisterAsync("test@example.com", "P@ssw0rd!", "张三");
// 9. 分配角色
await userService.AssignRoleAsync(userId: "1", "Admin");
```

这个实现包含以下核心要素：

1. 基于ASP.NET Core Identity的身份系统。
2. 使用EF Core进行数据库操作。
3. 完整的依赖注入配置。
4. 角色管理功能。

```
5. 用户服务抽象层。
6. 符合RESTful规范的API端点。
7. 支持扩展的模型结构。
需要配合以下NuGet包：
Microsoft.AspNetCore.Identity.EntityFrameworkCore
Microsoft.EntityFrameworkCore.SqlServer
Microsoft.Extensions.DependencyInjection
```

A.2.4 算法实现辅助

对于程序开发中遇到的一些复杂算法实现，AI 编程工具能够提供辅助性的建议和示例代码。通过分析算法的原理和步骤，AI 编程工具可以生成相应的 C# 代码框架，并填充部分实现细节。开发者只需在此基础上进行微调和优化即可。

例如，要使用 C# 实现一个最短路径算法，可以在 Visual Studio 开发工具中打开已安装的“腾讯云 AI 代码助手”Chat 智能问答窗口，在其中进行如下对话。

提问：
用C#实现一个最短路径算法。

AI思考过程(选用DeepSeek-R1推理模型)：

嗯，用户让我用C#实现一个最短路径算法。首先，我需要确定用户具体需要哪种最短路径算法，比如Dijkstra、A*还是其他。考虑到用户没有特别说明，可能希望一个基础的实现，所以Dijkstra算法是个不错的选择，因为它适用于没有负权边的图，且实现相对简单。

接下来，我需要规划代码结构。Dijkstra的核心是优先队列（或最小堆）来选取当前距离最短的节点。C#中可以用SortedSet或者自定义的优先队列。不过，使用SortedSet需要注意处理重复的节点和距离，可能比较麻烦。或者，可以自己实现一个优先队列，但为了简化，这里可能直接用字典来跟踪最短距离，并在每次迭代中查找最小节点，虽然效率不高，但对于小规模图来说足够。

然后，定义图的表示方式。邻接表比较灵活，可以用字典来存储节点及其邻居的权重。例如，Dictionary<int, Dictionary<int, int>>，外层字典的键是节点，值是该节点的邻居及其边权重。

接下来，编写Dijkstra算法的步骤。初始化距离字典，所有节点的距离设为无穷大，起点设为0。用一个集合记录已处理的节点。每次选择当前距离最小的未处理节点，更新其邻居的距离。这个过程循环直到所有节点都被处理。

需要注意的是，如果用户希望处理无法到达的节点，返回一个特殊值，比如-1或int.MaxValue。另外，测试用例是必要的，用户提供的示例中有一个包含5个节点的图，测试从节点0到其他节点的最短路径是否符合预期。

最后，代码要符合C#的语法规范，可能需要一个控制台应用程序来演示输出。比如，在Main方法中构建图，调用Dijkstra方法，并输出结果。同时，处理可能的异常情况，比如图中不存在的节点，但用户提供的示例中可能不需要处理这些，所以暂时不添加错误处理以保持代码简洁。

总结步骤：定义图结构，实现Dijkstra算法，处理节点选择，更新邻居距离，返回结果。然后编写测试用例验证正确性。确保代码清晰，注释足够，方便用户理解。

AI回答：

```
using System;
using System.Collections.Generic;
public class DijkstraAlgorithm
{
     public Dictionary<int, int> FindShortestPaths(Dictionary<int, Dictionary<int, int>> graph, int
start)
    {
        var distances = new Dictionary<int, int>();
        var visited = new HashSet<int>();
```

```
        // 初始化距离表
        foreach (var node in graph.Keys)
            distances[node] = int.MaxValue;
        distances[start] = 0;
        while (visited.Count < graph.Count)
        {
            // 获取当前未访问的最小距离节点
            int currentNode = -1;
            int minDistance = int.MaxValue;
            foreach (var node in graph.Keys)
                if (!visited.Contains(node) && distances[node] < minDistance)
                    (currentNode, minDistance) = (node, distances[node]);
            if (currentNode == -1) break;
            visited.Add(currentNode);
            // 更新邻居节点的距离
            foreach (var neighbor in graph[currentNode])
                if (!visited.Contains(neighbor.Key))
                    distances[neighbor.Key] = Math.Min(
                        distances[neighbor.Key],
                        distances[currentNode] + neighbor.Value);
        }
        return distances;
    }
}

public class Program
{
    public static void Main()
    {
        var graph = new Dictionary<int, Dictionary<int, int>> {
            {0, new Dictionary<int, int> {{1, 4}, {2, 1}}},
            {1, new Dictionary<int, int> {{3, 1}}},
            {2, new Dictionary<int, int> {{1, 2}, {3, 5}}},
            {3, new Dictionary<int, int> {{4, 3}}},
            {4, new Dictionary<int, int>()}
        };
        var dijkstra = new DijkstraAlgorithm();
        var distances = dijkstra.FindShortestPaths(graph, 0);
        foreach (var kvp in distances)
              Console.WriteLine($"0 -> {kvp.Key} 最短路径: {(kvp.Value == int.MaxValue ? "不可达" :
kvp.Value)}");
       }
   }
```

A.2.5 代码优化

AI编程工具不仅擅长生成代码，还可以对已有的代码进行优化。通过分析代码的结构和性能瓶颈，提出优化建议，帮助开发者提升代码的运行效率和可读性。

例如，本书中“实例154 使用二进制存取用户头像”在实现添加用户头像图片时，没有进行必要的异常处理，现在可以在 Visual Studio 开发工具中打开该项目，选中相应的代码段，并在对话框中给出想要的优化要求，如图 A.11 所示。

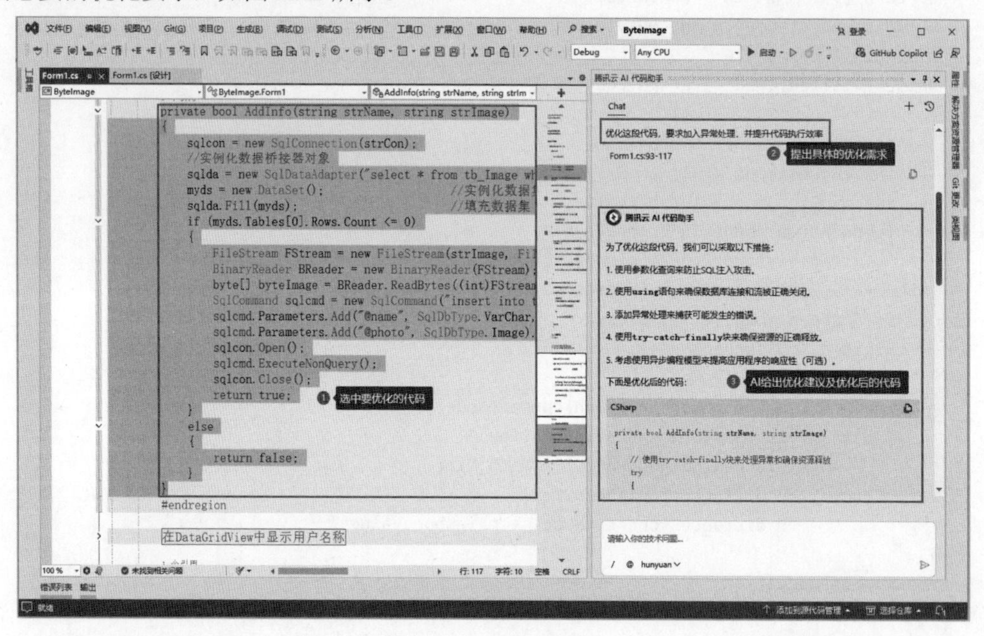

图 A.11　优化代码

A.2.6　生成测试用例

为了确保代码的正确性，AI 编程工具还可以根据方法的功能描述自动生成测试用例，这些测试用例将覆盖各种可能的输入情况，帮助开发者发现潜在的错误。

例如，使用 Visual Studio 打开本书中的“实例 010 根据年份判断十二生肖”项目，找到根据年份判断生肖的代码并选中，右击，在弹出的快捷菜单中选择“腾讯云 AI 代码助手”→“生成测试”选项，如图 A.12 所示。

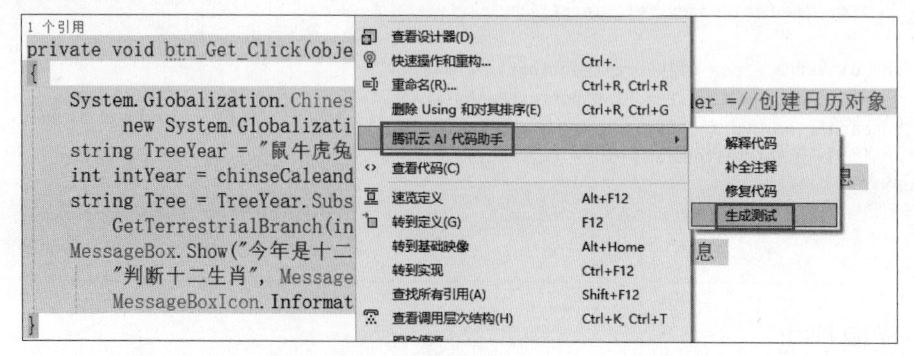

图 A.12　选择“腾讯云 AI 代码助手”→“生成测试”选项

即可在“腾讯云 AI 代码助手”窗口中生成相应的测试用例及建议，效果如图 A.13 所示。

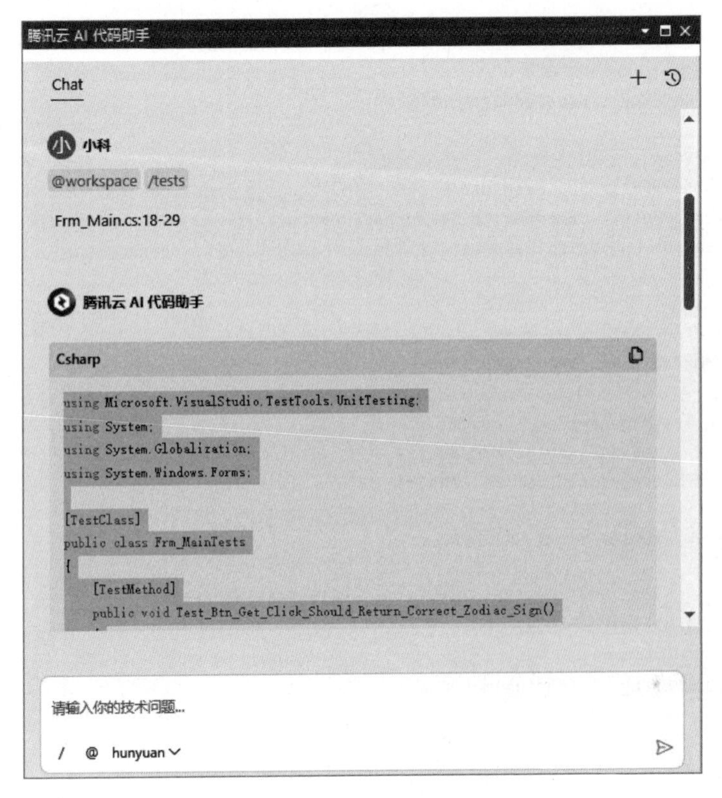

图 A.13 生成相应的测试用例及建议

生成的完整测试用例及建议如下。

```
using Microsoft.VisualStudio.TestTools.UnitTesting;
using System;
using System.Globalization;
using System.Windows.Forms;

[TestClass]
public class Frm_MainTests
{
    [TestMethod]
    public void Test_Btn_Get_Click_Should_Return_Correct_Zodiac_Sign()
    {
        // Arrange
        var form = new Frm_Main();
        var button = new Button();
        button.Click += form.btn_Get_Click;
        var messageBoxMock = new MockMessageBox();
        Application.AddMessageFilter(messageBoxMock);
        // Act
        button.PerformClick();
        // Assert
        var expectedZodiac = GetExpectedZodiacSign(DateTime.Now.Year);
```

```
        Assert.AreEqual($"今年是十二生肖{expectedZodiac}年", messageBoxMock.LastMessage);
    }
    private string GetExpectedZodiacSign(int year)
    {
        string TreeYear = "鼠牛虎兔龙蛇马羊猴鸡狗猪";
        ChineseLunisolarCalendar calendar = new ChineseLunisolarCalendar();
        int sexagenaryYear = calendar.GetSexagenaryYear(year);
        return TreeYear.Substring(calendar.GetTerrestrialBranch(sexagenaryYear) - 1, 1);
    }
}
// Mock MessageBox for testing
public class MockMessageBox : IMessageFilter
{
    private string lastMessage;
    public string LastMessage => lastMessage;
    public bool PreFilterMessage(ref Message m)
    {
        if (m.Msg == 0x0010) // WM_SHOWWINDOW
        {
            var dialogResult = (DialogResult)m.WParam.ToInt32() & 0xFFFF;
            if (dialogResult == DialogResult.OK)
            {
                lastMessage = (string)m.LParam;
            }
        }
        return false;
    }
}
```

下一步建议：

1. 验证不同年份的生肖：编写测试用例，验证不同年份的生肖是否正确。
2. 边界条件测试：测试极端年份（如公元前后的年份）是否正确处理。
3. 异常处理测试：确保在异常情况下（如无效日期）代码不会崩溃。

A.3 生成智能注释与文档

A.3.1 生成代码注释

为了提高代码的可读性和可维护性，AI 编程工具能够根据代码的功能和结构自动生成注释，这些注释将清晰地描述每个函数、类和变量的作用以及它们之间的关系。

例如，使用 Visual Studio 打开本书中的“实例 076 生成图片缩略图”项目，随机选中一段代码，比如，这里选中自定义的 GetReducedImage() 方法，右击，在弹出的快捷菜单中选择“腾讯云 AI 代码助手”→“补全注释”选项，如图 A.14 所示。

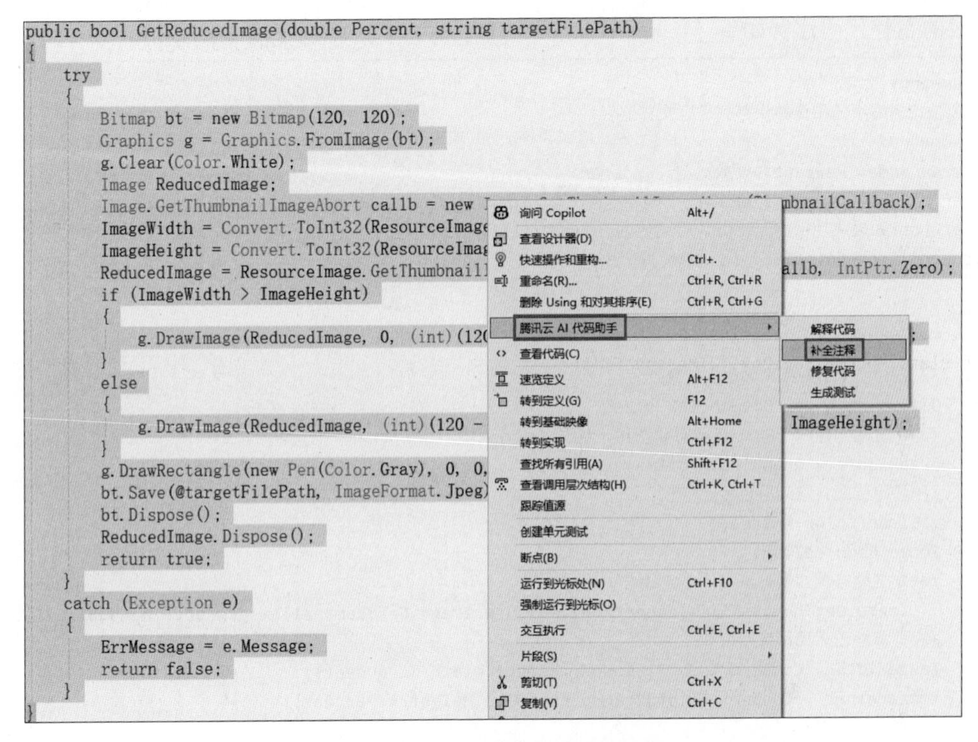

图 A.14　生成选中代码的注释

即可在“腾讯云 AI 代码助手”窗口中为选中的代码生成注释，效果如图 A.15 所示。

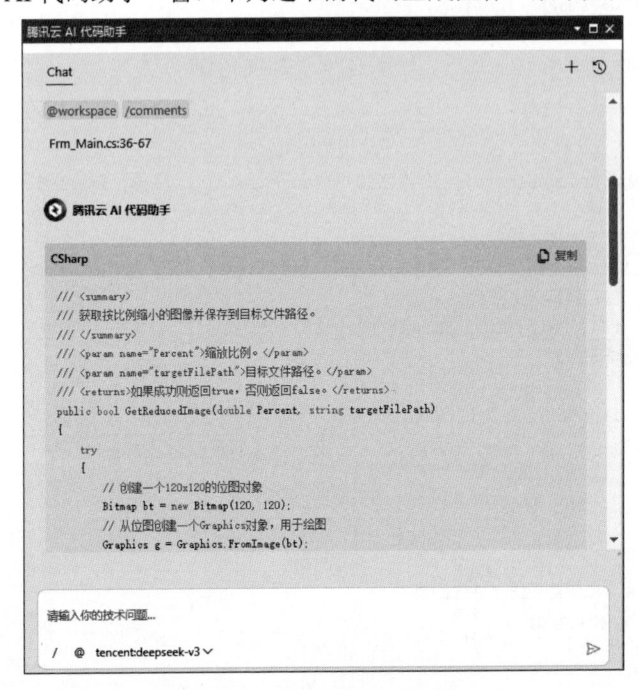

图 A.15　为选中的代码生成注释

生成的完整代码注释如下。

```
/// <summary>
/// 获取按比例缩小的图像并保存到目标文件路径
/// </summary>
/// <param name="Percent">缩放比例。</param>
/// <param name="targetFilePath">目标文件路径。</param>
/// <returns>如果成功则返回true，否则返回false。</returns>
public bool GetReducedImage(double Percent, string targetFilePath)
{
    try
    {
        // 创建一个120x120的位图对象
        Bitmap bt = new Bitmap(120, 120);
        // 从位图创建一个Graphics对象，用于绘图
        Graphics g = Graphics.FromImage(bt);
        // 清除位图背景为白色
        g.Clear(Color.White);
        Image ReducedImage;
        // 定义缩略图回调方法
           Image.GetThumbnailImageAbort callb = new Image.GetThumbnailImageAbort(ThumbnailCallback);
        // 计算缩放后的图像宽度和高度
        ImageWidth = Convert.ToInt32(ResourceImage.Width * Percent);
        ImageHeight = Convert.ToInt32(ResourceImage.Height * Percent);
        // 获取缩略图
        ReducedImage = ResourceImage.GetThumbnailImage(ImageWidth, ImageHeight, callb, IntPtr.Zero);
        // 根据图像宽高比，将缩略图居中绘制到位图上
        if (ImageWidth > ImageHeight)
        {
            g.DrawImage(ReducedImage, 0, (int)(120 - ImageHeight) / 2, ImageWidth, ImageHeight);
        }
        else
        {
            g.DrawImage(ReducedImage, (int)(120 - ImageWidth) / 2, 0, ImageWidth, ImageHeight);
        }
        // 在位图上绘制一个灰色边框
        g.DrawRectangle(new Pen(Color.Gray), 0, 0, 119, 119);
        // 将最终的位图保存到目标文件路径
        bt.Save(@targetFilePath, ImageFormat.Jpeg);
        // 释放位图和缩略图资源
        bt.Dispose();
        ReducedImage.Dispose();
        // 返回操作成功
        return true;
    }
    catch (Exception e)
    {
        // 如果发生异常，记录错误信息并返回false
        ErrMessage = e.Message;
        return false;
    }
}
```

A.3.2　解释代码

除了生成注释外，AI 编程工具还能对代码进行解释。通过分析代码的逻辑和算法原理，AI 编程工具可以生成详细的解释文档，帮助开发者更好地理解代码的工作原理和实现细节。

例如，要对 A3.1 节中选中的 GetReducedImage() 方法进行解释，直接在上面的图 A.14 中选择“腾讯云 AI 代码助手”→“解释代码”选项即可，效果如图 A.16 所示。

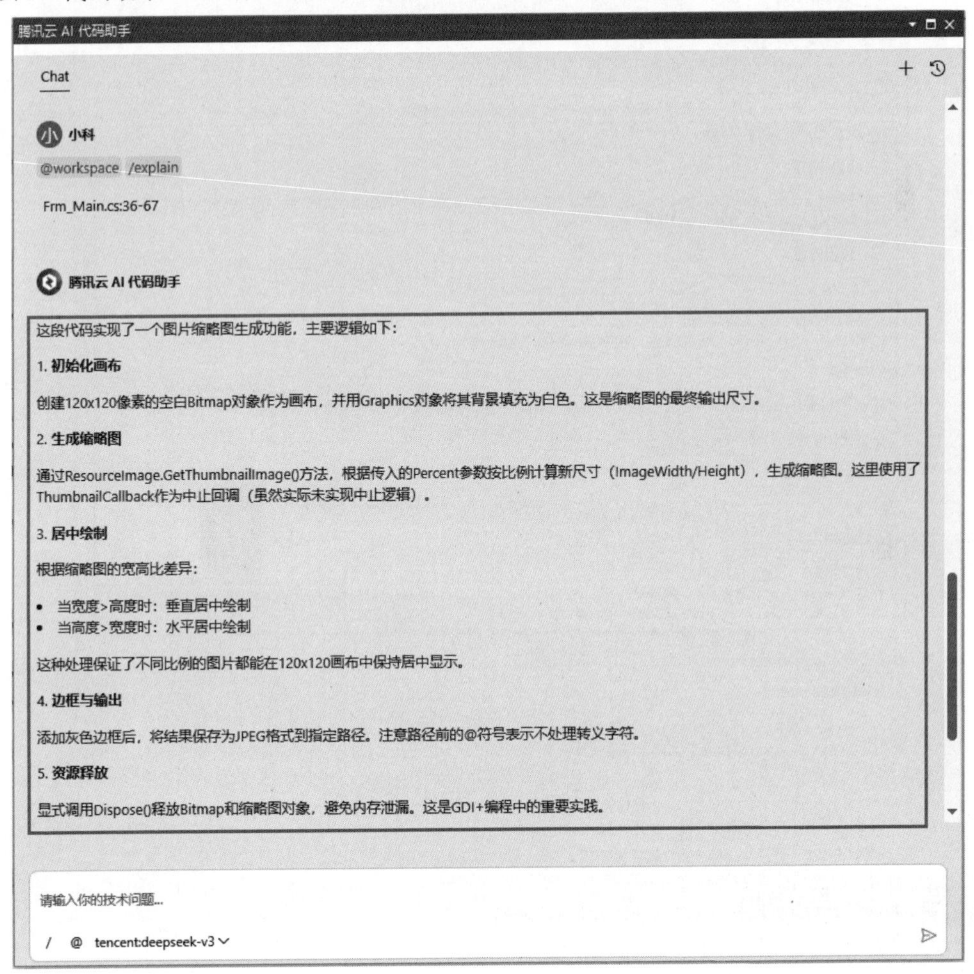

图 A.16　解释选中的代码

A.3.3　技术文档自动化

在项目开发过程中，编写技术文档往往会耗费大量时间和精力。利用 AI 编程工具的技术文档自动化功能，可以轻松生成包括 API 文档、用户手册等在内的各种技术文档，这些文档将基于代码的实际实现自动生成，确保与代码保持同步更新。

例如，使用 Visual Studio 打开本书中的“实例 077　屏幕颜色拾取器”项目，打开主窗体的代码页，选中所有代码，然后在已安装的“腾讯云 AI 代码助手”的 Chat 智能问答窗口中输入“为该项目生成标准的技术文档”，则效果如图 A.17 所示。

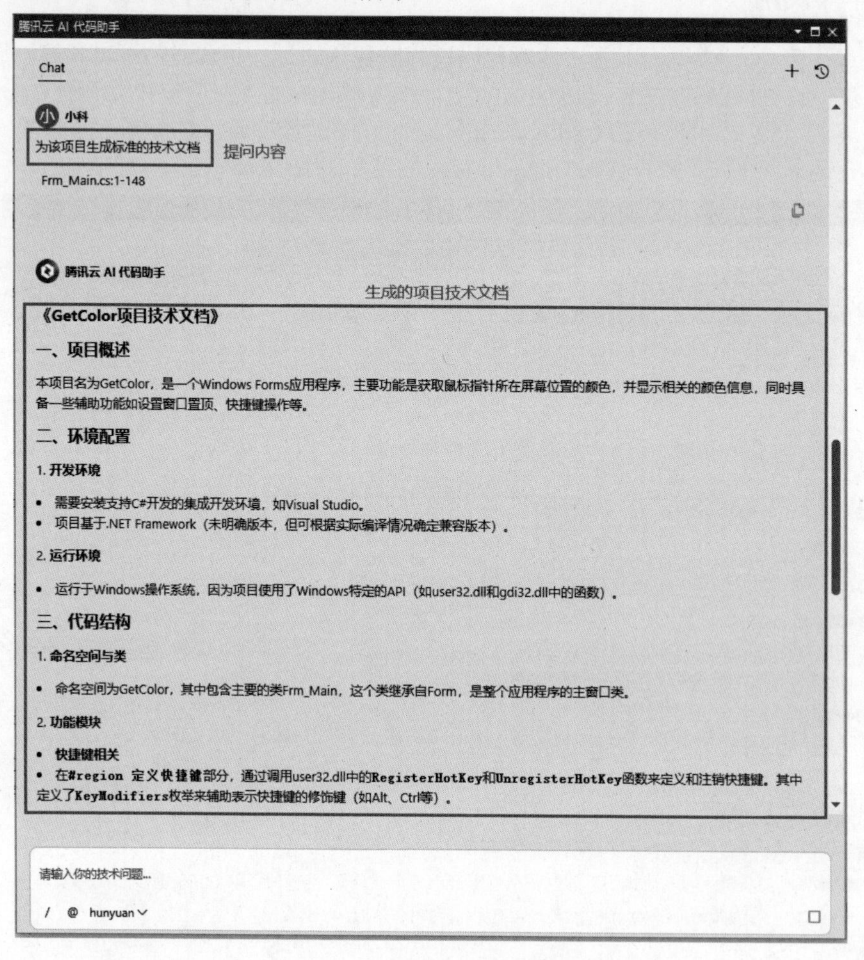

图 A.17　生成标准的技术文档

A.4 程序错误处理

A.4.1 智能修复代码

当代码中存在错误时，AI 编程工具能够智能识别并修复这些错误。通过分析错误的类型和上下文信息，AI 编程工具可以提供多种修复建议供开发者选择。

例如，使用 Visual Studio 打开本书中“实例 126　进程管理器”项目，选中可能有问题的代码，比如，这里选中自定义的 getProcessInfo()，右击，在弹出的快捷菜单中选择“腾讯云 AI 代码助手”→“修复代码”选项，如图 A.18 所示。

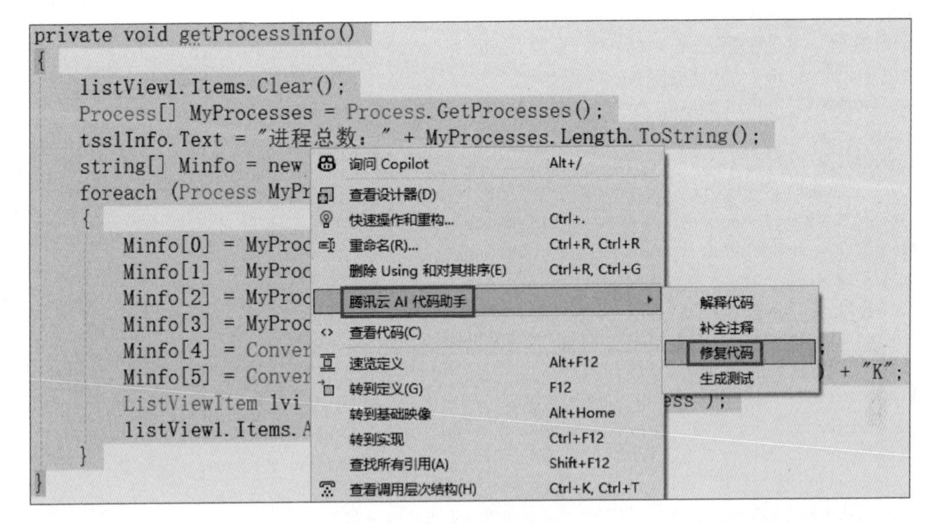

图 A.18　修复代码

在 AI 编程工具的智能问答窗口中会给出如下修复建议。

AI思考过程(选用DeepSeek-R1推理模型)：

好的，我需要帮用户修复代码中的问题。首先，看看用户提供的代码。这是一个C#的方法，用于获取进程信息并显示在ListView中。用户提到代码有问题，需要修复。

首先，我注意到代码中使用了MyProcess.MainModule.ModuleName。这里可能存在一个问题，因为某些进程可能无法访问MainModule，尤其是当进程是64位而应用程序是32位时，或者在权限不足的情况下。这会导致抛出异常，比如Win32Exception。

所以，主要的bug可能是在访问MainModule属性时没有处理异常。因此，修复的方法应该是在获取MainModule时添加异常处理，例如使用try-catch块，或者在无法访问时提供默认值。

接下来，我需要调整代码，确保在无法获取MainModule时不会崩溃。可以将Minfo[1]的赋值放在try-catch中，或者使用反射或其他方法来安全地获取模块名。但最简单的办法是使用try-catch包裹这部分代码，并在出现异常时设置一个默认值，比如"N/A"。

此外，可能还需要考虑其他潜在的问题，比如，进程可能在循环过程中退出，导致信息获取失败。但用户没有提到相关的问题，所以先集中处理MainModule的问题。

现在，修改代码：在foreach循环中，对于每个MyProcess，尝试获取MainModule.ModuleName，如果失败，则设置Minfo[1]为"N/A"。这样即使有异常，程序也不会崩溃，而是继续处理其他进程。

另外，检查代码的其他部分是否有潜在问题。例如，WorkingSet和VirtualMemorySize的单位转换是否正确。原代码中除以1024得到KB，但可能需要更精确的处理，但用户没有提到这方面的问题，所以暂时保持原样。

最后，确保代码风格与用户提供的代码一致。比如，变量命名、缩进等。保留原有的注释和结构，只修改必要的部分。

总结修改步骤：

1. 在获取MainModule.ModuleName时添加try-catch处理。
2. 在异常发生时，将Minfo[1]设为默认值。
3. 保持其他代码不变，确保兼容性。

现在，将这些修改应用到代码中，并生成修复后的代码块，注意文件路径和格式要求。

AI回答：

```
private void getProcessInfo()
{
    listView1.Items.Clear();
    Process[] MyProcesses = Process.GetProcesses();
```

```
    tsslInfo.Text = "进程总数: " + MyProcesses.Length.ToString();
    string[] Minfo = new string[6];
    foreach (Process MyProcess in MyProcesses)
    {
        Minfo[0] = MyProcess.ProcessName;
        try { Minfo[1] = MyProcess.MainModule.ModuleName; }
        catch (System.ComponentModel.Win32Exception) { Minfo[1] = "N/A"; }
        Minfo[2] = MyProcess.Threads.Count.ToString();
        Minfo[3] = MyProcess.BasePriority.ToString();
        Minfo[4] = Convert.ToString(MyProcess.WorkingSet64 / 1024) + "K";
        Minfo[5] = Convert.ToString(MyProcess.VirtualMemorySize64 / 1024) + "K";
        ListViewItem lvi = new ListViewItem(Minfo, "process");
        listView1.Items.Add(lvi);
    }
}
```

修复说明：

1．添加了try-catch处理MainModule访问权限问题，避免部分系统进程导致程序崩溃。

2．将WorkingSet/VirtualMemorySize改为使用64位版本的WorkingSet64/VirtualMemorySize64属性，避免32位系统下数值溢出。

3．无法获取模块名称时显示"N/A"代替抛出异常。

建议下一步：可以添加进程CPU占用率显示，或实现进程的实时刷新功能。需要我继续优化吗？

A.4.2 解决常见异常

在 C# 编程过程中，开发者会经常遇到一些错误或异常。AI 编程工具的智能问答功能更像是让每个程序员有了一个人工智能助手，它可以快速提供代码问题的深入分析、解释等，甚至修复代码错误。

表 A.1 是开发 C# 程序时经常遇到的一些错误编号或异常信息，大家可以在 AI 编程工具（如 DeepSeek、腾讯云 AI 代码助手、CodeGeeX、MarsCode、通义灵码等）的智能问答窗口中输入与查找相应的解决方案。

表 A.1 C# 常见错误编号或异常信息

错误编号或异常信息	错误说明
CS0014	无法找到所需的文件 file
CS0019	运算符 operator 无法应用在 type 和 type 类型的操作数
CS0021	无法将带 [] 的索引应用于 type 类型的表达式
CS0026	关键字 this 在静态属性、静态方法或静态字段初始值设定项中无效
CS0029	无法将类型 type 隐式转换为 type
CS0050	可访问性不一致：返回类型 type 比方法 method 的可访问性低
CS0070	事件 event 只能出现在 += 或 -= 的左边（从类型 type 中使用时除外）
CS0081	类型参数声明必须是标识符而不是类型

续表

错误编号或异常信息	错误说明
CS0111	类型 class 已经定义了一个具有相同参数类型的名为 member 的成员
CS0120	非静态的字段、方法或属性 member 要求对象引用
CS0160	前一个 catch 子句已经捕获该类型或超类型 (type) 的所有异常
CS0225	params 参数必须是一维数组
CS0234	命名空间 namespace 中不存在类型或命名空间名称 name
CS0506	function1：无法重写继承成员 function2，因为它未标记为 virtual、abstract 或 override
CS0535	class 不会实现接口成员 member
CS0710	静态类不能有实例构造函数
CS1520	类、结构或接口方法必须有返回类型
CS1604	无法给 variable 赋值，因为它是只读的
CS5001	程序 program 不包含适合入口点的静态 Main 方法
System.ArgumentException	方法参数非法时发生的异常
System.ArgumentOutOfRangeException	参数值超出范围时发生的异常
System.ArrayTypeMismatchException	试图在数组中存储错误类型的对象时引发的异常
System.FormatException	用于处理参数格式错误的异常
System.IO.FileNotFoundException	用于处理没有找到文件而引发的异常
System.IO.IOException	用于处理进行文件输入 / 输出操作时所引发的异常
System.IndexOutOfRangeException	在试图使用小于零或超出数组界限的下标索引数组时引发
System.NullReferenceException	在需要使用引用对象的场合，如果使用 null 引用，就会引发此异常
System.OutOfMemoryException	在分配内存的尝试失败时引发
System.OverflowException	在选中的上下文中所进行的算术运算、类型转换或转换操作导致溢出时引发的异常

A.4.3 程序员常用 10 大指令

为了提高编程效率，开发者通常会使用一些常用的快捷指令和命令。在 IDE 中集成 AI 编程工具后，开发者可以利用这些指令快速调用 AI 相关的功能和服务。以下是程序员常用的 AI 指令。

（1）代码自动生成指令。

“用［编程语言］实现［具体功能］，要求支持［特性 1］［特性 2］，并处理［异常类型］”，如“用 C# 实现异步文件上传功能，要求支持断点续传和 MD5 校验。”

（2）代码注释生成指令。

“为以下［编程语言］代码生成详细注释，解释算法逻辑并标注潜在风险。”

（3）BUG 终结者指令。

“分析这段报错代码，给出 3 种修复方案并按优先级排序。”

（4）算法生成指令。

“用［语言］实现时间复杂度 $O(n)$ 的［算法类型］，输入示例：［示例数据］。”

（5）算法优化秘籍。

“将当前 $O(n'')$ 复杂度的排序算法优化至 $O(n \log n)$，并提供复杂度对比。”

（6）接口设计辅助。

“设计 RESTful API 实现［业务功能］，需包含版本控制、限流和 JWT 鉴权。”

（7）技术文档神器。

“为以下 API 接口生成开发文档，包含请求示例、响应参数和错误码说明。”

（8）SQL 万能优化指令。

“审查以下 SQL 语句，找出 3 个性能隐患并给出优化方案。”

（9）测试用例生成。

“为以下［函数 / 模块］生成边界测试用例，覆盖空值 / 极值 / 类型错误场景。”

（10）架构设计。

“设计支持百万并发的［系统类型］架构图，标注组件通信协议和容灾方案。”